普通高等教育“十一五”电气信息类规划教材

现代电力电子技术基础

李　宏　王崇武　编

机 械 工 业 出 版 社

电力电子技术是目前最活跃的学科之一，它涉及国民经济的许多领域，并且应用广泛。本书介绍了电力电子器件的工作原理，以自关断器件及其电路为主，论述了AC-DC、DC-DC、DC-AC、AC-AC变换电路的工作原理，补充介绍了电力电子技术的一些最新研究成果，如软开关技术、功率因子校正技术和电路建模等，并介绍了几种实际的应用电路。

本书注重理论的完整性、先进性，突出工程设计和应用技术，在前人的研究基础上，融入了作者多年从事该学科研究的成果和经验。本书可作为高等院校自动化专业本科生和电力电子与电力传动学科研究生的教材和参考书，也可作为电力电子行业的工程技术人员的参考用书。

本书配有免费电子课件，欢迎选用本书作教材的老师登录 www.cmpedu.com下载。

图书在版编目(CIP)数据

现代电力电子技术基础/李宏，王崇武编．—北京：机械工业出版社，2008.12（2023.1重印）
普通高等教育“十一五”电气信息类规划教材
ISBN 978-7-111-25418-8

Ⅰ.现…　Ⅱ.①李…②王…　Ⅲ.电力电子学－高等学校－教材　Ⅳ.TM1

中国版本图书馆CIP数据核字（2008）第165375号

机械工业出版社（北京市百万庄大街22号　邮政编码100037）
责任编辑：王雅新　谷玉春　责任校对：李秋荣
封面设计：张　静　责任印制：常天培
北京机工印刷厂有限公司印刷
2023年1月第1版第6次印刷
184mm×260mm·19.5印张·477千字
标准书号：ISBN 978-7-111-25418-8
定价：49.80元

电话服务
客服电话：010-88361066
010-88379833
010-68326294

网络服务
机　工　官　网：www.cmpbook.com
机　工　官　博：weibo.com/cmp1952
金　书　网：www.golden-book.com
机工教育服务网：www.cmpedu.com

前　　言

本书是在借鉴了前人的研究基础上，融入了作者及其同事多年从事该学科研究的成果和经验，经过多次修改而完成的。力求为读者学习、研究提供一本较为实用的基础书籍，满足“现代电力电子技术基础”课程的教学需要。

编写本书时考虑到以下事实：

1）新型电力电子器件的出现改变了人们长期以来以低频技术处理变流技术的习惯，从而转入到以高频技术处理电力电子技术的阶段。本书从实际应用出发，以全控型功率器件构成的变换装置为主要研究对象，理论联系实践，由浅入深，讨论了各种变换器的工作原理及其分析方法，简明扼要地阐述了现代电力电子技术的基础知识。

2）由于读者对于元器件的要求主要以正确选择和实际使用为目的，所以本书从应用角度重点阐述了电感、电容、变压器及电力电子器件的工作原理、特点和驱动要求，以达到对元器件的全面了解的目的。

3）鉴于新型元器件的不断涌现，电力电子技术应用领域更加广泛，讨论所有的元器件和变换技术是不可能的，因此本书以目前常用的元器件和变换技术作为主线进行分析，对于软开关技术、变换器交流小信号模型等也作了简要介绍。

4）鉴于控制系统的多样性和复杂性，计算机技术的发展为模拟控制向数字控制转换提供了技术基础，但这些内容属于另一范畴，故未列入本书内容。

5）电力电子技术是目前最活跃的学科之一，是一门应用性很强的技术，其应用涵盖国防、工业和民用的各个领域。因此，本书介绍了几种实际应用电路，其目的在于引导读者进行实际设计工作，意欲突出实际应用的重要性。

6）本课程是“电工基础”、“电子技术基础”和“自动控制原理”的后续课程，因此读者应该掌握电磁基础知识、公式定律及计算方法，但高频变压器和电感设计对自动化专业学生而言仍然是新的课题，需要了解和掌握，因此本书同时也介绍了电感、变压器的基本电磁定律和设计方法。

本课程课内讲授约60学时，全书共分10章，主要叙述7个基本内容，即元器件、AC-DC变换、DC-DC变换、DC-AC变换、AC-AC变换、软开关技术和交流小信号模型。第1章概述了电力电子技术的基本内容；第2章从应用观点出发阐述了电感、电容的应用选择以及电感、变压器的基本电磁定律和设计方法；第3章阐明了电力电子器件的工作原理和特点；第4章介绍了传统相控整流以及提高功率因数的方法；第5章介绍了DC-DC变换的典型电路和单端正激、单端反激、推挽式、半桥式和全桥式变换电路；第6章着重阐述了自关断器件构成的基本逆变电路、三相逆变电路、谐波分析及控制算法；第7章介绍了AC-AC变换的基本原理和基本概念；第8章介绍了软开关技术的基本概念，对于谐振、准谐振、多谐振、零电压PWM、零电流PWM软开关技术等也作了较为详细的分析；第9章介绍了交流小信号建模技术；第10章以应用设计为例，讲述实际设计过程。

本书由李宏、王崇武编写。其中李宏编写了绪论和第1、2、3、4、5、6、7、10章；王崇武编写了第8、9章；杨玫、张勇对本书亦有贡献。

贺昱曜教授、周继华教授、焦振宏副教授对本书提出了不少宝贵的意见。由于编者水平所限，加之本书涉及内容广泛，书中难免有错误与不当之处，恳请读者批评指正。

本书配有免费电子课件，欢迎选用本书作教材的老师登录 www. cmpedu. com 下载或发邮件到 wbj@ cmpbook. com 索取。

编　者

目　　录

第1章 变换器概述

电力电子技术就是用电力半导体器件组合成合适形式的控制技术。本章全面地叙述现代电力电子技术的主要内容，从变换器的分类出发，介绍了变换器的工作原理及其主要部件——电感、电容和变压器等的基本特点，给出了电容和电感与电力电子器件连接的要求，对于变换器的指标和保护也作了简单的叙述。

晶闸管的出现标志着电力电子技术的诞生，它以电子学、自动控制等学科为前导，广泛应用于各种功率变换装置中。电能是现代工业的基础，电能必须变换成其他形式的能量如热能、光能、声能和机械能，才能为人类所应用，电能几乎应用于现代人类生活的各个方面。提高电能的应用效率具有巨大的效益，电力电子的研究目的就是改善电能应用的质量。发电、输电、配电以不同的电压形式满足用户的应用需要，不同电压形式的电能变换需要不同的控制技术和变换技术。电力电子（Power Electronics）的研究重点是电能变换、变换效率和能量控制。

电力电子技术（Power Electronics Technology）是研究电能变换原理及功率变换装置的综合性学科，包括电压、电流、频率和波形变换，介于当代最活跃的电子与自动控制这两门学科之间，涉及电子学、自动控制原理和计算机技术等学科。电力电子技术主要是电力半导体器件及其应用技术，随着电子技术的不断发展，新器件的不断出现，控制技术和微电子技术使器件向高频化、小型化和智能化方向发展，电力电子技术已成为推动工业、农业和国防工业发展的重要学科。

电力电子技术与信息电子技术的主要不同就是效率问题，对于信息处理电路来说，效率大于15%就可以接受；而对于电力电子技术而言，大功率装置效率低于85%就无法忍受。目前能源问题已是我国面临的主要问题之一，提高电源变换效率是电力电子工程师的主要任务。

电力电子技术的发展方向是高频、高效、高功率密度和智能化，最终使人们进入电能变换和频率变换更加自由的时代，并充分发挥其节能、降耗和提高装置工作性能的作用。现代电力电子技术将成为跨世纪的主导技术。

功率半导体器件是现代电力电子技术（Modern Power Electronics Technology）的基础，它的应用范围非常广泛，从毫瓦级的个人无线通信设备，到百万千瓦的高压直流输电（High Voltage DC Transmission）系统。电力电子技术的应用领域主要有：

1）大功率直流电源。它的发展主要以提高单机容量和增加效率为主要目标。

2）电机控制。无论是交流电机还是直流电机均采用电力电子技术来完成电机的速度、转矩、跟随性等控制，但目前更多的是研究直流调速不能涉及的应用领域。

3）高压直流输电。

4）电源变换。它的发展主要以增加效率和提高控制性能为主要目标，如电焊机、电磁感应加热、电动机车、电动汽车、电镀电源、电冰箱、洗衣机等控制。

5）无功功率补偿。

1.1 简单的变换器

如果设计一个直流电源，从 12V 变为 3.3V，采用图 1-1a 所示的电路，即分压器，列出公式

$$\frac{R_2}{R_1+R_2}=\frac{3.3}{12}$$

若 $R_1=1\text{k}\Omega$，可以算出 $R_2\approx 0.3793\text{k}\Omega$，运用电工学中所学的知识，可得到所设计的电源等效内阻为

$$R_S=\frac{R_1R_2}{R_1+R_2}=0.275\text{k}\Omega$$

如图 1-1b 所示，显然这个电源在没有电流输出时，其输出电压为 3.3V；有电流输出时，其输出电压为 $V_O=3.3-275I_O$，I_O 为输出电流或负载电流。

可以看出，随着电流的增加，输出电压线性下降，当输出电流为 12mA 时，所设计的电源输出电压为零。也就是说，这个电源对负载变化没有调节能力。

理想电压源输出电压不会随输出电流的增大而下降，也就是说输出电压对负载变化应该具有 100% 的调节性能，从电路角度看，即电源的等效内阻为零。

从效率方面看，当这个电路的输出电流为零时，电路损耗 $V_S^2/(R_1+R_2)=104\text{mW}$，这些能量通过电阻转化为热能。当输出电流为 5mA 时，输出功率 $P_O=V_OI_O=9.6\text{mW}$，此时输出电压为 1.925V，流过 R_1 的电流为 $V_O/R_2+5=10.07\text{mA}$，R_1 损耗 101mW，R_2 损耗 9.7mW，共损耗 110.7mW，电源效率约为 7.9%，效率太低。

既然分压器作为电源，输出电压特性太软，并且效率太低，此时用射极跟随器组成的线性电源，如图 1-1c 所示，R_1、R_2 作为晶体管的偏置电路，其输出电压总是跟随晶体管基极电压 V_b，R_L 为负载电阻，其等效电路如图 1-1b 所示，电源等效内阻为

$$R_S=R_e\,/\!/\,\frac{R_1\,/\!/\,R_2+r_{be}}{1+\beta} \tag{1-1}$$

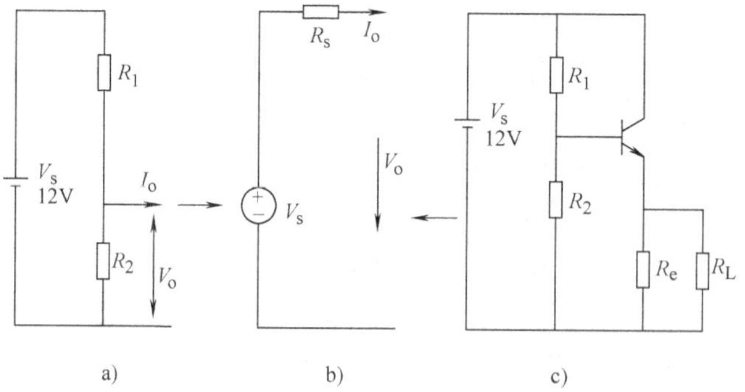

a) b) c)

图 1-1 分压器、电压跟随器及等效电路

由于晶体管的电流放大倍数 $\beta>>1$，其等效电阻较分压器要小得多，因此输出电压变化要小于分压器。

电路中除了电阻损耗外，另附加了晶体管损耗，晶体管损耗为

$$P_{loss} = (V_S - V_O)I_O \tag{1-2}$$

在大功率应用中，大量的能量损耗在晶体管上，这些热量必须通过散热器散掉，其效率也很低。

通过上述分析，可以看出变换器必须考虑至少两个方面的问题：一是输出电压的稳定问题；二是变换的效率问题。电源变换电路和信号电路的根本区别就是效率问题，信号电路中基本不考虑效率问题或者考虑很少，但电源变换电路中效率问题是至关重要的，效率很低的变换电路几乎没有应用价值。

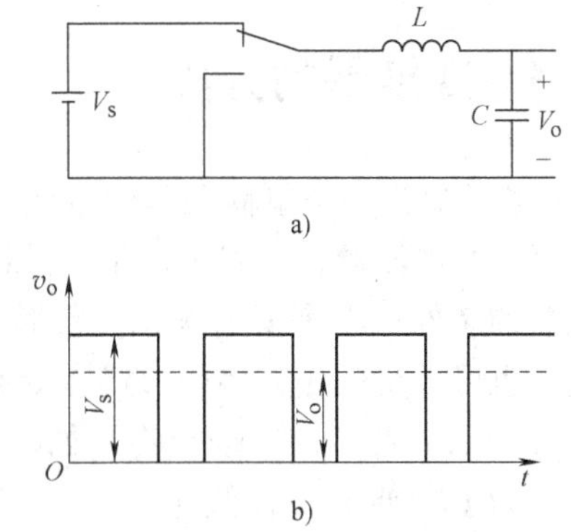

图 1-2 开关电源及其输出波形

理想的变换电路如图 1-2 所示，用开关代替晶体管，这个开关可以是 GTR、电力 MOSFET、SCR 或者 IGBT（在后续章节将专门谈到），这些开关工作在饱和导通和截止两种状态，周期性地导通和截止形成了方波电压，方波电压通过滤波后得到直流电压，在周期恒定时，控制导通时间就可控制输出电压。假定开关是理想开关，则损耗为零。当然由于分布参数的影响，功率开关也不是理想开关，总有损耗存在，但效率大大增加，这就是现代电力电子技术中采用的开关工作模式。现代电力电子技术中的所有半导体器件都工作于饱和导通和截止两种工作状态，极力避免工作于放大状态，这也是和信号电路的又一本质区别。

1.2 理想开关和实际开关

将电力高效地变换需要开关，所谓理想开关究竟是什么？一般认为满足如下条件的就是理想开关：

1）开关处于关断状态时能够承受较高的端电压，并且漏电流为零。

2）开关处于导通状态时能够流过大电流，并且此时端电压（导通电压）为零。

3）导通、关断状态切换时所需的开关时间为零。

4）即使反复使用开关也不老化。

5）小信号也能控制导通、关断，对信号延迟时间为零。

目前电力半导体器件不是理想器件，实际开关特性：

1）关断时能承受的端电压是有限的（目前最高为 12kV），关断时的阻抗也不是无穷大，总有漏电流流过，产生关断损耗。

2）导通时能够流过的电流是有限的（目前最大为 4 ~ 6kA），导通时阻抗也不为零，正向导通电压和电流的乘积产生导通损耗，随着技术进步，导通损耗正在减少。

3）从关断到导通以及从导通到关断的时间也不是零，这时的电压和电流乘积产生开关损耗。

由于端电压有限，所以在需要耐高压时，需要将电力半导体器件串联；同时由于流过的最大电流有限，在需要流过大电流时，需要将电力半导体器件并联。详细的电力半导体器件将在第 3 章介绍。

需要指出的是：采用理想开关并不是可以解决一切问题。例如，如果出现了理想开关，也是只解决了损耗问题，与此同时会面临新的问题，如由于理想开关在零时间内完成开通和关断，即零时间强制切换大电流，di/dt 将非常大，由于分布电感会产生大的过电压，因此抑制这个过电压的安装技术是非常重要的。

1.3 变换器的分类

图 1-3 为一个单输入单输出变换器，电源可以是直流，也可以是交流；可以是电压源，也可以是电流源；负载可以是 L、R 或 C，也可以是有源负载或者是把电能转化成其他形式能量的装置；V_C 是具有输出变量特征的控制信号，输入和输出侧的电压或电流波形可以单相，也可以是三相或多相形式，变换器由开关、电感、电容和变压器组成，开关包含两端开关（如二极管）和三端开关（如晶闸管）。

为了方便分析，假定这些器件都是理想器件，即具有线性、非时变特征，开关的电压和电流容量满足要求。

电力电子变换器根据输入和输出电源特征分为 4 大类：

1）DC-AC 变换器。

2）AC-DC 变换器。

3）DC-DC 变换器。

4）AC-AC 变换器。

通常用大写字母表示（如 DC-AC、AC-DC 等），有时也用小写字母表示（如 dc-dc、ac-dc 等），两者并无差别。

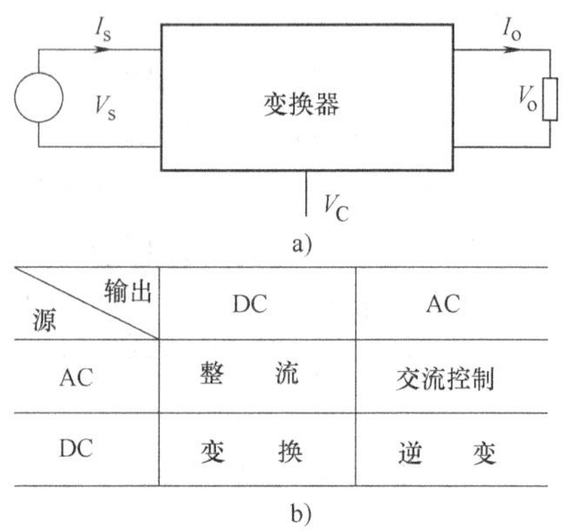

源 \ 输出	DC	AC
AC	整　流	交流控制
DC	变　换	逆　变

b)

图 1-3　变换器及其分类

1.3.1 DC-AC 变换器——逆变器

将直流电源变换成一个交流电源（单相或多相）称之为逆变，这种装置称为逆变器（Inverter）。

基本电路如图 1-4a 所示，通过采用一个开关把直流电源变换成低频或高频交流源，输出波形为脉动直流波形，输出波形经过滤波电路整形成希望的波形，一般希望输出为正弦波形。

三相输出通过采用 3 个开关完成，如图 1-4b 所示。3 个开关轮流导通 120°，输出三相 120°直流脉动波形。

交流电的频率、幅度大小和相位是交流电的 3 要素，使用电力电子技术如何自由地变换 3 要素，是 DC-AC 变换技术研究的主要内容。

DC-AC 变换器应用范围很广，如飞机和空间站电源、UPS、闪光灯充电、太阳能发电、交流电机调速、变速恒频电源和感应加热电源等，它们输出交流频率从 50Hz 到 1MHz 不等。

DC-AC 变换技术将在第 6 章介绍。

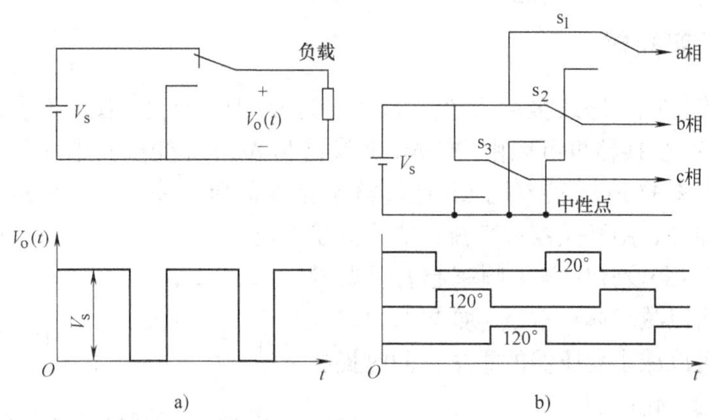

图 1-4 基本的单相或三相 DC-AC 变换电路

1.3.2 AC-DC 变换器——整流器

将单相或多相交流电源变换成一个直流电源称之为整流，这种装置称为整流器（Rectifier）。

基本电路如图 1-5a、b 所示。图 1-5a 中交流电源通过二极管整流，二极管阳极承受正电压时导通，承受负电压时截止，因此称二极管为不可控或极性控制开关。二极管的波形包含交流成分和直流成分，交流成分称为纹波，因此在二极管之后需要 LC 滤波电路。

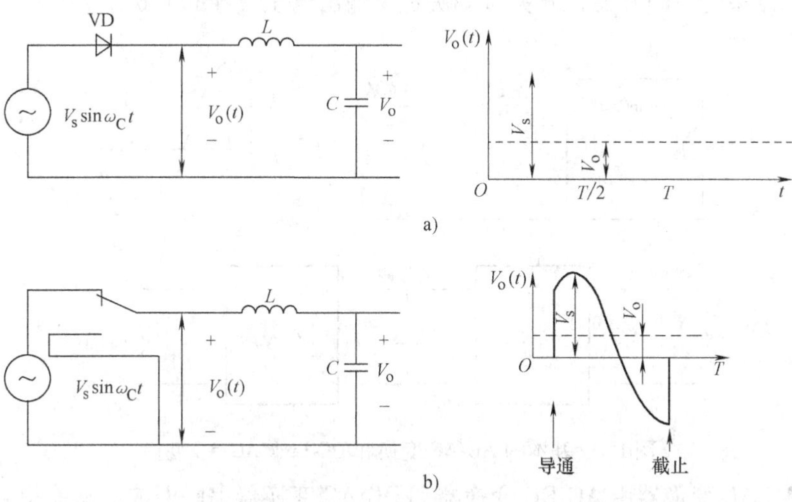

图 1-5 两种整流电路

图 1-5b 中用开关取代了二极管，其主要特点是可以在输入交流波形的任何时刻进行开关，而不是像二极管那样阳极正电压时导通负电压时截止。因此，可以控制输出电压的交流分量和直流分量，LC 滤波电路仍然需要。

AC-DC 变换器的应用范围很广，典型的如电池充电、直流电机驱动、高压直流输电和风力发电等。不可控整流和可控整流将在第 4 章介绍。

1.3.3 DC-DC 变换器

将直流电源变换成一路或多路直流电源称之为 DC-DC 变换。图 1-1 实际上是一个 DC-DC 变换器。DC-DC 变换器也可以由 DC-AC 变换器和 AC-DC 变换器串联取得，输入直流电压首先逆变为高频率的 AC，接着把 AC 通过整流变换成 DC，如图 1-6 所示。整流电路用二极管或者用开关器件，用开关器件整流称之为同步整流。

在 DC-DC 变换器设计中开关频率起着重要的作用，频率提高可以减轻体积重量，如果需要输入和输出隔离，也可以减小变压器的重量，同时提高输入和输出电压的变化范围。

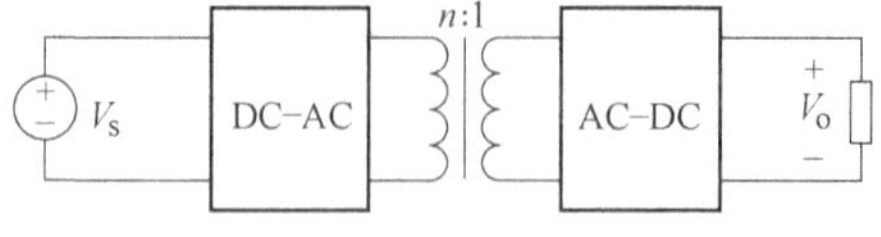

图 1-6 具有隔离变压器的 DC-DC 变换器

主要应用有电能传输、高性能调节电源和直流电机驱动（又称为斩波）等。DC-DC 变换将在第 5 章介绍。

1.3.4 AC-AC 变换器

将一个交流电源（单相或多相）变换成另一个交流电源（单相或多相，同频率或不同频率）称为 AC-AC 变换。AC-AC 变换输出频率低于输入电压频率的变换器称为周波变流器（Cyclo-converter）。周波变流器输出频率一般是输入电源频率的几分之一，通常应用于大功率的工业领域。电源频率和输出频率相同的 AC-AC 变换器称为交流控制器。

AC-AC 变换器的基本电路如图 1-7 所示，其输出频率与电源频率相同，在输入电源波形的每半个周期结束时关断开关，开关时刻决定了输出电压波性的形状。

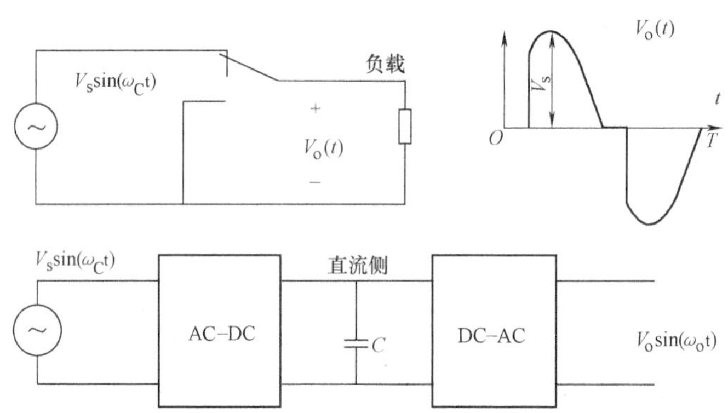

图 1-7 基本的 AC-AC 变换和 DC-Link AC-AC 变换

另一种 AC-AC 变换器由 AC-DC 变换器和 DC-AC 变换器串联而成，从而得到希望的输出电压幅度、频率和相数。这样的 AC-AC 变换器称为直流侧 AC-AC 变换器，这种变换器输出频率与输入电源频率无关。

主要应用领域有调光器、调压器、交流电机调速、固态继电器和无功调节（VAR）等。主要内容将在第 7 章介绍。

1.3.5 软开关与硬开关

提高变换器工作频率可以减小变换器体积，但增加工作频率会大大增加变换器损耗，降低变换器效率，为了同时提高变换器效率和减小变换器体积，软开关技术应运而生。

所谓软开关技术，是指电力电子器件导通或关断时损耗为零的技术，与此相应，若导通或关断时损耗不为零则为硬开关。软开关技术将在第8章介绍。

1.4 变换器的组成要素

变换器的组成要素有控制器、驱动器、电阻器、电感器、电容器、变压器和开关器件。

1.4.1 电阻

在现代电力电子器件中，电阻是唯一的能量损耗元件，欧姆定律定义了电阻、电压和电流的关系

$$v = iR \tag{1-3}$$

电阻作为单独的一个元件，在变换器中是不存在的，但存在于负载和寄生参数中。例如，电源的等效电阻（源电阻），电感器、变压器和电机中的线圈电阻，导线电阻和电容的等效电阻等。

电阻的大小与流过电阻电流的频率无关，但是，导体中的线电阻与频率有关，随着流过电阻的电流频率增大，线电阻增大。这是由于电流流过导线时，导线周围产生磁场，磁场强度 H（注意：由于历史习惯，表示磁场强弱的物理量 B 称为磁感应强度，$B=\mu H$）与距离的平方成反比，因此在导线中心磁场强度最大，导线中心的感抗比靠近导线表面的区域大，电流流动趋向电抗小的区域，电流向导体表面集中，这就相当于增加了导线的电阻率，这种现象称为集肤效应（Skin Effect），集肤深度与频率的平方根成反比。解决集肤效应的办法就是增加导体的表面积，即用一束细直径导体代替大直径导体，这一束细导体称为多线头导体。

1.4.2 电感

电感是一个储存能量的元件，除了作为一个元件存在于变换器中，同时还有寄生电感，如负载的寄生电感，配电系统中导线的自感、变压器和电机的漏感。

电感和电压、电流的关系为

$$v_{\mathrm{L}} = L\frac{\mathrm{d}i_{\mathrm{L}}}{\mathrm{d}t} \Rightarrow i_{\mathrm{L}} = I_{\mathrm{L}}(0) + \frac{1}{L}\int_0^t v_{\mathrm{L}}\mathrm{d}t \tag{1-4}$$

式中，I_{L}（0）为电感中的初始电流。

在 dt 时间内，流过一个大电感的电流可以认为是常数，这是因为

$$\frac{\mathrm{d}i_{\mathrm{L}}}{\mathrm{d}t} = \frac{v_{\mathrm{L}}}{L} \approx 0 \tag{1-5}$$

因此，可以认为在 dt 时间内，大电感的模型可用电流源代替。

1.4.3 电容

与电感一样，电容也是一个储存能量的元件，在变换器中作为一个元件存在，同时还存在寄生电容，如变压器中的匝间电容和层间电容，二极管、晶体管、晶闸管等内部的固有电

容。

电容和电压、电流的关系为

$$i_C = C\frac{\mathrm{d}v_C}{\mathrm{d}t} \Rightarrow v_C = V_C(0) + \frac{1}{C}\int_0^t i_c \mathrm{d}t \tag{1-6}$$

式中，V_C（0）为电容中的初始电压。

当以恒定电流 I_s 充电时，式（1-6）可写为

$$v_C = V_C(0) + \frac{1}{C}\int_0^t i_c \mathrm{d}t = V_C(0) + \frac{I_s}{C}t$$

即恒流源向电容充电时，电容两端电压线性增加。

在 dt 时间内，大电容的电压可以认为是常数，这是因为

$$\frac{\mathrm{d}v_C}{\mathrm{d}t} = \frac{i_C}{C} \approx 0 \tag{1-7}$$

因此，可以认为在 dt 时间内，大电容的模型可以用电压源代替。

1.4.4 电源

变换器的能量由输入电源提供，电源可以有多种划分方法，如电压源、电流源；直流电源、交流电源。基于交流电源的相数多少，交流电源可进一步划分为单相交流源、三相交流源和多相交流源。

1. 电压源和电流源

电压源和电流源的等效电路如图 1-8 所示，$v_s(t)$ 和 $i_s(t)$ 分别为电源内部的电压和电流，Z_s 为源阻抗，由电阻和电感组成。

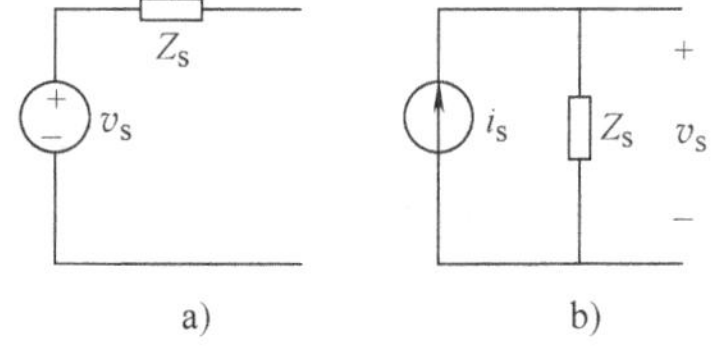

图 1-8 电压源和电流源
a）电压源 b）电流源

电压源端电压是流过其电流的函数

$$v_t(t) = v_s(t) - Z_s i_s(t) \tag{1-8}$$

一般情况下电流流出正端子，但有时电流会反向流动，因此，端电压在幅度和波形上与电源内部电压不同。理想电压源的源阻抗为零，因此，其端电压和电流无关。

电流源流出的电流与其端电压有关：

$$i_t(t) = i_s(t) - \frac{v_s(t)}{Z_s} \tag{1-9}$$

端电压或正或负，端电流在幅度和波形上与电源内部电流不同。理想电流源的源阻抗无穷大，因此流出其端子的电流与端电压无关。

2. 直流电源和交流电源

总是提供恒定幅度电压的电源称为直流电压源（DC Voltage Source）。电池是最接近的理想直流电压源，预先充好电的大容量电容也是直流电压源，电容值越大储存的电荷越多，供电时间越长。电池可以认为是一个容量非常大的电容。

在自然界中不存在电流源，然而，一个预先加上电压的大电感可以认为是一个电流源，必须注意电流源必须用闭合电路储藏电能，而电池和电容可以是开路。一个实际的电流源可以通过采用一个交流源或直流源串联一个大电感得到。

例题　利用24V电池，设计一个20A的恒定电流源，向20kHz的变换器供电，电流波动小于1%。

解：一个有电压源的大电感闭合回路可以认为是一个电流源，恒流源电流大小取决于电路总回路电阻，包括导线电阻、电感电阻、负载电阻和电池内阻等，电流源如图1-9所示，稳态时回路总电阻R：

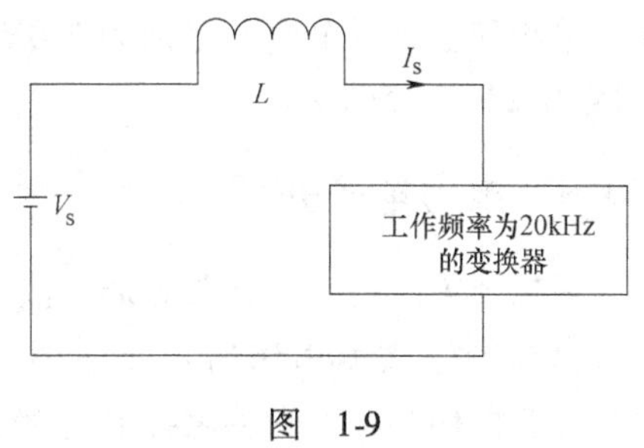

图　1-9

$$I_s = \frac{V}{R} = \frac{24}{R} = 20\text{A}, R = 1.2\Omega$$

即导线电阻、电感电阻、负载电阻、电池内阻之和等于1.2Ω。

$$\Delta I = 0.01 I_s, T = \frac{1}{f} = \frac{1}{20000}\text{s} = 50 \times 10^{-6}\text{s}$$

$$V_s = L\frac{\text{d}i}{\text{d}t} = L\frac{\Delta I_s}{\Delta t} = L\frac{\Delta I_s}{T}$$

$$L = \frac{V_s T}{\Delta I_s} = \frac{24 \times 50 \times 10^{-6}}{0.01 \times 20}\text{H} = 6000 \times 10^{-6}\text{H} = 6\text{mH}$$

电压波形随时间幅度周期性变化的电源称为交流电压源（AC Voltage Source）。在自然界中不存在交流电流源，一个实际的交流电流源可以通过一个交流源串联一个大电感得到。

正弦波是基本的交流波形，任何形状的周期性波形都可以表达为一系列正弦波之和，正如在高等数学中所学的傅里叶级数所讲述的那样

$$v_s(t) = \overline{V}_s + \sum_{n=1}^{\infty} V_{sn}\sin(n\omega_s t + \theta_n)$$

$$\omega_s = \frac{2\pi}{T_s} \tag{1-10}$$

式中，ω_s为交流源频率，单位为弧度；T_s为周期，t为时间，单位为秒；$\overline{V}_s$为波形的直流分量，也是每个周期的电压平均值；正弦的$n\omega_s$称为n次谐波（Harmonic），电压方均根值（Root-Mean-Square）可以通过谐波计算

$$\widetilde{V}_s = \overline{V}_s + \sqrt{\sum_{n=1}^{\infty} \widetilde{V}_{sn}^2} \tag{1-11}$$

当负载为电阻时，其输出平均功率为

$$P_s = \frac{\overline{V}_s^2}{R} + \sqrt{\sum_{n=1}^{\infty} \frac{\widetilde{V}_{sn}^2}{R}} \tag{1-12}$$

多相交流源输出波形相同，只是在相位上有移相，相互移相$2\pi/p$，p为相数。例如，三相正弦交流电源由3个互差$2\pi/3 = 120°$的同样正弦电压波形组成，多相电源传输功率大。

三相四线制交流供电，提供3个相电压和一个中性点（Neutral the Common），这种联结称为星形联结或Y联结；三相三线供电，提供3个线电压，这种联结称为三角形联结，如图1-10所示。

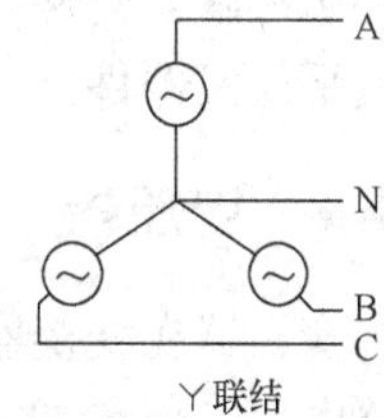

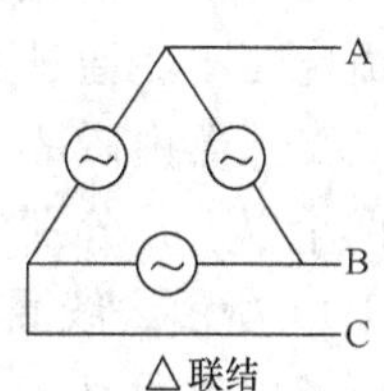

图1-10　星星联结和三角形联结

在我国，单相和三相供电电压分别为220V和380V，50Hz；在美

国，单相和三相供电电压分别为120V和220V，60Hz；在欧洲，单相和三相供电电压分别为120V和220V，50Hz。

1.4.5 电力电子开关

理想开关就是：当开关导通、流过电流 i_{SW} 时，其端电压 v_{SW} 为零；当开关关断、流过电流 i_{SW} 为零时，其端电压为 v_{SW}。理想开关损耗为零，即导通状态损耗为零、关断状态损耗为零和开关损耗为零，开关由控制信号 v_C（可以是电压、电流、光信号或温度信号等）控制导通和关断。

基于导通状态下电流流动的方向、开关断开时的电压极性和控制方式，将开关分类为：

1）双向开关（Bidirectional Switch），就是开关在导通状态（ON-State）时电流可以双向流动。

2）双极性开关（Bipolar Switch），就是开关在关断状态（OFF-State）时既可以承受正向电压也可以承受反向电压。

实际上，只有单向的（Unidirectional）和单极性的（Unipolar）开关可以用电力半导体器件实现，如两端器件二极管、三端器件晶体管等。双向开关可以用两个单向开关反并联组成。晶闸管（Thyristor）亦称可控硅（Silicon Controlled Rectifier，SCR）是单向双极性开关。

开关的控制信号 v_C 可能是一个门槛电压或电流，超过这个门槛就导通，也可能是一个电压或电流的脉冲信号。

二极管是自触发或自控制开关（Self-triggered or Self-controlled Switch），其两端的电压就是其控制电压，这个控制信号是固定的和不可控的，因此又称二极管为不可控开关（Uncontrolled Switch）。

三端电力电子开关器件，如双极结型晶体管（Bipolar Junction Transistor，BJT）、晶闸管（Thyristor）、门极可关断晶闸管（Gate-Turn-Off Thyristor，GTO）、金属氧化物硅场效应晶体管（Metal-Oxide Silicon Field Effect Transistor，MOSFET）、绝缘栅双极型晶体管（Insulated Gate Bipolar Transistor，IGBT）、MOS控制晶闸管（MOS Controlled Thyristor，MCT）等，所有通态电压都不为零，但很小。SCR、GTO和MCT需要一窄控制脉冲触发，因此称这些器件为脉冲触发器件。BJT、MOSFET和IGBT需要直流电压或电流电平触发，因此称这些器件为电平触发器件。

1.4.6 变压器

变压器在变换器中是通过磁耦合把电能从一个电路传输到其他电路中去的，同时改变了电路电压，但传输过程中电压或电流波形的频率不会改变。当然，直流电压不能通过变压器传输，能量守恒定律适用于变压器。

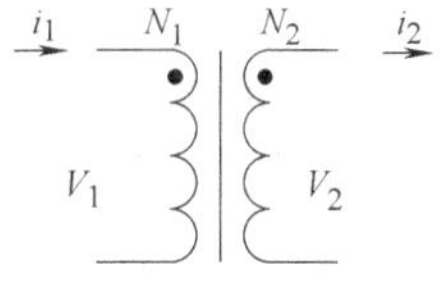

变压器由磁心、骨架和绕组组成，磁心构成闭合磁路，绕组至少两个以上，分别称为一次绕组和二次绕组。两个绕组的变压器如图1-11所示，线圈上的点表示电压极性相同，称为同名端。由于闭合磁路中磁通 Φ 相等，线圈电压、匝数和磁通关系式为

图1-11 变压器

$$v_i = N_i \frac{\mathrm{d}\Phi}{\mathrm{d}t} \quad i = 1,2 \tag{1-13}$$

式中，i 表示第 i 个线圈；v_i 表示第 i 个线圈电压；N_i 表示第 i 个线圈匝数。

因此有

$$\frac{\mathrm{d}\Phi}{\mathrm{d}t}=\frac{v_1}{N_1}=\frac{v_2}{N_2} \tag{1-14}$$

由能量守恒定律，变压器输入能量等于输出能量

$$v_1 i_1 = v_2 i_2 \tag{1-15}$$

定义线圈阻抗为线圈端电压除以线圈电流，由式（1-14）和式（1-15）得

$$v_i=\frac{N_i}{N_j}v_j \quad \frac{Z_j}{Z_i}=\left(\frac{N_j}{N_i}\right)^2 \quad (i \neq j) \tag{1-16}$$

即一二次电压之比等于一二次匝数之比，线圈阻抗之比等于匝数之比的平方。由于变压器的这种比例特性，有时变压器也用来作为变换器到负载的阻抗匹配器件。

1.4.7　负载

负载可以分为：

1）阻性负载。其模型可用纯电阻代替，纯电阻负载的变换器一般在低频工作，如加热器、电炉、烤箱等。

2）感性负载。感性负载主要由大电感组成，储存在电感中的电能转换成机械能，负载要求恒定的电流，如继电器、起重机和提升设备以及恒转矩应用的直流电机。

3）容性负载。如激光、显示器等。

4）直流电流负载。如恒转矩应用的直流电动机。可以用直流电流吸收器（DC Current Sink）作为模型。直流电流吸收器除具有直流电流源（DC Current Souce）的特征外，其区别是把系统中的能量移走，而不是像电源一样产生并向系统供给能量，其符号如图1-12所示，箭头表示电流流动的方向。它可以用来描述一个大电感和一个小电阻串联。

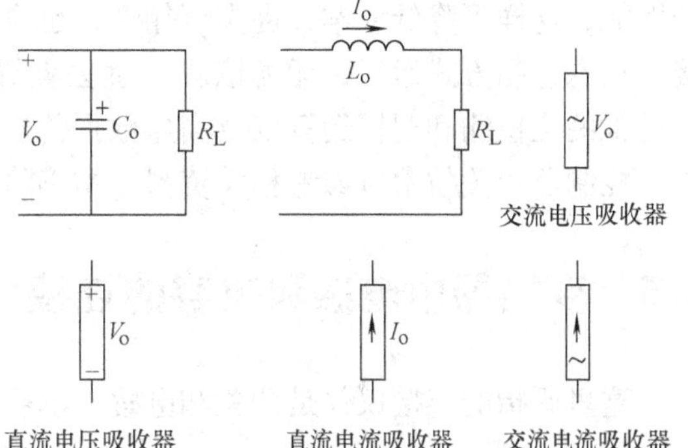

图1-12　电压、电流吸收器

5）直流电压负载。如恒转速应用的直流电动机、电池充电过程。这种类型的负载可以用一个大容量的电容与一个电阻并联来说明从系统中以非电量形式吸收能量，可以用直流电压吸收器（DC Current Sink）作为其模型，如图1-12所示，+、-表示其极性。

6）交流电压负载。如恒转速应用的感应同步电动机。

7）交流电流负载。如恒转距应用的感应同步电动机。

电感、电容、变压器的基本工作原理将在第2章介绍。

1.4.8　控制器

目前的控制器主要有两大类：专用芯片和微型计算机。所谓专用芯片也称为适合特定用途的IC，目前有许多公司相继开发出了应用于不同用途的控制芯片，专用芯片的特点是控

制简单容易，控制规律采用硬件实现。

目前控制系统中常用的微控制器有单片机和数字信号处理器（DSP）等。单片机的指令系统较复杂，多数指令需要 2～3 个指令周期才能完成，而且单片机的程序存储器和数据存储器在同一空间、同一时刻只能访问指令或数据。单片机的结构和复杂的指令系统造成其运算速度较慢、处理能力有限，特别是在采用矢量变换控制的系统，由于需要处理的数据量大，实用性和精度要求高，因此，单片机不能满足要求。

DSP 是一种具有特殊结构的微处理器，特别适合进行数字信号处理运算。随着半导体工艺尤其是高密度 CMOS 工艺的发展和进步，近几年来，这类芯片的价格日益下降，而性能却不断提高，软件和开发工具越来越多，越来越好，应用范围也日益广泛。DSP 以不可阻挡的趋势，进入了工业控制、通信和消费领域。DSP 具有较高的集成度，具有比单片机更快的 CPU，更大容量的存储器，内置有波特率发生器和 FIFO 缓冲器，提供高速、同步串口和标准异步串口。

使用专用 DSP 控制电机等对象有两点好处：①DSP 精简的指令系统（大多数指令能在一个指令周期内完成）、独立的程序和数据空间等使其有高速的数据运算能力；②可以降低对传感器等外围器件的要求。目前，市场上已有不少经过时间考验的算法且支持各种通用算法的 DSP 模拟软件（如 MATLAB 工具包），可以通过复杂的算法达到和外围器件同样的控制性能，这样可降低成本，提高可靠性，也有利于专利技术的保密。而且，DSP 控制器能直接以动态控制方式运行，无需依赖于过去查寻图表的方式。在高速控制中，使用 DSP 可进行通常的位检测和逻辑运算以及高速数据传送。

控制器相关技术可参考相关资料，本书将在第 10 章有所介绍。

1.5 变换器中电感和电容的连接

这里所指的连接仅仅是开关和电感、电容的连接，不涉及电路细节。

1.5.1 变换器中电感的连接

电感电流的突然变化会引起很大的 di/dt，从而导致电感两端产生很高的电压，也影响到电路中相关的元件。但反过来，电感两端加上一个有限的电压却不能引起电感中电流的瞬间跳变，即电感中电流是连续的。

因此，在电力电子变换器中，电感和单向开关不能串接在一起，万一需要这种连接，开关断开时，必须提供电感电流连续的通道。开关两端反并联一个二极管可以为串连的电感提供一个电流通道，电感反并联一个二极管也可为电感提供电流通道，这个二极管称之为续流二极管（Free-Wheeling Diode），如果电感换作电流吸收器，也需要同样的连接。

如果周期性地激励包含电感的电路，则在稳态条件（Steady-State Condition）下一个周期内电感两端的平均电压为零。这是因为如果电感两端的平均电压非零，那么电感电流将增大到无穷大，所以

$$\int_{t_0}^{t_0+T} v_L \mathrm{d}t = 0 \tag{1-17}$$

稳态时，周期结束时的电感电流与周期开始时的电感电流相等。因为

$$v_L = L\frac{\mathrm{d}i}{\mathrm{d}t} \Rightarrow \frac{v_L}{L}\mathrm{d}t = \mathrm{d}i \Rightarrow i_L(t_0 + T) - i_L(t_0) = \frac{1}{L}\int_{t_0}^{t_0+T} v_L \mathrm{d}t = 0 \tag{1-18}$$

所以

$$i_L(t_0 + T) = i_L(t_0) \tag{1-19}$$

电感中储存的能量 E

$$\frac{\mathrm{d}E}{\mathrm{d}t} = P = i_L v_L = i_L L\frac{\mathrm{d}i_L}{\mathrm{d}t} \tag{1-20}$$

但如果绕组运动，如在电机中，电感 L 是时间的函数，但对固定电感来讲，L 为常数，因此，式（1-20）可以写为

$$E = \int_{i_{L(0)}}^{i_L} i_L L \mathrm{d}i_L = \frac{1}{2}Li_L^2 - \frac{1}{2}Li_L^2(0) \tag{1-21}$$

$i_L(0)$ 和 i_L 代表电感的初始电流和电感的当前电流。

1.5.2　变换器中电容的连接

电容两端电压的突然变化，会引起很大的 $\mathrm{d}v/\mathrm{d}t$，从而导致非常大的电流流进或流出电容，但反过来，非常大的电流流进或流出电容，却不会引起电容电压的瞬间跳变，即电容两端的电压是连续的。

因此，在电力电子变换器中，电容和单向开关不能并接在一起，无论何时需要这种连接，开关断开时，必须提供阻塞二极管与电容串接在一起，防止开关闭合形成短路。

如果周期性地激励包含电容的电路，则在稳态条件下一个周期内流出和流入电容的平均电流为零。这是因为如果流出流入电容的平均电流非零，那么电容电压将泵升到无穷大，所以

$$\int_{t_0}^{t_0+T} i_C \mathrm{d}t = 0 \tag{1-22}$$

与电感一样，稳态时，周期结束时的电容电压与周期开始时的电容电压相等。因为

$$v_L(t_0 + T) = v_L(t_0) \tag{1-23}$$

电容中储存的能量 E

$$\frac{\mathrm{d}E}{\mathrm{d}t} = P = v_C i_C = v_C C\frac{\mathrm{d}v_C}{\mathrm{d}t} \tag{1-24}$$

一般来说，如果构成电容的介质是运动的，则电容值是时间的函数，但对固定电容来讲，C 为常数，因此，式（1-24）可以写为

$$E = \int_{v_{C(0)}}^{v_C} v_C C \mathrm{d}v_C = \frac{1}{2}Cv_C^2 - \frac{1}{2}Cv_C^2(0) \tag{1-25}$$

$v_C(0)$ 和 v_C 代表电容的初始电压和电容的当前电压。

1.6　变换器的希望特性和考核指标

变换器的工作特点是开关周期性地连续导通（Turning On）、关断（Turning Off），开关何时导通何时关断有许多控制方法，如根据电路变量（电压或电流）状态自激或他励控制，或者根据交流电压极性转换控制等。

变换器工作有两个阶段：瞬态阶段（Transient Phase）和稳态阶段（Steady-State Phase）。在瞬态阶段，电压和电流波形每个周期都会发生变化，而在稳态阶段，每个周期所有波形都相同。

变换器应具有如下特征：

（1）输出电压（电流）与给定值的波形相同。

（2）输出电压（电流）对负载、输入电压（电流）和器件参数变化不敏感。

（3）输入电源失真最小，输出电压（电流）失真最小。

（4）控制灵敏，控制范围大。

（5）功耗最小，瞬态阶段阻抗最大。

（6）储能最少。

变换器性能分为两部分：瞬态部分和稳态部分。

瞬态部分主要考虑：

（1）输入电源的瞬态电流。电源接通时，电源供给变换器的初始电流，这个电流称之为冲击电流。

（2）输出短路时的输入电源电流。

（3）冲击保护。

（4）突加重载和卸载时变换器输出端的瞬态电压。

（5）开关器件两端的最高电压和最高电压变化率。

（6）流过开关器件最大电流和最大电流变化率。

（7）变换器接通和断开时输出端的最大瞬态电压和名义输出电压之差。

稳态部分主要考虑：

（1）正向传输特性（Forward Transfer Characteristic）。正向传输特性是指输出变量和输入变量的关系，主要有电压传输特性 $T_{vv}=\frac{v_o}{v_s}$ 和电流传输特性 $T_{ii}=\frac{i_o}{i_s}$。

（2）反射特性（Reflective Characteristic）。所谓的反射特性，是指输出对输入电压和电流的影响，有电压反射比 $R_{vv}=\frac{v_s}{v_o}$ 和电流反射比 $R_{ii}=\frac{i_s}{i_o}$。

（3）谐波曲线。变换器的输入和输出波形一般来说都不是正弦信号，谐波曲线是指交流电压、电流或瞬时功率的幅值和频率的关系。下述指标用来观察谐波的传播强度：

1）平均值（Average）。即一个周期波形积分平均值

$$\overline{V}=\frac{1}{T}\int_0^T v(t)\,\mathrm{d}t \tag{1-26}$$

平均电压值又称为直流电压值。

2）均方根值（Root-Mean-Square，RMS）。均方根值定义：某非直流电压（电流）加在一个电阻上，产生的功率如果和另一个直流电压（电流）加在同一电阻上的功率相等（同样时间内产生的热量相同），这个直流电压或电流被称为这个非直流电压或电流的均方根值。

$$\widetilde{V}=\sqrt{\frac{1}{T}\int_0^T v^2(t)\,\mathrm{d}t} \tag{1-27}$$

3）峰峰值（Peak-Peak Ripple）。纹波的最大尖峰和最小尖峰之差。

4）不希望的最低谐波频率（Lowest Undesired Harmonic Frequency）。在 DC-AC 逆变器中是希望谐波频率远离基波频率。此谐波频率称为不希望的最低谐波频率。

5）总谐波畸变（Total Harmonic Distortion，THD）。定义为

$$\mathrm{THD}=\sqrt{\frac{\tilde{I}_{\mathrm{S}}^{2}-\tilde{I}_{\mathrm{S1}}^{2}}{\tilde{I}_{\mathrm{S}}^{2}}} \tag{1-28}$$

下标 S 和 S1 分别代表电流有效值和基波有效值。

6）功率因数（Power Factor，PF）。传统的功率因数概念是在线性负载条件下得到的。这时，交流电路中的电压与电流为同频率的正弦波，相位差为 φ，功率因数为 $\cos\varphi$。由于使用大量的交流电动机和各种电磁开关以及照明用电大量使用的荧光灯均属于感性负载，因此在过去，为校正功率因数通常在感性负载两端并联移相电容，用容性无功功率补偿感性无功功率。

但是从 20 世纪 80 年代以来，电力电子设备的整流装置（不可控和相控整流）和开关电源等非线性负载的大量投入使用，尽管输入电压为正弦，电流却为严重非正弦，因此，线性电路的功率因数计算不再适用于 AC-DC 变流电路，而采用 PF 表示功率因数。

功率因数的基本定义是：交流输入有功功率 P 与视在功率 S 的比值，如下式

$$\mathrm{PF}=\frac{P}{S}=\frac{P}{V_{\mathrm{RMS}}I_{\mathrm{RMS}}} \tag{1-29}$$

式中，P 是交流输入有功功率；S 是视在功率；V_{RMS}是电网电压的有效值；I_{RMS}是电网电流的有效值。

一般认为输入电压为无畸变的正弦波，那么只有输入电流的基波分量 I_{RMS1} 影响有功功率，即

$$P=V_{\mathrm{RMS}}I_{\mathrm{RMS1}}\cos\varphi_{1} \tag{1-30}$$

φ_1 为输入电压与输入电流基波之间的相位角，$\cos\varphi_1$ 被定义为移相功率因数（Displacement Power Factor，DPF），DPF 正是描述了负载的电抗特性。只有当负载呈电阻性时，电压与电流波形同相，DPF = 1。

于是功率因数可表示为

$$PF=\frac{P}{S}=\frac{P}{V_{\mathrm{RMS}}I_{\mathrm{RMS}}}=\frac{V_{\mathrm{RMS}}I_{\mathrm{RMS1}}\cos\varphi_{1}}{V_{\mathrm{RMS}}I_{\mathrm{RMS}}}=\frac{I_{\mathrm{RMS1}}}{I_{\mathrm{RMS}}}\cos\varphi_{1} \tag{1-31}$$

式中，$I_{\mathrm{RMS1}}/I_{\mathrm{RMS}}$可定义为畸变功率因数。传统的功率因数概念不再能反映非线性负载的功率因数与电流波形畸变之间的关系。为此，提出畸变功率因数的概念。

畸变功率因数的定义为

$$\mathrm{DF}=\frac{I_{\mathrm{RMS1}}}{I_{\mathrm{RMS}}}=\frac{I_{\mathrm{RMS1}}}{\sqrt{\sum_{n=1}^{\infty}I_{\mathrm{RMS}n}^{2}}}=\frac{I_{\mathrm{RMS1}}}{\sqrt{I_{\mathrm{RMS1}}^{2}+I_{\mathrm{RMS2}}^{2}+I_{\mathrm{RMS3}}^{2}+\cdots}} \tag{1-32}$$

式中，I_{RMS1} 为输入电流（网侧电流）的基波电流；I_{RMS} 为输入电流；I_{RMS2}、I_{RMS3}、…为输入电流的 2 次谐波电流、3 次谐波电流…

总功率因数定义为相移功率因数和畸变功率因数的乘积，可表示为

$$PF = DPF \times DF \tag{1-33}$$

该功率因数适用于各种类型的负载。

波峰因数（Crest Factor）。定义为峰值电压或电流与电压或电流均方根值之比，该值越小越好。

1.7 变换器的保护

在变换器中，电力电子开关承受着高的电压和电流变化，这些变化可能损坏电力电子开关的物理结构，引起永久损坏，因此，开关器件必须保护以避免这些影响。同时变换器必须避免受到外部浪涌电流或电压的破坏，外部浪涌电流或电压可能来自电源单元，或者来自相邻其他系统的电磁干扰和电磁辐射。

1.7.1 浪涌电压保护

浪涌电压保护（Surge Voltage Protection），通常用硒二极管（Selenium Diode）或金属氧化物变阻器（Metal Oxide Varistors，MOV）来保护变换器免受输入瞬态浪涌电压的破坏。

通常把硒二极管或金属氧化物变阻器反并联在变换器电源输入端。

正常情况下，硒二极管流过很小的电流，当一个浪涌电压到来时，硒二极管击穿，流过很大的电流以限制其两端的电压，从而保护变换器免受瞬态高电压损害。交流输入时用两个硒二极管背对背连接后并接在变换器电源输入端。

金属氧化物变阻器又称压敏电阻，是一个非线性电阻器，它由被绝缘膜隔离的金属氧化物粒子组成，电压高时，绝缘膜导电，从而限制变换器的输入电压。

1.7.2 过电流保护

过电流保护（Protection Against Excessive Current），通常采用在输入电源回路中串入熔丝（Fuse）保护短路和过电流。熔丝可能是一条细线，在过电流时熔断；熔丝也可能是半导体元件，在正常条件下为低阻抗器件，在过电流条件下为永久性的高阻抗。

由于开关器件对电流和电压非常敏感，其承受过电流的时间非常短，一般只有几微秒，因此，保护电路必须具有很快的响应时间，而熔断需要一定的时间，采用熔丝往往不能保护开关器件免受过电流损坏，现在常用霍尔电流传感器测量电流，用硬件电路进行保护。

1.7.3 开关器件保护

开关器件保护（Protection of Switching Device）就是要限制开关应力在安全值以内，并进行功率传输。开关应力就是瞬态电压最大值、瞬态电流最大值、$\mathrm{d}v/\mathrm{d}t$ 和 $\mathrm{d}i/\mathrm{d}t$。

特别要注意变换器接通、断开以及过电压时的开关器件保护。

为了保证开关器件的安全工作，通常设置缓冲电路，缓冲电路又称为吸收电路（Snubber Circuit），其作用是抑制开关器件的过电压（$\mathrm{d}v/\mathrm{d}t$）和过电流（$\mathrm{d}i/\mathrm{d}t$），减少开关器件的损耗。缓冲电路可以分为关断缓冲电路和导通缓冲电路，关断缓冲电路又叫做 $\mathrm{d}v/\mathrm{d}t$ 抑制电路，用于吸收开关器件关断过程中的过电压，抑制过高的 $\mathrm{d}v/\mathrm{d}t$。导通缓冲电路又叫做 $\mathrm{d}i/\mathrm{d}t$ 抑制电路，由于抑制电流过冲和 $\mathrm{d}i/\mathrm{d}t$，减少导通损耗。图 1-13 给出了一种缓冲电路，缓

冲电路由电感 L_s，电容 C_s，吸收电阻 R_s 和二极管 VD_s 组成。其中电感 L_s 是在开关器件导通时限制电流 I_L 的上升率。电容 C_s，电阻 R_s，二极管 VD_s 组成关断缓冲，在关断时限制电压 V_{ce} 的上升率，使开关器件工作在安全范围内。

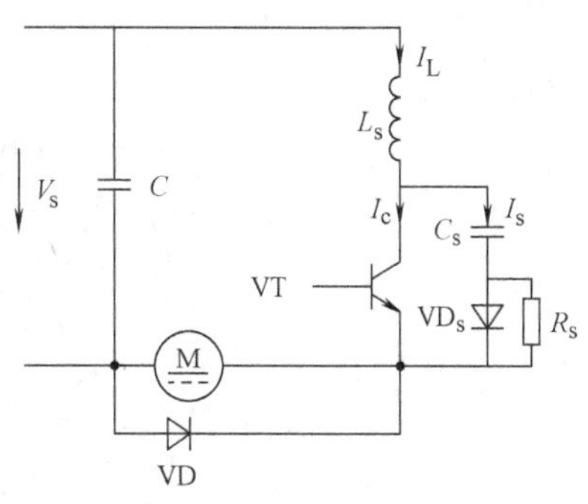

图 1-13 缓冲与吸收电路

当 VT 关断时，集电极电流 I_c 下降，并联电流 I_s 给缓冲电容 C_s 充电，充电电流经过二极管 VD_s 流通，以加快充电时间和减少吸收损耗。假定负载电流 I_L 不变，而集电极电流 I_c 线性下降，则

$$I_c = I_L\left(1 - \frac{t}{t_{off}}\right) \tag{1-34}$$

吸收电容 C_s 上的电流为

$$I_s = I_L - I_c = I_L \frac{t}{t_{off}} \tag{1-35}$$

吸收电容 C_s 上的电压为

$$V_{cs} = \frac{1}{C_s}\int_0^t I_s \mathrm{d}t = \frac{I_L}{2C_s t_{off}} t^2 \tag{1-36}$$

当 $t = t_{off}$ 时，VT 完全关断，负载电流全部转移到吸收回路中，此时 $V_{cs} = V_s$，因此

$$V_s = \frac{I_L t_{off}}{2C_s} \tag{1-37}$$

吸收电容 C_s 的大小为

$$C_s = \frac{I_L t_{off}}{2V_s} \tag{1-38}$$

这就是吸收电容的计算公式。

图 1-13 所示的缓冲电路在 VT 关断后，由于电感 L_s 和电容 C_s 可能产生振荡，使开关器件两端的电压升高，最高可以达到数倍的电源电压 V_s，因此在选择开关器件时，一定要留有足够的电压余量，通常一般只采用关断缓冲，即无 L_s。

开关器件的进一步保护就是通过降低开关损耗减少故障，零电压和零电流开关就是减少开关损耗的一种办法，软开关技术在后续章节详细论述。

1.7.4 过电压保护

变换器中的电线具有非常大的自感，这个自感的作用主要表现在开关器件电压尖峰的延续时间，减少电路自感是解决的主要办法，如电源回路采用三明治结构连接，即减少回路面积从而减少自感，采用吸收电路等实现过电压保护（Over-voltage Protection）。

练 习 题

1. 三角波电流源，峰值为 10A，频率为 1kHz，向容量为 1μF 的电容充电（电容电压初始值为零），如图 1-14 所示，列出电容上电压和电流表达式，并画出电压和电流波形。

2. 方波电压源，峰值为 300V，频率为 1kHz，负载为 300μH 的电感（电感电流初始值为零），如图 1-15 所示，写出电感电流表达式，并画出电压和电流波形。

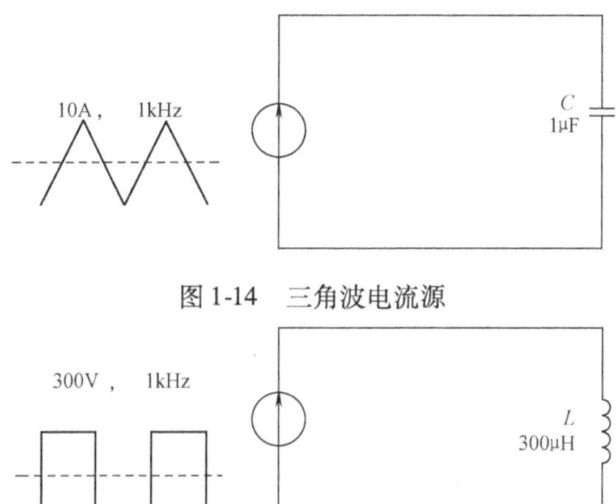

图 1-14 三角波电流源

图 1-15 方波电压源

3. 有哪几类变换器？
4. 变换器的主要组成有哪几部分？
5. 说明为什么大电容的模型可用电压源取代，大电感负载的模型可用电流源取代？
6. 电感和半导体开关串联，当半导体开关断开时，会发生什么？
7. 电容能否和半导体开关并接在一起，为什么？
8. 均方根值定义。
9. 功率因数定义。
10. 电池电压为 12V，其输出电流波形如图 1-16 所示，计算在 29μs 内：

1）输出的平均电流。

2）输出的平均功率。

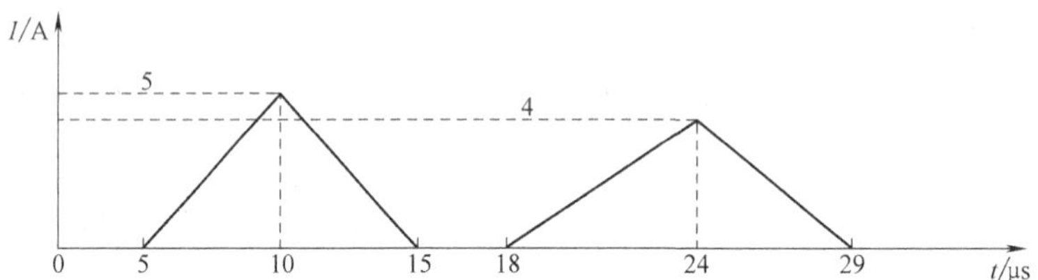

图 1-16 电流波形

11. 某电路输出电压电流波形如图 1-17 所示，计算其输出的平均功率。
12. 说明 R，C，D 缓冲电路（吸收电路）的主要用途是什么，抑制 $\mathrm{d}i/\mathrm{d}t$ 需要哪些器件？
13. 为什么说移相功率因数不能充分说明电流和电压的相互关系？
14. 双向开关、单向开关是指什么？电力电子器件是哪一类？
15. 电力电子技术的主要研究领域有哪些？
16. 利用 24V 电池，设计一个 10A 的恒定电流源，向工作频率为 20kHz 的变换器供电，要求电流波动小于 1%，计算需要多大的电感才能满足要求。
17. 所谓电力电子技术是什么样的技术领域？
18. 请写出交流电 3 要素。

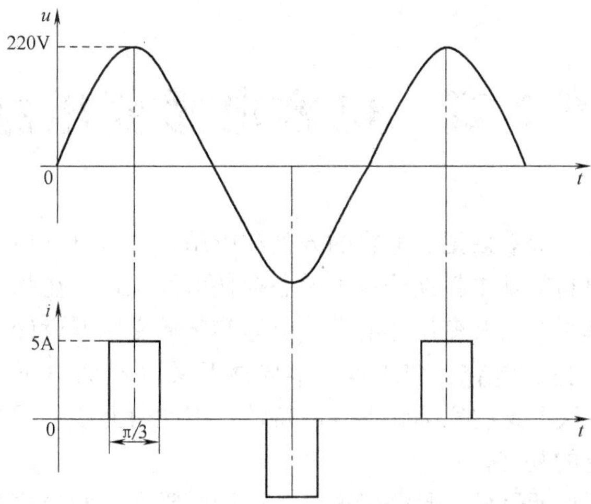

图1-17　电压电流波形

19. 机械开关能否满足电力电子技术应用?

第 2 章　电容电感变压器

本章首先介绍电容的等效模型、电容的分类和应用；针对电感和变压器，介绍磁学的基本概念和定律及磁性材料的基本特性分析了磁心损耗形线原理，在此基础上给出了直流电感的设计公式和铁心的选择方法及变压器的等效电路和脉冲变压器设计的基本公式。

功率电路主要由电感、电容、变压器、半导体开关（电力电子开关）和负载等组成，电力电子系统的性能取决于这些实际元器件的特性，因此研究这些元器件的特性以及工作原理是研究电力电子系统的基础。

电感、变压器是磁性元器件，是非标准品，设计时需考虑的参数众多，工艺问题也较为突出，分布参数复杂，了解磁性元器件的基本特性，是掌握磁性元器件设计的关键。目前软磁材料的发展迅速，为了满足电力电子系统的需要，许多新型的材料不断涌现，但目前应用较多的仍然是铁氧体、粉心类和合金类 3 种。

电容器是电力电子变换器中的重要元件，主要有固体有机介质电容器、固体无机介质电容器、电解电容（按正极的金属材料和形状可分铝、钽、铌、钛、钽-铌合金型以及箔式、烧结式等）和气体介质电容等 3 大类。

2.1　电容器

电容是表征两个导体间的电介质在单位电压的作用下，储藏电场电量（电荷）能力的参量，用符号 C 表示。电容的单位是法拉。电容在电路中除了能储存电场能量外，在直流电路中，起隔离直流的作用。在交流电路中，容抗随电源的频率升高而减小，同时电容上的电压不能突变。单位有法拉（F）、毫法（mF）、微法（μF）、纳法（nF）、皮法（pF）等，$1\text{F}=10^3\text{mF}=10^6\mu\text{F}=10^9\text{nF}=10^{12}\text{pF}$。

2.1.1　电容器的基本参数及等效电路

电容器是电力电子变换器中的重要元件，虽然它的大小形状不一，种类繁多，但是就其构造来说多数都是由两块彼此靠近的金属薄片（或金属膜）构成电极，中间隔一层电介质。电容的大小不仅与两导体极板的形状有关，还与极板间的电介质有关。

平板电容器如图 2-1 所示，设极板面积为 S，极板之间距离为 d，极板之间充满相对介电常数为 ε_r 的电介质，如果极板所带电荷为 q，则电场强度大小

$$E=\frac{q}{\varepsilon_0\varepsilon_r S} \tag{2-1}$$

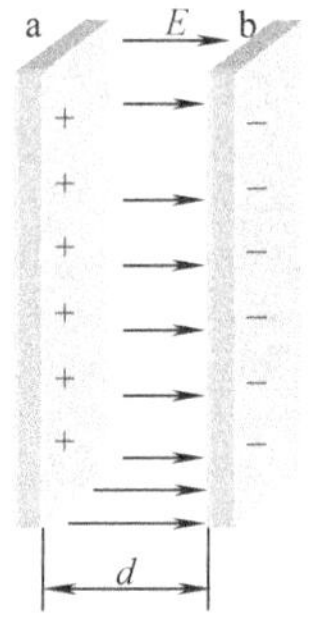

方向由 a 到 b，则两极板之间的电位差

图 2-1　平板电容器

$$V_{ab} = \int_a^b \vec{E}\,dl = Ed \tag{2-2}$$

电容器的电荷 q 与电容器两端的电压 V_{ab}之比称之为电容

$$C = \frac{q}{V_{ab}} = \frac{\varepsilon_0 \varepsilon_r S}{d} \tag{2-3}$$

电容中储存的能量

$$W = \frac{1}{2} C V_{ab}^2 \tag{2-4}$$

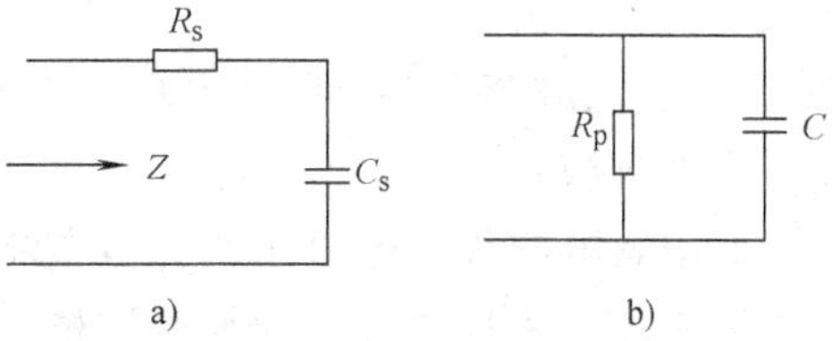

图 2-2　电容器的两种等效电路
a）串联等效电路　b）并联等效电路

实际的电容器是有损耗的，图 2-2 表示出了实际电容器的两种等效电路，R_p 为电介质漏电阻（Dielectric Leakage Resistance），R_s 为等效串联电阻（Equivalent Series Resistance，ESR），可以写出两种等效电路的阻抗 Z

$$Z = R_s + \frac{1}{j\omega C_s} \tag{2-5}$$

$$Z = \frac{R_p \dfrac{1}{j\omega C}}{R_p + \dfrac{1}{j\omega C}} = \frac{R_p}{1 + j\omega C R_p} = \frac{R_p}{1 + \omega^2 C^2 R_p^2} + \frac{1}{j\omega\left(C + \dfrac{1}{\omega^2 C R_p^2}\right)} \tag{2-6}$$

两者实部和虚部分别相等，得

$$R_s = \frac{R_p}{1 + \omega^2 C^2 R_p^2} \tag{2-7}$$

$$C_s = C + \frac{1}{\omega^2 C R_p^2} = C\left(1 + \frac{1}{\omega^2 C^2 R_p^2}\right) \tag{2-8}$$

图 2-3 为电容器串联等效电路和电压、电流相量图，其中 δ 为损耗角。

等效的串联电阻 R_s 在电容器中必定要损耗一部分功率，定义在规定频率的正弦电压下，电容器所损耗的有功功率与无功功率的比值称为损耗角正切，对于串联等效电路

$$\tan\delta = \frac{V_r}{V_C} = \frac{I \times R_s}{I \times \dfrac{1}{\omega C}} = R_s C_s \omega \tag{2-9}$$

对于并联等效电路

$$\tan\delta = \frac{1}{R_p C \omega} \tag{2-10}$$

对于电容来说，要求 R_s 越小越好，也就是损耗角正切越小越好。

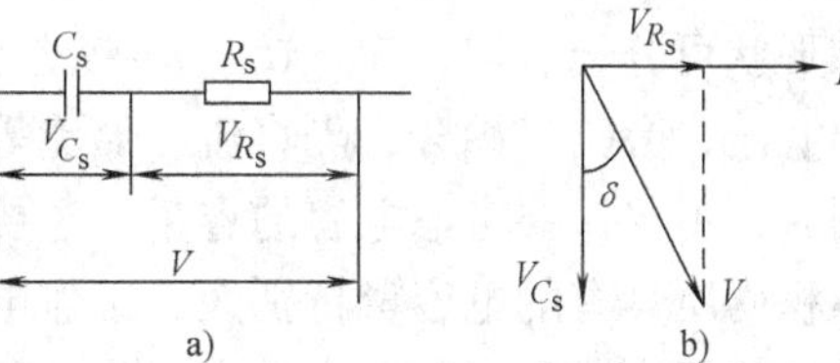

图 2-3　串联等效电路
a）串联等效电路　b）电压、电流相量图

电容器的额定工作电压称为耐压，指在规定的工作温度范围内电容器能够长时间可靠地工作的最大直流电压（或最大交流电压的有效值）。电容器的额定工作电压的大小，除与电容器的结构有关外主要取决于它的介质特性和介质厚度，电容器的击穿是电容器在工作过程中由于电介质或绝缘体被破坏而导致短路的现象。

电介质的击穿分为：

1）电击穿。加在电介质上的电压使电介质微观结构遭到破坏导致出现很大的传导电流而使两极短路。

2）热击穿。电介质在长期工作时产生的热量大于散出的热量，使介质热崩溃，发生在高频、高压下。

3）老化击穿。电介质在电场长期作用以及外界因素的促使下，电介质老化，电性能明显下降的现象。

对电容器施加直流电压，充电电流随时间增加而降到某恒定的数值，这个电流称为电容器的漏电流，表征电容器的绝缘质量。

2.1.2 电容器的分类

（1）电容的分类有多种方法，按用途分类可分为：

1）直流电容器。用于在直流电压下工作，如极性的电解电容，大多数为固定电容。

2）交流电容器。用于给定频率范围内的电路。

3）脉冲电容器。用于脉冲工作条件下间歇充放电。

（2）按电容器的介质不同分类可分为：

1）固体有机介质电容器。用有机薄膜为介质材料制成的电容器，这种电容器多是卷绕式结构，其电极有金属箔电极和金属化电极两种。

2）固体无机介质电容器。用固体无机介质制成的电容器，如云母电容器、陶瓷电容器、玻璃釉电容器等。

3）电解电容。电解电容的工作介质是在一些金属（铝、钽、铌、钛、钽-铌合金型）表面上形成一层极薄的金属氧化膜，此层氧化膜介质完全与组成电容器的电极（阳极，正极）是不可分离的整体，不能单独存在。电容器的阴极并非金属，而是所谓的“电解质”（注意不是电介质），它可以是液体，也可以是糊状、凝胶或者是固体，电解质是电解电容器中最重要的材料之一，它起到电解电容器阴极的功能，它使电容器在工作过程中具有自愈能力，为了使阴极与外界电路连接，又以另一金属与电解质相接触，这就是电容器接入电路时的负极。当电解电容器在工作和储存过程中，由于某些原因阳极氧化膜局部受到损坏，使电容器的漏电流增大，此时在外加电压的作用下，非固体电解质放出氧，在氧化膜破坏处重新形成氧化膜，起到自行修补的作用，而使电解电容器恢复其正常的工作能力。按正极的金属材料和形状可分铝、钽、铌、钛、钽-铌合金型以及箔式、烧结式等；电解电容器在电路中主要起滤波、旁路、耦合、隔直流、储能等作用。需要指出的是，用于整流滤波的电解电容在选用时，不仅仅要考虑电容的容量，还要考虑电容的充放电电流。电解电容的主要特点是单位体积内所具有的电容量特别大，工作电压越低这一特点越突出，特别适宜于小型化应用，用单位体积内所具有的电容量和工作电压乘积来表示。电解电容的另一个特点是损耗角正切较大，容易老化，性能可靠性逐年下降，特别是长期储存不用，突然加上额定电压，最容易导致电解电容失效甚至爆炸，钽电容不存在这个问题，长时间储存后可以随时使用。

4）气体介质电容器，用气体或真空作介质制成的电容器，如空气可变电容器、空气电容器和真空电容器。

（3）按电容器在电路中所起的功能分类可分为：

1）调谐电容器。用于与频率有关或对系统进行调谐的电容器，用作调谐的电容器要求损耗小、稳定性高。

2）隔直流电容器。用于阻止直流而允许交流部分通过的电容器。

3）旁路电容器。为交流电路中某些与之并联的元件提供低阻抗通路，要求低损耗角、低电感。

4）滤波电容器。与电感或电阻组合，有选择地传输不同的频率信号，要求低损耗角、高稳定性。

5）计时电容器。与电阻配合使用，可确定电路的时间常数，要求有高的绝缘电阻、低吸收系数和长期稳定性。

6）去耦电容器。用于电路的级间连接，允许交流信号通过并传输到下一级电路去。

7）储能电容器。利用较小功率的电源对它长时间充电，然后电容器在很短的时间内放电，可得到很大的脉冲功率。

用于高频旁路的电容有陶瓷电容器、云母电容器、玻璃膜电容器、涤纶电容器、玻璃釉电容器；用于低频旁路的电容有纸介电容器、陶瓷电容器、铝电解电容器、涤纶电容器；用于滤波的电容有铝电解电容器、纸介电容器、复合纸介电容器、液体钽电容器；用于调谐的电容有陶瓷电容器、云母电容器、玻璃膜电容器、聚苯乙烯电容器；用于高频耦合的电容有陶瓷电容器、云母电容器、聚苯乙烯电容器；用于低耦合的电容有纸介电容器、陶瓷电容器、铝电解电容器、涤纶电容器、固体钽电容器。

2.2　磁学的基本概念

2.2.1　磁感应强度或磁通密度

为了定量地表示磁场中某一点磁性的大小和方向，用磁感应强度表示，其度量可用载流导体在磁场中所受力的大小来衡量。设在载流导体 l_1（电流为 I）周围某 P 点处，放置另一长度为 l_2 载流导体，在 l_2 内通较小的电流 i，P 点的磁场方向按右手定则确定：右手拇指伸直，四指握成螺旋状，如果电流方向与拇指同向，则四指所指方向为磁场方向。载流导体 l_2 受到磁场（由于在 l_2 内通的电流 i 较小，可以认为磁场只由载流导体 l_1 产生）的作用力 F 可由左手定则确定：将左手伸直，让磁场的方向穿过手心，四指指向电流方向，则拇指所指方向为载流导体 l_2 的受力方向。符号⊗为磁场垂直穿过纸面，⊙表示磁场传出纸面，磁场对载流导体的作用力示意图如图 2-4 所示。

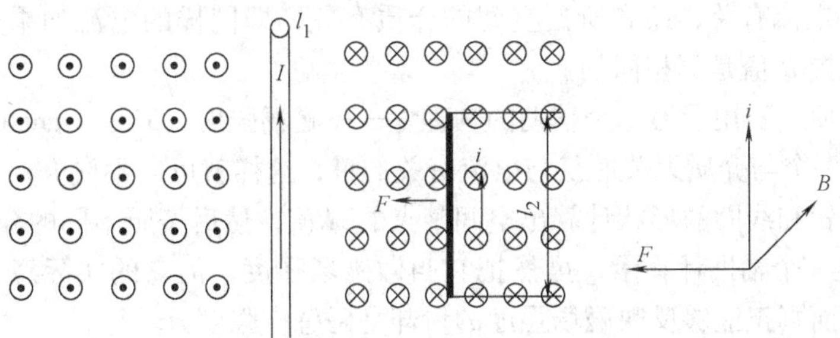

图 2-4　磁场对载流体的作用力示意图

用单位长度（米）的导体流过单位量电流（安培）在该点所受的力的大小来衡量该点磁场的大小，即磁感应强度 B

$$B=\frac{F}{li} \tag{2-11}$$

单位为 T（特拉斯）；在有些场合，用高斯单位，$1\text{Gs}=10^{-4}\text{T}$ 。

若 B 和 l 的方向不是正好垂直，而是有一夹角 θ，则

$$F=Bli\sin\theta \tag{2-12}$$

显然当 l 与 B 平行时，就不会有作用力。为了形象地表示磁场，可以把磁场用磁力线的分布来描述，那么在每一点上磁力线的密度（单位面积上穿过磁力线数）就等于磁感应强度 B，而 B 的方向就是磁力线的切线方向，因此，B 也可以称为磁通密度或磁力线密度（The Magnetic Flux Density）。

2.2.2 磁通

设在磁场内某点的磁感应强度为 B，在与 B 垂直方向上取一个微小面积 $\mathrm{d}s$，则在 $\mathrm{d}s$ 面积内的磁力线总数称为磁通（The Magnetic Flux）

$$\mathrm{d}\Phi = B\mathrm{d}s \tag{2-13}$$

$$\Phi = \int_s B\mathrm{d}s \tag{2-14}$$

对于均匀磁场，若 B 与 s 垂直，则上式变为 $\Phi=Bs$ 或者 $B=\frac{\Phi}{s}$，磁通 Φ 的单位是 Wb（韦伯）。

换句话说，磁通就是穿过某 s 截面的磁力线总数，亦称为磁通量，也可以说磁通就是磁感应强度的面积分。以 Φ 表示，单位为 Wb。

可以用磁通定义磁通密度（磁感应强度）：垂直于磁力线的方向上单位面积的磁通量，以 B 表示，单位为特斯拉（T，$1\text{T}=1\text{Wb/m}^2$）。

2.2.3 磁场强度

用以表示磁场强弱的物理量 B 并不称为“磁场强度”，却称为“磁感应强度”，那么磁场强度表示什么呢？

如前所述，磁场是由电流产生的，因此磁场内各点的磁感应强度 B 与电流有关；磁感应强度 B 不仅和电流有关，还和所处空间的介质有关，即同样的电流如果处在不同的介质中，在同一个位置 B 值是不相同的。

为了计算方便，引用了另一个辅助的物理量——磁场强度（The Magnetic Field Intensity）H，即认为 H 是一个与介质无关而仅与电流有关的量，这样就可以不受介质的影响，只根据电流的大小、位置和线圈的形状计算出空间某点的 H 值，然后按照不同的介质计算 B。

显然 H 只是一个辅助计算量，虽然把它叫做磁场强度，但它的实际意义却不能代表实际磁场的强度，而真正能够反映磁场强度的量却是磁感应强度 B。

磁场强度和磁感应强度的关系

$$B=\mu H \tag{2-15}$$

式中，μ 称为介质的导磁系数或磁导率（Permeability），它与介质有关。真空导磁系数用 μ_0 表示，实际使用中通常指相对于真空的磁导率 μ_r，$\mu=\mu_r\mu_0$，真空中的磁导率 $\mu_0=4\pi\times10^{-7}$ H/m。

磁场强度 H 单位安培每米（A/m）或奥斯特（O_e），$1O_e=10^3/4\pi$（A/m）。

2.2.4 磁场连续性定律

假设某一封闭曲面 s 包围磁路的某一部分，则穿过曲面 s 而进入被包围的这一部分磁路的磁通的代数和为零，这就是磁路第一定律。

$$\oint_S B\cdot \mathrm{d}s=0 \text{ 或者}$$

$$\sum_{i=1}^{n}\Phi_i=0 \tag{2-16}$$

磁路第一定律是磁通连续性的反映。例如，对于图 2-5 所示的磁路，忽略漏磁通的作用，在 Φ_1、Φ_2、Φ_3 的交汇处作一个封闭曲面，由磁通的连续性原理 $\sum_{i=1}^{n}\Phi_i=0$，可以得到 $\Phi_1+\Phi_2=\Phi_3$。

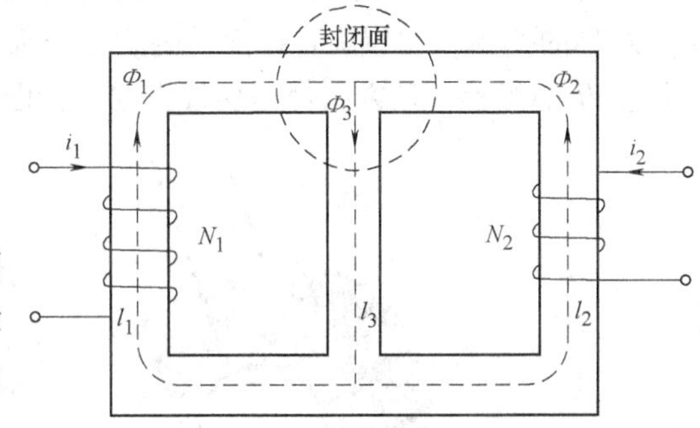

图 2-5 磁通连续性

2.2.5 全电流定律

全电流定律也称为安培环路定理，全电流定律是用以确定电流和磁场强度之间关系的重要定律。

设空间有 N 根载流体，环绕载流体的任意磁通闭合回路中，磁场强度的切向分量沿该回路的线积分等于该回路所包围的电流代数和，即

$$\oint_l H\cdot \mathrm{d}l=\sum i_k \tag{2-17}$$

式中，H 为沿该回路上各点切线方向的磁场强度分量；i_k 为每根导体中的电流，表明磁场强度沿闭合回路的线积分与路径无关。

对于图 2-6 所示的磁路，若电流的正方向与闭合回路符合右手螺旋关系，电流为正，否则为负。根据安培环路定律可以得到

$$\oint_l H\cdot \mathrm{d}l=i_1+i_2-i_3$$

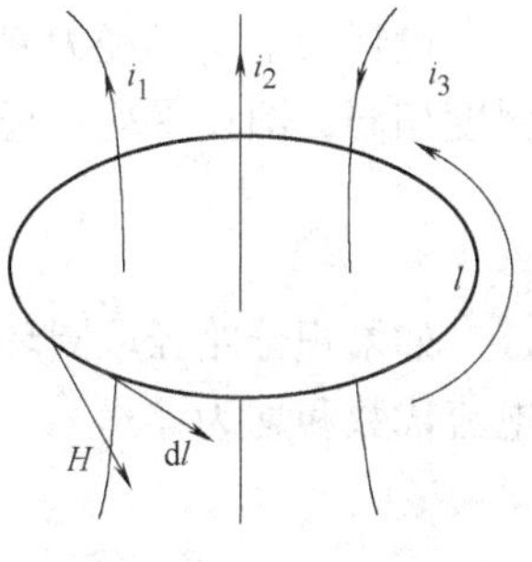

图 2-6 安培环路定理

下面以直导线和环形螺旋管为例，说明全电流定理的应用。

设直导线无限长，通以电流 I，在与直导线垂直的一个平面上，以导线为圆心，以 x 为半径作一个圆，并沿这个圆周作为积分路径，按顺时针方向求 H 线积分，按全电流定律，此圆周上各点的磁场强度 H 的线积分应等于此闭合曲线所包围的电流 I。

$$\oint_l H\mathrm{d}l=I \tag{2-18}$$

假设此无限长载流体是孤立的，所以它周围的磁力线都是同心圆，因此圆周上任一点的

磁场强度的方向都是在切线方向上，换句话说，所取的积分路径正好在一条磁力线上，所以沿圆周各个点的 H 可以看作常数，即

$$\oint_l H\mathrm{d}l = H\oint \mathrm{d}l = H2\pi x = I$$

$$H = \frac{I}{2\pi x} \tag{2-19}$$

上式表明，直导线周围任意点的磁场强度与距离 x 成反比。

设有一个环形的螺旋管，具有方形的截面，均匀缠绕着 N 匝线圈，若线圈通上电流 I，由于对称的关系，在螺旋管截面上的磁力线都是同心圆，并且在任意一根磁力线上各点的磁场强度 H 都相等，且方向都是切线方向，如图 2-7 所示。

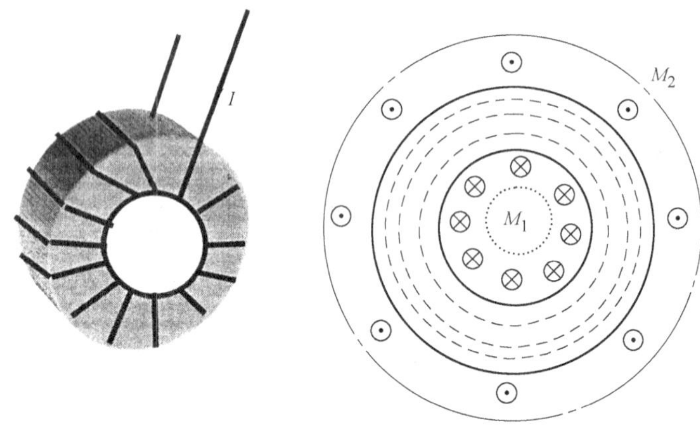

图 2-7 螺旋管磁力线

在螺旋管的截面上取半径为 r 的一条磁力线作为积分路径，根据全电流定律，有

$$\oint_l H\mathrm{d}l = H\oint \mathrm{d}l = H2\pi r = NI$$

$$H = \frac{NI}{2\pi r} \tag{2-20}$$

设环的平均半径为 R，且环的宽度与 R 相比很小时，可以认为在圆环截面上各点的磁场强度相同，即按平均半径计算值

$$H = \frac{NI}{2\pi R} \tag{2-21}$$

如果积分路径取圆环内腔中某圆 M_1，或取圆环外圆 M_2 作为积分路径，则它们所包围的电流代数和均为零。

$$\oint_{M_1} H_1\mathrm{d}l = \oint_{M_2} H_2\mathrm{d}l = 0$$

即 $H_1 = H_2 = 0$，这说明在环的内腔和外面，都没有磁场存在，即是说圆环螺旋线所产生的磁场全部集中在螺旋管内部截面上，称 NI 为磁路的磁动势。

2.2.6 电磁感应定理

单位时间内流过的电荷称之为电流 $i = \mathrm{d}q/\mathrm{d}t$，移动的电荷产生磁场，随时间变化的静电荷也产生磁场；同样，在磁场中移动的导体两端产生电压，静止导体两端在随时间变化的磁

通中也产生电压。

线圈中的磁通量 Φ 发生变化时，在该线圈中将产生与磁通变化率成正比的电动势，若线圈匝数为 N，则

$$e=-N\frac{\mathrm{d}\Phi}{\mathrm{d}t} \tag{2-22}$$

磁通 Φ 是时间 t 和线圈对磁场相对位移 x 的函数，即 $\Phi=f(t, x)$。

写成全微分形式

$$e=-N\frac{\mathrm{d}\Phi}{\mathrm{d}t}=-N\left(\frac{\partial \Phi}{\partial t}+\frac{\partial \Phi}{\partial x}\times\frac{\mathrm{d}x}{\mathrm{d}t}\right) \tag{2-23}$$

若 $\mathrm{d}x/\mathrm{d}t=0$，则

$$e_{\mathrm{b}}=-N\frac{\partial \Phi}{\mathrm{d}t}=-N\frac{\mathrm{d}\Phi}{\mathrm{d}t} \tag{2-24}$$

e_{b} 称为变压器电动势，变压器的工作原理就是线圈位置不动，而通过线圈的磁通量对时间发生变化。

式中，$N\mathrm{d}\Phi=\mathrm{d}\psi$；$\psi=N\Phi$，称为磁链。

若 $\partial \Phi/\partial t=0$ 则

$$e_{\mathrm{v}}=-N\left(\frac{\partial \Phi}{\partial x}\frac{\mathrm{d}x}{\mathrm{d}t}\right)=-N\frac{\partial \Phi}{\partial x}v \tag{2-25}$$

e_{v} 称为速度电动势，电机工作原理就是磁场的大小及分布不变，仅靠磁场和线圈有相对位移来产生变化磁通和感应电动势进行能量变换。

速度电动势也可以通过计算单根导体在磁场中运动的感应电动势

$$e_{\mathrm{v}}=B_{\mathrm{x}}lv \tag{2-26}$$

式中，B_{x} 为所在位置的磁通密度；l 为导体的有效长度；v 为导体在垂直于磁力线方向的运动速度。

感应电动势的方向符合右手定则：磁力线穿过掌心，拇指指向导体的运动方向，四指表示感应电动势方向。

2.3 磁性材料的基本特性

2.3.1 磁化曲线

物质的磁化需要外磁场，相对外磁场而言，被磁化的物质称为磁介质。将铁磁物质放到磁场中，磁感应强度显著增大，磁场使得铁磁物质呈现磁性的现象称为铁磁物质的磁化。铁磁物质之所以能被磁化，是因为这类物质不同于其他物质，在其内部有许多自发磁化的小区域——磁畴。

在没有外磁场作用时，这些磁畴排列的方向是杂乱无章的，如图 2-8a 所示，小磁畴间的磁场是相互抵消的，对外不呈现磁性。

如给磁性材料加外磁场，例如，将铁磁材料放在一个载流线圈中，在电流产生的外磁场作用下，材料中的磁畴顺着磁场方向转动，加强了材料内的磁场。随着外磁场的加强，转到

外磁场方向的磁畴就越来越多，与外磁场同向的磁感应强度就越强，如图2-8b所示，这就是说材料被磁化了。

如将完全无磁的铁磁物质进行磁化，把磁场强度从零逐渐增加，测量铁磁物质的磁通密度，得到磁通密度和磁场强度之间关系，并用$B-H$曲线表示，称该曲线为磁化曲线。从材料的零磁化状态磁化到饱和的磁化曲线通常称为初始磁化曲线。

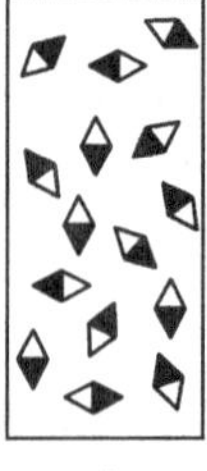
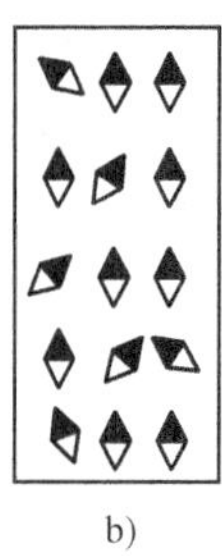

a)　　b)

图2-8　磁畴排列的方向

a）未磁化时的磁畴排列

b）被磁化时的磁畴排列

如果将铁磁物质沿磁化曲线（OS）由完全去磁状态磁化到饱和B_s，如图2-9所示。此时如将外磁场H减小，B值将不再按照原来的初始磁化曲线减小，而是更加缓慢地减小，这是因为发生刚性转动的磁畴保留了外磁场方向。即使外磁场$H=0$时，$B\neq0$,即尚有剩余的磁感应强度B_r存在。这种磁化曲线与退磁曲线不重合性能称为磁化的不可逆性。磁感应强度B的改变滞后于磁场强度H的现象称为磁滞现象。

如要使B减少，必须加一个与原磁场方向相反的磁场强度$-H$，当这个反向磁场强度增加到$-H_c$时，才能使磁介质中$B=0$。这并不意味着磁介质恢复了杂乱无章状态，而是一部分磁畴仍保留原磁化磁场方向，而另一部分在反向磁场作用下改变为外磁场方向，两部分相等时，合成磁感应强度为零。

如果再继续增大反向磁场强度，铁磁物质中反转的磁畴增多，反向磁感应强度增加，随着$-H$值的增加，反向的B也增加。当反向磁场强度增加到$-H_s$时，则$B=-B_s$达到反向饱和。$-H=0$时，$B=-B_r$；要使$-B_r$为零，必须加正向H_c，如H再增大到H_s时，B达到最大值B_s，磁介质又达到正向饱和。这样磁场强度由$H_s\to0\to-H_c\to-H_s\to0\to H_c\to H_s$，相应地，磁感应强度由$B_s\to B_r\to0\to-B_s\to-B_r\to0\to B_s$，形成了一个对原点$O$对称的回线，称为饱和磁滞回线，或最大磁滞回线。

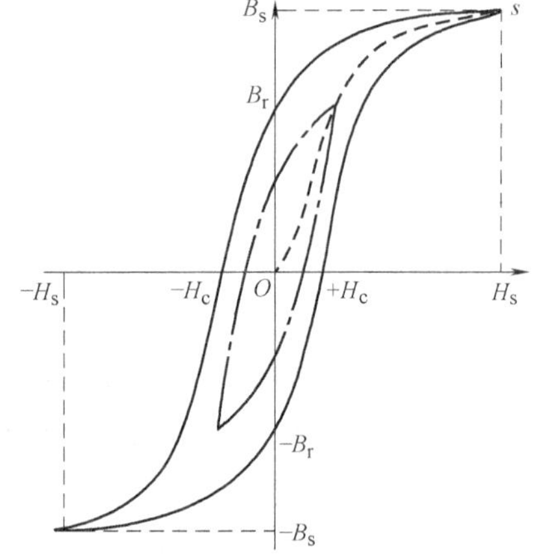

图2-9　磁心的磁滞回线

在饱和磁滞回线上可确定的特征参数为：

1）饱和磁感应强度B_s是在指定温度（25℃或100℃）下，用足够大的磁场强度磁化磁性物质时，磁化曲线达到或接近此水平时，不再随外磁场增大而明显增大。

2）剩余磁感应强度B_r是指铁磁物质磁化到饱和后，又将磁场强度下降到零时，铁磁物质中残留的磁感应强度，即B_r简称剩磁。

3）矫顽力H_c是指铁磁物质磁化到饱和后，由于磁滞现象，要使磁介质中B为零，需有一定的反向磁场强度$-H$，此磁场强度称为矫顽磁力H_c。

如果用小于H_s的不同的磁场强度磁化铁磁材料时，此时B与H的关系为在饱和磁滞回线内的一族磁滞回线。各磁滞回线上的剩磁感应和矫顽磁力将小于饱和时的B_r和H_c。如果要使具有磁性的材料恢复到去磁状态，用一个高频磁场对材料磁化，并逐渐减少磁场强度H到0，或将材料加到居里温度以上即可去磁。

如果磁滞回线很宽，即H_c很高，需要很大的磁场强度才能将磁材料磁化到饱和，同时需要很大的反向磁场强度才能将材料中磁感应强度下降到零，也就是说这类材料磁化困难，去磁也困难，我们称这类材料为硬磁材料。如铝镍钴永磁铁和钐钴合金等，常用于电机和仪表产生恒定磁场。这类材料磁化曲线宽，矫顽磁力高。在开关电源中，为减少直流滤波电感的体积，有时用永磁—硬磁材料产生恒定磁场抵消直流偏置。

另一类材料在较弱外磁场的作用下，磁感应强度达到很高的数值，同时很低的矫顽磁力，既容易磁化，又很容易退磁，我们称这类材料为软磁材料。属于这类材料的有电工纯铁、电工硅钢、铁镍软磁合金和软磁铁氧体等。某些特殊磁性材料，如恒导磁合金和非晶态合金也是软磁材料。可见，所谓“软磁”，不是材料的质地柔软，而是容易磁化而已。实际上，软磁材料都是既硬又难加工的材料。如铁氧体，既硬又脆。

流过电流的导线会产生磁场，相邻的导线在相互磁场（也可以是外加磁场）作用下会产生电流挤到导体一边的现象成为临近效应。相邻层的导线若电流方向相同，电流会往外侧挤，相邻层的导线若电流方向相反，电流会往外内侧挤。临近效应会导致导体的利用率下降，铜损增加（与集肤效应类似）。

2.3.2　磁心损耗

磁性元件的功率损耗有3大部分，铜损（Copper Losses）、涡流损耗（Eddy Current Losses）和磁滞损耗（Hysteresis Losses）。这3种损耗均正比于磁场交变的频率f。

1. 铜损

铜损是由线圈的电阻所引起，损耗与电流平方成正比（i^2R），因此电流大小是决定导线截面积的主要因素，单位面积流过的电流称为电流密度（Current Density），一般铜导线的电流密度选取范围为1～10A/mm²，电流密度降低，元件温升减小。

导线电阻随着温度和电流频率的增加而增加，频率的影响是由于电流的集肤效应（Skin Effect）。所谓集肤效应，是由于载流导体周围产生磁场，导体内部和边缘部分的磁通量不同，导体截面中心处磁场最强，因此导体中心的感抗大于导体表面的感抗，电流沿着感抗（阻抗）最小的区域（路径）流动，即沿着导体的表面区域流动。

电流集中于导体表面，增大了导体材料的电阻系数，电流密度沿导体直径方向指数分布，导体表面电流密度最高。所谓穿透深度是指由于集肤效应，交变电流沿导体表面流动所能达到的径向深度，电流穿透深度用下式表达：

$$\delta=\frac{1}{\sqrt{\pi f\mu\sigma}}\times10^{-3} \tag{2-27}$$

式中，δ为穿透深度，单位mm；f为频率，单位Hz；μ为导体的磁导率，单位H/m；σ为导体的电导率，单位S/m。

大部分导体材料的相对磁导率几乎为1，所以电流穿透深度

$$\delta=\frac{1}{\sqrt{\pi f\sigma\mu_0}}$$

当导体为圆形铜导线时，其穿透深度为

$$\delta=\frac{66.1}{\sqrt{f}} \tag{2-28}$$

可以通过计算导体单位长度的交流电阻和直流电阻得到导线有效截面积减小情况。设导体直径为r，穿透深度为δ，导体线电阻率ρ，图2-10为导体流过交流电时集肤效应图。当

导体流过直流电流时，电流均匀流过导体截面，单位长度的直流电阻为

$$R_{dc}=\frac{\rho}{\pi r^{2}} \tag{2-29}$$

当导体流过交流电流时，电流只流过导体表面区域，由于穿透深度为δ，可以求出流过电流的环形面积为$s=\pi\left[r^{2}-(r-\delta)^{2}\right]$

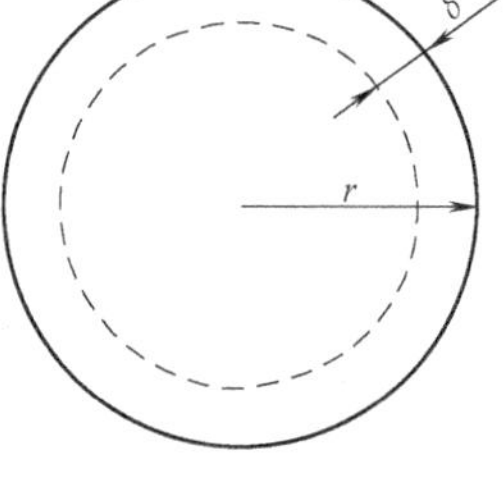

图 2-10 导体通过交流电流时的集肤效应

单位长度的交流电阻为

$$R_{dc}=\frac{\rho}{\pi\left[r^{2}-(r-\delta)^{2}\right]} \tag{2-30}$$

交流电阻和直流电阻之比

$$\frac{R_{dc}}{R_{dc}}=\frac{r^{2}}{\left[r^{2}-(r-\delta)^{2}\right]}=\frac{1}{\left[\frac{2\delta}{r}-\left(\frac{\delta}{r}\right)^{2}\right]} \tag{2-31}$$

当$r\leqslant\delta$时，即穿透深度大于等于导体半径，两者之比为1，当导体流过交流电流时，电流均匀流过导体截面，可以忽略集肤效应的影响。

实际上，导体的交流电阻总是大于直流电阻，即是$r\leqslant\delta$也是如此。

集肤效应增大导体电阻可以通过增加导体的表面积来克服，例如，大直径的导体可以用彼此绝缘的一股小直径导体代替。

2. 涡流损耗

磁心材料包含着金属成分，当磁心通过交变磁通时，与磁力线正交的平面中产生感应电动势，此电动势被磁心材料中的金属成分短路，这个短路导体相当于变压器的二次绕组，仅仅是短路的绕组而已，在此短路的绕组内有电流，我们把此环流称为涡流（Eddy Current）。由于短路导体存在电阻，$i^{2}R_{e}$为涡流损耗，此损耗是纯粹的热损耗。

图2-11是铁心中的一片硅钢片，厚度为d，高度为b（$b\gg d$），长度为l，体积为$V=bld$。在垂直进入的交变磁场B_{m}的作用下，根据电磁感应定律，硅钢片中将有围绕磁通呈涡旋状的感应电动势和电流产生，简称涡流。

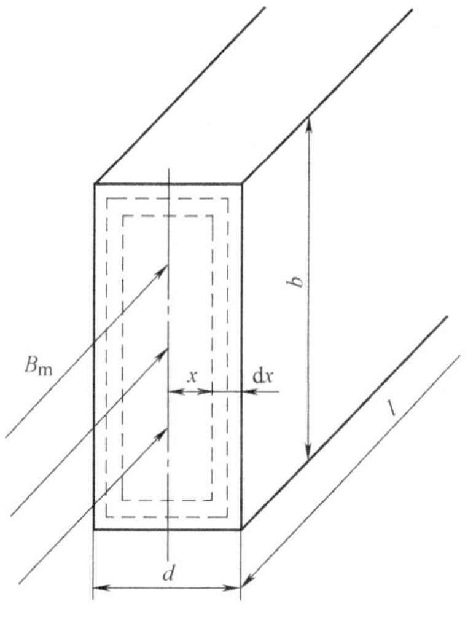

根据电磁感应定律，参照图2-11，涡流回路的感应电动势

图 2-11 涡流损耗

$$E_{W}=Kf\,b2xB_{m} \tag{2-32}$$

式中，K为电动势比例常数；f为磁场交变频率；x为涡流回路与硅钢片对称轴线间的距离。

忽略两短边影响，涡流回路的等效电阻为

$$\mathrm{d}R=\rho\frac{2b}{l\mathrm{d}x} \tag{2-33}$$

式中，ρ为硅钢片的电阻率。

给定涡流回路中的功率损耗为

$$dp_W=\frac{E_W^2}{dR}=\frac{2K^2f^2lbB_m^2x^2dx}{\rho} \tag{2-34}$$

由此可得硅钢片中的涡流损耗

$$p_W=2\int_0^{\frac{d}{2}}dp_W=2\int_0^{\frac{d}{2}}\frac{2K^2f^2lbB_m^2x^2}{\rho}dx=\frac{K^2f^2d^2B_m^2V}{6\rho} \tag{2-35}$$

上式表明，涡流损耗与磁场交变频率f、硅钢片厚度d和最大磁感应强度B_m的平方成正比，与硅钢片的电阻率ρ成反比。由此可见，要减少涡流损耗，首先应减小硅钢片厚度，其次是增加涡流回路中的电阻，电工钢片就是加适量的硅，制成硅钢片，改变材料的性能，成为半导体类合金，显著提高了电阻率。

涡流相当于1匝的磁心线圈。涡流电阻取决于材料的截面尺寸和电阻率。为了减少涡流效应，将含铁合金材料碾轧成薄带，将整块磁心用相互绝缘的n片薄带叠成相同截面积磁心代替（例如，硅钢片），这些薄片表面涂有薄层绝缘漆或绝缘的氧化物。磁通穿过薄片的狭窄截面时，涡流被限制在沿各片中的一些狭小回路流过，这些回路中的净电动势较小，回路的长度较大，再由于这种薄片材料的电阻率大，这样就可以显著地减小涡流损耗，所以，交流电机、电器中广泛采用叠片铁心。在电路中电感的涡流可用一个与电感串联的电阻R_e来等效。

3. 磁滞损耗

磁材料在外磁场的作用下，材料中的一部分与外磁场方向相差不大的磁畴发生了“弹性”转动，这就是说当外磁场去掉时，磁畴仍能恢复原来的方向；而另一部分磁畴要克服磁畴壁的摩擦发生刚性转动，即当外磁场去除时，磁畴仍保持磁化方向。因此，磁化时送到磁场的能量包含两部分：前者转为势能，即去掉外磁化电流时，磁场能量可以返回电路；而后者变为克服摩擦使磁心发热消耗掉，这就是磁滞损耗。

理论和实践证明，每经历一次磁滞效应，在单位体积中的磁滞损耗能量就等于磁滞曲线的面积。

用一个低频交流电源磁化一个环状磁心线圈如图2-12a所示，磁心材料磁化曲线如图2-12b所示。磁心截面积为A_c，平均磁路长度为l_c，线圈匝数为N，如果外加电压为$v(t)$，磁化电流为I。由式(2-20)，可得$H=\frac{IN}{l_c}$或$I=\frac{Hl_c}{N}$，根据电磁感应定律$v=N\frac{d\Phi}{dt}=NA_c\frac{dB}{dt}$，在半周期内，送入磁心线圈的能量

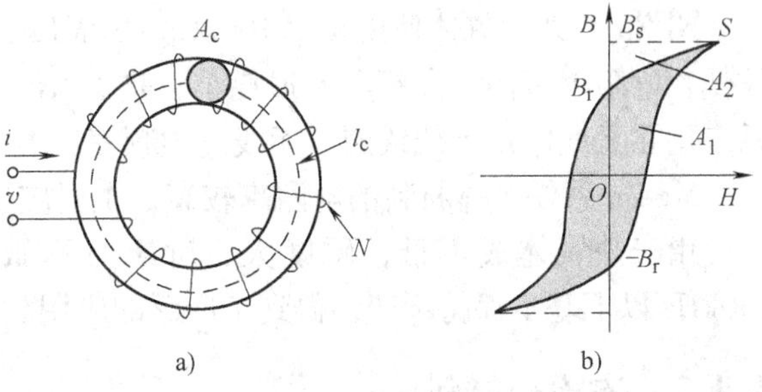

图2-12　磁心的磁滞损耗

$$\int_0^{\frac{T}{2}}vi\mathrm{d}t=\int_{-B_r}^{B_r}NA_c\frac{dB}{dt}\frac{Hl_c}{N}dt=V\int_{-B_r}^{B_r}HdB=V\left(\int_{-B_r}^{B_s}HdB-\int_{B_s}^{B_r}HdB\right)=V(A_1-A_2) \tag{2-36}$$

式中，$V=A_cl_c$为磁心体积；A_1为磁心由$-B_r$磁化到B_s曲线与纵轴包围的面积$-B_r$—S—B_s—$-B_r$，它是磁化电流由零到最大值，电源送入磁场的能量VA_1。而A_2为磁化电流由最大值下降到零，磁心由B_s退磁到B_r去磁曲线与纵轴包围的面积，是单位体积磁材料返回电路

的磁场能量 VA_2，这是可恢复能量。因此电源半周期内磁化磁心材料损耗的能量为 $V(A_1-A_2)$，即磁化曲线 $-B_r$—S—B_r 与纵轴所包围的面积。同理如果电流从零到负的最大值，再由负的最大值变化到零，即另外半周期，磁化磁心损耗的能量是第二象限和第三象限磁化曲线与纵轴包围的面积。也就是说磁化磁心一周期，单位体积磁心损耗的能量正比于静态磁滞回线包围的面积。这就是磁滞损耗，是不可恢复能量。每磁化一个周期，就要损耗与磁滞回线包围面积成正比的能量，频率越高，损耗越多。磁感应摆幅越大，包围面积越大，损耗也越大。

可恢复的能量部分表现在电路中是电感的储能和放能；不可恢复能量部分表现为磁心损耗发热。

储备于磁场的能量

$$W_H = \frac{1}{2}\int_v \vec{B}\,\vec{H}\,\mathrm{d}v = \frac{1}{2}\int_v \mu\,\vec{H}^2\,\mathrm{d}v = \frac{1}{2}\int_v \frac{\vec{B}^2}{\mu}\mathrm{d}v \tag{2-37}$$

2.4 铁心材料

2.4.1 铁氧体材料

铁氧体采用粉末冶金方法生产，这类材料的主要特点是磁导率高和矫顽磁力低。按化学成分分类，铁氧体材料主要有 Mn-Zn（锰锌）系、Ni-Zn（镍锌）系、Mg-Zn（镁锌）系 3 大类；若按特性参数分类，可分为高磁导率、功率铁氧体材料、高频铁氧体材料、高电阻率材料、甚高频软磁铁氧体材料（六角晶系高频铁氧体）、高频大功率铁氧体材料等。

Mn-Zn 系铁氧体具有高的磁导率，较高的饱和磁感应强度，在无线电中频或低频范围有低的损耗，它是 1MHz 以下频段范围磁性能最优良的铁氧体材料。常用的 Mn-Zn 系铁氧体适于 10k ~ 500kHz 频率、较低功率的应用。

Ni-Zn 系列铁氧体使用频率 100kHz ~ 10MHz，最高可使用到 300MHz 。这类材料磁导率较低，电阻率很高，高频涡流损耗小，是 1MHz 以上高频段磁性能最优良材料。常用 Ni-Zn 系多用在无线电用天线线圈、无线电中频变压器。

Mg-Zn 系铁氧体材料的电阻率较高，主要应用于制作显像管或显示管的偏转线圈磁心。

由于铁氧体成本低，硬度大、对应力不敏感，磁导率随频率的变化特性稳定，在 150kHz 以下基本保持不变，得到了广泛的应用。

2.4.2 磁粉心材料

磁粉心是由颗粒直径很小的铁磁性粉粒与绝缘介质混合压制而成的一种软磁材料，一般为环形，也有压制成 E 形的。由于铁磁性颗粒很小（高频下使用的为 0.5 ~ 5μm），又被非磁性的电绝缘膜隔开，因此，一方面可以隔绝涡流，材料适用于较高频率；另一方面由于颗粒之间的间隙效应，材料具有低导磁率及恒导磁特性，基本上不发生集肤效应，磁导率随频率的变化也就较为稳定。

磁粉心的电磁特性取决于金属粉粒材料的导磁率、粉粒的大小与形状、填充系数、绝缘介质的含量、成型压力、热处理工艺等。磁粉心主要用于电感铁心，特别适用于制作谐振电感、功率因数校正电感、输出滤波电感、EMI 滤波器电感等。常用磁粉心主要有铁粉心、铁硅铝粉心、高磁通量粉心、坡莫合金粉心。

铁粉心由碳基铁磁粉及树脂碳基铁磁粉构成，由于价格低廉，铁粉心至今仍然是用量最大的磁粉心，相对磁导率为 10～100 。

2.4.3 合金类

硅钢（铁硅合金）具有稳定性好、环境适应性好和磁通密度高等特点，是电力电子工业中用途最广、用量最大的一种软磁材料。

铁镍合金又称坡莫（Permalloy）合金，含镍量在 30%～90% 范围内，主要形状为带材，主要特点是在弱、中磁场下有很高的磁导率和极小的矫顽力，加工性能好，有较好的防锈性能；由于含有镍、钴等贵重元素，此类合金价格高，带材越薄、价格越昂贵。

2.5 线圈骨架及铁心窗口

导线绕在用绝缘材料制成的骨架（Bobbin）上，把骨架套在铁心上，如图 2-13 所示。为了机械安装的方便，骨架尺寸和总是略大于铁心尺寸，由于导线采用漆包线，并且导线一般总为圆形，所以窗口面积不能完全由导线填满，定义窗口占空系数 k

$$k = \frac{\text{实际铜线截面积}}{\text{窗口截面积}} = \frac{NA_{cu}}{A_w} \quad (2\text{-}38)$$

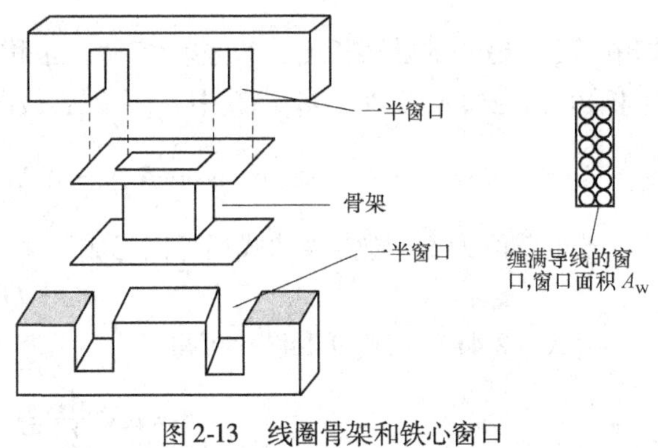

图 2-13 线圈骨架和铁心窗口

式中，A_{cu}为每根导线截面积；N 为匝数；A_w 为窗口面积。

2.6 电感

电感是表征一个载流线圈及其周围导磁物质性能的参量，是与电路中电磁感应现象相关的。当闭合回路中的电流发生变化时，由这个电流产生并穿过回路本身的磁通也发生变化，回路中将产生感应电动势，这种现象称为“自感”。如果两个线圈互相靠近，当其中一个线圈中电流所产生的磁通有一部分与另一线圈的磁通相环链，那么这个线圈中的电流发生变化时，会在另一个线圈中产生感应电动势，这种现象称为“互感”。电感是“自感”和“互感”的总称，电感的符号用“L”，互感的符号用“M”。

电感元件在电路中除了储存有磁场能量外，通过电感元件的电流不能突变，电感元件在直流电路中相当于短路（忽略线圈的电阻）。电感线圈是由导线一圈又一圈地绕在绝缘管上，导线彼此互相绝缘，而绝缘管可以是空心的，也可以包含铁心或磁粉心，单位有亨利（H）、毫亨利（mH）、微亨利（μH），纳亨利（nH），$1\text{H} = 10^3\text{mH} = 10^6\mu\text{H} = 10^9\text{nH}$。

电感在功率电路中主要有两种类型的应用：一是在直流脉动电路中滤去电流波纹，称这种应用的电感为扼流圈（Choke）；二是应用于交流电路中作为感应元件。

扼流圈——流过直流电流、在磁场中储备能量，主要应用目的就是使电流纹波减小。在扼流圈中，来自导线电阻的铜耗是主要损耗，由于直流电流的纹波非常小，所以涡流损耗和磁滞损耗几乎可以忽略。

2.6.1 电感设计的基本公式

在额定电压下，磁心尺寸是限制线圈匝数的主要因数。根据电流密度、允许温升决定线圈匝数和导体截面积。由于在电感中的功率损耗主要是铜耗，即 $I_{max}^2R_{dc}$，它使电感磁心温度升高。如果铁心的热阻为 R_{th}，温升为 ΔT，功率损耗可表示为

$$P=\frac{\Delta T}{R_{th}}=I_{max}^2R_{dc}=I_{max}^2\rho\frac{Nl}{A_{cu}} \tag{2-39}$$

式中，ρ 为电阻率；A_{cu} 为导线截面积；l 为导线每匝的平均长度；N 为匝数。

由式（2-15）和式（2-20）可得

$$B=\mu H=\mu\frac{NI}{l_e} \tag{2-40}$$

式中，l_e 为磁心的磁路长度；NI 称为安匝，也称为磁通势或磁动势（Magneto Motive Force，MMF）。由磁通定义 $\Phi=BA_e$，其中 A_e 为磁心截面积，可以写出磁链表达式

$$\psi=N\Phi=NBA_e=\frac{\mu N^2A_e}{l_e}I \tag{2-41}$$

若电感值为 L，磁链表达式还可以写成

$$\psi=LI \tag{2-42}$$

由式（2-41）和式（2-42）可得

$$L=\mu N^2\frac{A_e}{l_e}=\mu_0N^2\frac{A_e}{l_e/\mu_r} \tag{2-43}$$

或

$$N=\frac{LI}{BA_e} \tag{2-44}$$

式中，l_e/μ_r 为空气中的等效磁路长度。

从式（2-43）可以看出，电感大小与匝数平方成正比，与磁心截面积成正比，与磁路长度成反比，与磁导率成正比。

例1 设计一个1mH的电感，采用环形铁心，计算匝数。已知环形铁心参数：外环直径40mm，内环直径30mm，相对磁导率 $\mu_r=1000$。

解： 磁环平均磁路长度为 $l_e=\frac{40+30}{2}\pi\text{mm}\approx110\text{mm}$，铁心截面积为 $A_e=\left(\frac{40-30}{2}\right)^2\pi\text{mm}^2$ $=78.53\text{mm}^2$

匝数

$$N=\sqrt{\frac{Ll_e}{\mu_0\mu_rA_e}}=\sqrt{\frac{1\times10^{-3}\times110\times10^{-3}}{4\pi\times10^{-7}\times1000\times0.785\times10^{-4}}}\text{匝}\approx101\text{匝}$$

如图2-14所示的EE形铁心，N 匝线圈紧绕在中心磁路上，线圈流过电流为 i，此线圈产生磁通 Φ，磁通沿着两个窗口形成闭合磁路，磁路的每一部分都有磁阻（Reluctance），定义磁阻大小表达为

$$R=\frac{l}{\mu A_e}$$

式中，l 为磁路长度；A_e 为磁路截面积。

铁心中心截面积为 A_1，其他截面积为 A_2，因此铁心的磁阻可写成 $R_1=\frac{l_1}{\mu A_1}$和 $R_2=\frac{l_2}{\mu A_2}$，l_1 长度为线段$\overline{ad}$，l_2 长度为 3 个线段$\overline{ab}\to\overline{bc}\to\overline{cd}$的长度，若假定漏磁通为零，可写出磁势的表达式

$$Ni=R\Phi=\left(R_1+\frac{R_2}{2}\right)\Phi \tag{2-45}$$

可得 $\Phi=\frac{Ni}{(R_1+R_2/2)}$，由于 $\psi=N\Phi=Li$，所以

$$N\Phi=\frac{N^2 i}{(R_1+R_2/2)} \tag{2-46}$$

可以计算出 L

$$L=\frac{N^2}{(R_1+R_2/2)}=\frac{\mu N^2}{(l_1/A_1)+(l_2/(2A_2))} \tag{2-47}$$

实际上，磁导率对温度十分敏感，同时在 $B-H$磁化曲线的饱和区域附近，磁导率也是非线性函数，因此环境温度影响电感参数。

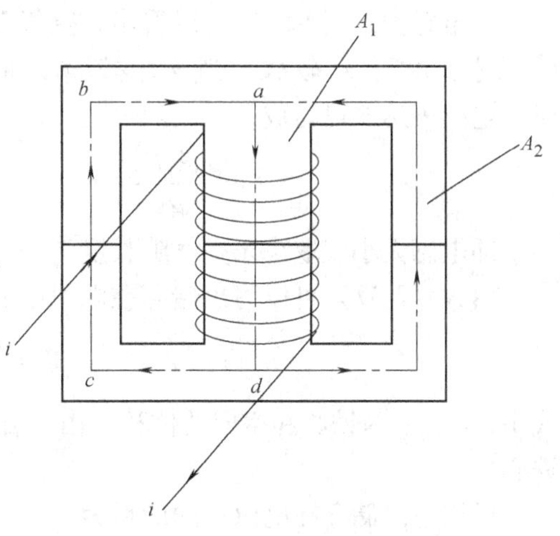

图 2-14　EE 形铁心的磁路

由于电感线圈的电阻总是存在，此电阻并且随工作频率的增大而上升，为了说明这些电阻的损耗大小，定义电感品质因数（Quality Factor）Q

$$Q=\frac{\omega L}{R} \tag{2-48}$$

式中，ω 为流过电感的电流频率。

由于空气的磁导率与环境温度无关，稳定性好，所以空心电感是一个非常好的理想电感，但这样的电感器要获得较大的电感值，需要很大的尺寸，不太适用。实际应用中，许多电感的铁心采用高磁导率材料，如硅钢、铁氧体等，在磁路上留有空气隙使电感值不随环境温度的变化而变化。

图 2-15 为留有空气心的 N 匝线圈紧绕在中心磁路上，线圈中流过电流为 i，此线圈产生磁通 Φ，磁通沿着两个窗口形成闭合磁路，铁心中心截面积为 A_1，其他截面积为 A_2，因此铁心的磁阻可写成 $R_1=\frac{2l_1}{\mu A_1}$、$R_2=\frac{g}{\mu_0 A_1}$，$R_3=\frac{l_2}{\mu A_2}$，l_1 长度为线段$\overline{aa'}=\overline{dd'}$，$l_2$ 长度为 3 个线段$\overline{ab}\to\overline{bc}\to\overline{cd}$的长度，空气隙的长度为 g，若假定漏磁通为零，可写出磁势的表达式

$$Ni=\left(R_1+R_2+\frac{R_3}{2}\right)\Phi=\left(\frac{2l_1}{\mu_0\mu_r A_1}+\frac{g}{\mu_0 A_1}+\frac{l_2}{2\mu_0\mu_r A_2}\right)\Phi \tag{2-49}$$

磁链

$$\psi = N\Phi = Li = \frac{N^2 i}{\left(\frac{2l_1/\mu_r + g}{\mu_0 A_1} + \frac{l_2/2\mu_r}{\mu_0 A_2}\right)} \quad (2\text{-}50)$$

$$L = \frac{\mu_0 A_1 N^2}{2l_1/\mu_r + l_2/(2\mu_r k_A) + g} \quad (2\text{-}51)$$

式中，$k_A = A_2/A_1$；$2l_1/\mu_r$、$l_2/(2\mu_r k_A)$ 为高磁导率磁路在空气中的等效长度。

式（2-43）、式（2-47）和式（2-51）所表示的是不同铁心结构的计算电感公式。

由电感公式（2-51）可以看出，空气隙 g 增大，电感减小，由于 μ_r 较大，当 $g >> 2l_1/\mu_r + l_2/(2\mu_c k_A)$ 时，电感表达式可写成

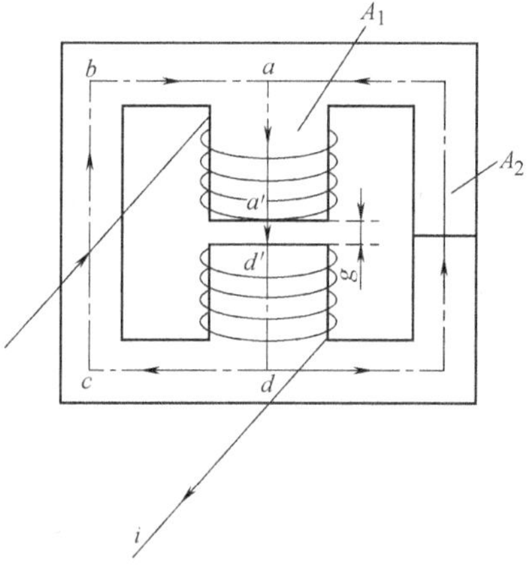

图 2-15　EE 形空气心铁心磁路

$$L \approx \frac{\mu_0 A_1 N^2}{g} \quad (2\text{-}52)$$

即电感大小仅取决于空气隙长度。

由式（2-37）可以写出储存在电感中的能量

$$W = \frac{B^2}{2\mu_r} v_r + \frac{B^2}{2\mu_0} v_g \quad (2\text{-}53)$$

式中，v_r、v_g 为铁心和空气的体积，由于 $\mu_r >> \mu_0$，所以空气隙储备的能量远大于高磁导率铁心。

可以写出储存在电感中的能量为

$$W_{max} = \frac{1}{2} L I_{max}^2 = \frac{1}{2} \frac{L}{N^2} (N I_{max})^2 = \frac{1}{2} A_L (N I_{max})^2 = \frac{1}{2} \int_v \vec{B}\,\vec{H}\,dv \quad (2\text{-}54)$$

式中

$$A_L = \frac{L}{N^2} = \frac{1}{(N I_{max})^2} L I_{max}^2 \quad (2\text{-}55)$$

定义 A_L 为电感系数。

由式（2-38）和式（2-39）可以写出

$$(N I_{max})^2 = \frac{\Delta T A_{cu} N}{R_{th} \rho l} = \frac{\Delta T A_w k}{R_{th} \rho l} \quad (2\text{-}56)$$

式中，k 为窗口占空系数；A_w 为窗口截面积。

$$A_L = \frac{R_{th} \rho l}{\Delta T A_w k} L I_{max}^2 = \frac{R_{th} \rho}{\Delta T k} \times \frac{l}{A_w} L I_{max}^2 \quad (2\text{-}57)$$

$\frac{l}{A_w}$为铁心截面周长与铁心的窗口面积之比，它代表了铁心的几何参数。供货商一般提供各种形状铁心的 A_L 对应 LI_{max}^2 的曲线。

2.6.2　电感铁心的选择方法

把式（2-44）两边同乘以 I

$$NI = \frac{LI^2}{BA_e} \quad (2\text{-}58)$$

考虑到安匝值是有效铜窗面积中流过电流的事实，由窗口占空系数定义

$$k=\frac{\text{实际铜线截面积}}{\text{窗口截面积}}=\frac{NA_{cu}}{A_w}$$

可以写出

$$NI=JkA_w \tag{2-59}$$

式中，J 为电流密度。联立式（2-58）和式（2-59）得

$$A_wA_e=A_P=\frac{LI^2}{BJk} \tag{2-60}$$

由于电流密度的选择取决于铁心的形式、铁心表面积和温升，电流密度选择有点困难，故定义电流密度系数 k_j

$$J=k_jA_P^X \tag{2-61}$$

把式（2-61）带入式（2-60）得

$$A_P=\frac{LI^2}{Bk_jA_P^Xk} \tag{2-62}$$

化简得

$$A_P=\left(\frac{LI^2}{Bk_jk}\right)^{\frac{1}{1+X}} \tag{2-63}$$

由于铁心尺寸常用单位为厘米（cm），所计算的 A_P 单位为 cm^4，因此增加单位转换系数后，式（2-63）为

$$A_P=\left(\frac{LI^2\times 10^4}{Bk_jk}\right)^{\frac{1}{1+X}}$$

X 取值随铁心的不同而不同，一般取值范围为（$-0.12\sim-0.17$），取 $X=-0.14$，则式（2-63）可写为

$$A_P=\left(\frac{LI^2\times 10^4}{Bk_jk}\right)^{1.16} \tag{2-64}$$

不同温升、不同铁心形式的电流密度系数见表2-1。

表2-1　电流密度系数 k_j

温度℃ \ 磁心形式	罐型	E形	C形	环形
25	433	366	322	250
50	632	534	468	365

例2　设计一个滤波电感，用于图2-16所示电路的滤波，输入信号为20kHz、电压幅度为10V、电流10A、纹波1A的方波，通过 LC 滤波后输出电压5V。采用Mn-Zn铁氧体。

解： 查Mn-Zn铁氧体可知 $B_s=0.3\text{T}$，$\mu_r=150$，采用EE形空气心铁心。

$$\mathrm{d}i=1\text{A},\ \mathrm{d}t=25\mu\text{s},\ v_L=L\frac{\mathrm{d}i}{\mathrm{d}t}\Rightarrow L=\frac{v_L\mathrm{d}t}{\mathrm{d}i}=\frac{10\times 25}{1}\mu\text{H}=250\mu\text{H};$$

最大电流为10.5A，查表2-1，温度取25℃，得E形铁心的电流密度系数为366，取窗口占空系数 $k=0.4$，计算 A_P 值

$$A_P=\left(\frac{LI^2\times 10^4}{Bk_jk}\right)^{1.16}=\left(\frac{250\times 10^{-6}\times 10.5^2\times 10^4}{0.3\times 366\times 0.4}\right)^{1.16}\text{cm}^4\approx 8.42\text{cm}^4$$

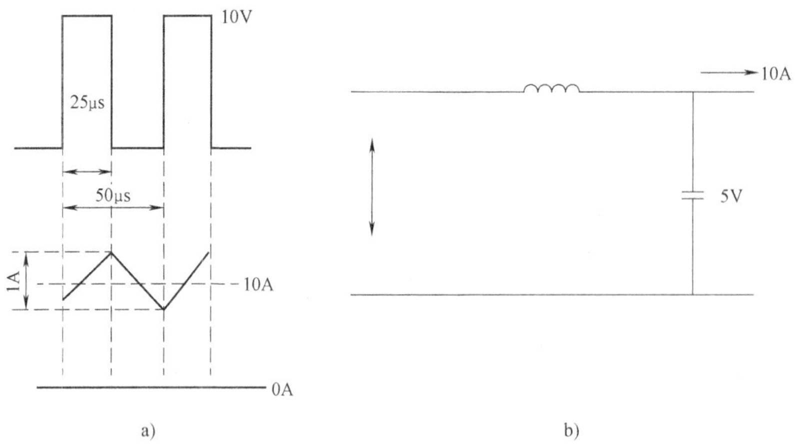

图 2-16 滤波电感
a）信号波形 b）LC 滤波

选某铁心，其截面积 $A_e=1.5\times1.2\text{cm}^2$，窗口面积为 $A_w=3\times2.5\text{cm}^2$，$A_P=A_eA_w=1.5\times1.2\times3\times2.5\text{cm}^4=13.5\text{cm}^4$，大于计算 A_P 值。

磁路长度 $2l_1=30\text{mm}$，$l_2=80\text{mm}$，空气隙 2mm，A_L 为 97nH/N^2。

由于大部分能量储备在空气心中，电感中储备能量

$$W\approx\frac{B^2}{2\mu_0}v_g=\frac{B^2}{2\mu_0}gA_e$$

电感中能量还可用电感和电流表示

$$W=\frac{1}{2}Li^2$$

能量相等得

$$\frac{B^2}{2\mu_0}gA_e=\frac{1}{2}Li^2$$

整理得空气隙长度表达式

$$g=\frac{\mu_0Li^2}{A_eB^2} \tag{2-65}$$

带入参数得

$$g=\frac{\mu_0Li^2}{A_eB^2}=\frac{4\pi\times250\times10^{-6}\times10.5^2}{12\times15\times10^{-6}\times0.3^2}\text{m}=0.002138\text{m}$$

由于铁心中间磁路空气隙 2mm，因此在两边各加 0.05 的气隙，一般用垫 0.05 纸作为气隙。

$$N=\sqrt{\frac{L}{A_L}}=\sqrt{\frac{250\times10^3}{97}}\text{匝}\approx51\text{匝}$$

电路选择：由于工作频率为 20kHz，从穿透深度公式 $\delta=\frac{66.1}{\sqrt{f}}=\frac{66.1}{\sqrt{20000}}\text{mm}=0.4673\text{mm}$，导线直径小于 $2\times\delta=0.7346\text{mm}$，电流密度为 $J=K_jA_P^{-0.14}\times10^{-2}\approx3\text{A/mm}^2$，需要导线的截面积 $A=\frac{10}{3}\text{mm}^2=3.333\text{mm}^2$，选导线直径为 0.5mm，导线截面积为$\left(\frac{0.5}{2}\right)^2\pi\ \text{mm}^2$

$=0.196\text{mm}^2$，共需导线根数 $n=\frac{3.333}{0.196}$根 $=17$ 根。

2.7　变压器

2.7.1　变压器的基本知识及等效电路

变压器是用来变换电能，并把电能从一个电路传输到另一个电路的电磁器件。它可以变换交流信号的电压、电流、相数和极性，还可以完成一次和二次的隔离以及阻抗的匹配。

变压器主要由铁心和绕组组成，至少有两个绕组，缠绕在磁路上，图 2-17 所示为 2 个绕组绕在一个磁路上，两个绕组的磁通相等，变压器符号中两个圆点，称为同名端，与变压器绕组相交链的磁通由 3 部分组成：

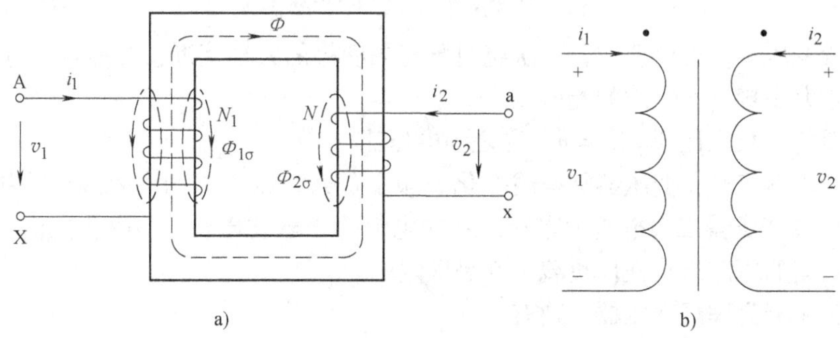

图 2-17　变压器磁路变压器符号

a）变压器磁路　b）变压器符号

1）变压器的主磁通（Common Share Flux）Φ，该磁通沿铁心闭合，并与一、二次绕组的所有匝数相交链，亦称为互感磁通，由于铁磁材料的饱和现象，主磁通与变压器空载电流 i_o 呈非线性关系。

2）一次绕组的漏磁通（Leakage Fluxes）$\Phi_{1\sigma}$，这部分磁通只与一次绕组交链，其磁力线主要沿非铁磁材料（如空气）气隙闭合，$\Phi_{1\delta}$与 i_o 成线性关系。

3）二次绕组的漏磁通 $\Phi_{2\sigma}$，这部分磁通只与二次绕组交链，并沿非铁磁材料（如空气）气隙闭合。

由于铁心的磁导率远大于空气，故主磁通远大于漏磁通。主磁通同时交链着一次侧绕组、二次侧绕组，因此在变压器中，从一次侧到二次侧的能量传递过程就是依靠主磁通作为媒介来实现的。对于图 2-27 所示的变压器，由变压器主磁通确定的磁动势等于一、二次绕组磁动势之和

$$F_o=i_1N_1+i_2N_2 \tag{2-66}$$

当 $F_o=0$ 时，变压器的主磁通等于零，留下来的只有漏磁通，由于漏磁通主要沿空气气隙闭合，空气气隙的磁导率是恒定的，因此一、二次绕组的漏磁链与相应的绕组电流成正比

$$\psi_{1\sigma}=L_{1\sigma}i_1,\ \psi_{2\sigma}=L_{2\sigma}i_2 \tag{2-67}$$

式中，$L_{1\sigma}$、$L_{2\sigma}$为一、二次绕组的漏感。

一、二次绕组的总磁链可表示为

$$\psi_1=\psi_{1\sigma}+N_1\Phi=L_{1\sigma}i_1+N_1\Phi \tag{2-68}$$

$$\psi_2=\psi_{2\sigma}+N_2\Phi=L_{2\sigma}i_2+N_2\Phi \tag{2-69}$$

设一、二次绕组的电阻分别为 r_1、r_2，电压分别为 v_1、v_2，可写出一、二次绕组的电路方程

$$\begin{cases}v_1=r_1i_1+\dfrac{\mathrm{d}\psi_1}{\mathrm{d}t}\\[2ex] v_2=-r_2i_2-\dfrac{\mathrm{d}\psi_2}{\mathrm{d}t}\end{cases} \tag{2-70}$$

把 ψ_1、ψ_2 带入得

$$\begin{cases}v_1=r_1i_1+L_{1\sigma}\dfrac{\mathrm{d}i_1}{\mathrm{d}t}+N_1\dfrac{\mathrm{d}\Phi}{\mathrm{d}t}\\[2ex] -N_2\dfrac{\mathrm{d}\Phi}{\mathrm{d}t}=r_2i_2+v_2+L_{2\sigma}\dfrac{\mathrm{d}i_2}{\mathrm{d}t}\end{cases} \tag{2-71}$$

对于一般变压器，可以证明，一次绕组感应电动势的大小接近于外加电源电压，二次绕组感应电动势大小接近于负载的端电压。

绕组线圈的匝数之比 $N_2/N_1=n$，称之为电压比。

当一次电压恒定时，变压器从空载变化到额定负载，铁心中的主磁通变化很少，因此，变压器空载时（变压器二次电流为零）的一次电流等于磁化电流，即磁化电流为空载电流。这是认为变压器的主磁通在任何负载下都是恒定的。

若认为变压器为理想变压器，则有

$$\frac{v_1}{N_1}=\frac{v_2}{N_2} \tag{2-72}$$

即变压器输出电压与匝数成正比。

$$v_1i_1+v_2i_2=0 \tag{2-73}$$

即输入功率等于输出功率。

$$i_2=-\frac{N_1}{N_2}i_1 \tag{2-74}$$

即变压器输出电流与匝数成反比，负号意味着变压器二次电流流出同名端。

真实的变压器二次电流方向与图 2-17 相反，流出同名端。

变压器主磁通确定的磁动势为

$$Hl_{\mathrm{m}}=i_1N_1-i_2N_2=0$$

式中，l_{m} 为磁路长度，即磁场强度为零。因为 $B=\mu H$，有限的磁感应强度 B 和零磁场强度 H，意味着磁导率为无穷大，也就是说磁心不需要任何电流来磁化。

为了方便计算，常把变压器的二次电压折算到一次 v_2'

$$v_2'=\frac{N_1}{N_2}v_2 \tag{2-75}$$

二次电流折算到一次 i_2'

$$i_2'=\frac{N_2}{N_1}i_2 \tag{2-76}$$

式（2-75）与式（2-76）两边之比得

$$Z_2' = \left(\frac{N_1}{N_2}\right)^2 Z_2 \tag{2-77}$$

真实的变压器都不是理想的，磁场强度 $H \neq 0$，总有某些能量损耗在磁心中，下边我们考虑包含漏磁通的理想变压器二次折合到一次情况。

设 Φ_m 为公共磁通，$\Phi_{1\sigma}$和 $\Phi_{2\sigma}$为一、二级绕组的漏磁通，则两个绕组的磁通分别为 $\Phi_1 = \Phi_m + \Phi_{1\sigma}$，$\Phi_2 = \Phi_m - \Phi_{2\sigma}$，又

$$\Phi_m = \frac{N_1 i_1 - N_2 i_2}{R} = \frac{N_1}{R}\left(i_1 - \frac{N_2}{N_1} i_2\right) = \frac{N_1}{R} i_m \tag{2-78}$$

式中，R 为磁路磁阻，$i_m = i_1 - \dfrac{N_2}{N_1} i_2$。

又磁链

$$\psi_m = N_1 \Phi_m = L_m i_m \tag{2-79}$$

$$\Phi_{1\sigma} = \frac{N_1 i_1}{R_{1\sigma}} = \frac{L_{1\sigma} i_1}{N_1} \tag{2-80}$$

$$\Phi_{2\sigma} = \frac{N_2 i_2}{R_{2\sigma}} = \frac{L_{2\sigma} i_2}{N_2} \tag{2-81}$$

两个绕组的电压分别为

$$v_1 = N_1 \frac{\mathrm{d}\Phi_1}{\mathrm{d}t} = N_1 \frac{\mathrm{d}\Phi_{\sigma 1}}{\mathrm{d}t} + N_1 \frac{\mathrm{d}\Phi_m}{\mathrm{d}t} = L_{1\sigma} \frac{\mathrm{d}i_1}{\mathrm{d}t} + L_m \frac{\mathrm{d}i_m}{\mathrm{d}t} \tag{2-82}$$

$$v_2 = N_2 \frac{\mathrm{d}\Phi_2}{\mathrm{d}t} = -N_2 \frac{\mathrm{d}\Phi_{\sigma 2}}{\mathrm{d}t} + N_2 \frac{\mathrm{d}\Phi_m}{\mathrm{d}t} = -L_{2\sigma} \frac{\mathrm{d}i_2}{\mathrm{d}t} + \frac{N_2}{N_1} L_m \frac{\mathrm{d}i_m}{\mathrm{d}t} \tag{2-83}$$

把 $v_2 = \dfrac{N_2}{N_1} v_2'$和 $i_2 = \dfrac{N_1}{N_2} i_2'$代入式（2-83）得

$$v_2' = -\left(\frac{N_1}{N_2}\right)^2 L_{2\sigma} \frac{\mathrm{d}i_2'}{\mathrm{d}t} + L_m \frac{\mathrm{d}i_m}{\mathrm{d}t} \tag{2-84}$$

由式（2-82）和式（2-84）可画出变压器等效 T 形图，如图 2-18 所示。

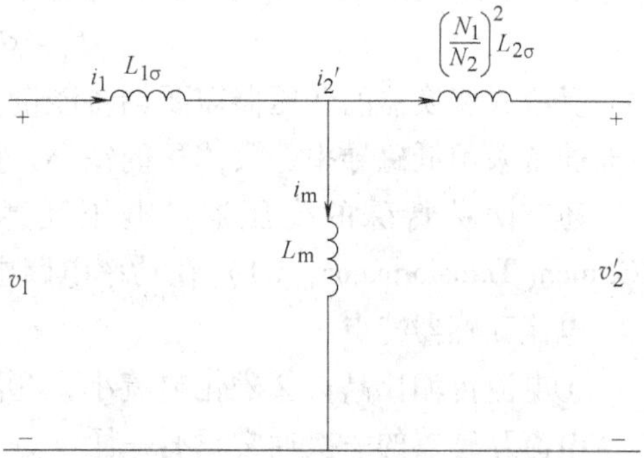

图 2-18 变压器等效 T 形图

图 2-19 中 $v_2' = \dfrac{N_1}{N_2} v_2$，为二次电压折算到一次电压，$i_2' = \dfrac{N_2}{N_1} i_2$，二次电流折算到一次电流。更常用的一次、二次电压表达式为

$$\begin{cases} v_1 = L_{11} \dfrac{\mathrm{d}i_1}{\mathrm{d}t} + M \dfrac{\mathrm{d}i_2}{\mathrm{d}t} \\ v_2 = M \dfrac{\mathrm{d}i_1}{\mathrm{d}t} + L_{22} \dfrac{\mathrm{d}i_2}{\mathrm{d}t} \end{cases} \tag{2-85}$$

式中，L_{11}和 L_{22}分别为一次、二次线圈的自感（Self-inductance）；M 为互感（Nutual Inductance），取决于两个线圈的耦合情况。

式中，$M = \dfrac{N_2}{N_1} L_m$；$L_{11} = L_{1\sigma} + L_m$；$L_{22} = L_{2\sigma} + \dfrac{N_2}{N_1} L_m$。

更常用的两绕组变压器等效电路如图 2-19 所示。线圈铜耗是由于线电阻和集肤效应形成，用串联等效电阻 R_{r1} 和 R_{r2} 表示，涡流损耗和磁滞损耗用与 L_m 并联的电阻 R_c 代表。

若理想变压器有 i 个绕组，第 i 个绕组的公式

$$v_i = -\frac{d\psi}{dt} = -N_i \frac{d\Phi_i}{dt} \quad i = 1, 2, 3, \cdots \tag{2-86}$$

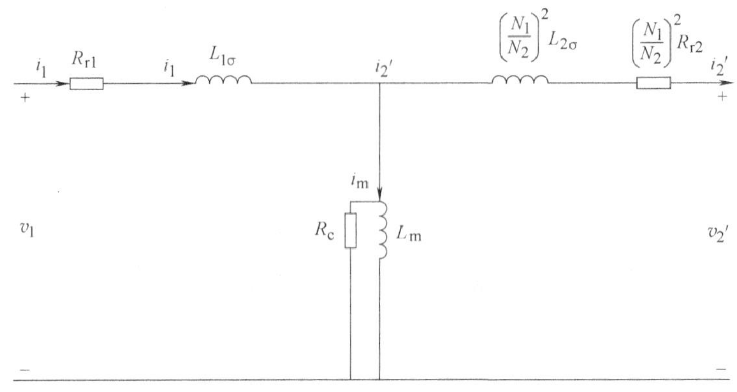

图 2-19 考虑损耗的两绕组变压器等效 T 形图

式中，Φ_i 为与第 i 个绕组交链的磁通，大部分情况下是主磁通 Φ。

$$\frac{v_1}{N_1} = \frac{v_2}{N_2} = \frac{v_3}{N_3} = \cdots \tag{2-87}$$

大部分变压器不存储能量，此种变压器输入能量等于输出能量，变压器的安匝数的代数和为零

$$v_1 i_1 + v_2 i_2 + v_3 i_3 + \cdots = 0 \tag{2-88}$$

$$i_1 N_1 + i_2 N_2 + i_3 N_3 + \cdots = 0 \tag{2-89}$$

各个绕组所产生的磁通代数和为零

$$\Phi_1 + \Phi_2 + \Phi_3 + \cdots = 0 \tag{2-90}$$

反激式变换器的变压器需要储备能量，此时的变压器实际上是电感，需要能量储备的变压器通常采用低磁导率、大体积的铁心，如铁粉心和铁氧体铁心。

还有两种特殊的变压器：电压互感器（Potential Transformator，PT）和电流互感器（Cruuent Transformator，CT）在功率电路中测量电压和电流。

电流互感器特点：

①电流传输比高；②磁化电流小；③体积小。

电流互感器的一次通常只有一匝（往往是要测量的大电流导线），二次匝数很高，因此二次电流较一次要小得多，由于铁心磁导率高（如环形铁氧体），体积往往很小，同时其磁化电感很大使它的磁化电流与测量电流相比可以忽略。

电压互感器特点：

①电压传输比高；②低漏感；③体积小。

电压互感器必须具有小的漏感，否则无法准确的测量电压，减小漏感通常采用特殊结构的铁心如罐型铁心等。

2.7.2　脉冲变压器设计的基本公式

根据法拉第定律，一次绕组为 N_P 匝、二次绕组为 N_S 匝的变压器，设 $\Phi=\Phi_m\sin\omega t$，一次电压 $v_1=N_P\dfrac{d\Phi}{dt}=N_PA_eB_m\dfrac{d\sin\omega t}{dt}=N_PA_eB_m\omega\cos\omega t$，其有效值为

$$V_1=\frac{N_PA_eB_m\omega}{\sqrt{2}}=\frac{2\pi fN_PA_eB_m}{\sqrt{2}}=4.44fN_PA_eB_m \tag{2-91}$$

式中，f 为电源频率，单位 Hz；B_m 为磁感应强度或磁通密度最大值，单位 T；A_e 为磁心有效面积，单位 m^2。

式（2-91）中 4.44 是假定磁通以正弦规律变化时所得，若磁通以方波变化时，其值为 4，此常数用 K_f 代替，称之为波形系数，等于有效值与平均值之比。因此 $V_1=K_ffN_PA_eB_m$，整理得

$$N_P=\frac{V_1}{K_ffA_eB_m} \tag{2-92}$$

从窗口占空系数 k_w 式（2-38）可得

$$A_wk_w=NA_{cu}=N_PA_{cu1}+N_sA_{cu2} \tag{2-93}$$

式中，A_{cu} 为每根导线平均截面积；$N=N_P+N_s$，A_w 为窗口面积；A_{cu1} 为一次侧每根导线截面积；A_{cu2} 为二次侧每根导线截面积。

由于每匝导线截面积与电流密度 J 有关，因此

$$A_wk_w=NA_{cu}=N_P\frac{I_1}{J}+N_s\frac{I_2}{J} \tag{2-94}$$

式中，I_1、I_2 分别为变压器一、二次电流。把 $N_P=\dfrac{V_1}{K_ffA_eB_m}$ 带入式（2-94）得

$$A_wk_w=\frac{V_1}{K_ffA_eB_m}\times\frac{I_1}{J}+\frac{V_2}{K_ffA_eB_m}\times\frac{I_2}{J}=\frac{V_1I_1+V_2I_2}{K_ffA_eB_mJ} \tag{2-95}$$

整理得

$$A_wA_e=\frac{V_1I_1+V_2I_2}{k_wK_ffB_mJ}=\frac{P_T}{k_wK_ffB_mJ} \tag{2-96}$$

显然，A_wA_e 之积为窗口面积和铁心截面积的乘积，式右边的分子为一、二次功率之和，$P_T=V_1I_1+V_2I_2=P_i+P_o$，也就是输入功率和输出功率之和，称之为计算功率。

由于电流密度的选择取决于铁心的形式、铁心表面积和温升，由式（2-61）定义电流密度系数 K_j

$$J=K_j(A_wA_e)^X=K_jA_P^X \tag{2-97}$$

X 为常数，由所用磁心确定。

把式（2-97）代入

$$A_wA_e=\frac{P_T}{k_wK_ffB_mk_j(A_wA_e)^X} \tag{2-98}$$

由于铁心尺寸常用单位为厘米（cm），所计算的 A_P 单位为 cm^4，因此增加单位转换系数后

$$A_P = A_w A_e = \left(\frac{P_T \times 10^4}{k_w K_f f B_m k_j}\right)^{\frac{1}{1+X}} \tag{2-99}$$

式中，$A_P = A_w A_e$，单位 cm^4。

练 习 题

1. 从电容器串联等效电路出发，说明电压、电流相量图，标出损耗角 δ，说明为什么损耗角正切越小越好。
2. 磁感应强度和磁场强度两者的关系，哪个表示磁场的强弱？
3. 磁性元件的功率损耗由哪些组成？主要与哪些变量有关？
4. 说明霍尔效应和邻近效应。
5. 窗口占空系数 k_w 的定义。
6. 与变压器绕组相交链的磁通由哪些部分组成？
7. 变压器的计算功率与变压器功率区别。
8. 内环直径为25.4mm、外环直径为38.1mm、高度为19.5mm的铁氧体环形铁心，相对磁导率3000，绕42匝，计算电感量。
9. 如图2-14所示的EE形铁心，N匝线圈紧绕在中心磁路上，磁路长度 $l_1 = 30mm$，$l_2 = 80mm$，$A_1 = 180mm^2$，$A_2 = 90mm^2$，相对磁导率1000，计算100匝的电感值。
10. 计算流过电流频率为100kHz的导线穿透深度是多少？若导线流过电流有效值为50A，电流密度取5A/mm²，如何选择导线。
11. 设计一个滤波电感，如果工作电源100V、频率为20kHz、纹波电流为100mA，直流电流为10A，采用题8的铁心，确定匝数和铜线直径。
12. 如何测量变压器一、二次漏感？为什么？

第3章　电力半导体器件

本章主要介绍电力半导体器件。从工作原理、开关特性、驱动要求以及主要参数和应用特点对功率二极管、GTR、晶闸管（SCR）、IGBT、电力 MOSFET 进行了详细的介绍，同时对于晶闸管的派生器件、静电感应器件和 MCT 也做了基本介绍。

3.1　概述

1956 年美国贝尔（BELL）电话公司发明了 PNPN 可触发晶体管，1957 年美国通用电器公司（GE）对其进行了商业化开发，并命名为晶体闸流管，简称为晶闸管（Thyristor）或可控硅整流器（Silicon Controlled Rectifier，SCR）。经过 20 世纪 60 年代的完善和发展，晶闸管已经形成了从低压小电流到高压大电流的系列产品 。在这一期间，还研制了一系列晶闸管派生器件，如不对称晶闸管（Asymmetrical Thyristor，ASR）、逆导晶闸管（Reverse Conducting Thyristor，RCT）、门极辅助关断晶闸管、双向晶闸管（TRIAC），光控晶闸管（Light Activated Silicon Controlled Rectifier，LASCR），在 80 年代又研制开发了门极关断（Gate Turn Off Thyristor，GTO）晶闸管。晶闸管及派生器件主要应用在低频领域（400Hz 以下），由于晶闸管类器件基本上是换流型器件，其工作频率又比较低，由其组成的频率变换装置在电网侧谐波成分高，功率因素低，形成了所谓的“电力公害”。

20 世纪 70 年代大功率晶体管已进入工业应用阶段，80 年代晶体管的性能变得更好，使用也更方便，它被广泛应用于数百千瓦以下的功率电路中，功率晶体管工作频率比晶闸管大大提高，达林顿功率晶体管可在 10kHz 以下工作，非达林顿功率晶体管可达 20kHz，由于音频信号小于 20kHz，故用功率晶体管组成的功率变换装置工作时无声音，出现了所谓“20kHz”革命，其缺点在于存在二次击穿和不易并联以及开关频率仍然偏低等问题，使其使用受到了限制。

70 年代后期，功率 MOS 场效应晶体管（电力 MOSFET）开始进入实用阶段，这标志着电力半导体器件进入高频化阶段。在 80 年代又研制了电流垂直流动结构器件（VDMOS 管），它具有工作频率高（可达兆赫兹），开关损耗小，安全工作区宽，几乎不存在二次击穿，输入阻抗高，易并联（漏源电阻为正温度特性）的特点，是目前高频化的主要器件，尽管 VDMOS 器件的开关频率高，但导通电阻大这一缺点限制了它在高频大中功率领域应用。

80 年代电力电子器件较为引人注目的成就之一就是开发了双极型复合器件，研制复合器件的主要目的就是实现器件在高电压大电流及开关频率之间的合理折衷，由于 MOS 器件为场控器件，其驱动信号为电压驱动，且开关频率高，而双极型器件又具有电流容量大耐高压的特点，故将上述两种器件复合从而产生出高频、高压、大电流器件。目前最有发展前途的复合器件有绝缘栅双极型晶体管（Insulated Gate Bipolar Transistor，IGBT）和 MOS 栅控晶闸管（MOS Controlled Thyristor，MCT）。IGBT 于 1982 年在美国研制成功，1985 年投入市场。MCT 是 80 年代后期投入市场的，这两种器件均为场控器件，其工作频率都超过 20kHz。

同期发展的另一种器件是静电感应晶体管（Static Induction Transistor，SIT）和静电感应晶闸管（Static Induction Thyristor，SITH）。它们是利用门极电场改变空间电荷区宽度来开关电流通道原理制成的器件，SIT 是单极型器件，SITH 是双极型器件，都同时具有高压、大电流和高频的特点，也是很有发展前途的器件。80 年代另一重要的发展是高压集成电路（Hvic）和智能化功率集成电路（Smart Power IC）的研制成功，它们是在制造过程中将功率电子电路和信息电子电路一起集成在一个芯片上或是封装在一个模块内产生的，前者较后者简单，后者具有信号测试及处理、系统保护及故障诊断等功能，它们实际上是一种微型化的功率变换装置。

目前，普通晶闸管已有 1kA/12kV 和 3kA/4kV 的产品；GTO 晶闸管已有 1kA/9kV、4.5kA/4.5kV 的产品；RCT 已有 1kA/4.5kV 的产品，GTR 已有 200A/1kV（单管），800A/2kV 和 100A/1.8kV（模块）的产品。功率 MOSFET（VDMOS）已有 38A/1kV 的产品。IGBT 的研制水平为 150A/2kV，360A/1.7kV，这些模块已投入市场。MCT 目前研制水平为 300A/2kV、1kA/1kV，最高电压为 3kV，已有 100A/1kV 的产品。

随着科学技术的发展及功率集成制造技术的日趋完善，电力电子技术具有广阔的发展前景。本章将详细介绍快恢复二极管、晶闸管及其派生器件、IGBT、电力 MOSFET、SIT、SITH 和 IGBT 的性能、参数、工作原理及驱动技术。

3.2 功率二极管

3.2.1 PN 结工作原理及静态特性

P 型半导体和 N 型半导体是两种导电类型的半导体材料，通过某种工艺方法将两种半导体结合在一起，则在交界面处形成 PN 结，如图 3-1a 所示；二极管符号如图 3-1b 所示；二极管特性与 PN 结特性一致，PN 结（二极管）伏安特性如图 3-1c 所示。

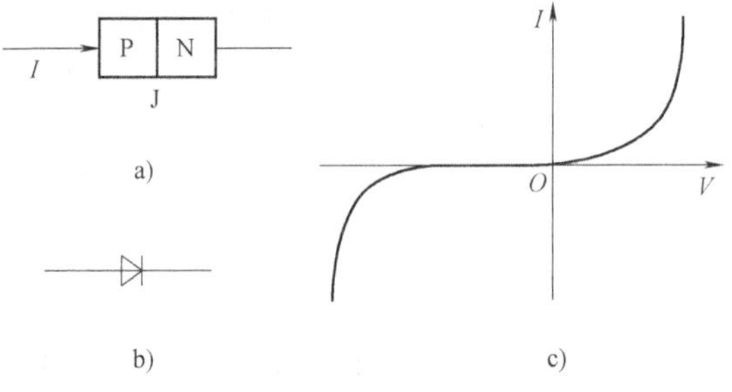

图 3-1 PN 结、二极管符号和二极管伏安特性

1. PN 结零偏置

在 PN 结两端没有外加电压时 PN 结为零偏置。P 型半导体多子为空穴，N 型半导体多子为电子，当 PN 结零偏时，P 型半导体和 N 型半导体交界处多子相互扩散，即 P 型半导体中空穴向 N 型半导体扩散，N 型半导体中电子向 P 型半导体扩散，在 P 型半导体侧形成负电荷，在 N 型侧形成正电荷，电场方向如图 3-2a 所示。该电场方向阻碍多子扩散，当两者平衡时空间电荷区达到了一定宽度，由于多子扩散运动和少子漂移运动相等，总体上看没有电流形成。

2. PN 结正向偏置

由于正向电压 V 形成的外电场削弱了 PN 结内部空间电荷区形成的内电场，打破了多子扩散和少子漂移的平衡，这时 P 区的空穴不断涌入 N 区，N 区的电子也不断涌入 P 区，各自成为对方区中的少数载流子，电场方向如图 3-2b 所示。多数载流子在外部电场作用下不断向导电极性相反的区域运动的现象称为少子注入。这些注入的多数载流子在几个扩散长度内被复合掉，而在几个扩散长度之外的载流子的运动为漂移运动，以维持电流的连续运动，这样在PN结中流过的电流，随着外加电压的增加，正向电流按指数规律增长，PN结的正向伏安特性如图3-1c第一象限所示。

当PN结流过正向大电流时，注入基区（通常是N型材料）的空穴浓度大大超过原始N型基片的多子浓度，为了维持半导体电中性的条件，多子浓度也要相应地大幅度增加，即在注入大电流条件下原始N型基片的电阻率大大下降，也就是说电导率大大地增加，这种现象称为基区电导调制效应。因此，PN结两端的电压在1V左右，即正偏置的PN结相当于“导通状态”或“低阻状态”。

3. PN结反偏

电场方向如图3-2c所示，由于反偏电压V形成的外电场加强了内部电场，从而强烈地阻止PN结多子扩散，但该电场使漂移加强，这种漂移形成PN结漏电流，由于少子浓度很低，所以该漂移电流很小，且随反偏电压V的增大而增大，但变化很小。一般说来，雪崩击穿电压高的二极管漏电流较大。因此反偏PN结相当于“关断状态”或“高阻状态”。随着V的增大，其内电场加强，空间电荷区加宽，当V增大到使PN结雪崩击穿强度时，反向漏电流急剧增大，PN结会因损耗急剧增大而损坏，所以PN结上反向电压受雪崩击穿电压的限制。

从PN结特性可知，在具有PN结结构的器件中，参与导电的有两种相反类型的载流子，我们把有两种载流子参与导电的器件称为双极型器件或少子器件，而只有一种载流子参与导电的器件称为单极型器件或多子器件。

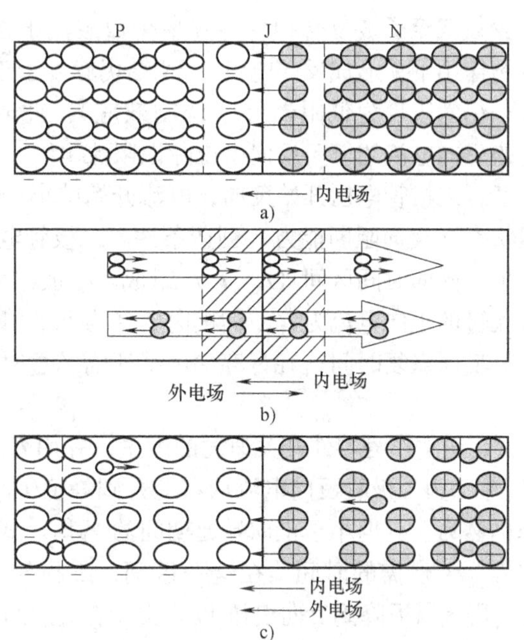

图3-2　PN特性

a）PN结零偏置　b）PN结正偏置　c）PN结反偏置

4. PN结特点

PN结通过正向大电流时压降只有1V左右，即双极型器件导通状态压降较小，空间电荷区的雪崩击穿电场强度决定了PN结承受反向电压的大小，击穿前反向漏电流很小，一旦击穿反向漏电流急剧增加。PN结正偏时呈现低阻状态，反偏时呈现高阻状态，即PN结具有单向导电特性。

3.2.2　PN结动态工作过程

1. 二极管VD从导通转向关断过程（关断特性）

当PN结正向导通时，PN结突然加一反偏电压，反偏时高阻状态（反向阻断能力）的恢复需要经过一段时间。在未恢复反偏高阻状态之前，二极管相当于短路状态，这是一个很重要的特性。从上面的分析可知，所有的 PN 结二极管，在传导正向电流时，都以少子形式存储电荷。但是，当二极管反向时，在二极管处于“关断状态”前存储的电荷必须全部抽出或必须被中和掉。发生这一过程所花费的时间定义为反向恢复时间 t_{rr}，即反向恢复时间为清除这些少数载流子达到稳态值所需的时间。

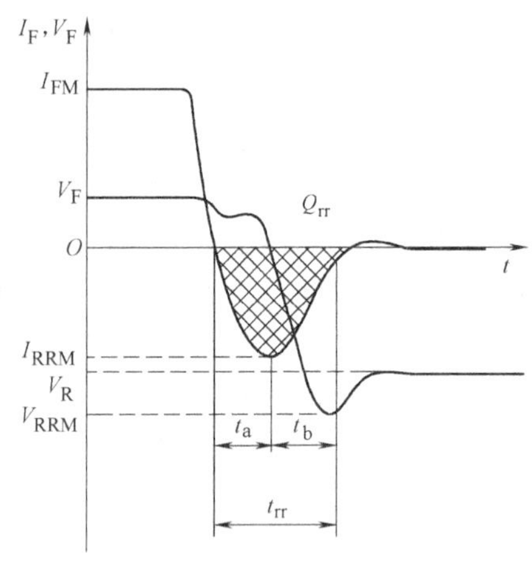

图 3-3 二极管电流、电压波形定义

在反偏电场作用下，正向电流逐步减小到零，由于 PN 结正向导通时在 P 型半导体内存储了许多电子，在 N 型半导体内存储了许多空穴，除了一部分少数载流子被复合掉外，其余少数载流子在反偏电场作用下，形成反向电流，PN 结仍然处于正向偏置、仍然表现为低阻器件（调制效应）。此时二极管的反向电流约等于反向电压除以限流电阻，当靠近结附近的多余少数载流子离开了空间电荷区，二极管电压开始反向，电流开始减小，空间电荷区电场加宽，为 PN 结恢复反偏时高阻状态（反向阻断能力）创造条件。二极管电流、电压波形定义如图 3-3 所示，恢复时间由两个不同的时间区间（t_a，t_b）组成。t_a 被称为存储时间，t_b 被称为渡越时间。二极管导通时流过的正向电流为 I_F，其正向压降为 V_F，和 I_F 成正比的储存电荷为 Q_{rr}。

反向恢复时间（耗尽存储电荷所需的总时间）t_{rr}定义为

$$t_{rr} = t_a + t_b \tag{3-1}$$

t_{rr}通常作为器件开关速度的度量，并用来决定器件是否适合于某一规定的应用。式（3-1）中 t_a为二极管反向电流从零上升到峰值 I_{RRM}所需的时间，在这一区间，二极管上的电压降仍然为正，但小于正向导通期间的 V_F值。式（3-1）中 t_b为二极管反向电流从峰值 I_{RRM}降到 $I_{RRM}/4$ 所需的时间，在这一区间，二极管上的电压从一个小的正值下降到负的最大值 V_{RRM}再逐渐下降到反向电压 V_R。由于在 t_b期间二极管承受高电压的同时也承受大电流，所以二极管内将有显著的功率损耗，为了减小功率损耗应采用 t_b最短的二极管。

反向恢复电荷 Q_{rr}：定义为 t_{rr}期间电流—时间曲线包围的面积（图 3-3 阴影部分）。该指标反映了反向恢复损耗的大小。

$\mathrm{d}i_{反}/\mathrm{d}t$：定义为 t_b时间内反向恢复电流的斜率。该指标和电路电感可以预测电压尖峰的幅值

$$V_{RM} = V_R + L\frac{\mathrm{d}i_{反}}{\mathrm{d}t} \tag{3-2}$$

2. 二极管导通特性

当 PN 结从反偏转向正向导通时，PN 结的导通状态压降并不立即达到其静态伏安特性所对应的稳态压降值，而需经过一段正向恢复时间 t_{FR}，在这期间，正向动态峰值压降可以达到几伏至数十伏。图 3-4 给出了 PN 结正向导通时的动态波形。

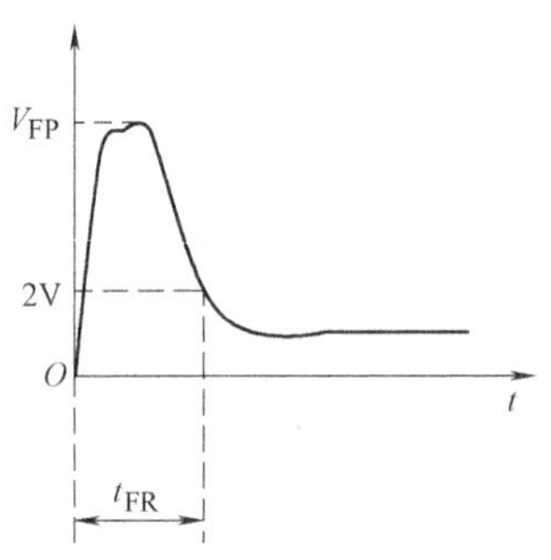

图 3-4 二极管导通特性

3.2.3 PN 结电容

空间电荷区就像一个平板结电容，基区存储电荷在外加电压变化时也发生相应的变化，因此也起着电容的作用，前者称为结电容，后者称为扩散电容，这些电容都是外加电压的函数，PN 结电容即由上述这两部分组成。

3.2.4 二极管的主要参数

二极管的主要参数有：额定平均电流（I_F）、稳态平均电压（V_{FM}）、反向重复峰值电压（V_{RRM}）、正向动态峰值压降（V_{FP}）、反向恢复时间（t_{rr}）、反向恢复电荷量（Q_{rr}）和浪涌电流（I_{sur}）。

在反向恢复电流特性中，峰值反向电流是一个重要的参数，此外反向电流的波形衰减斜率也是一个重要参数。在电路中、在具有引线电感的 PN 结中，$L\frac{di_{反}}{dt}$ 会引起电压尖刺和高频振铃电压，变化率越高（所谓硬恢复或强迫关断），则二极管和功率开关上叠加的电压尖刺越大，因此反向电流缓慢衰减的特性（软恢复）才是希望的特性。

3.2.5 二极管的类型

除一般类型的整流二极管外，还有：

1. 快恢复二极管

快恢复二极管具有较短的恢复时间（200ns ~ 2μs），但通态压降较高，快恢复二极管常用于高频电路的整流或钳位。

2. 肖特基整流二极管

肖特基管也属于快恢复二极管。肖特基二极管是用金属沉积在 N 型硅的薄外延层上，利用金属和半导体之间接触势垒获得单向导电作用，接触势垒相似于 PN 结。它导通时，多子导电占主导地位，因此原则上不存在像双极型整流二极管那样的正反向恢复过程，是一种单极型器件，恢复时间仅是势垒电容的充放电时间，故其反向恢复时间远小于相同额定值的结型二极管。肖特基整流二极管通态压降较普通整流二极管通态压降低，且它的反向恢复时间仅为几十纳秒，常用于低压高频整流。当肖特基整流管的电压超过 100V，它导通时少子导电开始占主导地位，这时同普通整流二极管一样存在着恢复过程。肖特基整流二极管的反向恢复峰值电压最大值一般为 100V，额定电流从 1A 到 300A。

3.3 功率晶体管

3.3.1 晶体管的工作原理及静态输出特性

双极型晶体管（Transistor）由 3 层半导体组成（构成两个 PN 结），有 PNP 和 NPN 两种，中间是一块很薄的半导体（对于 PNP，中间是 N 型半导体；对于 NPN，中间是 P 型半导体），两边各为一块 N 型半导体（对于 NPN 而言），从 3 块半导体上各自接出一根引线就是晶体管的 3 个电极，B 为基极，C 为集电极，E 为发射极，符号和结构如图 3-5 所示。虽然发射区和集电区都是 N 型半导体（对于 NPN 而言），但是发射区的 N 型半导体比集电区的 N 型半导体掺的杂质多，因此它们并不对称。晶体管可以工作在 3 种状态，即放大状态、饱和状态和截止状态。在现代电力电子技术中，晶体管只作为开关使用，工作于截止和饱和两种状态。

1. 放大状态

无论是共基极接法还是共射极接法，只要集电结反偏电压达到一定值、发射结正偏，就工作于放大状态。当集电结反偏电压达到一定值时，发射结注入的能达到集电结空间电荷区边界的载流子将全部被集电结空间电荷区电场扫到集电区，形成集电极电流。若基极电流不变，这时再增加集电结反偏电压，集电极电流也不会有明显增加。但只要发射结电流（基极电流）增加，到达集电结空间电荷区边界的载流子数量也增加，于是集电极电流也随着增加。NPN 晶体管共射极接法的输出特性如图 3-6 所示。

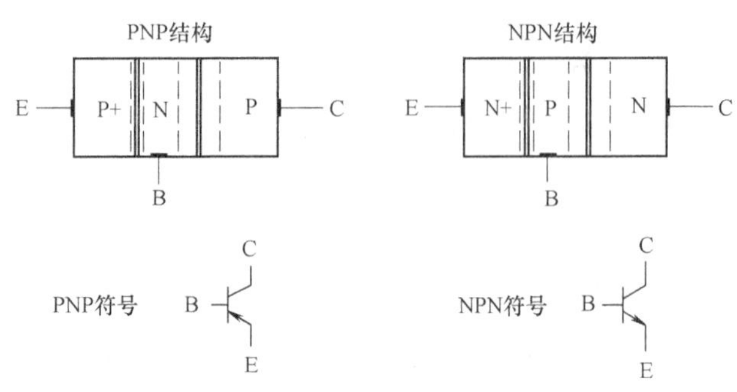

图 3-5 晶体管的符号和结构

2. 饱和状态

工作于饱和状态时集电结、发射结均正向偏置。以共射极接法为例，随着基极电流增加，负载上电压增加，而电源电压不变，因此集电结反偏电压必须下降。当负载上电压增加到集电结反偏电压为零时，晶体管进入临界饱和状态，基极电流再增加时，晶体管的饱和加深，晶体管进入饱和时，集电极电流就不再明显增加了。饱和状态时发射结和集电结都正偏置，饱和压降很小。

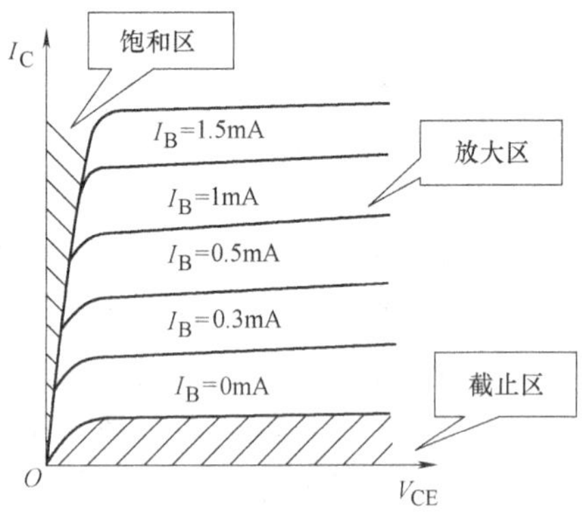

图 3-6 NPN 晶体管共射极接法的输出特性

3. 截止状态

工作于截止状态时 $I_B=0$，即发射结正向偏置电压为零或反偏。

3.3.2 GTR 的特点

习惯上将耗散功率大于 1W 的晶体管称为功率晶体管（Giant Transistor，GTR）。显然只有晶体管具有大的耗散功率才有可能获得大的输出功率，GTR 区别于小功率晶体管在于它能输出大的功率。GTR 的另一个重要性能是当温度和工作状态改变时的稳定性。由于 GTR 在大耗散功率下工作，当工作电流和工作电压变化时会导致管子的温度急剧变化，这样又引起管子的工作状态急剧变化，还会在管子内部产生大的机械引力，引起 GTR 损坏。因此，GTR 应有下列性能要求或参数：具有高的极限工作温度、小的热阻、小的饱和导通压降或饱和电阻、工作稳定可靠、大电流容量、高耐压和快的开关速度。

3.3.3　GTR的开关特性

GTR主要应用于开关工作方式，即工作在导通和截止两种状态。在实际应用中都采用一定的正向基极电流I_{B1}去驱动GTR导通，采用一定的反向基极电流I_{B2}去关断GTR。由于GTR不是理想开关而是真实的器件，因此在开关过程中存在着延迟时间和存储时间。在导通和截止两种状态转换过程中工作点的移动轨迹同时也影响着GTR的工作可靠性。

如图3-7所示，当基极施加脉冲驱动信号时，GTR工作于开关状态，在t_0时刻加一个正激励脉冲，GTR经过延迟和上升阶段才进入饱和区，定义开通时间为

$$t_{开通} = t_d + t_r$$

式中，t_d为延迟时间（$t_1 - t_0$）；t_r为上升时间（$t_2 - t_1$）。

在t_3时刻反向信号加到基极，GTR经过存储和下降时间才返回到截止区，定义关断时间为

$$t_{关断} = t_s + t_f$$

式中，t_s为存储时间（$t_4 - t_3$）；t_f为下降时间（$t_5 - t_4$）。

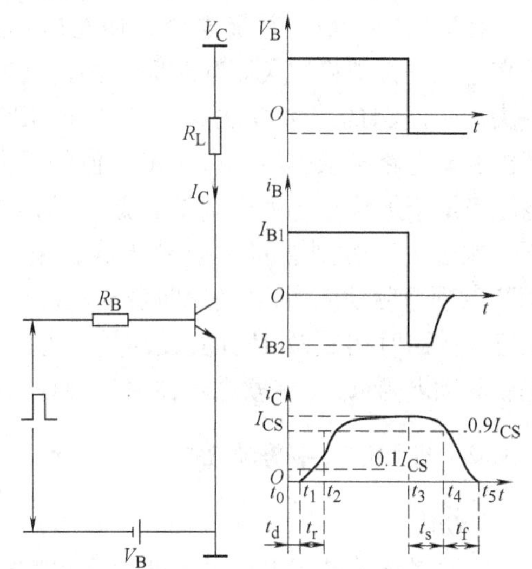

图3-7　GTR开关响应特性

利用线性近似，在开通过程中电流和电压为

$$\begin{cases} i_{开通} = I_{CS}\left(\dfrac{t}{t_{开通}}\right) \\ V_{ce开通} = V_C - \dfrac{V_C - V_{CESAT}}{t_{开通}}t \end{cases} \tag{3-3}$$

同样，在关断过程中电流和电压为

$$\begin{cases} i_{关断} = I_{CS}\left(1 - \dfrac{t}{t_{关断}}\right) \\ V_{ce关断} = V_{CESAT} + \dfrac{V_C - V_{CESAT}}{t_{关断}}t \end{cases} \tag{3-4}$$

式中，V_{CESAT}为GTR饱和压降；I_{CS}为GTR饱和电流；V_C为集电极电压。

延迟时间t_d是因为基极电流向发射结势垒电容充电引起的。PN结形成的空间电荷区在功能上等效于一个电容，在基－射极驱动信号到来之前，发射结和集电结都处于反偏状态，它们的空间电荷区较宽，当基－射极驱动信号到来时，I_{B1}提供空穴，向发射结和集电结空间电荷区充电，基极电流立即上升到I_{B1}，使空间电荷区变窄。在t_d期间，对应于发射结从反偏到零偏置，这一期间I_c等于零。

上升时间t_r是由于基区电荷储存需要一定时间而造成的。在t_r期间，发射结处于正偏置，I_c开始上升，I_{B1}一方面继续给发射结和集电结势垒电容充电，另一方面使基区的电荷积累增加，还要补充基区复合所消耗的载流子，当基区的电荷积累增加到一定程度时，I_c接近

或达到饱和值，GTR 接近或进入饱和区，基区的电荷积累达到动态平衡。

存储时间 t_s 是撤出基区储存的电荷过程而引起的。在上升时间 t_r 期间，基区的电荷积累达到动态平衡，电荷积累的量在 GTR 关断过程中必须将其放掉。

下降时间 t_f 是发射结和集电结势垒电容放电的结果。

在应用中，增大基极电流，使充电加快，t_d、t_r 都可以缩小，但不宜过大，否则将增大储存时间。因此在基极电路中采用加速电容是解决这一问题的一种办法。为了加速 GTR 关断，缩短关断时间 t_{off}，基极驱动电路必须提供具有一定幅值的反向驱动电流，即加反向基极电压有助于加快电容上电荷的释放，从而减小 t_s 和 t_f。但基极反向电压不能过大，否则会将发射结击穿，还会增大延迟时间。图 3-8 是 GTR 的理想驱动波形 I'_{B1} 是正向过充驱动电流，加速 GTR 导通，I_{B1} 维持 GTR 处于临界饱和状态；关断时初始 I'_{B2} 是负值过冲量，可缩短关断时间，防止二次击穿。在应用中，一般在基极驱动电阻 R_B 上并联电容器来实现理想驱动。

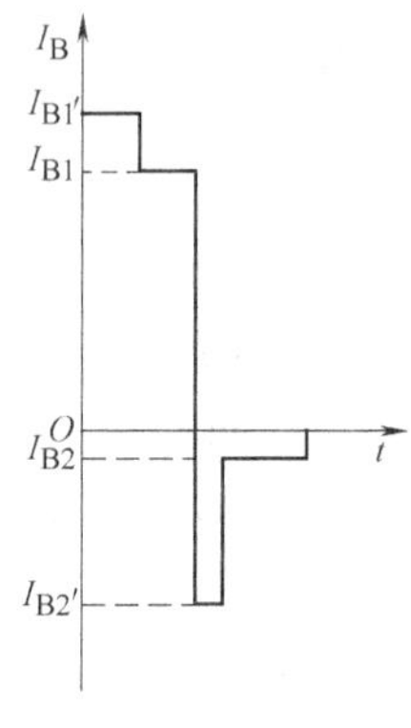

图 3-8 GTR 理想驱动波形

3.3.4 GTR 的主要参数

1. β 值

它是晶体管的集电极电流变化率和基极电流变化率的比值，就是通常所说的晶体管直流电流放大系数。GTR 的 β 值比小功率晶体管的 β 值小的多，单个 GTR 的 β 值只有 10 左右。β 值表达式为

$$\beta = \frac{\Delta I_C}{\Delta I_B}$$

2. 反向电流

GTR 的反向电流对管子的工作没有贡献，因此希望反向电流尽可能小，反向电流是 GTR 质量的一个重要参数。GTR 的反向电流有：

I_{CBO} 定义为发射极开路时，集-基极的反向电流；

I_{EBO} 定义为集电极开路时，射-基极的反向电流；

I_{CEO} 定义为基极开路时，集-射极的反向电流。

3. 最大集电极电流 I_{CM}

在大电流的情况下，随着集电极电流的增加，电流放大系数、截止频率和特征频率都下降，开关时间也会加长，因此规定最大工作电流作为一个极限参数。

4. 饱和电压 V_{CESAT}

晶体管集电极、发射极之间的饱和压降。

5. 结温 T_{JM}

管子工作时允许的集电结的最高温度。

6. 最高耐压

(1) GTR 有两个结：一个是发射结，一个是集电结。它们所能承受的最大反向耐压有以下几种：

$V_{(BR)EBO}$：集电极开路时射-基极间的反向击穿电压。超过这个值发射结将击穿。

$V_{(BR)CBO}$：发射极开路时集-基极间的反向击穿电压。该值表征集电结承受雪崩击穿的能力。

(2) 集-射极间的击穿电压，有：

$V_{(BR)CEO}$：基极开路时集-射间反向击穿电压。

$V_{(BR)CES}$：基-射极之间短路时，集-射间反向击穿电压。

$V_{(BR)CER}$：基-射极之间接一电阻时，集-射间反向击穿电压。

$V_{(BR)CEX}$：基-射极之间接一电阻并加规定反偏电压时，集-射间反向击穿电压。

$V_{(BR)CESUS}$：基极开路时集电结的维持电压。

(3) 它们之间的大小关系：

$$V_{(BR)CBO} > V_{(BR)CES} > V_{(BR)CEX} > V_{(BR)CER} > V_{(BR)CEO} > V_{(BR)CESUS}$$

在以上参数中，使用者最关心的是 $V_{(BR)CEO}$ 和 $V_{(BR)CESUS}$。

7. 集电结最大耗散功率 P_{CM}（注意温度条件）

这是晶体管在热特性方面的指标。一般来讲，集电结消耗的功率比发射结大的多，因此晶体管总的消耗功率近似认为是集电结消耗的功率。耗散功率要产生热量，热量使集电结结温升高，结温升高使集电极电流增大，又使集电结结温升高，这是一个正反馈的过程，因此必须有良好的散热条件，才能保证晶体管可靠工作。在开关状态下，GTR 的耗散功率 P_{CM} 主要来自 3 个方面：

1）导通损耗 P_{ON}，即管子处于导通状态的损耗。主要取决于导通时的集电极电流和晶体管的饱和压降

$$P_{ON} = I_c V_{CESAT} \frac{t_{on}}{T} \tag{3-5}$$

式中，t_{on} 为 GTR 导通时间，T 为开关周期。

2）截止损耗，截止时的功率损耗为

$$P_{OFF} = I_{CEO} V_{CE} \frac{t_{off}}{T} \tag{3-6}$$

式中，t_{off} 为 GTR 关断时间，T 为开关周期。

一般讲截止损耗比导通损耗要小的多，通常忽略不计。

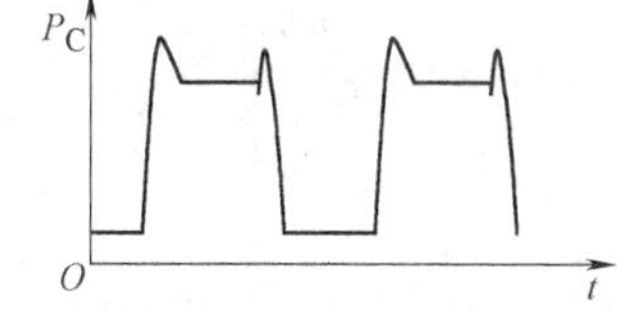

图 3-9 集电极耗散功率示意图

3）开关损耗 P_{SW}，即开关过程中管子的损耗。由于晶体管不能瞬间导通和关断，在开关过程中管子上同时存在电压和电流，因此产生开关损耗。

导通损耗将式（3-3）、式（3-4）代入得开通损耗和关断损耗

$$\begin{cases} P_{开通} = \dfrac{1}{T}\displaystyle\int_0^{t_{开通}} i_{开通} V_{CE开通}(t)\,dt = \dfrac{1}{6T} I_{CS}(V_C + 2V_{CESAT}) t_{开通} \\ P_{关断} = \dfrac{1}{6T} I_{CS}(V_C + 2V_{CESAT}) t_{关断} \end{cases} \tag{3-7}$$

图 3-9 为集电极耗散功率示意图。

8. 动态参数：t_d，t_r，t_s，t_f（注意测试条件）

9. 二次击穿

前述的集-射间反向击穿电压 $V_{(BR)CEO}$ 为一次击穿电压，发生一次击穿时反向电流急剧增

加，如果有外接电阻限制电流的增长，一般不会引起 GTR 特性变坏，如果不加限制，就会导致破坏性的二次击穿。

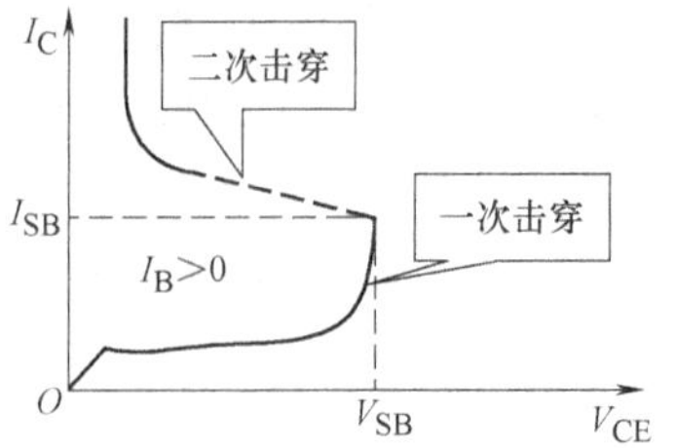

图 3-10 二次击穿示意图

二次击穿是 GTR 损坏的主要原因，是影响 GTR 变流装置可靠性的一个重要因素。当 $I_B>0$，集电结的反偏电压 V_{CE}逐渐增大到某一值时，集电极电流 I_C 急剧增大，这就是通常的雪崩击穿，即一次击穿现象。一次击穿的特点是：在急剧增加的过程中，集电结的维持电压保持不变，如图 3-10 所示。当 V_{CE} 再增大时，I_C 上升到某一临界点（V_{SB}，I_{SB}）时，V_{CE}突然下降，I_C 继续增长，出现了负阻效应（V_{CE}减少，I_C 增大），这种现象称为二次击穿现象。二次击穿的电压和电流（V_{SB}，I_{SB}）称为二次击穿的临界电压和临界电流，其乘积 $P_{SB}=V_{SB}I_{SB}$称为二次击穿的临界功率。把不同 I_B下发生二次击穿的临界点连接起来就形成二次击穿临界线，如图 3-11 所示。

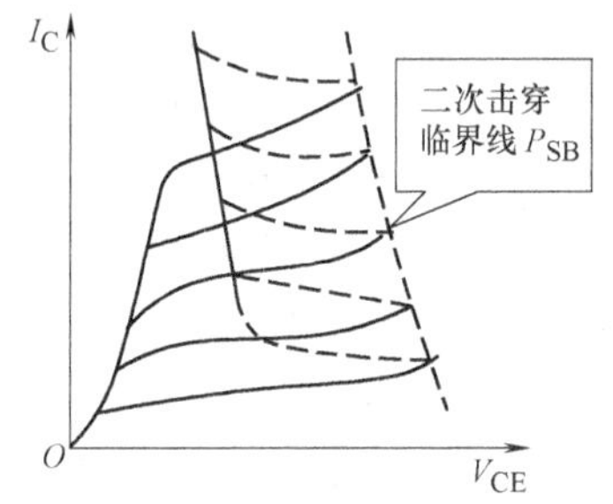

图 3-11 二次击穿临界线示意图

晶体管的二次击穿可以发生在其工作的各个不同阶段，GTR 发射结正偏压、零偏压和负偏压时都可以发生二次击穿，分别称为正偏压二次击穿、零偏压二次击穿和负偏压二次击穿。

晶体管的二次击穿具有下述特点：

1）在二次击穿临界点停留的时间 τ 称为二次击穿延迟时间。对于不同类型的二次击穿这一时间长短相差很大，长的可达 100 多毫秒，短的几乎是瞬间发生。晶体管进入二次击穿需满足以下条件：

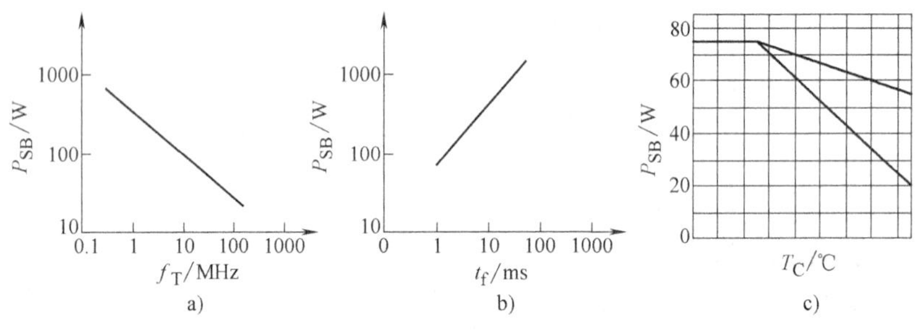

图 3-12 晶体管的二次击穿

a）二次击穿临界功率和晶体管的特征频率 f_T 关系示意图 b）二次击穿临界功率和下降时间 t_f 关系示意图 c）二次击穿临界功率和温度 T_C 关系示意图

$$E_{SB}=I_{SB}V_{SB}\tau=P_{SB}\tau \tag{3-8}$$

式中，E_{SB}为二次击穿耐量。也就是说，发生二次击穿必须同时具备高电压、大电流和持续时间。

2）负阻特性阶段的过渡过程是瞬间完成的，这一阶段是非稳定状态，且不可逆。

3）不管二次击穿的临界电压和电流如何，一旦进入二次击穿，晶体管的集电极-发射极电压 V_{CE}都在 10～15V。

4）二次击穿临界功率和晶体管的特征频率f_T、下降时间t_f和温度T_C都有关系，示意图如图3-12a、b、c所示。

任何晶体管都会产生二次击穿，二次击穿是晶体管的内部现象。目前，尚没有圆满解说二次击穿现象的理论，被普遍接受的理论有热不稳定理论。

热不稳定理论认为二次击穿是热不稳定性引起的。如半导体材料缺陷或烧结不均匀等，使局部温度升高，该局部温度若超过电极与半导体的熔点，就会造成晶体管的永久失效——二次击穿，这种属于延迟二次击穿。当晶体管在小于等于额定电压、额定电流及合理的散热条件下工作，达到热平衡状态时，结温基本保持不变，结温与耗散功率成正比。若工作条件发生变化，PN结产生的热量散不出去，则达不到热平衡状态，结温不断升高，最后烧毁晶体管。

在实际应用中，防止GTR二次击穿的主要措施是在设计中，除对于晶体管的电参数予以重视外，还应对于晶体管的热参数给予重视，充分考虑热设计，改善晶体管的散热条件，使GTR在小于等于额定电压、额定电流及合理的散热条件下工作，达到热平衡状态。

10. 安全工作区（SOA）

GTR在纯电阻负载供电电路中，其动态轨迹（v_{CE}，i_C）沿着饱和工作点和截止工作点形成的负载线从饱和区到截止区或从截止区到饱和区。GTR在其他负载供电的电路中，其动态轨迹（v_{CE}，i_C）比较复杂，可参看相关资料。为了确保GTR在开关过程中能安全可靠的工作，其动态轨迹（v_{CE}，i_C）必须限定在特定的范围内，该范围被称为GTR的安全工作区（Safe Operation Area，SOA），一般由GTR的电流、电压、耗散功率P_{PM}和二次击穿临界功率P_{SW}4条线直接围成，如图3-13所示。

1）正偏安全工作区（Forward Bias Safe Operation Area，FBSOA）

正偏安全工作区又称导通安全工作区，由GTR的电流I_{CM}、电压V_{CEOSUS}、耗散功率P_{CM}和二次击穿临界功率P_{SW}4条线直接围成。FBSOA还同温度、集电极脉冲电流持续时间有关。图3-14是某GTR的FBSOA，由图3-14可知脉冲持续时间越长FBSOA区域就越小，工作温度越高，FBSOA区域就越小。

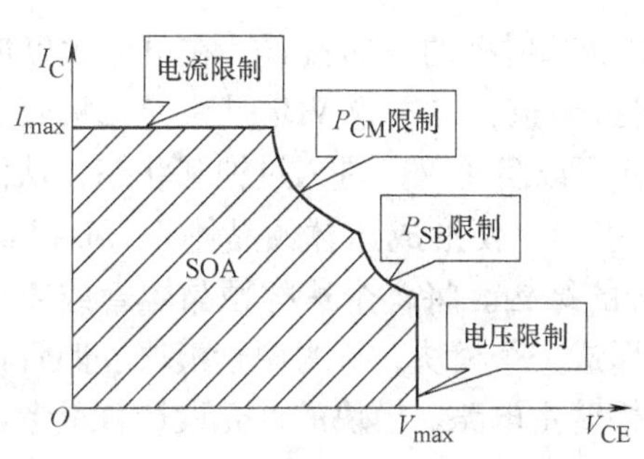

图3-13 晶体管或GTR安全工作区（SOA）

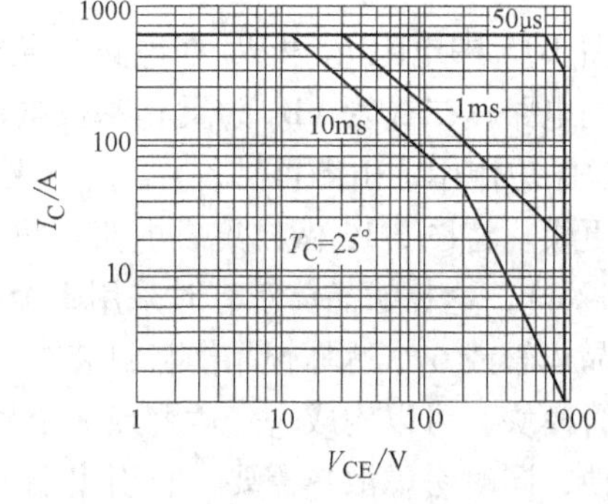

图3-14 某GTR的正偏安全工作区FBSOA

2）反偏安全工作区（Reverse Bias Safe Operation Area，RBSOA）

前面已经指出，基射结加反相偏置可以提高GTR的集射结的一次击穿电压，所以几乎所有的GTR驱动电路都采用足够的反相基极电流来提高GTR的电压承受能力。

3）非重复安全工作区（AOA）

GTR 的过载能力是反映器件水平的一项重要技术指标，可分为正偏非重复过载安全区（FBAOA）和反偏非重复过载安全区（RBAOA）。正偏非重复过载安全区（FBAOA）规定了发生每一种过载或短路的持续时间，这表明保护电路至少应在这个规定的时间内使晶体管关断，但这并不意味着晶体管的关断不受损坏，而应通过 FBAOA 进行检验。在应用 AOA 曲线时还应注意下面两点：

① 过载电流大于最大值的次数应限于规定的次数以内。

② 在下一次过载到来以前，GTR 的结温必须返回到规定的结温。

3.3.5 GTR 模块

单个 GTR 电流增益比较低，一般只有 10 左右，显然需要较大的驱动电流，为了驱动 GTR，一般需要由其他晶体管提供基极驱动电流，这种电路连接称为达林顿（Darlington）连接，如图 3-15 所示。达林顿连接由两个晶体管级联组成，电路总的放大倍数是 VT_1 和 VT_2 的电流放大倍数的乘积，这样驱动 VT_2 所需的基极电流就减小。

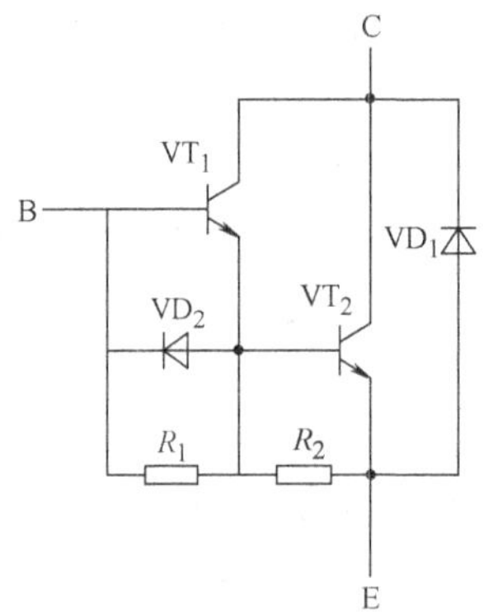

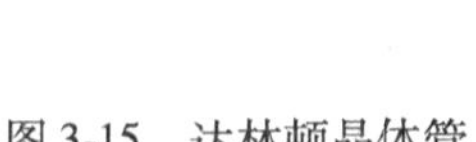

图 3-15 达林顿晶体管

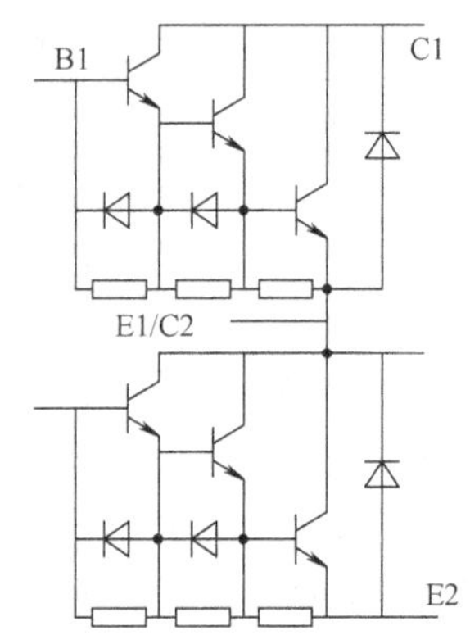

图 3-16 GTR 双管模块内部电路

图 3-15 中电阻 R_1 和 R_2 在电路导通时为 VT_2 提供基射极的正向偏置，在电路关断时构成泄漏电路；二极管 VD_2 为反相基极电流提供低阻抗通道；二极管 VD_1 是快速二极管，对 VT_2 起保护作用；由图可见，$V_{CB(VT_2)} = V_{CE(VT_1)}$，这样可以阻止 VT_1 进入过饱和状态，从而使关断更快。将图 3-15 做成集成电路，将 B、C 和 E 引出，便形成达林顿晶体管（Darlington Transistor），达林顿晶体管有时采用 3 个晶体管复合的结构。将 2 个达林顿晶体管或 4 个达林顿晶体管或 6 个达林顿晶体管封装在一个外壳内形成一个模块，称为两管模块、四管模块和六管模块，可以构成一个桥臂或两个桥臂或三个桥臂主电路。模块的外壳设计着重考虑安装方便，同时考虑散热需要，将引出端子布置在一个平面，接线方便。

某双管模块内部电路如图 3-16 所示，某六管模块内部电路如图 3-17 所示。

除上述 GTR 功率模块外，还有 GTR 智能功率模块。它包含有驱动电路、保护电路和功率器件。保护电路包括电流保护、过热保护和控制电压欠电压保护等。这些功能都集成在一个模块内，封装于一个外壳，结构紧凑，驱动功率小，可靠性高，使用方便。

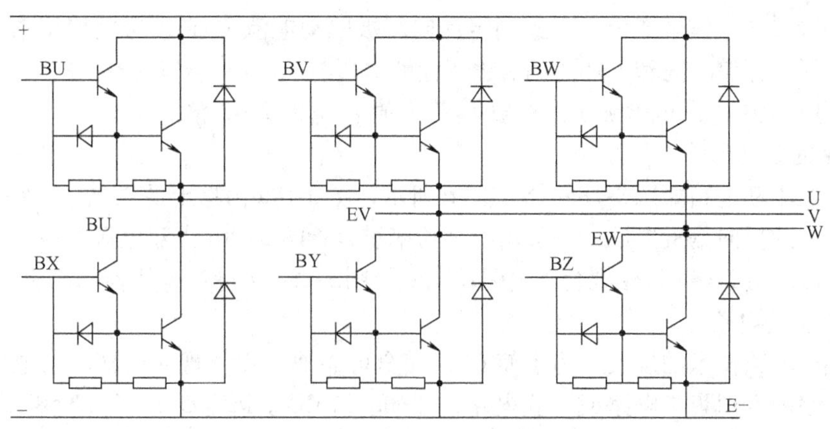

图 3-17　某 GTR 六管模块内部电路

3.3.6　GTR 驱动

GTR 驱动电路的品质高低，影响着 GTR 的工作状态。前面已经叙述了 GTR 的理想驱动电路形式，为了设计驱动电路的方便，现将 GTR 驱动电路的设计方法叙述如下。

确定基极驱动电流 I_{B1}。GTR 的电流增益 h_{FE}（β）是在一定的 I_C、V_{CE}和 T_j 条件下给出的，不能只看其标称值，一般厂商都给出 $h_{FE} \sim I_C$ 曲线，h_{FE}随着温度和 V_{CE}变化，因此工程上 h_{FE}取其标称值的 70%，基极电流 I_{B1}下式取值

$$2I_C(\max)/h_{FE} > I_{B1} > 1.5I_C(\max)/h_{FE} \tag{3-9}$$

确定基-射反向电压。基－射反向电压可以减少关断时间，还可以使 GTR 承受更高的反向电压，并且与 dV/dt 引起的电流有关，试验证明如果这个电压大于 2V，则 dV/dt 引起的电流几乎为零。因此，反向偏置 V_{EB}电压至少为 2V，但不能超过 V_{EBO}。

确定反向基极驱动电流 I_{B2}。I_{B2}增大，GTR 的关断时间缩短，但 I_{B2}增大，浪涌电压增

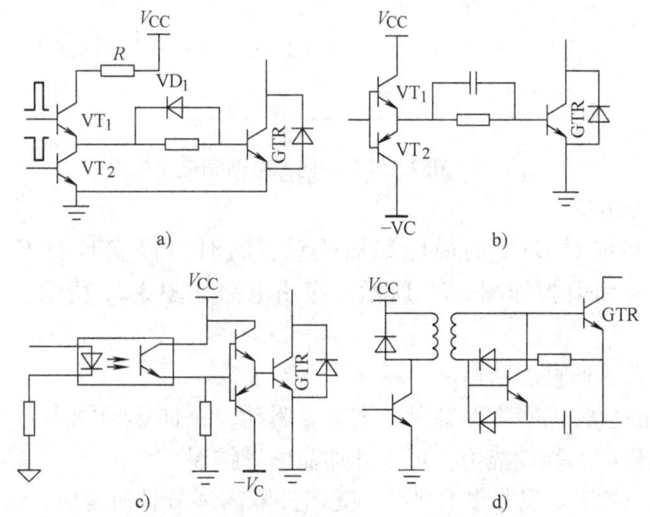

图 3-18　GTR 最常见的驱动电路
a）单电源方式　b）双电源方式　c）光电隔离方式　d）脉冲变压器隔离方式

大，反向偏置安全工作区变窄，因此确定反向基极驱动电流 I_{B2} 必须考虑使用频率、反向偏置安全工作区、存储时间和下降时间。由于浪涌电压与 I_{B2} 的大小和主电路的设置密切相关，所以在实际应用中 I_{B2} 由试验确定。一般 I_{B2} 最大值为 I_{B1} 的 2～3 倍。

1. 常见的驱动电路

最常见的驱动电路如图 3-18a、b、c、d 所示，图 3-18a 由单电源供电，电路简单，但是没有提供稳定的反向偏置电压，一般用于小功率场合；图 3-18b 由双电源供电，电路中电容 C 是加速电容；图 3-18c 为光耦合隔离驱动电路；图 3-18d 为脉冲变压器隔离驱动电路。

2. 集成驱动电路

随着集成电路技术的发展，为了使 GTR 安全可靠地工作，现在已把驱动电路制成了有一定输出功率的专用集成电路或厚膜电路，如 M57215BL、M57957L、M57958L、UAA4002、HL201A、HL202A、EXB365/367 等。这里主要介绍 M57215BL 和 UAA4002，其他芯片原理和应用可参考相关资料。

(1) M57215BL 驱动芯片

M57215BL 的内部电路和应用电路如图 3-19 所示，虚框内是内部电路，M57215BL 用来驱动 50A 以下的 GTR，图中 R_3、R_1 分别为限制正向和反向基极电流的电阻。驱动不同电流容量的 GTR 时，R_2、R_3 和 C_1 的参数有一点改变。

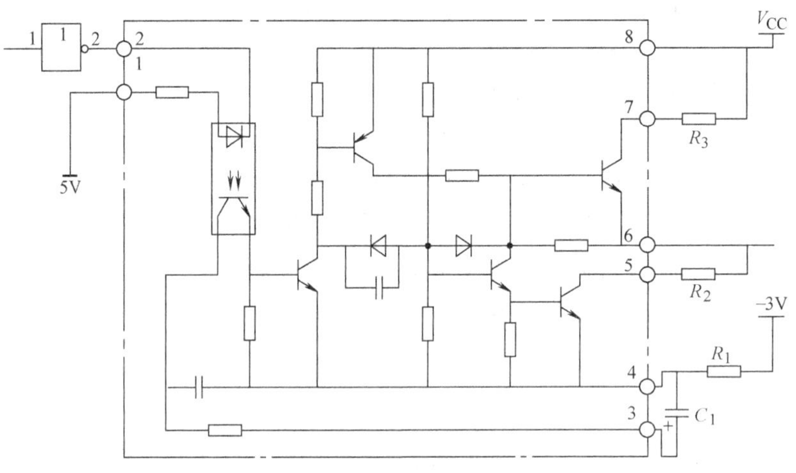

图 3-19 M57215BL 的内部电路和应用电路

(2) UAA4002 驱动芯片

UAA4002 可以实现对 GTR 的最优基极驱动，同时可以实现对 GTR 的非集中保护。UAA4002 的内部结构和引脚如图 3-20 所示，应用电路如图 3-21 所示。UAA4002 有以下特点：

1) 标准的 16 脚双列直插结构。

2) 对工作与开关状态的 GTR 实现最优基极驱动，正向驱动能力为 0.5A，反向驱动能力为 −3A，如果需要增加驱动能力，可以外加晶体管扩展。

3) 对被驱动的 GTR 实现非集中保护，无需经隔离环节且速度快、动作可靠，有过电流保护、退饱和保护（V_{CE} = 1～5.5V 由用户设定）、最小导通时间限制（3～12μs 由用户设定）、最大导通时间限制、正驱动电源电压监控、负驱动电源监控和芯片过热保护。

4）如果输入需要隔离，可采用光隔离或变压器隔离，如果不需要隔离，输入端可以接受电平信号或交变信号；

5）UAA4002的功能可以由用户根据需要取舍。

引脚功能如下：14脚接正电源（10～15V）；2脚接负电源（-5V）；9脚接地；7脚通过定时电阻R_T接地，R_T决定最小导通时间：$t_{on}(\min)(\mu s) = 0.06R_T(k\Omega)$，调节范围为3～12μs；8脚通过定时电容$C_T$接地，$R_T$、$C_T$决定了最大导通时间：

$$t_{on(max)}(\mu s) = 2R_T(k\Omega)C_T(\mu F)$$

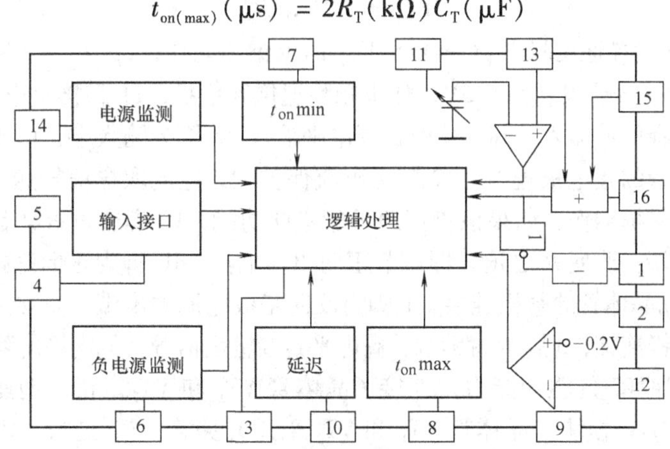

图3-20　UAA4002的内部结构和引脚

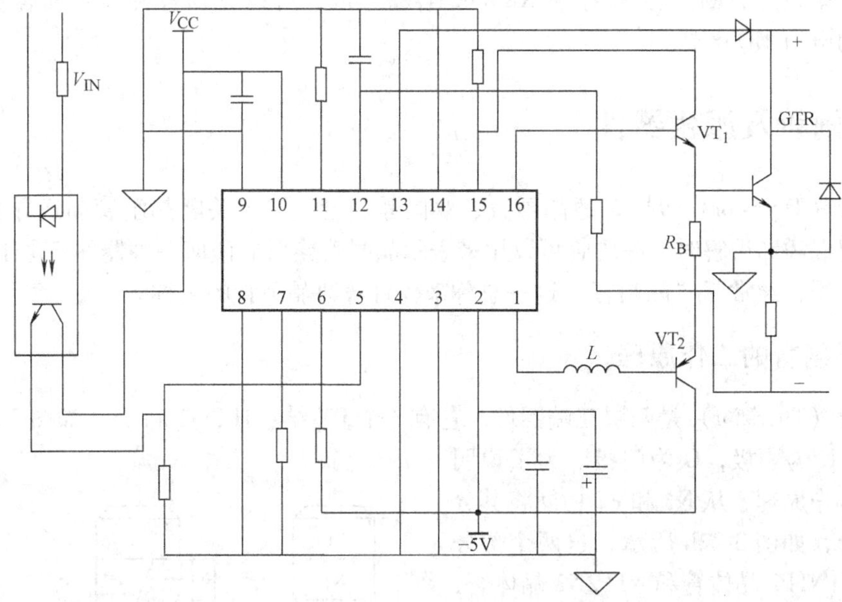

图3-21　UAA4002的应用电路

如果不限制最大导通时间，可将8脚接地；10脚通过电阻R_D（kΩ）接地，可使输出端电压前沿相对输入端电压前沿延迟T_D（μs）：

$$T_D = 0.05R_D$$

T_D可在3～20μs范围内调节，如果不需要延时，可将10脚接正电源；6脚通过电阻R^-

接负电源（2 脚），R^- 和 R_T 一起决定负电源欠电压保护的门槛 $|V_{min}|$

$$R^- = \frac{R_T}{2}\left(1 + \frac{|V^-|_{min}}{5}\right)$$

式中，R^- 的单位为 kΩ。

若此功能不用，6 脚可直接接地或负电源；11 脚通过电阻 R_{SD} 接地，R_{SD} 上的电压（V）由下式决定

$$V_{R_{SD}} = 10R_{SD}/R_T$$

当从 13 脚引入的导通压降 $V_{CE}(sat) > V_{R_{SD}}$ 时退饱和动作，$V_{R_{SD}}$ 可在 3 ~ 5.5V 调节，如果 11 脚开路，其电位被自动限制在 5.5V，如果删除退饱和保护，11 脚接负电源；4 脚为输入选择端，低电位时选择脉冲输入，高电位时选择电平输入；5 脚为输入端；13 脚通过快恢复二极管与被驱动的晶体管的集电极连接；12 脚为电流保护端，电流取样信号送入该端口，一旦电流大于设定值时，保护动作，如果该脚接地可删除此功能；15 脚通过 R 电阻接 14 脚正电源，是输出极电源输入端，改变 R 之值，即调节正向驱动电流；16 脚为正向基极电流输出端，通过电阻 R_B 与被驱动晶体管的基极连接；1 脚为反向基极电流输出端，直接通过一个小电感与被驱动晶体管的基极连接；3 脚为封锁端，高电平封锁输出信号，低电平解除封锁。

为了扩大 UAA4002 的驱动能力，外接了晶体管 VT_1 和 VT_2，正反向驱动能力达到 6A，可以驱动 300A 的 GTR 模块。晶体管 VT_1 和 VT_2 采用开关管，R_B 是为了消除基极电流调节回路可能产生的震荡和不稳定现象，其值应尽可能小，电感 L 约为微亨级，其功能为限制反向电流上升率，使关断过程优化。UAA4002 容易扩展，可以驱动各种型号和容量的 GTR，也可以驱动电力 MOSFET。

3.4 晶闸管及派生器件

晶闸管（Thyristor）包括普通晶闸管、双向晶闸管、门极关断晶闸管和逆导晶闸管等。在不致引起混淆和误解时，晶闸管可以用来表示晶闸管族系的任何一种器件。由于普通晶闸管被大量应用，通常用“晶闸管”这一总称来代替普通晶闸管的名称。

3.4.1 晶闸管的工作原理

晶闸管（Thyristor）是四层三端器件，它有 3 个 PN 结：J1、J2 和 J3，如图 3-22a 所示，A 为阳极，K 为阴极，G 为门极。为了说明晶闸管的工作原理，从 N1 和 P2 中间将其分为两个部分，如图 3-22b 所示，这两个部分分别构成 P1N1P2 晶体管和 N1P2N2 晶体管，其等值电路如图 3-22c 所示，对于 P1N1P2 晶体管，P1N1 为发射结，N1P2 为集电结；对于 N1P2N2 晶体管，P2N2 为发射结，N1P2 仍为集电结，因此 N1P2 为公共的集电结。当晶闸管承受正向阳极电压时（A-K 两端加正电压），J1 和 J3 结为正向偏置，则中

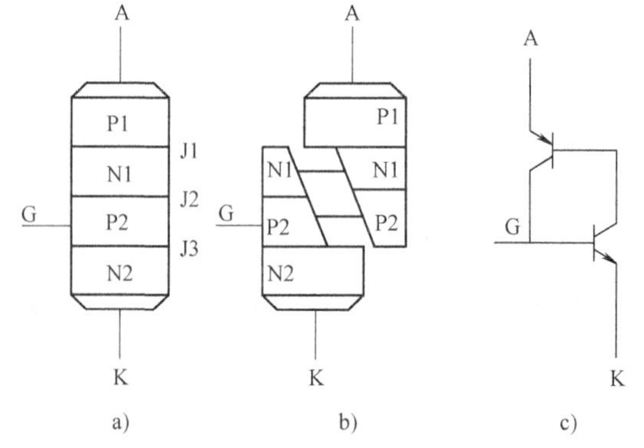

图 3-22　晶闸管两晶闸管模型

间结 J2 为反向偏置。当晶闸管承受反向阳极电压时（A-K 两端加反电压），中间结 J2 为正向偏置，而 J1 和 J3 结均为反向偏置。在晶闸管未导通时，加正压时的外加电压由反向偏置的 J2 结承担；而加反电压时的外加电压主要由反向偏置的 J1 结承担（这是由晶闸管的制造工艺和结构决定的）。

当晶闸管承受正向阳极电压时，为使晶闸管导通，必须使承受反向电压的 PN 结 J2 失去阻挡作用，从图 3-22c 可见，每个晶体管的集电极电流同时就是另一个晶体管的基极电流，因此，当有足够的门极电流 I_G 流入时，就会形成正反馈，使两个晶体管饱和导通，即晶闸管饱和导通。

设 P1N1P2 管和 N1P2N2 管的集电极电流相应为 I_{C1} 和 I_{C2}；发射极电流相应为 I_A 和 I_K；电流放大系数相应为 $\alpha_1=\frac{I_{C1}}{I_A}$ 和 $\alpha_2=\frac{I_{C2}}{I_K}$；流过 J2 的反向漏电流为 I_{CO}。晶闸管阳极电流等于两管的集电极电流和漏电流的总和

$$I_A = I_{C1} + I_{C2} + I_{CO} \tag{3-10}$$

或

$$I_A = \alpha_1 I_A + \alpha_2 I_K + I_{CO} \tag{3-11}$$

若门极电流为 I_G，则晶闸管的阴极电流为

$$I_K = I_A + I_G \tag{3-12}$$

从式（3-11）和式（3-12）得晶闸管的阳极电流为

$$I_A = \frac{I_{CO} + I_G\alpha_2}{1-(\alpha_1+\alpha_2)} \tag{3-13}$$

在晶闸管设计中，电流放大系数 α_2 比 α_1 大，由式（3-13）可知，当晶闸管承受阳极电压，而门极未受电压的情况下，$I_G=0$，$\alpha_1+\alpha_2$ 很小，晶闸管阳极电流为 J2 的反向漏电流，晶闸管处于正向阻断状态。由于硅 P1N1P2 管和 N1P2N2 管相应的电流放大系数 α_1 和 α_2 随着晶闸管阳极电流的增大而增大（α_1 和 α_2 与晶闸管阳极电流关系如图 3-23 所示），因此，无论采用何种办法增加通过晶闸管阳极的电流，由于其内部的正反馈作用，晶闸管阳极电流增大，$\alpha_1+\alpha_2\approx1$，流过晶闸管的电流，完全由主回路的电源电压和回路电阻所决定。晶闸管处于导通状态，即使此时门极电流 $I_G=0$，晶闸管仍能维持原来的阳极电流而继续导通，也就是说晶闸管导通后，门极失去作用。增加晶闸管阳极电流的办法很多，如提高 V_{AK} 正向电压等。

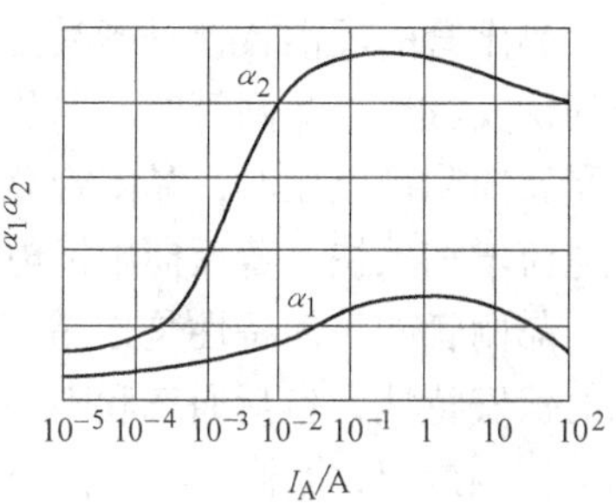

图 3-23　α_1 和 α_2 与晶闸管阳极电流关系

在晶闸管导通后，如果不断地减小电源电压或增大回路电阻，使晶闸管的阳极电流减小到某一临界电流以下时，由于电流放大系数 α_1 和 α_2 迅速下降，由式（3-13）可知当 $\alpha_1+\alpha_2\approx0$ 时，晶闸管恢复阻断状态。

综合上述情况，可得如下结论：

1）当晶闸管承受反向阳极电压时，不论门极承受何种电压，晶闸管都处于关断状态。

2）当晶闸管承受正向阳极电压时，仅在门极承受正向电压的情况下才能被导通，即从关断状态变为导通状态必须同时具备正向阳极电压和正向门极脉冲，也就是说触发脉冲到来的时刻必须处在 A-K 两端出现正向电压的期间，否则晶闸管无法导通。

3）由于晶闸管内部存在正反馈过程，因此晶闸管一旦被触发导通后只要晶闸管中流过的电流达到一定临界值，即使把触发信号撤走，晶闸管仍能维持导通，这个临界电流值被称为擎住电流 I_L。

4）晶闸管在导通状态下，无论采用何种办法使通过晶闸管的电流下降到某一临界值，晶闸管将自动从导通状态转变为关断状态，这个临界电流值被称为维持电流 I_H。

3.4.2 晶闸管的伏安特性

晶闸管阳极与阴极间的电压和晶闸管阳极电流的关系，简称晶闸管的伏安特性。简单的晶闸管主电路和晶闸管的伏安特性如图 3-24 所示，其正向特性位于第一象限内，反向特性位于第三象限内。

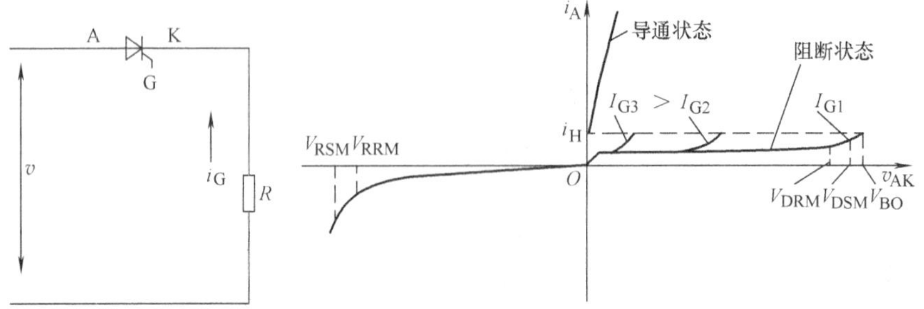

图 3-24 简单的晶闸管主电路和晶闸管的伏安特性

晶闸管的反向特性是指晶闸管的反向阳极电压（阳极相对阴极为负电压）与阳极漏电流的伏安特性，晶闸管的反向伏安特性与一般二极管的伏安特性相似。正常情况下，晶闸管承受反向阳极电压时，晶闸管总是处于阻断状态。当反向阳极电压增加到一定值时，其反向漏电流增加较快，若反向阳极电压继续增大，将导致晶闸管损坏。

晶闸管的正向特性是指晶闸管的正向阳极电压（阳极相对阴极为正电压）与阳极漏电流的伏安特性，包括通态和断态两种情况：

1）在门极电流 $I_G=0$ 时，晶闸管处于关断状态，只有很小的漏极电流，这时逐渐增大晶闸管的正向阳极电压，当达到正向转折电压 V_{BO}时，漏电流突然剧增，特性曲线从高阻区经负阻区到达低阻区，晶闸管从阻断状态转化为导通状态。

2）晶闸管处于导通状态时，晶闸管的特性和一般二极管的正向伏安特性相似，即通过较大的阳极电流，而晶闸管本身的导通电压将很小。在正常工作时，不允许把正向阳极电压加到转折值 V_{BO}，而是靠门极的触发电流 I_G 使晶闸管导通，晶闸管门极的触发电流 I_G 越大，阳极电压转折点越低。晶闸管导通后，逐步减小阳极电流，当阳极电流 i_A 小于某一临界值 I_H 时，晶闸管由导通变为阻断。这一临界值 I_H 是维持晶闸管导通所需的最小电流，称为维持电流。

3.4.3 晶闸管的主要参数

1. 晶闸管的电压参数

1）正向断态重复峰值电压 V_{DRM}。晶闸管处于关断状态时，A 和 K 两端出现重复的最大电压瞬时值。该电压是电路参数的函数，不重复瞬时状态电压通常是由外因引起的，并假定其影响在第二次不重复瞬时状态电压来临之前已完全消失。规定正向关断状态重复峰值电压

V_{DRM}为正向断态不重复峰值电压V_{DSM}的90%。正向关断状态不重复峰值电压V_{DSM}和转折电压V_{BO}的差值由厂商决定。

2）反向关断状态重复峰值电压V_{RRM}。晶闸管A和K两端出现重复的最大反向电压瞬时值。规定反向重复峰值电压V_{RRM}为反向不重复峰值电压V_{RSM}的90%。

3）额定电压。正向关断状态重复峰值电压V_{DSM}和反向关断状态重复峰值电压V_{RRM}中较小的那个数值作为器件的额定电压。工作中，在选用器件时，一般选用晶闸管的额定电压为其工作电压的2~3倍。

4）导通状态（峰值）电压V_{TM}。晶闸管通过一倍或规定倍数额定电流值时的瞬态峰值电压，从减小损耗和器件发热的观点出发，应该选择V_{TM}较小的晶闸管。

2. 晶闸管的电流参数

1）导通状态平均电流I_{TA}。所谓导通状态平均电流是指50Hz的工频正弦半波的通态电流在一个周期内的平均值。晶闸管的额定电流即一定条件下的最大导通状态平均电流，设流过晶闸管的交流电流峰值为I_M，根据通态平均电流I_{TA}的定义可得

$$I_{TA} = \frac{1}{2\pi}\int_0^{\pi} I_M \sin\omega t \mathrm{d}(\omega t) = \frac{I_M}{\pi} \tag{3-14}$$

设电流有效值为I，则正弦半波的电流有效值I为

$$I = \sqrt{\frac{1}{2\pi}\int_0^{\pi} (I_M \sin\omega t)^2 \mathrm{d}\omega t} = \frac{I_M}{2} \tag{3-15}$$

由式（3-14）和式（3-15）可得在正弦半波情况下电流有效值和通态平均电流I_{TA}的比值

$$\frac{I}{I_{TA}} = \frac{\pi}{2} = 1.57 \tag{3-16}$$

设晶闸管最大能够流过的任意波形电流的平均值为I_d，定义有效值和平均值之比为波形系数K_f

$$K_f = \frac{I}{I_d} \tag{3-17}$$

根据电流有效值相等，$K_f I_d = 1.57 I_{TA}$，则晶闸管能够流过的任意波形电流平均值的最大值和晶闸管通态平均电流（晶闸管的额定电流）I_{TA}的关系

$$I_d = \frac{1.57 I_{TA}}{K_f} \tag{3-18}$$

由式（3-18）可知，如果流过晶闸管的电流波形为正弦半波，则晶闸管最大能够流过的电流平均值等于晶闸管的额定电流。

要求出晶闸管最大能够流过的任意波形电流的平均值，必须知道这种电流波形的波形系数和晶闸管的额定电流，晶闸管的额定电流在选定了晶闸管后即可知道，波形系数必须由定义求出该波形的导通状态平均电流和电流有效值才能得到。

例1 额定电流为$I_{TA}=100\mathrm{A}$的晶闸管，若有3种不同波形的电流（见图3-25）分别流过，不考虑安全裕量，计算对于每种波形晶闸管最大能够流过的电流平均值为多少？

解：已知：$I_{TA}=100\mathrm{A}$，根据式（3-18），分别求图3-25a、b、c的波形系数及晶闸管能够流过该波形电流的最大值。

图 3-25a 的平均电流

$$I_{da}=\frac{1}{2\pi}\int_{\frac{\pi}{3}}^{\pi}I_M\sin\omega t\mathrm{d}\omega t=\frac{I_M}{4\pi}$$

图 3-25a 的电流有效值

$$I=\sqrt{\frac{1}{2\pi}\int_{\frac{\pi}{3}}^{\pi}(I_M\sin\omega t)^2\mathrm{d}\omega t}=I_M\sqrt{\frac{1}{2\pi}\left(\frac{\omega t}{2}-\frac{1}{4}\sin(2\omega t)\right)_{\frac{\pi}{3}}^{\pi}}$$

$$=I_M\sqrt{\frac{1}{6}+\frac{\sqrt{3}}{16\pi}}$$

图 3-25a 的波形系数

$$K_f=\frac{I}{I_{da}}=4\pi\times\sqrt{\frac{1}{6}+\frac{\sqrt{3}}{16\pi}}\approx 5.63$$

晶闸管能够流过图 3-25a 波形电流的最大值

$$I_d=\frac{1.57\times I_{TA}}{K_f}=\frac{1.57\times 100}{5.63}\mathrm{A}\approx 28\mathrm{A}$$

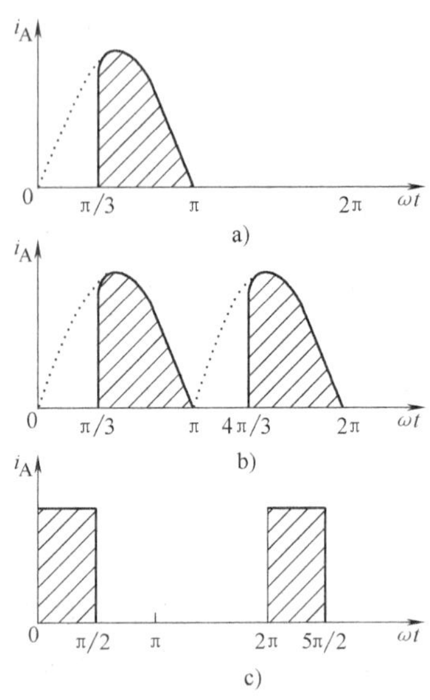

图 3-25 3 种电流波形

图 3-25b 的平均电流

$$I_{da}=\frac{1}{\pi}\int_{\frac{\pi}{3}}^{\pi}I_M\sin\omega t\mathrm{d}\omega t=\frac{I_M}{2\pi}$$

图 3-25b 的电流有效值

$$I=\sqrt{\frac{1}{2\pi}\int_{\frac{\pi}{3}}^{\pi}(I_M\sin\omega t)^2\mathrm{d}\omega t+\int_{\frac{4\pi}{3}}^{2\pi}(I_M\sin\omega t)^2\mathrm{d}\omega t}=I_M\sqrt{\frac{1}{3}+\frac{\sqrt{3}}{8\pi}}$$

图 3-25b 的波形系数

$$K_f=\frac{I}{I_{da}}=2\pi\times\sqrt{\frac{1}{3}+\frac{\sqrt{3}}{8\pi}}\approx 3.98$$

晶闸管能够流过图 3-25b 波形电流的最大值

$$I_d=\frac{1.57\times I_{TA}}{K_f}=\frac{1.57\times 100}{3.98}\mathrm{A}\approx 39.4\mathrm{A}$$

图 3-25c 的平均电流

$$I_{da}=\frac{1}{2\pi}\int_{0}^{\frac{\pi}{2}}I_M\mathrm{d}\omega t=\frac{I_M}{4}$$

图 3-25c 的电流有效值

$$I=\sqrt{\frac{1}{2\pi}\int_{0}^{\frac{\pi}{2}}I_M^2\mathrm{d}\omega t}=\frac{I_M}{2}$$

图 3-25c 的波形系数

$$K_f=\frac{I}{I_{da}}=\frac{I_M/2}{I_M/4}=2$$

晶闸管能够流过图 3-25c 波形电流的最大值

$$I_d=\frac{1.57\times I_{TA}}{K_f}=\frac{1.57\times 100}{2}\mathrm{A}=78.5\mathrm{A}$$

显然只有在波形系数等于1.57时，晶闸管允许通过的最大电流才等于其额定电流；波形系数大于1.57时，晶闸管允许通过的最大电流小于其额定电流；波形系数小于1.57时，晶闸管允许通过的最大电流大于其额定电流。

2）维持电流I_H。使晶闸管维持导通状态所必须的最小的I_A值。

3）擎住电流I_L。晶闸管刚从关断状态转入通态，并移除触发信号之后，能维持导通状态所需的最小的I_A值。擎住电流的数值与工作条件有关。对于同一晶闸管来说，通常擎住电流约为维持电流的2~4倍，维持电流I_H是晶闸管导通后逐步减小I_A电流，当电流I_A降低到I_H以下时晶闸管就关断了。显然，维持电流和擎住电流这两个概念是不同的。

4）关断状态重复峰值电流I_{DRM}和反向重复峰值电流I_{DRM}。分别对应于晶闸管承受关断状态重复峰值电压和反向重复峰值电压时的峰值电流。

5）浪涌电流I_{TSM}。一种由于电路异常情况（如故障）引起的，并使结温超过额定结温的不重复性最大导通状态过载电流。浪涌电流用峰值表示，浪涌电流有两个级：L级和H级。考虑到不同应用的要求和有利于提高其他参数水平，浪涌电流L级，其数值为$4\pi I_{TA}$，浪涌电流在器件寿命期内应限制出现的次数。

3. 晶闸管门极参数

1）触发电流I_{GT}。使晶闸管由关断状态转入导通状态所必需的最小门极电流。

2）门极触发电压V_{GT}。产生门极触发电流所必需的最小门极电压。

4. 晶闸管动态参数和结温

晶闸管不能作为线性放大器件，因为它只有两种工作状态：导通和关断。晶闸管工作波形如图3-26所示，当门极电流i_G到来时，阳极电流i_A要延迟t_d才开始上升，经过上升时间t_r后达到阳极电流i_A的稳态值，定义

$$t_{on} = t_d + t_r \tag{3-19}$$

式中，t_d为延迟时间；t_r为上升时间。

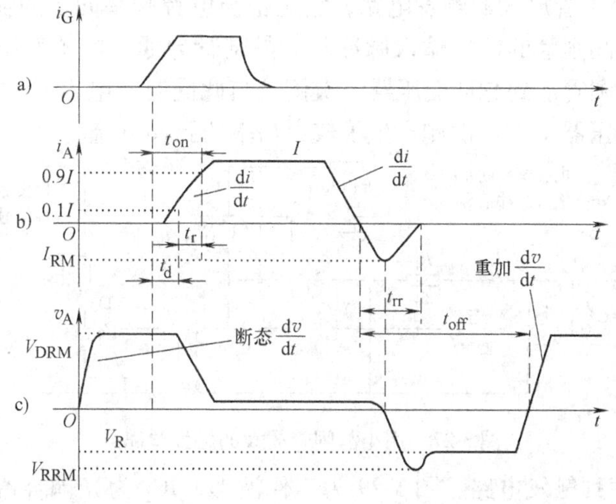

图3-26　晶闸管的开关波形

a）门极电流　b）阳极电流　c）阳极电压

电路施加反向电压 V_R 于晶闸管 A、K 两端，迫使它的阳极电流从稳态值开始下降，然而晶闸管并不能在阳极电流下降到零时刻就可以承受外加反向电压，而需经过一个反向恢复期 t_{rr}，这个过程类似于整流管的反向恢复过程。尽管晶闸管此时可以加上反向电压 V_R，但并未恢复门极控制能力，也就是说，这时还不能在晶闸管上施以一定变化率的正向电压（重加$\frac{dv}{dt}$），还需经过一段恢复门极控制能力的阶段，晶闸管才能真正关断。因此器件的关断时间 t_{off}定义为从阳极电流降为零时到能加上一定变化率的正向电压为止这一段时间。晶闸管的 4 个动态参数及结温分别为：

1） 开通时间 t_{on}。

2） 关断时间 t_{off}。

3） 关断状态电压临界上升率$\frac{dv}{dt}$。在额定结温和门极开路的情况下，不导致从关断状态到导通状态转换的最大主电压上升率。过大的$\frac{dv}{dt}$会引起误导通。

4） 导通状态电流临界上升率$\frac{di}{dt}$。在规定条件下，晶闸管能承受而无有害影响的最大导通状态电流上升率。

5） 额定结温 T_{JM}。器件在正常工作时所允许的最高结温。在此温度下，一切有关的额定值和特性都得到保证。

3.4.4 晶闸管触发电路

由于晶闸管属于电流驱动器件，因而，首先，要求触发电路具有较大的驱动电流，触发电流应略大于额定值；其次，应尽量采用脉冲序列触发，以防止误关断；再次，从安全和抗干扰角度出发，应使用脉冲变压器或光隔离输出。

图 3-27 为用小晶闸管放大的触发电路，它是把与电源频率同步的输入脉冲利用小晶闸管进行功率放大，当晶闸管的门极输入脉冲时，晶闸管导通，电源变压器的电压经 VD_1 整流后的脉动电压经晶闸管加到脉冲变压器一次侧，与此同时，电容 C_1 经过脉冲变压器的二次侧放电，则脉冲变压器 T 的二次侧产生了较大功率的脉冲电流。

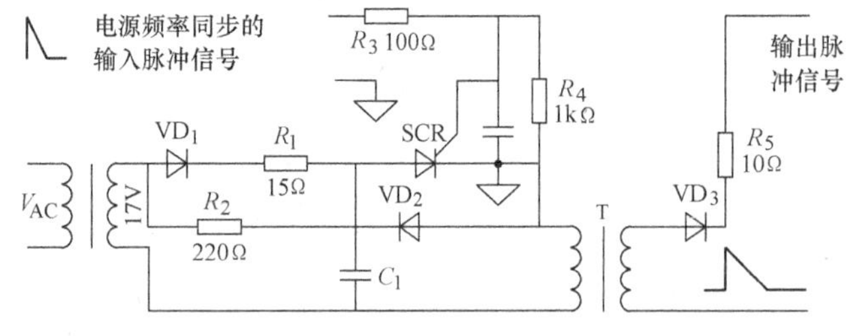

图 3-27 用小晶闸管放大的触发电路

图 3-28 为脉冲序列触发电路，图 3-29 为工作波形，IC_1 为光耦合器，R_1 为输入限流电阻，V_1 为来自控制电路的移相脉冲，V_2 由方波发生器产生，其频率应远大于晶闸管的开关频率，IC_3 为与非门。当 V_1 为高电平时，光耦合器输出为高电平，晶体管 S 基极为低电平，V_G 为高电平；当 V_2 为低电平时，晶体管 S 基极为高电平，则 V_G 为低电平。图 3-29 为脉冲

序列触发基本电路的工作波形。

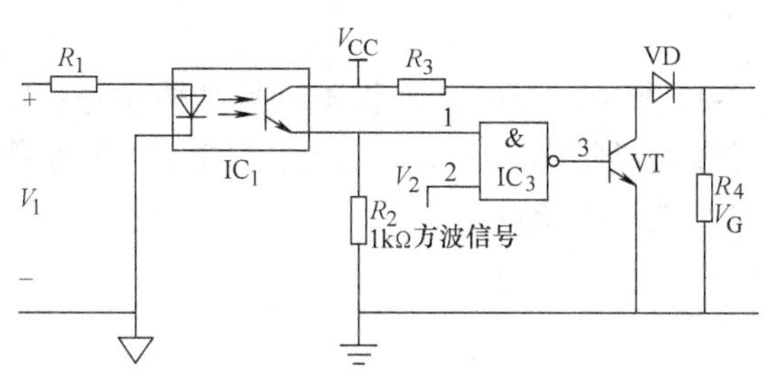

图 3-28　脉冲序列触发电路图

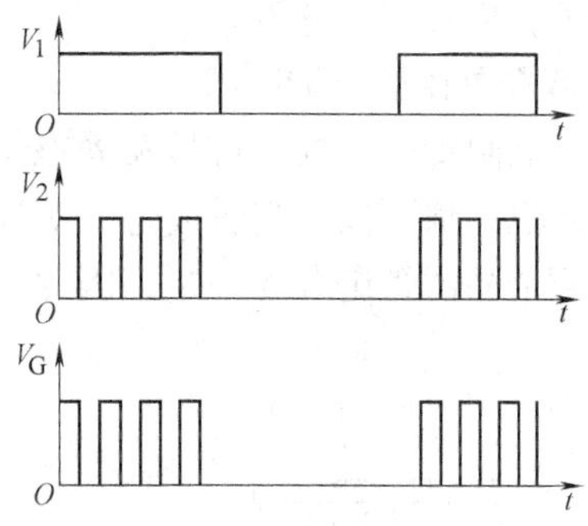

图 3-29　脉冲序列触发工作波形

3.4.5　派生器件

1. 逆导晶闸管

逆导晶闸管（Reverse Conducting Thyristor，RCT）的作用相当于一个晶闸管和一个整流二极管反并联，其正向特性与普通晶闸管一样，具有可控性；其反向特性是整流管的正向特性。其基本结构、等效电路、符号和伏安特性如图 3-30 所示。

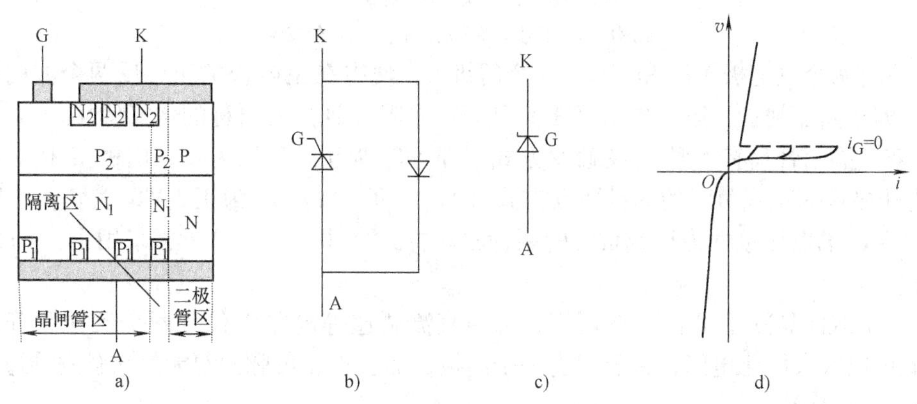

图 3-30　逆导晶闸管

a）基本结构　b）等效电路　c）符号　d）伏安特性

晶闸管区和整流管区之间的隔离区是极为重要的。如果没有隔离区，则反向恢复期间充满整流管的载流子就可能到达晶闸管区，并在晶闸管承受正阳极电压时，引起误导通，即所谓换流失败。与普通晶闸管相比较，逆导晶闸管具有正向电压降小、关断时间短、高温特性好和额定结温高等优点。由于逆导晶闸管等效于两个反并联的普通晶闸管和整流管，即晶闸管和整流管集成在同一芯片上，使两种元器件合为一体，缩小了组合元器件的体积，因此在使用时，使元器件的数目减少、装置体积缩小、重量减轻、价格降低、接线简单、可靠性提高、经济性好，特别是消除了整流管的接线电感，使晶闸管承受的反向偏置时间增加。同时带来了所谓逆导晶闸管的换流能力问题。逆导晶闸管的换流能力是指器件反向导通后恢复正向阻断特性的能力。逆导晶闸管的额定电流分别以晶闸管电流和整流管电流表示，一般前者列于分子，后者列于分母。

2. 双向晶闸管（TRIAC）

双向晶闸管的结构、符号及静态特性如图3-31所示。双向晶闸管不论从结构还是从特性方面来说，都可以把它看成是一对反向并联的普遍晶闸管。由于在制造过程中，它不是简单地把两个晶闸管组合在一起，因此，它具有单独的一些特点：

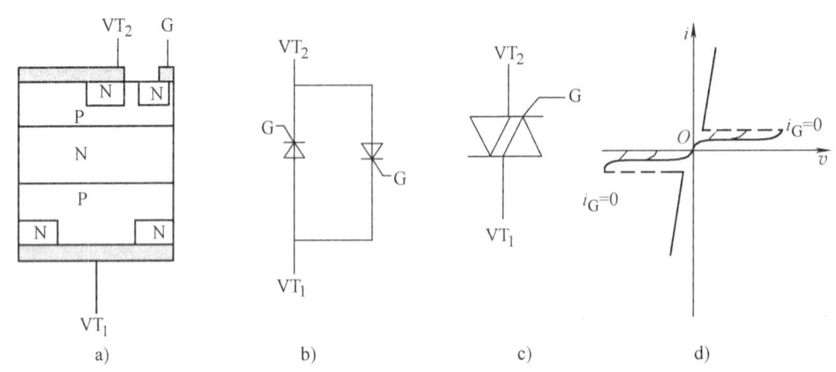

图3-31 双向晶闸管

a）结构 b）等效电路 c）符号 d）伏安特性

1）它有两个主电极 VT_1 和 VT_2，一个门级G，使得在主电极的正、反两个方向均可触发导通，即双向晶闸管在第一象限（Ⅰ）和第三象限（Ⅲ）有对称的伏安特性。

2）双向晶闸管具有4种门极触发方式，即 VT_2 为正，VT_1 为负，门极G相对主电极 VT_2 的电压极性为正或负时的两种驱动方式（$Ⅲ_+$、$Ⅲ_-$）；VT_1 为正，VT_2 为负，门极G相对主电极 VT_2 的电压极性为正或负时的两种驱动方式（$Ⅰ_+$、$Ⅰ_-$）。常采用 $Ⅰ_-$ 和 $Ⅲ_-$ 两种触发方式。

3）由于双向晶闸管可在交流调压、可逆直流调速等电路中代替两个反并联普通晶闸管，因此可以大大简化电路，并且只有一个门极，而且正、负脉冲都能使它触发导通，所以触发电路设计灵活。

4）双向晶闸管在交流电路中使用时，必须承受正、反两个半波电流和电压，在一个方向导电结束时刻，由于芯片中的载流子还没有恢复到截止状态，这时在相反方向承受电压，这些载流子电流有可能作为晶闸管反向工作时的触发电流而误导通，从而造成换流失败。双向晶闸管常用于交流电路中电阻性负载，也可用于固态继电器，难于应用于感性负载。用有效值表示它的额定电流。

3. 门极关断晶闸管

门极关断晶闸管（Gate Turn off Thyristor，GTO）是在门极加正脉冲电流就导通，加负脉冲电流就能关断的器件。它的基本结构和伏安特性与普通晶闸管相同，主要特点是导通时 $\alpha_1+\alpha_2$ 近似等于1，而不是像普通晶闸管导通时 $\alpha_1+\alpha_2$ 远大于1。由于普通晶闸管导通时 $\alpha_1+\alpha_2$ 远大于1，器件饱和程度深，因而无法用门极负脉冲电流关断，GTO晶闸管导通时 $\alpha_1+\alpha_2$ 略大于1，处于临界饱和状态，因此GTO晶闸管在门极用负脉冲电流就能关断。

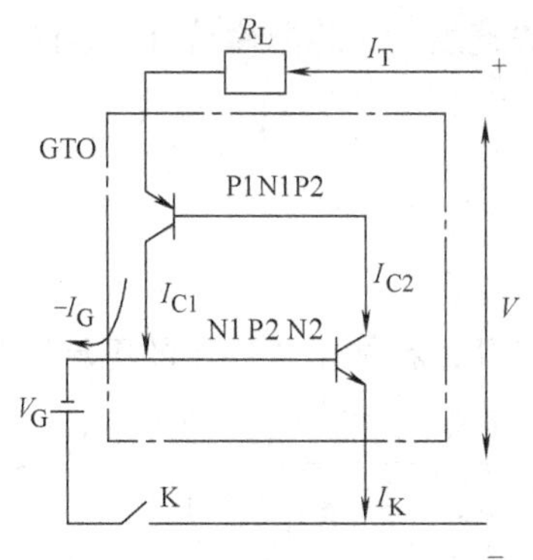

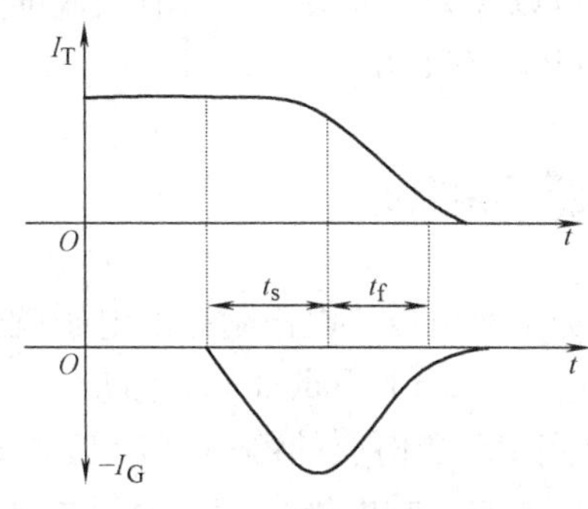

图3-32　GTO关断等效电路和关断时阳极电流和门极电流的波形

GTO晶闸管关断等效电路和关断时阳极电流和门极电流的波形，如图3-32所示，符号、门极静态伏安特性如图3-33所示。

开关K闭合，门极加上负偏压（$-V_G$），晶体管P1N1P2的集电极电流I_{C1}被抽出来，形成门极负电流（$-I_G$）。由于I_{C1}的部分电流被抽走，引起晶体管N1P2N2的基极电流减小，从而集电极电流I_{C2}减小，如此循环，最终导致GTO晶闸管关断。逐渐增加门极正向电压和电流，当达到导通门极电流I_{gf}时，由于阳极电流I_A的出现，使门极电压产生跃增，阳极电流I_A越大，跃增越大。GTO晶闸管导通的情况下，给门极逐渐施以反向电压，按阳极电流I_A的不同，门极的工作点沿伏安特性从第一象限经第四象限而到达第三象限。

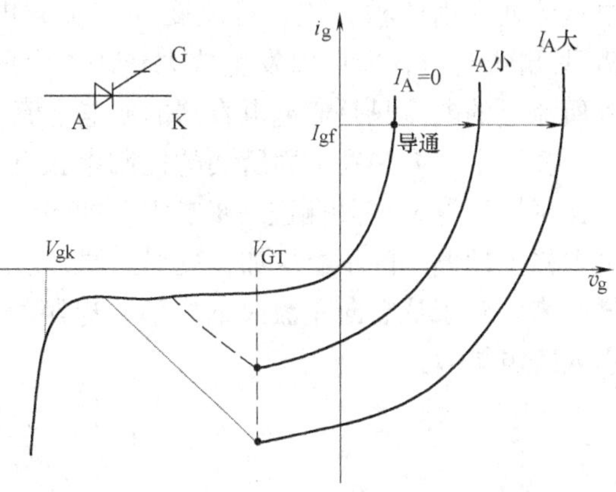

图3-33　GTO符号、门极静态伏安特性

当门极反向电流、电压到达某一数值时，阳极电流I_A开始下降，随着阳极电流I_A的不断下降，α_1和α_2也不断减小，当$\alpha_1+\alpha_2 \leqslant 1$时，器件内部正馈作用停止，阳极电流$I_A$逐渐下降到零，GTO晶闸管关断。关断所需的门极电流和电压数值比触发电流和电压大，并且与GTO晶闸管的阳极电流大小有关。在关断点上门极特性再次发生跃变，门极电压增加，而门极电流下降。完全阻断后，没有阳极电流流过GTO晶闸管，门极的工作点转移到门极PN结的反向特性。图3-33中，v_{gk}为门极的反向击穿电压，t_s+t_f为GTO晶闸管的关断时间。GTO晶闸管需要相对大的门极关断电流（一般为阳极电流的1/5）来关断它，实际上它能够用高幅值的窄脉冲电流来关断它。

GTO晶闸管在应用中要特别注意下面几个问题：

1）明确驱动信号要求：门极导通和门极关断特性。

2）驱动电路的电源电压的选择。

3）吸收电路的合理设计。

4）吸收电路杂散电感的消除。

5）设计阳极电路的电抗器。

与普通晶闸管比较，GTO晶闸管具有如下优点：只需提供足够幅度、宽度的门极关断脉冲信号，就可以保证可靠关断。具有较高的开关速度，工作频率介于晶闸管和 GTR 之间，极限工作频率可达 100kHz。

3.5 静电感应器件

在电极上加上负电压，电极附近的电子就会离开，在加了负偏压的区域附近没有电子的现象就是静电感应（Static Induction）效应。

图 3-34 是用 PN 结构成的静电感应晶体管的原理示意图，在左、右电极之间，通过电流，如在上面的电极上加上负电压，则附近的电子逃逸，因而在虚线 A 的范围内部不存在电子，这时仅从该区域的下方通过电流，因此减少了电流流通，用这种方法，可改变加在负载电阻 R_L 两端的电压，即可以发生放大作用。上面电极所流过的电流只是静电电容器的放电电流。

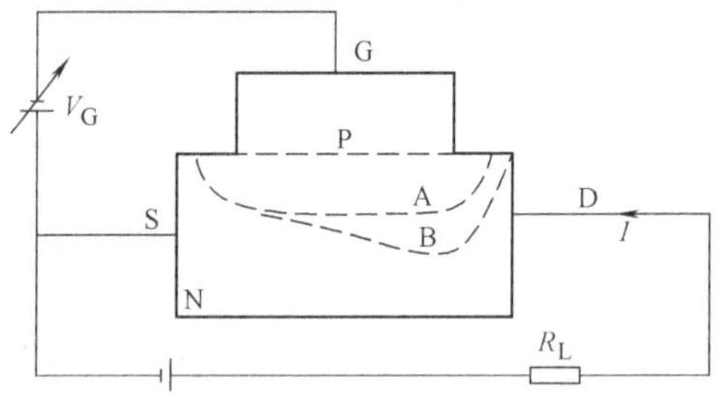

图 3-34 静电感应晶体管

实际上，如果在上面所装的控制电极（栅极）长度较长时，右端没有电子的区域（称为耗尽层）这时向外侧进一步扩大，如图 3-34 所示的虚线。随着外加在下面 N 型半导体两端电极上的偏压的不断增加，耗尽层最后在右端最终可横穿过 N 型半导体，达到下部。这样一来，对于从右向左流过的电流，电阻增大，该电阻被称为沟道电阻 R_{ch}。将其分开写，引入跨电导 G_m

$$G_m = \frac{\partial I}{\partial V_G} = \frac{G_m^0}{1 + G_m^0 R_{ch}} \tag{3-20}$$

式中，G_m^0可视为 R_{ch}为 0 时的值，当 R_{ch}的值很小，$G_m^0 R_{ch} \ll 1$ 时，则有

$$G_m \approx G_m^0 \tag{3-21}$$

相反，如果 $G_m^0 R_{ch} \gg 1$，则有

$$G_m \approx \frac{1}{R_{ch}} \tag{3-22}$$

通常被称为场效应晶体管（FET）的就属于后者，而前者就称为静电感应晶体管。FET 视为利用静电感应效应改变沟道电阻的晶体管。

当沟道基本上被耗尽层横切而切断时（切断时的电压称为夹断电压：当 V_{DS}为某一固定值时，使电流 I 为一微小电流，此时栅源之间所加的电压为夹断电压 V_P，$V_{DG} = V_{DS} - V_{GS}$）。由于电流是从左方流入电子的，如果由于某种原因使电流增大，则沟道中的压降也会增大，即 V_{DS}增大，$V_{DG} = V_{DS} - V_{GS}$增大，从而使沟道宽度变窄，沟道电阻 R_{ch}增加，于是流过沟道的电流减少。如果电流由于某种原因减少，在沟道中的压降也会减少，V_{DG}也会减少，从而使沟道宽度变宽，从而使沟道电阻 R_{ch}减少，于是沟道的电流增大，这是一种负反馈。正是由于沟道电阻的负反馈作用，电流可以基本稳定而无变化的继续流过。

FET 的时间常数等于沟道电阻与栅极分布电容的乘积，对于静电感应晶体管可以认为是时间常数最小的场效应晶体管。也就是说静电感应晶体管可以在比场效应晶体管更高的频率工作，同时由于沟道电阻减少也降低了噪声。换言之，FET 的工作速度的极限位置就是静电

感应晶体管。

3.5.1　静电感应晶体管

静电感应晶体管（Static Induction Transistor，SIT）分常通型和常断型两种。常通型SIT在栅偏压为零时，处于导通状态，栅电压加负偏压可以关断它的漏极电流；常断型SIT在栅偏压为零时，漏极电流被截断而处于断开状态，在栅源之间加正偏压时，便成导通状态，常断型SIT被称为双极模式SIT（BSIT）。图3-35是常通型N型SIT的结构剖面示意图，SIT的符号如图3-36所示。P型沟道和N型沟道的SIT的表示法和晶体管一样，箭头向外表示N型，这里主要介绍常通型的SIT。

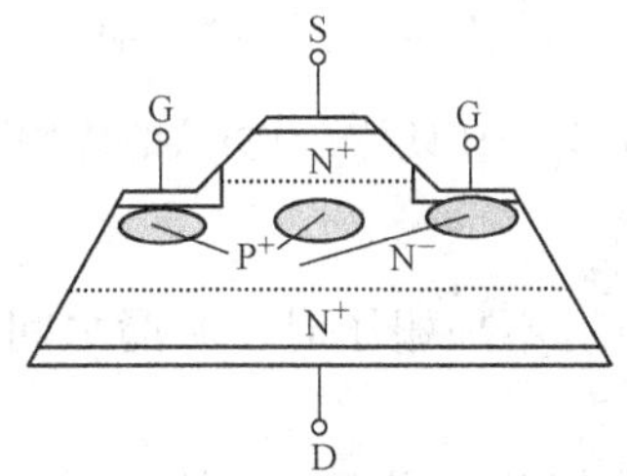

图3-35　SIT结构剖面示意图

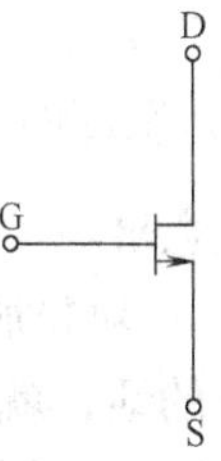

图3-36　符号

图3-35剖面结构是一种使栅区P^+隐埋于源漏之间的N^+型半导体中，这种结构称为埋栅结构。SIT是利用漏极电压和门极电压的静电感应来调制沟道内部的电位分布和势垒高度，从而控制由源区注入的多子浓度。

1. 常通型SIT的特征

由于没有来自栅极的载流子注入，因此能够以极高的速度工作，即高频特性和高速开关特性优异。由于沟道电阻非常小，可以忽略，源极电阻成了内阻的主要部分，因此电流具有负温度特性，不容易发生热击穿，无电流集中，耐压强度高。由于输入阻抗高，是电压驱动器件，驱动功率小。非饱和电压和电流特性：由于沟道电阻极小，由它决定的负反馈量就小，所以输出电压和电流特性显示典型的指数函数特性。

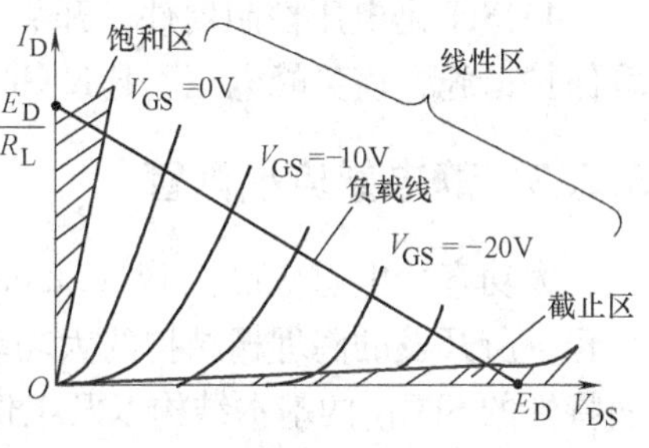

图3-37　常通特性SIT的输出特性

2. 常通型SIT的输出特性

如前所述，常通型SIT的输出特性是非饱和的电压电流特性，如图3-37所示，负载电阻R_L一经确定，就和一般的电路设计一样，画出负载线，把工作范围分为饱和区、截止区和线性工作区3部分。

开关工作方式使用SIT的场合，SIT工作在饱和区和截止区，线性放大方式使用的场合，SIT工作在线性工作区。开关工作方式的基本电路如图3-38所示，栅偏压为E_G，漏极电压为E_D，负载电阻为R_L，漏极电流为I_D，漏源电压为e_D，栅偏电阻为R_c，栅源电压为e_G。

当输入脉冲$e_{IN} \geqslant |E_G|$时，SIT工作在饱和区，SIT处于导通状态，不加输入脉冲时，栅极电位为负，工作在截至区，为关断状态。线性工作方式的基本电路如图3-39所示，各

种记号与图 3-38 一样，只是 e_D 和 e_G 的数值取线性区中心附近的电压，大约分别为开关工作方式时的电压值的 1/2。

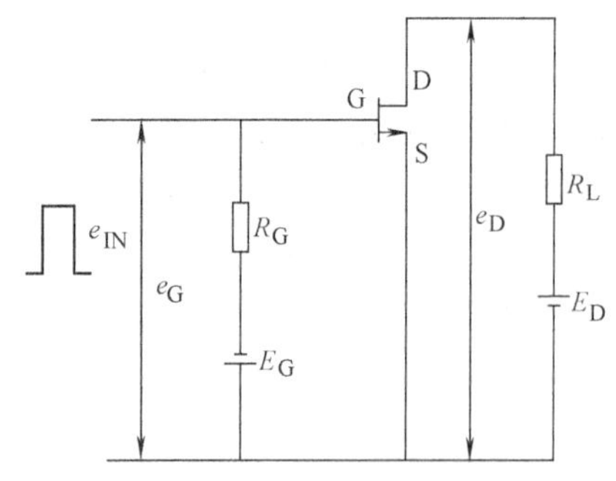

图 3-38 SIT 开关工作方式的基本电路

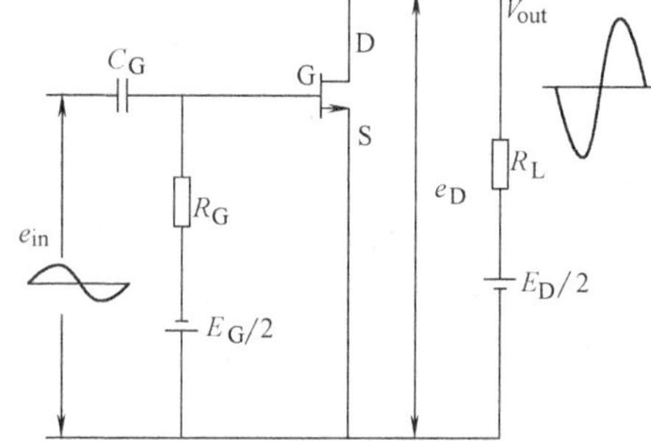

图 3-39 SIT 线性工作方式的基本电路

3. SIT 应用注意事项

1）常通型 SIT 必须先加栅偏压，然后再加漏极电压。不加栅压时，源漏之间导通，如果这样加漏极电压的话，就会发生过流，从而损坏 SIT。

2）栅源间电压 V_{GS}必须考虑到电压放大系数 μ，且在栅源间耐压容许的范围内尽可能加大 μ，以便充分截止漏极电流。电压放大系数一般规定为 $V_{GS}=-20V$ 时的值，但是，它随着 V_{GS}、V_{DS}的大小而变化，电压增大时，电压放大系数 μ 增大。如果考虑开关工作时的峰值和尖峰电压等，就必须根据下面的公式求出需外加的基准值 $\left|V_{GS}\right| \geqslant 1.25\dfrac{V_{DS}}{\mu}$。

3）为了减少开关损耗和提高开关频率，SIT 导通时应加一个很小的正向偏置电压。

4）SIT 是电压控制器件，开关工作特性好，但开关工作时常发生尖峰电压，所以必须采取保护措施，使尖峰电压不超过 SIT 的最大耐压。

3.5.2 静电感应晶闸管

大功率静电感应晶闸管（Static Induction Thyistor，SIThy）一般采用隐埋栅结构，迄今为止，所开发的隐埋栅结构的大功率静电感应晶闸管主要是常通型器件，图 3-40 为具有常通特性的 SIThy 的基本结构以及工作原理说明图。

该 SIThy 的 $P^+N^-N^+$ 二极管的 N^- 层内，埋入了起门极作用的 P^+ 层，该 P^+ 层被 N^- 包围，相邻两个 P^+ 层的间隔被称为沟道。在门极和阴极之间无负偏压时，按照 $P^+N^-N^+$ 二极管工作，如图 3-40a 所示，该 SIThy 处于导通状态。在门极和阴极之间加负偏压时，即图 3-40b 中合上开关 S_G，在 $P^+N^-P^+$ 晶体管区加上了主电源电压 E_S 和门极电源电压 E_G 之和的偏压在门极区，门极区附近的 N^- 层内的空穴（用⊕表示）被吸引。此外在 $N^+P^+N^-$ 静电感应晶体管区域中的 N^-P^+ 结上加上了反向偏压，因此，N 层内的电子（用⊖表示），被扫向阴极。其结果在 N^- 层和 P^+ 层的边界附近和沟道中形成了电荷较少的高电阻的空穴层，使其处于阻断状态。

SIT、SIThy 的静态伏安特性曲线如图 3-41 所示，它们的正向特性类似于真空三极管的特性曲线，在栅压为零时，这两种器件均处于导通状态，即器件的正向阻断电压为零；随着负栅压的增加，器件的正向阻断电压增加。因此设计驱动电路时，一般关断器件需要数十伏

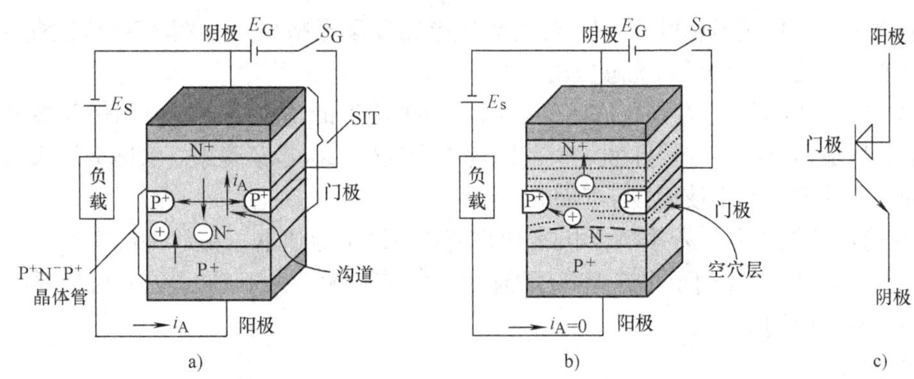

图3-40　静电感应晶闸管

a）导通状态　b）阻断状态　c）SIThy电路符号

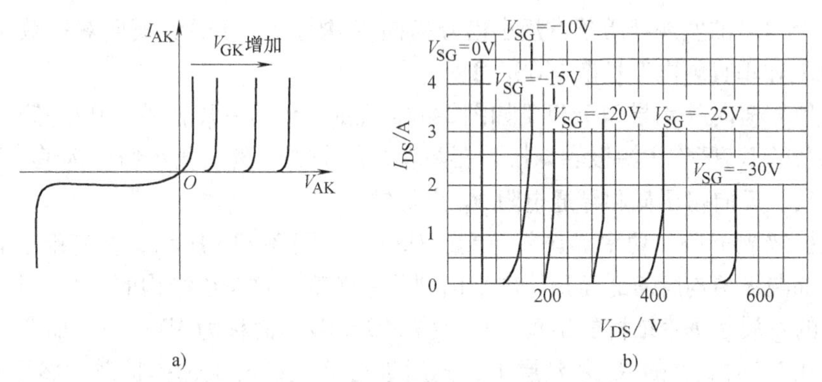

图3-41　SIT、SIThy的静态伏安特性曲线

a）SIThy静态伏安特性曲线　b）SIT静态伏安特性曲线

负栅压，器件导通亦可加5～6V正栅压，以降低器件的通态压降。

静电感应晶体管是场控多子器件，开关速度快，其安全工作区类似于MOSFET。而静电感应晶闸管是场控少子器件，其动态性能比SIT器件差，但目前研制的SIThy器件工作频率可达100kHz，因此具有广阔的应用前景。

3.6　电力场效应晶体管

3.6.1　电力场效应晶体管的特点

电力MOS场效应晶体管（Power Metal Oxide-semiconductor Field Effect Transistor，MOSFET）在线性放大和开关应用中与双极型晶体管相比有许多优点：

1）开关速度快，高频特性好。电力MOSFET是多数载流子器件，因而其固有开关速度高。由于没有双极型晶体管常见的少数载流子存储在基极的电荷，也就没有存储时间。高开关速度保证了在更高频率情况下的应用，从而减少了电抗部分的费用、尺寸和重量。电力MOSFET的开关速度主要取决于器件电容的充放电。

2）高输入阻抗，低驱动电流。电力MOSFET的栅极和源极之间由一层氧化层隔开，其直流电阻大于40MΩ。栅极加10V电压时，器件处于全导通状态，这大大简化了驱动电路。

在许多情况下，直接用 CMOS 和 TTL 逻辑集成电路驱动栅极就可控制大功率电路，降低了驱动电路的复杂性，减少了系统总费用。

3）安全工作区宽，不存在二次击穿。电力 MOSFET 的功率负载能力不像双极型晶体管随所加电压增加而下降。在器件额定值范围内不会发生二次击穿现象。实际应用表明，可以省去缓冲电路或者在其中使用更小值的电容。

4）热稳定性能优良，易并联。电力 MOSFET 的最小导通电压由器件静态漏—源导通电阻决定。低压器件的 R_{DS}值很小，但高压器件的 R_{DS}值较大。由于 R_{DS}具有正温度系数，这有利于器件的并联应用。

5）增益高。

3.6.2 电力场效应晶体管的基本结构

电力 MOSFET 的发展经历了常规小信号横向 N 沟导 MOSFET、横向双扩散 MOSFET、V 形槽 MOSFET 和垂直导电双扩散 MOSFET。

常规小信号横向 N 沟导 MOSFET 如图 3-42a 所示，包括一片轻掺杂 P 型基底，其上扩散了两个高掺杂的 N^+区作为源极和漏极，在两者之间是受光刻工艺制约的沟道。这一结构导致沟道长度长、反向耐压低和导通电阻 R_{DS}大等缺点。

横向双扩散 MOSFET 功率晶体管（LDMOS），如图 3-42b 所示，所有端子仍在晶片顶部，由于顶部漏极结构所需的面积使硅平面利用率较低，这是该结构的一个主要缺点。

进一步的发展是垂直结构的出现。V 形槽 MOSFET，简称为 VVMOS，如图 3-42c 所示。这种结构是在 N^+衬底上的 N^-外延层上，先后进行 P 型区两次选择扩散，然后利用优先蚀刻形成 V 形槽。由于这种结构第一次改变了 MOSFET 的电流方向，电流不再是沿表面水平方向流动，而是从 N^+源极出发，沿沟道流到 N^-漂移区，然后垂直的流到漏极。这种结构

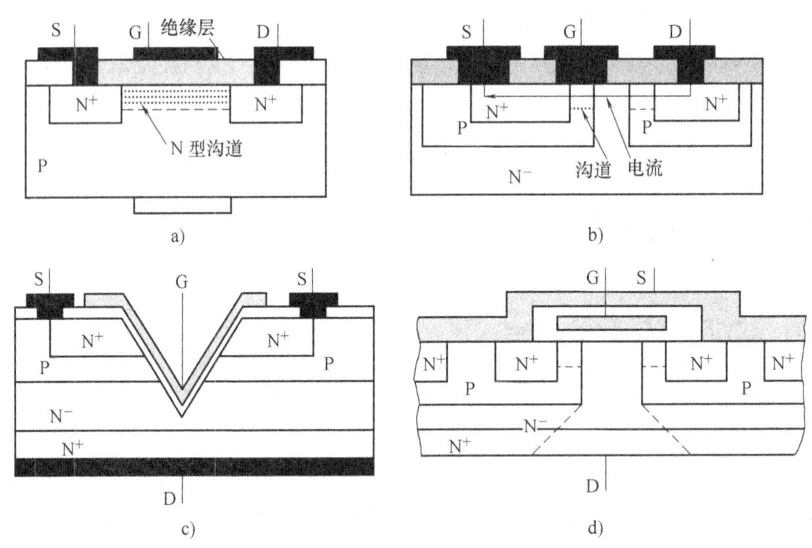

图 3-42 MOSFET 的 4 种结构

a）常规小型号 MOSFET 横向结构 b）横向双扩散 MOSFET（LDMOSFET）
c）VMOS 结构 d）VDMOS 结构

主要缺点是由于它的非平面结构，使晶片成本升高。

20 世纪 80 年代以来研制成功了电流垂直流动的双扩散 MOS 场效应晶体管，简称为 VDMOS，采用具有密集源胞结构的 VDMOS 技术，其 N 沟道源胞结构如图 3-42d 所示，这一结构与图 3-42b 类似，只是将漏极移到了 N^- 基底的下面，晶片的底部。栅极结构是多晶硅夹在两个氧化层之间，源极金属均匀覆盖于整个工作表面，这一结构保持了平面 LDMOS 的优点，更有可能制造出低 R_{DS} 值和高耐压的产品。通常一个 VDMOS 管是由许多源胞构成，一个电力 MOSFET 芯片的源胞密度可达 140000/in^{3}㊀个。

3.6.3 N 沟道增强型 VDMOS 的工作原理

1. 工作原理

电力 MOSFET 有 3 个极：栅极 G（Silicon Gate）、源极 S（Source）和漏极 D（Drain）。栅极由多晶硅制成，它同基区之间隔着 SiO_2 薄层，因此同其他两个极间是绝缘的，只要 SiO_2 层不被击穿，栅极与源极之间的阻抗是非常高的。这种 N 沟道增强型器件在使用时源极接电源负端，漏极接电源正端，N 沟道增强型电力 MOSFET 的符号如图 3-43 所示。

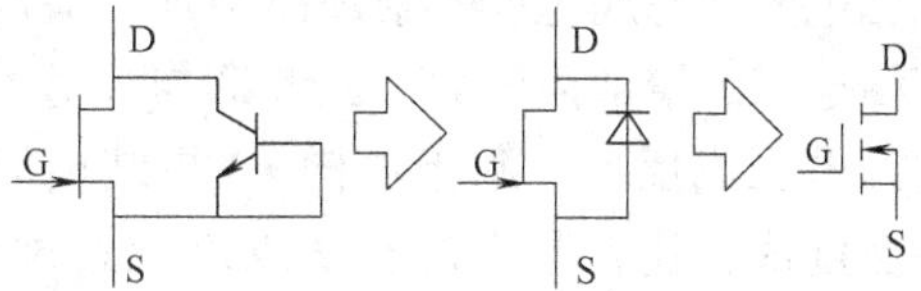

图 3-43 N 沟道增强型电力 MOSFET 的符号

为了解 MOS 管工作原理，首先看一下多晶硅 G—SiO_2—P 半导体构成的 MOS 结构，在栅极和源极之间加正电压，当 V_{GS} 达到某一临界值（栅极阀值电压 V_{GTH}）时，靠近 SiO_2 附近的 P 型表面层形成了与原来半导体导电性相反的层，即 N 反型层，这个反型层被称为沟道，N 沟道将漏极和源极连接起来，形成了从漏极到源极的电流，电流从漏极垂直地流进硅片，经过器件的基区，水平地流过沟道区，然后垂直地流过源极，VDMOS 管就导通了。由上述分析可知，VDMOS 管的动态响应是非常快的，它仅受 MOS 电容充放电速度的影响。

2. VDMOS 的主要电参数

1）开启电压 $V_{GS(th)}$。开启电压即扩散沟道区发生变形使沟道导通所必需的栅源电压。随着栅极电压的增加，导电沟道逐渐“增强”，即其电阻逐渐减小，电流逐渐增大。为保证测量一致性，开启电压是在某一给定电流值时测定的。工业界普遍采用 1.0mA。这一值主要由晶片设计时选择的栅极氧化层厚度和沟道掺杂水平决定，而这些参数应足够大以保证栅极无偏置，在高温状态下使器件处于截止状态。室温下开启电压的最小值是 1.5V，它可保证晶体管在 150℃的结温条件下仍为增强型器件。

2）漏极电流 I_D。当栅极加适当的极性和大小的电压时，沟道连接了源极和漏极的轻掺杂区，并且产生了漏极电流，当漏极电压较小时，漏极电流与漏极电压呈线性关系

$$I_D \approx \frac{Z}{L}\mu C_0 (V_{GS} - V_{GS[th]}) V_{DS} \tag{3-23}$$

式中，μ 为载流子迁移率；C_0 为单位面积的栅极氧化电容；Z 为沟道宽度；L 为沟道长度。

随着漏极电压的增加，漏极电流出现饱和与 V_{GS} 平方成一定关系

㊀ 1in = 0.0254m。

$$I_D \approx \frac{Z}{L}\mu C_0 (V_{GS} - V_{GS[th]})^2 \tag{3-24}$$

3）互导。VDMOS 的互导或增益定义为漏极电流对栅源电压的变化率

$$g_s = \frac{\Delta I_D}{\Delta V_{GS}} = \frac{Z}{L}\mu C_0 [V_{GS} - V_{GS[th]}] \tag{3-25}$$

上式表明，漏极电流和互导是密切相关的，互导是栅源极电压的线性函数。

4）静态漏源导通电阻 $R_{DS(on)}$。静态漏源导通电阻 $R_{DS(on)}$ 定义为漏极电流从漏极流到源极遇到的总电阻。如图 3-44a 所示，VDMOS 的导通电阻 $R_{DS(on)}$ 主要由 4 部分组成。

$$R_{DS(on)} = r_{CH} + r_{ACC} + r_{JFET} + r_D \tag{3-26}$$

式中，r_{CH}为反型沟道区电阻；r_{ACC}为栅漏积累区电阻；r_{JFET}为结型场效应管夹断电阻；r_D为轻掺杂区电阻（漏极电阻）。

沟道电阻随着沟道长度的增加而增加，累积区电阻随基底宽度的增加而增加，夹断电阻随结电阻的增加而增加，三者都与沟道宽度和栅源电压成反比。漏极电阻 r_D 与结电阻、基底宽度成正比，与沟道宽度成反比。这表明，对于高压大功率 VDMOS，结厚且结电阻值很高，其静态漏源导通电阻 $R_{DS(on)}$ 主要由 r_D 决定。低压器件结薄且结电阻值低，整个静态漏源电阻 $R_{DS(on)}$ 中 r_{CH} 占很大部分。图 3-44b 示出了栅源电压 V_{GS} 与漏源导通电阻 $R_{DS(on)}$ 的关系曲线，图中两条曲线，变化较大者为低压器件，较小者为高压器件，由图 3-44 可知，栅极电压增加到 12V 以上时，$R_{DS(on)}$ 下降变得缓慢；低耐压器件变化较大，高耐压器件变化缓慢。MOS 管的导通电阻 $R_{DS(on)}$ 具有正的温度系数，因此漏极电流就具有负的温度系数，这就是 MOS 管易于并联的原因。

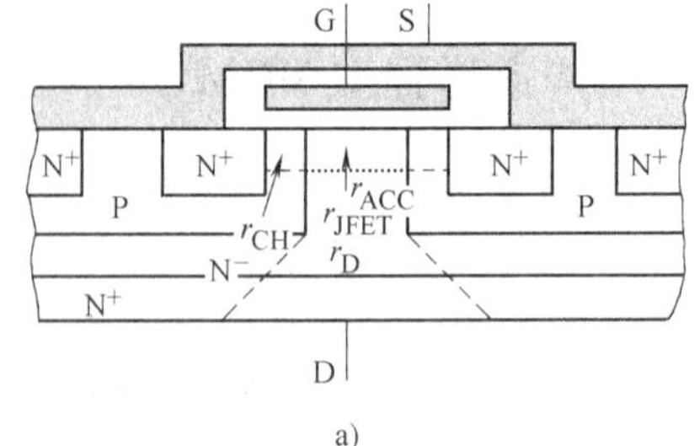

a)

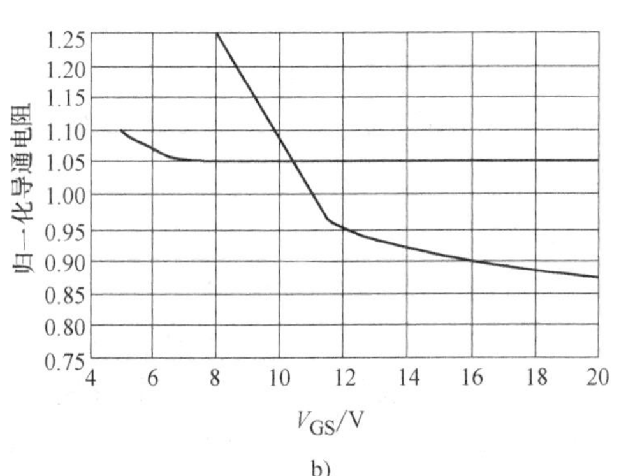

b)

图 3-44 栅源电压和漏源电阻的关系
a）VDMOS 导通电阻示意图
b）栅源电压 V_{GS} 与漏源导通电阻 $R_{DS(on)}$ 影响

5）反向耐压 $V_{(BR)DSS}$。VDMOS 的反向耐压或击穿电压与 GTR 定义相同，这里的击穿指的是雪崩击穿。从图 3-43 可知，VDMOS 结构在构成 MOSFET 的同时，在漏源之间同时还构成了一个双极型晶体管，这个晶体管基极和源极端接通，从而使基极—集电极结作为二极管跨接于 MOSFET 的两端。

6）VDMOS 管电容。在 VDMOS 结构的电力 MOSFET 存在两种固有电容——与 MOS 结构有关的电容和与 PN 结有关的电容。VDMOS 器件的寄生电容如图 3-45 所示。栅源电容 C_{GS} 和栅漏电容 C_{GD} 是 MOS 电容，漏源电容 C_{DS} 是与 PN 结有关的电容。当器件导通时，栅漏电容 C_{GD} 突然增加，C_{GS} 由两部分组成：一

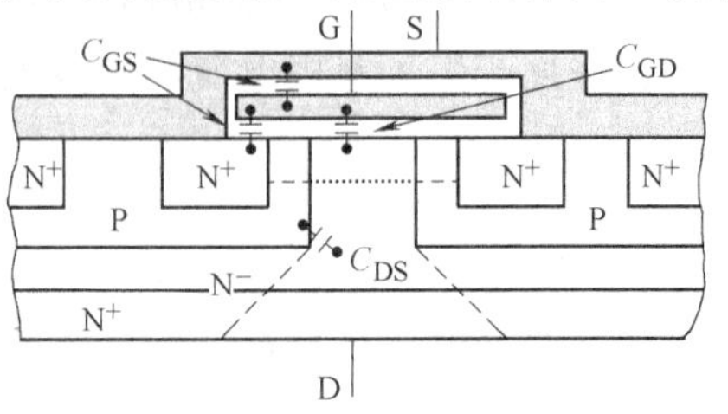

图 3-45 VDMOS 器件的寄生电容

部分是栅极与源极之间的金属氧化物之间的电容，与工作电压无关；另一部分是栅极与沟道之间的电容，随着工作条件不同有很大的变化。

通常用输入电容 C_{iss}、输出电容 C_{oss}和转移电容 C_{rss}定义 VDMOS 的极间电容

$$C_{iss} = C_{GS} + C_{GD} \tag{3-27}$$

$$C_{oss} = C_{GD} + C_{DS} \tag{3-28}$$

$$C_{rss} = C_{GD} \tag{3-29}$$

VDMOS 的极间电容不是一个固定参数，它是漏源电压 V_{DS}和栅源电压 V_{GS}的函数，图 3-46 给出了变化趋势，横坐标上标出变量（V_{GS}和 V_{DS}）测试条件（$V_{GS}=0$ 和 $V_{DS}=0$）。

由于输入电容随着 V_{DS}变化，所以栅极驱动源阻抗和 C_{iss}决定的 RC 时间常数在开关周期内是变化的，因此用栅极驱动源阻抗和输入电容来计算栅极电压上升时间只是一个粗略的估计。转移电容 C_{rss}(C_{GD}）又称为米勒电容，在器件工作过程中影响了开关时间。当 MOSFET 处于断态时，$V_{GS}=0$，V_{DS}等于漏极电源电压，这意味着转移电容 C_{rss}(C_{GD}）上的电压 V_{DG}被充电至漏极电源电压，当器件导通时，漏源电压 V_{DS}相当小，为 $V_{DS(on)}$，而 V_{GS}约为 15V，因此转移电容 C_{rss}（C_{GD}）被充电至 $V_{DS(on)}-V_{GS}$，如果认定漏极为正极，则该电压为负值，即转移电容上的电压在工作过程中极性发生变化，这个电压的大幅度摆动对栅极驱动源的电流输出和吸收能力提出了严格的要求。在导通过程中，栅极驱动源不仅要对 C_{GS}进行充电，而且还要提供 C_{GD}的转移电流。

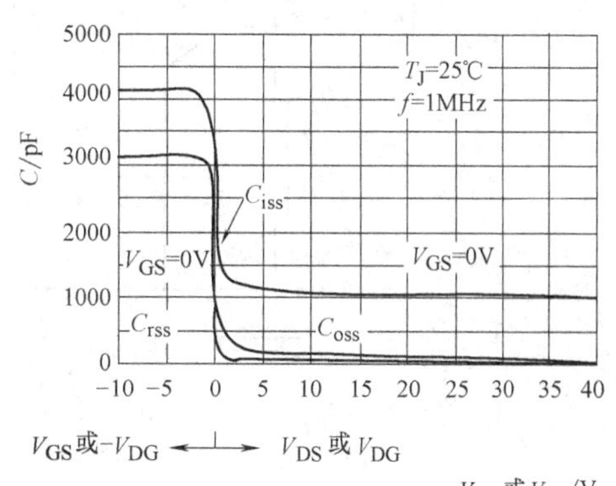

图 3-46 VDMOS 工作过程中极间电容变化

从图 3-46 可知，C_{rss}从正压时的约 50pF 到负压时约 3000pF 的急剧上升，这样的导通电容在导通后期和关断前期对输入阻抗起决定性作用。

3.6.4 电力 MOSFET 栅极充电说明

确定电力 MOSFET 输入阻抗的另一种方法是给出栅极充电曲线，这样一条曲线指出了导通的不同阶段必须供给栅极的电量。由于这些曲线形式简单、便于使用且信息量大，它们以及相应的栅极电量额定值正逐步取代输入电容额定值。

图 3-47 是栅极电量测试电路，用恒流源对电力 MOSFET 的输入电容进行充电，恒定的电流保证了输入电容 C_{iss}以恒定速率被充电，V_{GS}波形便同时给出了 V_{GS}与栅极电量和时间的关系。图 3-48 是某一 MOSFET 导通期间栅源电压、漏源电压和漏极电流的示意波形。在这里栅极驱动电流为 1mA，漏极负载电流为 15A。

栅极电量图的各个转折点表明了导通过程中不同间隔的起点和终点。把电量 Q_1传送到栅极所需的时间是主要是导通延迟时间；到达 Q_2时漏源电压已降到 $V_{DS(on)}$，导通过程结束。当电荷等于 Q_3 时，栅极被充电至 $V_{GS(on)}$，此时不再需要电荷。

在关断期间，电量由 Q_3 降至 Q_2 所需的时间为延迟时间，由 Q_2 降至 Q_1 时漏源电压上升至电源电压，放掉 Q_1 使 V_{GS}回到 0V。显然导通时栅极驱动电源提供给栅极的电量和关断时

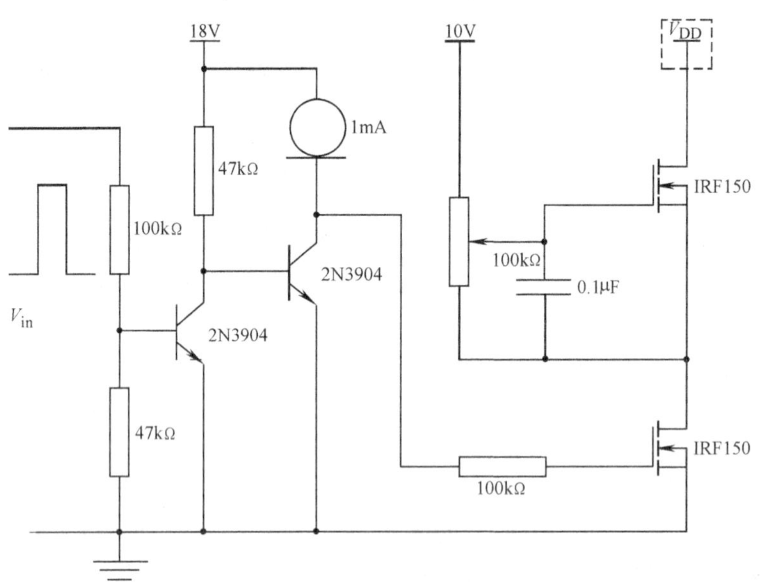

图 3-47 栅极电量测试电路

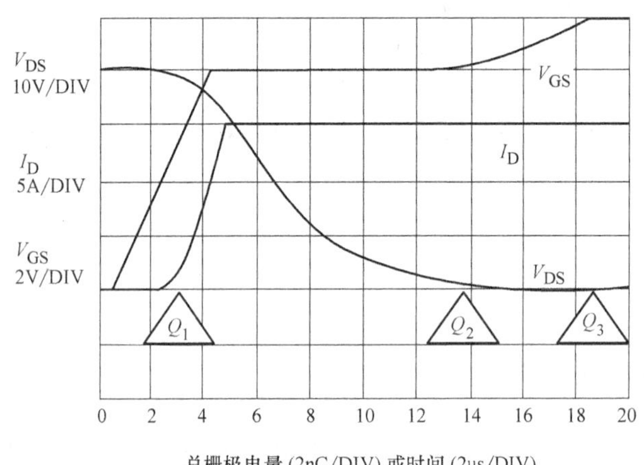

图 3-48 某 MOSFET 导通期间栅源电压、漏源电压和漏极电流的波形

栅极驱动电源吸收的能量大小相同。由公式 $i = q/t$ 和 $i = C\mathrm{d}i/\mathrm{d}t$ 可以从栅极电量图看出其坡度或输入电容至少有 3 个值即 MOSFET 导通分 3 个阶段：

第一阶段：当 V_{GS}从 0V 上升时，C_{iss}较小，因而充电非常容易，电力 MOSFET 保持关断状态，V_{DS}保持恒定且等于电源电压，I_D等于零，直到 V_{GS}等于开启电压 $V_{GS(th)}$。从 V_{GS}等于开启电压 $V_{GS(th)}$开始，到达 V_{GS}水平段开始时刻，电力 MOSFET 开始导通，I_D线性上升，V_{DS}略有下降，V_{GS}上升速率略有下降，但变化不大。因此，从 V_{GS}从 0V 上升时到达 V_{GS}水平段开始时刻可以认为驱动电路所提供的电荷主要向 C_{GS}充电，而 C_{GD}上的电压变化很小，输入电容 C_{iss}基本是一个常数。

第二阶段：输入电容似乎为无穷大，因为所加的电荷几乎不使 V_{GS} 变化。在这一区域，V_{GS} 的增量约为零，因此没有电荷进入 C_{GS}，所有电荷都进入了转移电容 C_{rss}（即 C_{DG}），如果认为 $\Delta V_{GS}=0$，则 $\Delta V_{DG}=\Delta V_{DS}-\Delta V_{GS}=\Delta V_{DS}$，$C_{rss}=\dfrac{\Delta Q}{\Delta V_{DS}}$，在 V_{GS} 的水平段，随着 V_{DS} 电压接近 $V_{DS(on)}$，V_{DS} 曲线的坡度有明显的变化，在水平段的前部电压变化较快（导通过程较快），表明有一个较小的转移电容 C_{rss}（即 C_{DG}），在水平段中部某点开始，电压变化较慢（导通过程变慢），表明有一个较大的转移电容 C_{rss}（即 C_{DG}），这两个值一个和图 3-46 中 $C_{rss}-V_{DG}$ 曲线上正漏栅电压对应，另一个和负漏栅电压对应。图 3-48 相关联的漏栅电压曲线如图 3-49 所示，该图清楚地显示出就在 V_{DG} 改变极性前，坡度已经改变，切换开关由于 C_{rss} 的突然增加而减慢。图 3-50 显示增加漏极电流抬高了水平段的高度，这是由伏安特性所决定。图 3-51 是改变 V_{DD} 的结果，这是因为 V_{DD} 的变化改变了电力 MOSFET 的漏极电位，即改变了转移电容必须被充到的电位差，充电量必须增大，因此水平段变长。

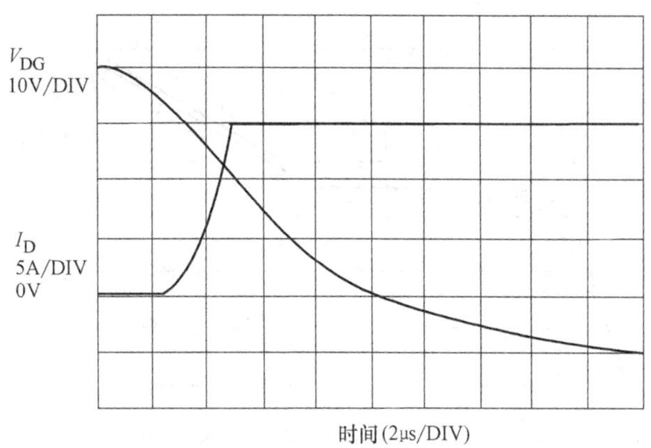

图 3-49 随着 V_{DG} 接近零伏，开关速度明显减慢

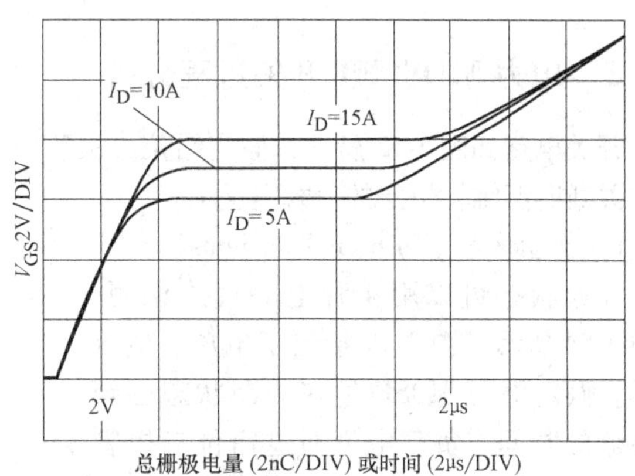

图 3-50 增加漏极电流抬高了水平段的高度

第三阶段：水平段结束后，V_{GS} 又开始上升，栅极被充电至 $V_{GS(on)}$，但没有第一阶段上升的快。这说明输入电容 C_{iss} 要比第一阶段大的多。电力 MOSFET 从这个阶段开始完全导通，漏栅 V_{DG} 电压为负值，即图 3-46 中 $C_{rss}-V_{DG}$ 曲线负漏栅电压对应电容值。

栅极充电参数的最直接应用是用来确定为完全导通器件必须向栅极提供的电量。该电量可分 3 部分，每一部分对应开关每一阶段的需要。第一段主要确定了导通延迟期间所需电量，第二段说明了使 V_{DS} 上升或下降所需的电量，第三段的电量与关断延迟有关。

当栅极电压在导通期间停止上升时，栅极驱动源阻抗上的电压为 $V_{GG}-V_{GS(水平段)}$，驱动源阻抗等于这一电压除以 I_G。V_{GG} 为驱动源输出电压。

图 3-52 表明即使在导通和关断时栅极驱动电阻相同，关断更加迅速。图中 I_G 为流过栅极驱动电阻的电流。这是因为导通时栅极驱动源电阻上的电压为 $V_{GG}-V_{GS(水平段)}$，而关断时栅极驱动源电阻上的电压为 $V_{GS(水平段)}-V_{GG}$，V_{GG} 此时约等于零。

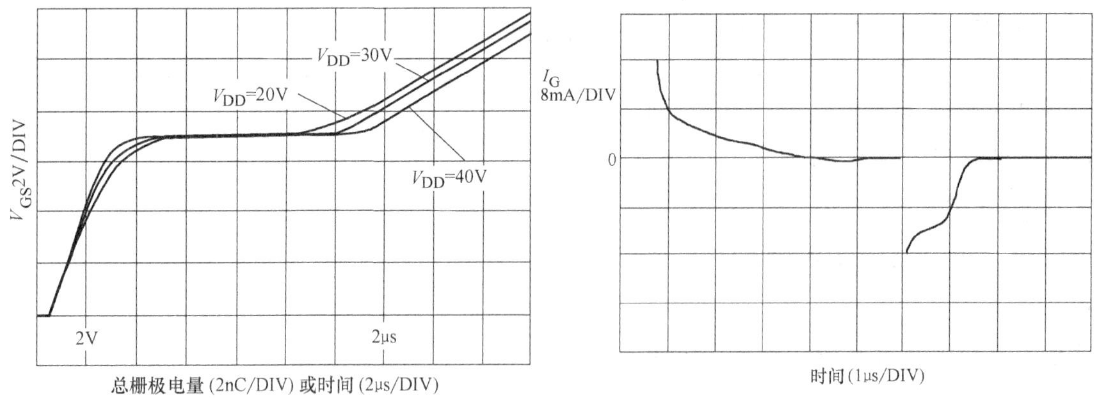

图 3-51 改变 V_{DD} 使水平段增长

图 3-52 栅极驱动电阻上导通和关断时的电流

3.6.5 电力 MOSFET 开关过程分析

开关电路如图 3-53 所示，假定钳位二极管没有反向恢复时间，负载感抗足够大，在导通和关断时能维持恒定的负载电流 I_o。

1. 导通瞬态（Turn-on Transients）

导通状态可以用 4 种电路模式说明，如图 3-54 所示，图 3-55 给出了电压、电流波形。假定电力 MOSFET 在关断状态已经有足够的时间，负载电流通过钳位二极管流动，初始条件是：$v_{gs}=0$，$I_D=0$，$v_{ds}=V_{DD}$。

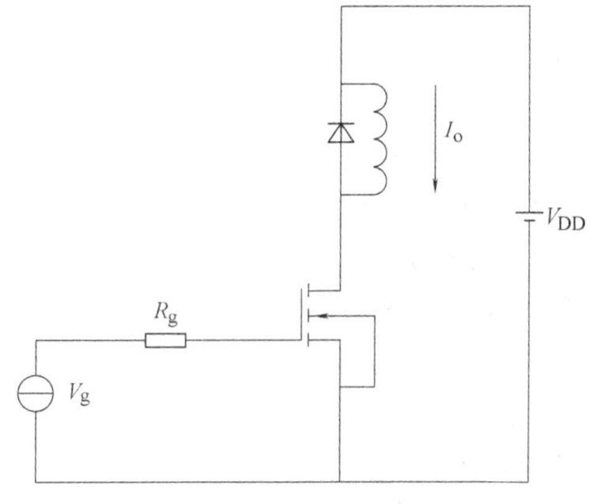

图 3-53 开关电路

模式 1：阶跃信号电压加在门极驱动电阻 R_g 上，由于驱动信号远大于电力 MOSFET 的门槛信号，即 $V_g >> V_T$，电容 C_{GS} 和 C_{GD} 经过 R_g 充电，在时间 t_1 时刻，门极电压等于门槛电压，即 $v_{gs}=V_T$，这一区间的电压 $v_{gs}(t)$ 表达式

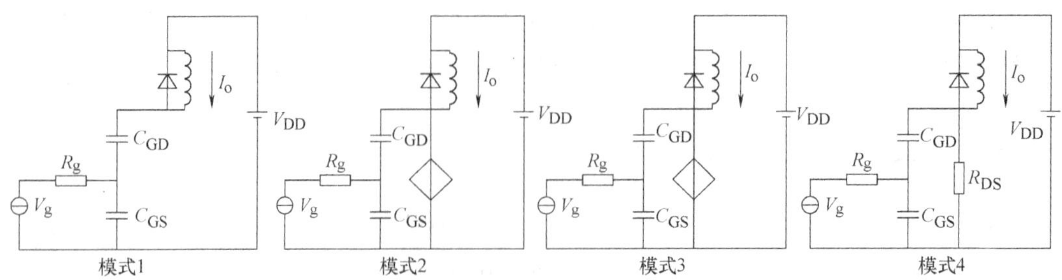

图 3-54 导通瞬态 4 种电路模式

$$v_q = V_g[1 - e^{-t/\tau_1}]$$
$$\tau_1 = R_g(C_{GS} + C_{GD}) = R_g C_{iss} \tag{3-30}$$

只要电压 $v_{gs} < V_T$，电力 MOSFET 就不会流过电流，把 $v_{gs} = V_T$带入式（3-30），解得

$$t_1 = R_g(C_{GS} + C_{GD})\ln\left[\frac{1}{1 - \frac{V_T}{V_g}}\right] \tag{3-31}$$

称 t_1 为延迟时间。

模式2：从 t_1 开始，漏极 D 电流开始增加，钳位（续流）二极管电流开始转移到漏极，直到漏极电流等于负载电流 I_o，此时二极管仍钳位，电力 MOSFET 承受全部的电源电压 V_{DD}，由于负载电感被二极管短路，所以没有密勒增益和密勒电容。门极电压按公式（3-30）上升，漏极 D 电流假定按线性增加（增益为 g_m），因此

$$I_D(t) = g_m(v_{gs} - V_T) \tag{3-32}$$

$$t_2 - t_1 = R_g(C_{GS} + C_{GD})\ln\left[\frac{g_m V_g}{g_m(V_g - V_T) - I_o}\right] \tag{3-33}$$

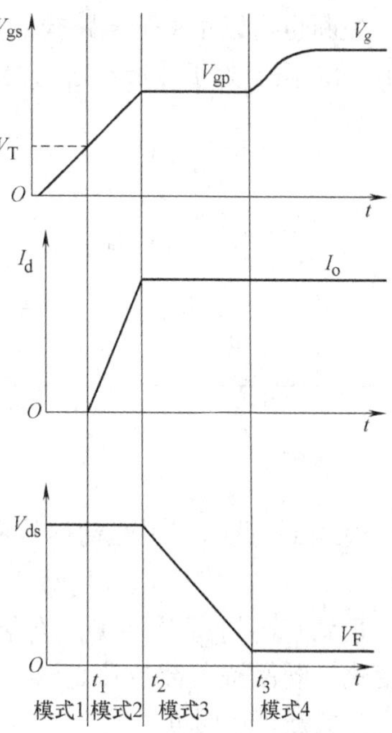

图 3-55 导通瞬态电压、电流波形

在 t_2 时刻，负载电流完全转移到漏极，钳位二极管反向偏置，电力 MOSFET 有了密勒增益。

模式3：从 t_2 开始，漏极电压开始下降，漏极电流为常数 I_o，v_{gs}也为常数 V_{gp}，由式（3-32）得

$$V_{gp} = V_T + \frac{I_o}{g_m} \tag{3-34}$$

门极电流

$$I_g = \frac{V_g - V_{gp}}{R_g} \tag{3-35}$$

若电容 C_{GD}的充电电流为线性，则有

$$v_{DS} = V_{DD} - \frac{I_g}{C_{GD}}(t - t_2) \tag{3-36}$$

在 t_3 时刻，v_{DS}下降到电力 MOSFET 的导通压降 V_F，电力 MOSFET 进入导通状态，v_{DS}下降时间可以由式（3-36）计算

$$t_3 - t_2 = \frac{(V_{DD} - V_F)C_{GD}}{I_g} \tag{3-37}$$

模式4：在 t_3 之后，电力 MOSFET 进入欧姆区或线性区，传输增益 g_m不是常数，门极电压继续升高，把电容 C_{GS}和 C_{GD}充电至 V_g。若 i_d按线性增大，则表达式可写出

$$i_d \approx \frac{I_o}{t_2 - t_1}(t - t_1) \tag{3-38}$$

2. 关断瞬态（Turn-off Transients）

关断也可以用4个电路模式分析，4种模式电路图如图3-56所示，电压电流波形如图3-57所示。假定处于导通状态有足够的时间，初始条件为$v_{gs}=V_g$，$I_D=I_o$，$v_{ds}=V_F$。

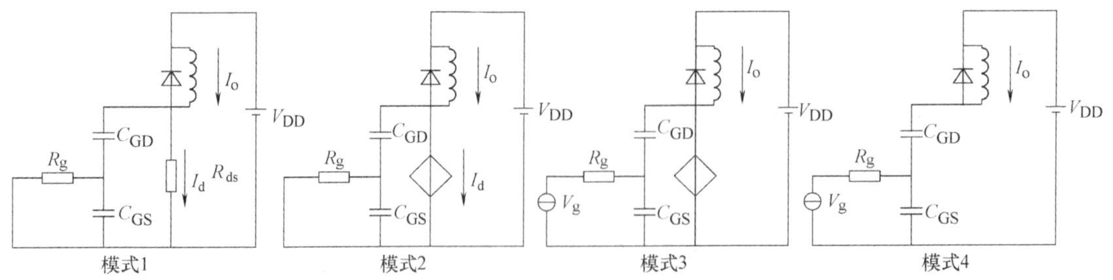

图3-56 关断瞬态4种电路模式

模式1：此时门极驱动信号突然为零，v_{gs}开始下降

$$v_{gs}=V_g e^{-t/\tau_1} \tag{3-39}$$

直到$v_{gs}=V_{gp}$，$V_{gp}=V_T+I_o/g_m$电流I_d和V_{ds}没有任何变化，既保持负载电流，v_{gs}下降到V_{gp}所需的时间称之为关断延迟时间

$$t_1=R_g(C_{GS}+C_{GD})\ln\left[\frac{V_g}{V_{gp}}\right]$$

$$=R_g(C_{GS}+C_{GD})\ln\left[\frac{V_g}{V_T+I_o/g_m}\right] \tag{3-40}$$

模式2：从t_1时刻开始，电流I_d仍然保持不变，门极电压也保持$v_{gs}=V_{gp}$，V_{ds}开始上升，在门极电阻上的电流

$$I_g=\frac{V_{gp}}{R_g}=\frac{V_T+I_o/g_m}{R_g} \tag{3-41}$$

此电流是放电电流，为电容C_{GD}通过门极电阻线性放电，由$i=C\dfrac{dv}{dt}$可得$dv=\dfrac{i}{C}dt$，因此有

$$v_{ds}=V_F+\frac{I_g}{C_{GD}}(t-t_1) \tag{3-42}$$

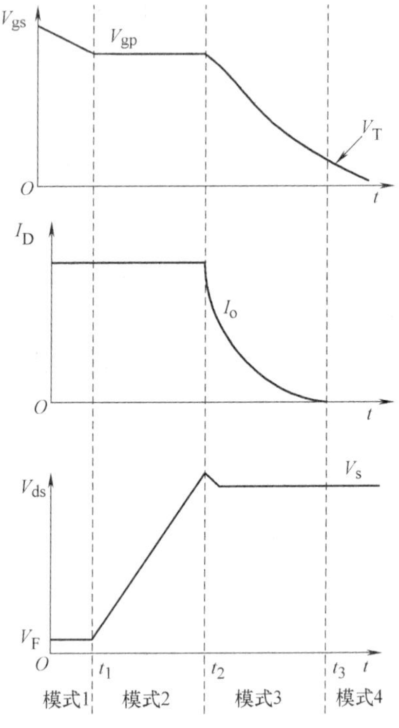

图3-57 关断时电压、电流波形

在时刻t_2，v_{ds}达到了电源电压，时间t_2可以由式(3-42)计算

$$t_2-t_1=(V_{DD}-V_F)\ C_{GD}/I_g \tag{3-43}$$

迄今为止，我们没有考虑与D极串联的杂散（Stray）电感，如果考虑此电感影响，则v_{ds}将超过电源电压V_{DD}，在此时刻钳位（续流）二极管导通，门极电压按指数下降

$$v_{gs}=V_{gp}e^{-t/\tau_1} \tag{3-44}$$

电流I_d也开始按式$I_D(t)\ =g_m(v_{gs}-V_T)$下降，在t_3时刻，电流降低到零，即$v_{gs}=V_T$，把$v_{gs}=V_{gp}e^{-t/\tau_1}$和$V_{gp}=V_T+I_o/g_m$带入得

$$t_3-t_2=R_g(C_{GS}+C_{GD})\ln\left[\frac{I_o}{g_m V_T}+1\right] \tag{3-45}$$

t_3之后，门极电压继续按指数下降到零。若电流I_d按一阶近似，可以写出

$$i_d = I_o - \frac{I_o}{t_3 - t_2}(t - t_2) \tag{3-46}$$

3.6.6 电力MOSFET静态输出特性和安全工作区

1. 输出特性

VDMOS管的静态输出特性如图3-58所示。当VDMOS管充分导通进入电阻区（线性区）时，就像一个电阻，当栅极电压小于阀值电压时，VDMOS管处于截止状态，阀值电压的典型值为2～4V。为保证器件导通后进入线性工作区，栅极电压要足够大，一般要大于10V。显然，V_{GS}越大，可变电阻区部分V_{DS}就越大。由于VDMOS从结构和参数上保证了寄生晶体管不起作用，因此VDMOS管在工作中很难发生二次击穿现象，它的安全工作区宽。

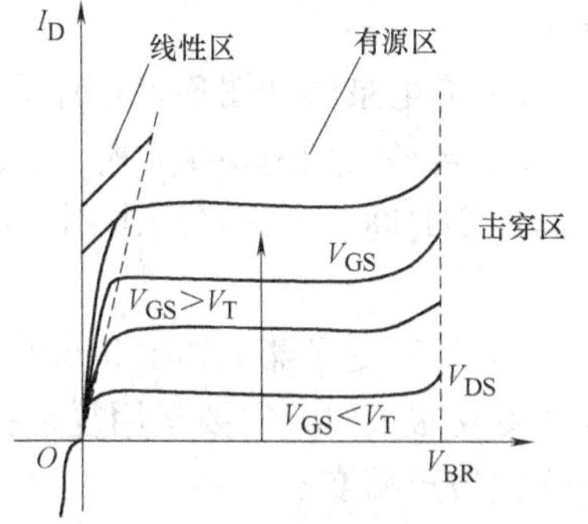

图3-58 VDMOS管静态输出特性

2. 安全工作区

VDMOS管的安全工作区分正偏安全工作区（FASOA）和开关安全工作区（SSOA），如图3-59所示，SSOA相当于晶体管的反偏安全工作区，由图3-59可知，其二次击穿限制不存在，它的开关安全工作区成了仅由电压和电流围成的矩形，安全工作区比晶体管大。

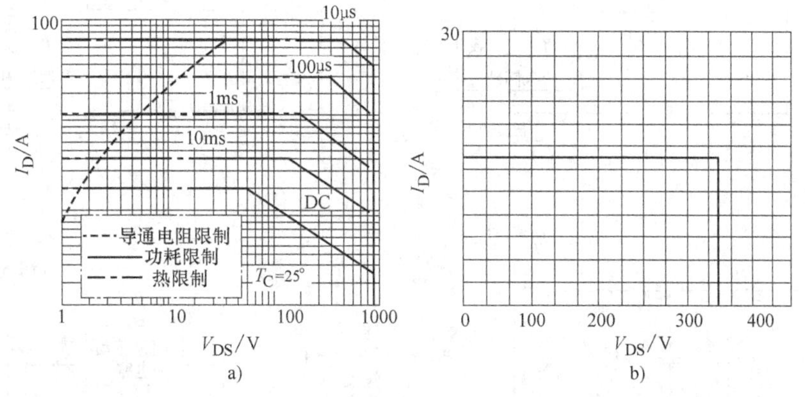

图3-59 VDMOS管的安全工作区

a）FASOA b）SSOA

3.6.7 电力MOSFET栅极驱动方法

当电力MOSFET用作高压侧开关，被驱动充分导通，即在漏极和源极两极间电压降到最低时，它的栅极驱动要求可概括如下：

1）栅极电压一定要高于漏极电压10～15V，作为高压侧开关，这样的栅极电压必定高于干线电压，常常是系统中可能相对最高的电位。

2）栅极电压必须是可控的，它通常以地为参考点。因此，控制信号不得不将电平转换

为高压侧功率器件的漏极电位，在绝大部分应用中，控制信号电位在两根干线电位间摆动。

3）栅极驱动电路吸收的功率不会显著地影响总效率。

考虑到这些约束，有几种技术可用来实现这种功能，每个电路可由许多种接线来实现。有以下几种驱动方法：

1）浮动栅驱动电源法如图3-60a所示。隔离电源的费用较大（每个高压侧MOSFET需要一个）。将一个以地为参考的信号进行电平转换可能是错综复杂的，电平转换一定要承受完全电压，要求开关速度快、传播延迟小且功耗很小。光隔离器在带宽和噪声敏感性上受到限制。

2）充电泵法如图3-60c所示。由于电压放大效率低，可能需要多级“泵激励”。

3）自举法如图3-60d所示。简单便宜，但由于占空比和开启时间都因自举电容需要刷新而需要时间，因而受到限制。如电容从高压干线充电，功耗可能很显著，需要电平转换器。

4）脉冲变压器法如图3-60b所示。简单并且费用可行，但在许多方面受到限制。当占空比变化很大时，需要运用复杂技术。当频率下降时，变压器尺寸显著增加，寄生参数使快速开关波形畸变。

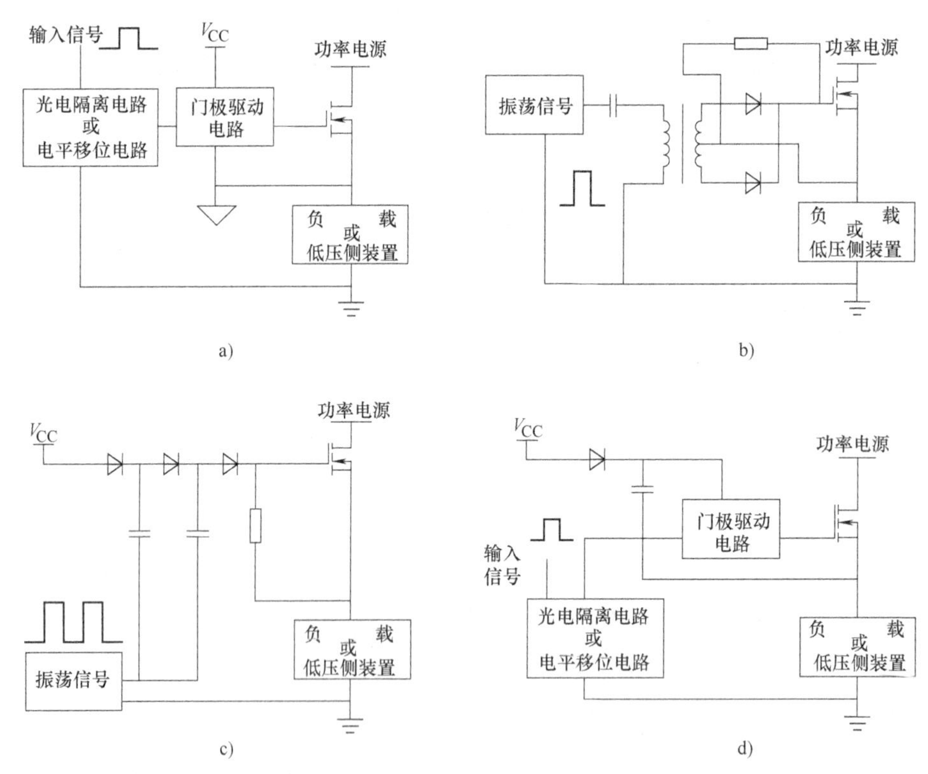

图3-60 MOSFET驱动方法

a）浮动栅驱动电源法 b）载波驱动法 c）充电泵法 d）自举法

电力MOSFET的低压侧驱动和高压侧驱动相比，由于不需要电平转换，且电力MOSFET是电压驱动器件，因此比较简单。目前，有许多电力MOSFET集成驱动电路，IR公司的

IR2110 栅极驱动器就是用来驱动一个高压侧和一个低压侧的电力 MOSFET 和 IGBT 的集成驱动电路。

3.7　绝缘栅双极型晶体管

由于具有极高的开关速度、驱动容易和安全工作区宽等优点，功率 MOSFET 成为功率电子设备设计中合乎逻辑的选择。作为多数载流子器件，由于其导通特性与温度和额定电压具有强烈的依赖关系（高耐压的电力 MOSFET 导通压降大于小耐压的电力 MOSFET），使其上述优点被部分抵消，而且随着额定电压增大，其固有的内部反并联二极管关断时间增长，关断损耗增大。

绝缘栅双极型晶体管（Insulated Gate Bipolar Transistor，IGBT），是少数载流子器件，具有电力 MOSFET 大部分诱人的优良特性，例如，驱动容易、安全工作区宽等。一般说来，IGBT 的最大工作频率小于电力 MOSFET，但目前一种新型的 IGBT 的开关频率已非常接近电力 MOSFET，它优良的导通特性和一般的 IGBT 没有差异，但远远优于电力 MOSFET，其通态电压与 GTR 相同。由于没有内部反并联二极管，使使用者可以灵活地选用与电路相适应的超快恢复二极管，这一特征是一个优点也是一个缺点，取决于工作频率、二极管成本和电路需要。

3.7.1　IGBT 的结构

图 3-61a 是 N 沟道增强型 IGBT 的结构剖面图，图 3-61b 是等效电路图，图 3-61c 是其符号。被称为集电极（Collector）的端子 C，实际上是其内部 PNP 晶体管的发射极（Emitter）。尽管 IGBT 的剖面结构与电力 MOSFET 的剖面结构类似，但这两个管子的工作过程相当不同，IGBT 是少数载流子器件而电力 MOSFET 是多子器件。除了增加了一个 P^+ 外，IGBT 的剖面结构与电力 MOSFET 的剖面结构没有什么差别，这两个器件都具有相似的门极结构和源极结构。尽管 IGBT 的剖面结构与电力 MOSFET 的剖面结构有许多类似，但 IGBT 的工作过程却与双极性晶体管（Bipolar）更为接近。

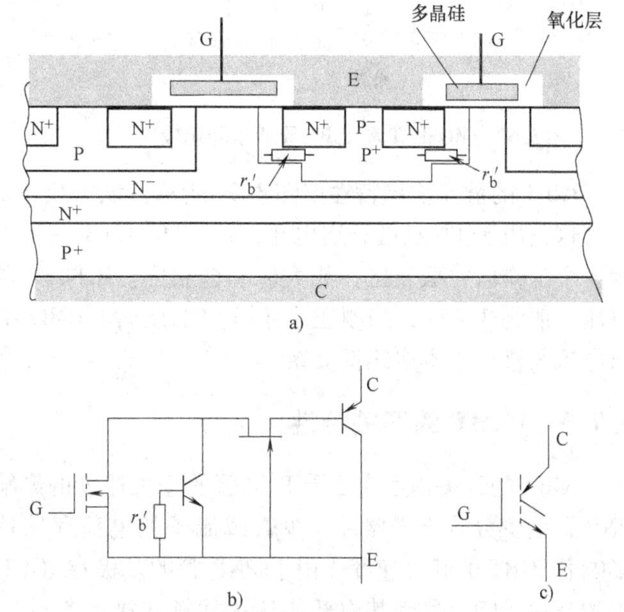

图 3-61　N 沟道 IGBT
a）N 沟道增强型 IGBT 的结构剖面图
b）N 沟道增强型 IGBT 的等效电路图
c）N 沟道增强型 IGBT 的符号

如图 3-57b 所示，IGBT 由连接成伪达林顿结构（Pseudo-Darlington）的 PNP 晶体管和驱动它的 N 沟道 MOSFET 组成。结型场效应管承受了大部分的电压，因此允许采用低压类型的 MOSFET 作为驱动。

值得指出的是，IGBT 内部的 PNP 晶体管的发射结（IGBT 的 C 端）的反向击穿电压承受能力很低，只有 20V 左右，因此驱动电压要小于此值。IGBT 没有反并联二极管，但 IGBT 模块总是把二极管和 IGBT 反并联地封装在一起。

3.7.2 IGBT 的导通特性

由于输出极的伪达林顿连接，作为输出的 PNP 不会进入过饱和状态，因此它的导通压降比过饱和晶体管的导通压降要高。值得注意的是，IGBT 的射极占据着整个管心的区域，因此它的结效率和导通压降要优于同样管心区域的双极性晶体管。与具有同样管心区域电力 MOSFET 相比，其导通压降和温度的关系曲线如图 3-62 所示，温度升高，对电力 MOSFET 来说，导通压降变化显著，而对 IGBT 而言，变化很小。图 3-63 显示导通压降的大小还与流过管子的电流有关，这两个图表明，电流越大导通压降越大。实际上，额定电压越高其导通压降也越高。

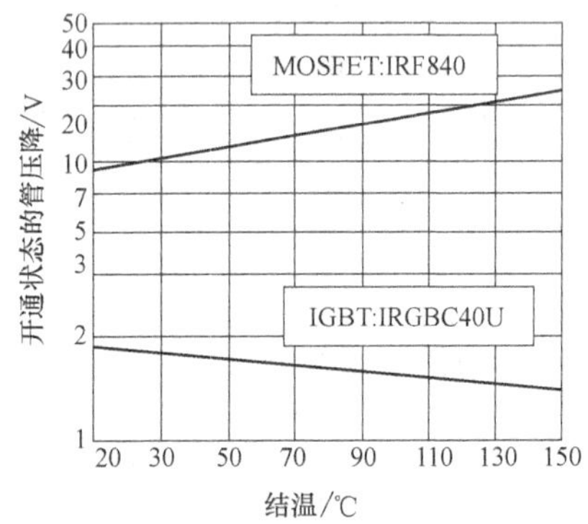

图 3-62 MOSFET 和 IGBT 导通压降比较

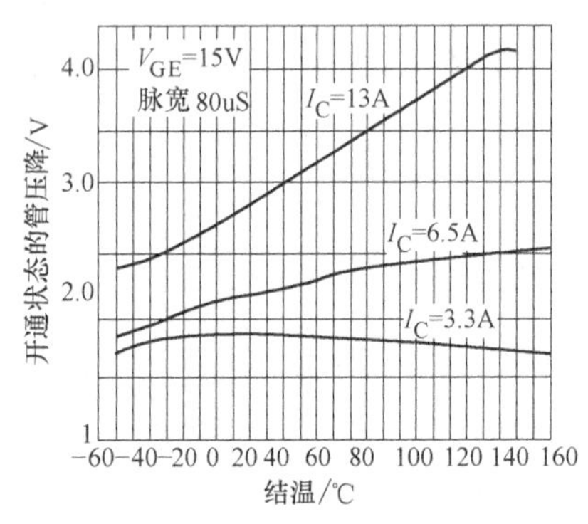

图 3-63 IGBT 导通压降与电流关系

IGBT 的静态输出特性如图 3-64 所示，该曲线不是始于原点，这是由于 PN 结的开启电压。IGBT 同 GTR 一样可以划分为 3 个工作区：截止区、放大区和饱和区。IGBT 的栅极阀值电压一般为 3～6V，当栅压小于开启电压时，IGBT 关闭，输出电流与栅压基本成线性关系。

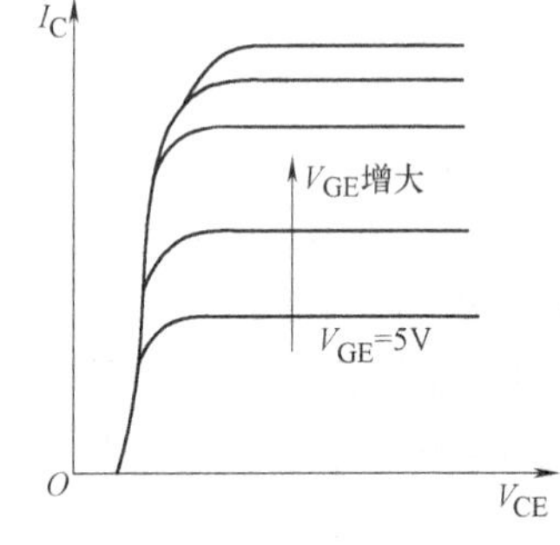

图 3-64 IGBT 的静态输出特性

3.7.3 IGBT 的开关特性

IGBT 的开关速度主要受 PNP 管的开关速度的影响，由于 PNP 管是少数载流子器件，少数载流子的电荷存储效应主要影响着 IGBT 的开关速度，由于 PNP 管的基极在 IGBT 的内部，不可能采用外部电路来改善它的开关时间，尽管其内部的伪达林顿连接使其没有存储时间，它的开关速度比过饱和的 PNP 管要快的多，但这些在高频应用中还是不充分的。

PNP 管基区电荷的存储效应导致了 IGBT 在关断时的电流拖尾现象，如图 3-65 所示，这个拖尾增加了关断损耗，同时在桥式应用中，由于上下管的交替导通，必须增加死区时间以防止上下管的直通现象。和所有的少数载流子器件一样，IGBT 的工作过程受温度的影响，温度升高，特性变坏。

1. IGBT 导通（Turn On）

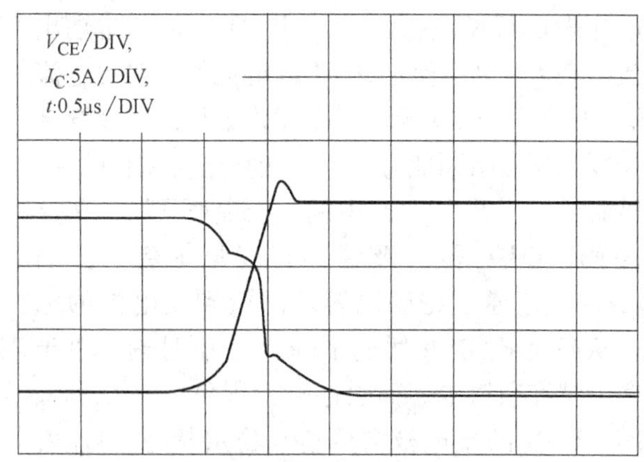

图 3-65　基区电荷的存储效应导致了 IGBT 在关断时的电流拖尾现象

IGBT 导通期间，集电极电流受 V_{GE}电压控制，与电力 MOSFET 导通过程类似。IGBT 在应用中一般反并联一个同样电流等级的二极管，在桥式应用中，感性负载导通时刻前，负载电流 I_o 流过桥臂上另一个与 IGBT 反并联的续流二极管。图 3-66 为 IGBT 的半桥应用电路原理，图 3-67 是不考虑反并联二极管反向恢复时间和杂散电感时的理想导通波形，门极驱动电压 V_G 在 t_0时刻通过门极电阻 R_G加到 IGBT 门极，V_{GE}开始上升，向 IGBT 的门射极电容 C_{GE}充电，当 V_{GE}上升到 IGBT 的开启电压时，IGBT 集电极电流 I_C开始随着 V_{GE}的上升而上升，与此同时续流二极管的电流开始下降，续流二极管电流和 IGBT 电流之和等于输出电流 I_o。

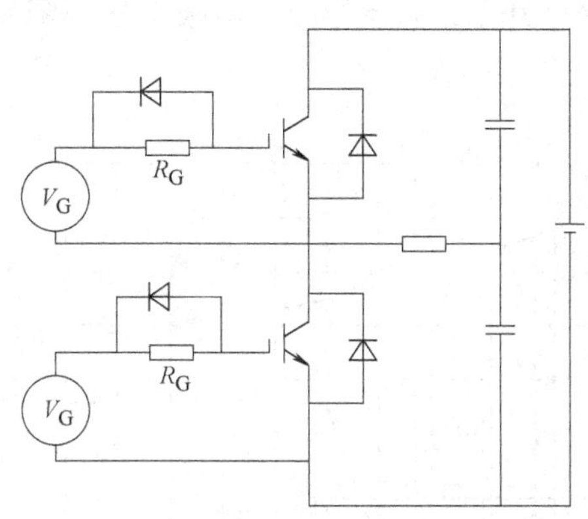

图 3-66　IGBT 的半桥应用电路原理

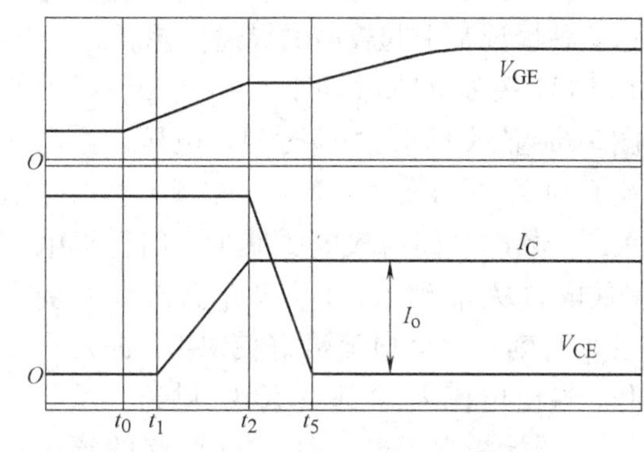

图 3-67　理想导通波形

在 t_1 到 t_2 期间续流二极管的电流下降但仍处于正向偏置导通，这意味着直流母线电压仍然加在 IGBT 的 C 和 E 两端，IGBT 分担输出电流 I_o 的一部分，这一期间 IGBT 的功率损耗较大。从 t_2 时刻起，负载电流 I_o 全部由 IGBT 负担，即 $I_o = I_C$。此时，二极管电流下降到零。假设二极管没有反向恢复时间，从此刻起，二极管开始承受反向电压，从 t_2 到 t_5 这一期间，二极管承受的反向电压逐步上升，与此同时，IGBT 的 V_{CE}逐步下降，在 t_5 时刻，IGBT 达到其饱和压降 $V_{CE(on)}$，交换过程全部结束。

图 3-68 是 IGBT 的一个实际波形，考虑了二极管反向恢复和杂散电感，当 IGBT 电流 I_C 在 t_1 时刻开始上升时，杂散电感影响着电流变化率，V_{CE}下降引起电容 C_{GC}（密勒电容）放电，该电流从门极流向集电极，减少了向门射极电容 C_{GE}充电，从而使 V_{GE}上升率减少，导致集电极电流上升率减少。在 t_2时刻，如前所述，二极管正向电流为零，它需要时间恢复其

阻断特性然后才能承受反向电压，二极管反向恢复电流来自 IGBT 电流，此时 IGBT 电流超过输出电流。在 t_3时刻，流过 IGBT 的电流等于输出电流 I_o和二极管反向恢复峰值电流 I_{RR}之和，二极管开始恢复其反向阻断能力，反向恢复电流逐步减少，二极管反向电压的上升引起 V_{CE}迅速下降。在这一期间，IGBT 和二极管都有能量损耗。负的 dV_{CE}/dt 引起通过密勒电容从门极到集电极的电流，从而使 V_{GE}有短暂的下降。在 t_4 时刻，由于杂散电感和杂散电容而引起振铃现象。在 t_4 和 t_5 期间，IGBT 的集电极电压达到稳定状态，V_{GE}恰好与集电极电流相适应，由于门极驱动输出电压恒定，V_{GE}也恒定，因此流过门极驱动电阻的电流恒定，这一电流流过密勒电容 C_{GC}，在这一区间的末期，集电极电压衰减率 $dV_{CE}/dt = di_{GC}/C_{GC}$。当 V_{CE}接近 IGBT 的饱和压降时，dV_{CE}/dt 迅速减少，这是由于当 V_{CE}接近 IGBT 的饱和压降时，电容 C_{GC}（密勒电容）增大 2 ~ 3 个数量级，一旦 V_{CE}达到稳态值，dV_{CE}/dt 减小到零，门极驱动电流恢复对门射极电容 C_{GE}充电，V_{GE}上升到门极驱动电压，在 t_5 时刻 IGBT 充分导通。减少门极驱动电压不仅减少集电极电流初始上升率，而且导致集电极电压下降减慢，这两种情况都引起较高的导通损耗。

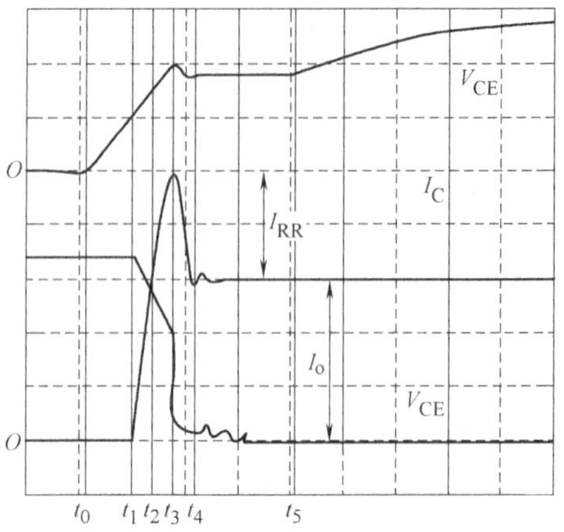

图 3-68 IGBT 实际导通时门极电压、集电极电流 I_C 和 V_{CE}的波形

2. IGBT 关断（Turn Off）

图 3-69 显示 IGBT 关断时门极电压、集电极电流 I_C和 V_{CE}的波形。

关断开始时，门射极电压减少，门射极电容 C_{GE}放电。从 t_0 到 t_1，V_{CE}和 I_C仍然没有变化。在 t_1 时刻，门极电流恰好使 IGBT 进入临界饱和，输出电流 I_0 全部由 IGBT 供给。从 t_1 开始，V_{CE}开始慢慢上升，dV_{CE}/dt 引起的感应电流通过门集极电容 C_{GC}向门射极电容 C_{GE}充电，由于这种反馈作用，V_{GE}在 t_1 到 t_2 期间几乎是一个常数。门集驱动电阻越大，关断延迟时间越长。从 t_2 开始，当 V_{CE}增加到 10V 左右时，密勒电容 C_{GC}的容量大大减小，明显地减少了从集电极到门极的反馈电流，V_{GE}向零下降，V_{CE}迅速向直流母线电压上升，但 I_C仍然等于输出电流 I_o，这是由于续流二极管仍然是反向偏置。在 t_3 时刻，IGBT 的集电极电压达到直流母线电压，输出电流转由续流二极管提供，电流下降快慢主要由 IGBT 内部参数决定。

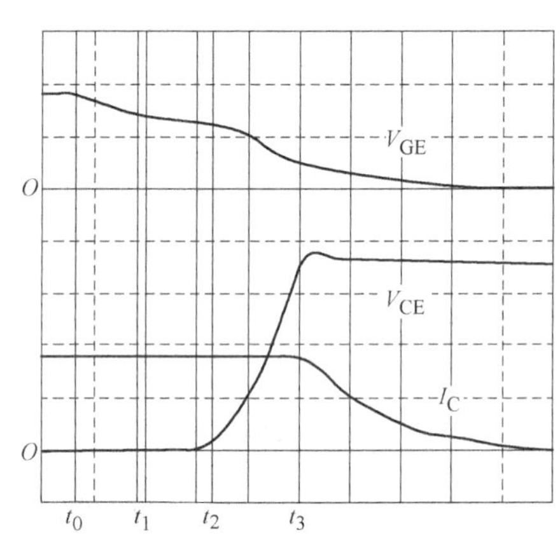

图 3-69 IGBT 关断时门极电压、集电极电流 I_C 和 V_{CE}的波形

与导通过程相反，关断过程是少数载流子事件。主要由储存电荷和少数载流子复合时间决定的 dI_C/dt 和关断时的电流拖尾都引起关断损耗。dI_C/dt 和关断时的电流拖尾时间对高速 IGBT 而言，比一般 IGBT 要快的多。温度升高，关断时间增长，门集驱动参数仅仅对关断损

耗有一点影响。

通过上述分析，可得如下结论：

1）在门集驱动电阻一定时，门集驱动电压越高，导通损耗越小。

2）在门集驱动电压一定时，门集驱动电阻越大，导通损耗越大。

3）门极驱动电阻增大，关断延迟时间增长，关断损耗增大，但增大并不明显。

IGBT的开关时间（t_d，t_r）如图3-70所示，定义如下：

1）导通延迟时间t_d（Turn-on Delay Time）。定义为门极电压的10%到集电极电流的10%的时间。

2）上升时间t_r（Rise Time）。集电极电流从10%～90%的时间。

3）关断延迟时间$t_{d(off)}$（Turn-off Delay Time）。门极电压的90%到集电极电流的90%的时间。

4）下降时间t_f（Fall Time）。集电极电流从90%～10%的时间。

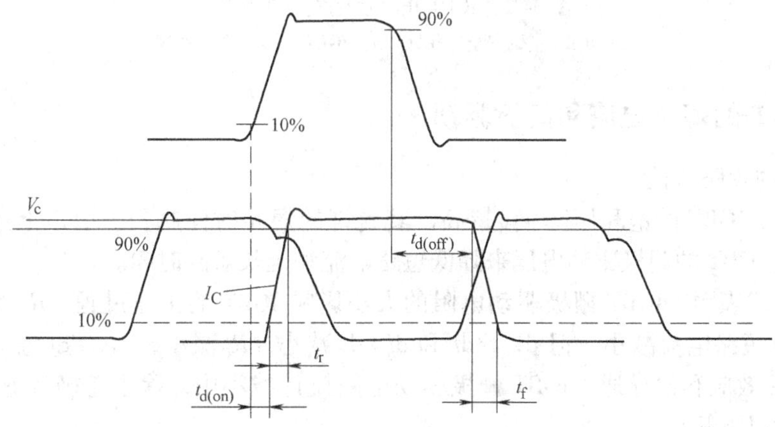

图3-70　IGBT的开关时间

3.7.4　擎住效应和安全工作区

IGBT是由4个交替的P—N—P—N层组成，如果条件满足（$\alpha_{NPN}+\alpha_{PNP}>1$），IGBT就像晶闸管一样被锁住，只能控制导通，不能控制关断，这种现象被称为擎住（Latching）效应。

寄生的NPN晶体管的基区与发射极之间有一个体电阻r_b，流过体电阻的电流形成的压降，相当于寄生的NPN晶体管的基区与发射极正偏置。如果r_b的阻值不是很小，在IGBT关断过程中，有一个大密度空穴电流流过体电阻r_b，寄生的NPN晶体管的增益就会增大到相当大的值，从而使NPN和PNP饱和导通，门极失去控制效应，动态锁定发生即擎住效应。

如果确保IGBT的电流、温度和dV_{CE}/dt都在其额定值范围内工作，擎住效应就不会发生。

安全工作区是用来描述IGBT在同一时间承受电压和电流的能力。其正偏和反偏安全工作区如图3-71所示。

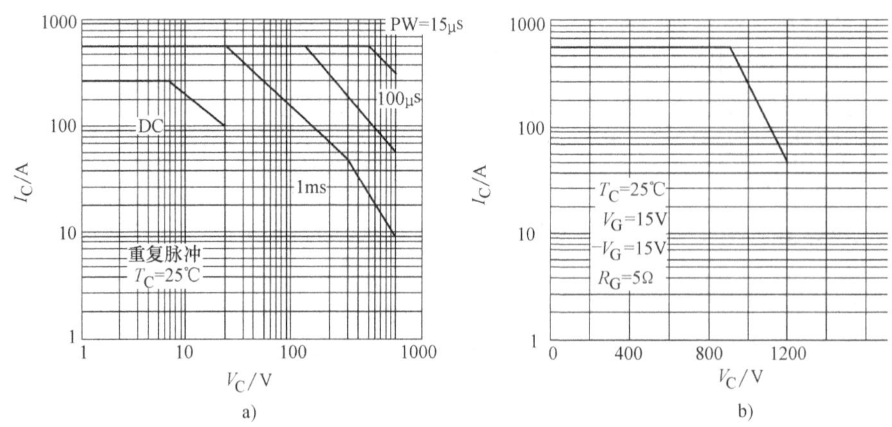

图 3-71 IGBT 正、反偏安全工作区
a）IGBT 正偏安全工作区 b）IGBT 反偏安全工作区

3.7.5 IGBT 的短路电流和门极驱动

1. IGBT 的短路特性

实验证明，IGBT 的饱和压降 V_{CE}越高，其允许的短路时间越长。引申上述结论，IGBT 可以通过减少 IGBT 的门极驱动电压来降低短路电流和延长短路时间。

理论和实践表明，IGBT 栅极驱动电阻的大小影响 IGBT 的工作过程，R_G增大，相当于 V_G降低，故障短路电流减小，但 dV_{CE}/dt 和 di_c/dt 减小；R_G减小，dV_{CE}/dt 增大，容易引起 IGBT 动态擎住效应和误导通。IGBT 栅极驱动电路设计减小中，除了正确计算驱动电阻 R_G 外，还应注意以下几点。

1）门极驱动电压 V_g——门极驱动电压增大，导通饱和压降降低，但将减弱 IGBT 的负载短路能力。

2）门极负偏压——IGBT 关断时，在实践中通常在门极加负电压，在门极施加负偏压可以确保门极电压不会上升到开启电压，从而保证 IGBT 可靠关断。由于在关断瞬间，集—射极电压 V_{CE}由饱和导通压降上升到直流母线电压，过高的 dV_{CE}/dt 产生较大的转移电流，该电流在门极驱动电阻上形成压降使 IGBT 误导通，即所谓的密勒效应。在门极加负偏压可以抵消转移电流产生的压降，防止误导通。

2. IGBT 的驱动

在大部分情况下，功率 MOSFET 的驱动电路适用于 IGBT。目前应用较多的有 CONCEPTD 的 IGD515 \ IGD516 等系列，号称万能 IGBT 驱动器，可以输出 ±1.5A 到 ±8A 电流，但成本较高；INFINEON 的 IED020I12 - S 系列可以驱动 1200V IGBT，具有 2A 的电流输出能力；VLA517 - 01RZO 作为 EXB 系列的替代产品，对于 EXB 系列用户具有吸引力，具有 4A 的驱动能力；安捷伦的 HCPL316J 可以驱动 150A 以下 IGBT。

3.7.6 IGBT 的参数特点

IGBT 具有下列特点：

1）IGBT的开关速度高，开关损耗小，据统计，IGBT电压在1000V以上时的开关损耗只是GTR的1/10，与VDMOS相当。

2）IGBT的通态压降比VDMOS低，特别是大电流区段。

3）IGBT的通态压降在1/2或1/3额定电流以下区段具有负的温度系数，在以上区段具有正的温度系数，因此，IGBT在并联使用时具有电流自动调节的能力，有易于并联的特点。

4）IGBT的安全工作区比GTR宽，且它还具有耐脉冲电流冲击的性能。

5）IGBT的输入特性与VDMOS相似，输入阻抗高，它在驱动电路中作为负载时呈容抗性质，其栅电荷曲线示于图3-72，也与VDMOS类似。

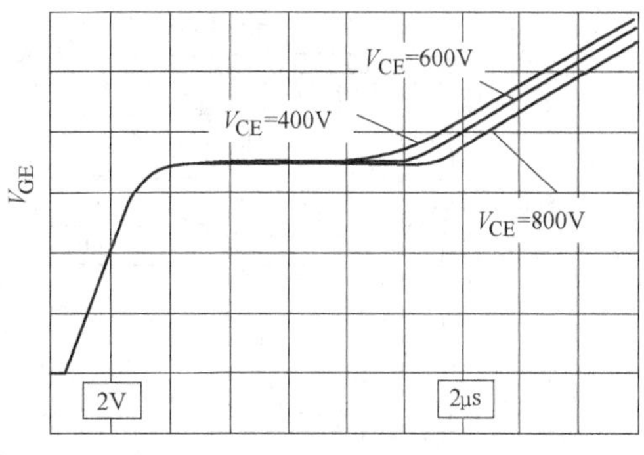

图3-72　IGBT栅电荷曲线

6）与VDMOS和GTR相比，IGBT的耐压可以继续做的高，电流可以继续做的大，同时还保持工作频率高的特点。

3.8　MOS场控晶闸管

3.8.1　MCT的工作原理

MCT是在晶闸管结构中引进一对MOSFET来控制晶闸管的导通和关断。使MCT导通的MOSFET称为ON-FET，使MCT关断的MOSFET被称为OFF-FET。MCT源胞有两种类型：一种为N-MCT，另一种为P-MCT。P-MCT元胞结构如图3-73a所示，一个MCT由许多元胞组成，其等效模型和符号如图3-73b所示。N-MCT元胞结构如图3-73c所示，其等效模型和符号如图3-73d所示。

1. N-MCT

当门极相对于阳极加正脉冲信号时，靠近门极的下面的P表面层反型成N型（N沟道），于是一个小的阳极电流从$P_1^+N_1^-$经过沟道和N_2^-层流出阴极，即ON－FET被接通（OFF-FET被关闭）。该电流恰好为$P_2N_1^-P_1^+$晶体管提供了基极电流，与此同时该晶体管的集电极电流增加，$P_2N_1^-P_1^+$的集电极又是$N_2^-P_2N_1^-$晶体管的基极，从而使晶闸管的正反馈机制发生作用，最后导致MCT导通。MCT中晶闸管部分一旦导通，其通道电阻比激励通道的电阻小的多，因此主电流由晶闸管部分承担，激励通道只维持很小的激励电流。当门极相对于阳极加负脉冲信号时，门极下面的N表面层反型为P型，形成P沟道，则将$N_2^-P_2N_1^-$晶体管的基射极$P_2N_2^-$短路，也就是说，从P_2基区中抽取电流，从而使$N_2^-P_2N_1^-$晶体管进入关断过程，最后导致晶闸关不能维持导通条件（$\alpha_1+\alpha_2>1$）而关断。

2. P-MCT

当门极相对于阳极加负脉冲信号时，靠近门极的下面的N表面层反型成P型（P沟

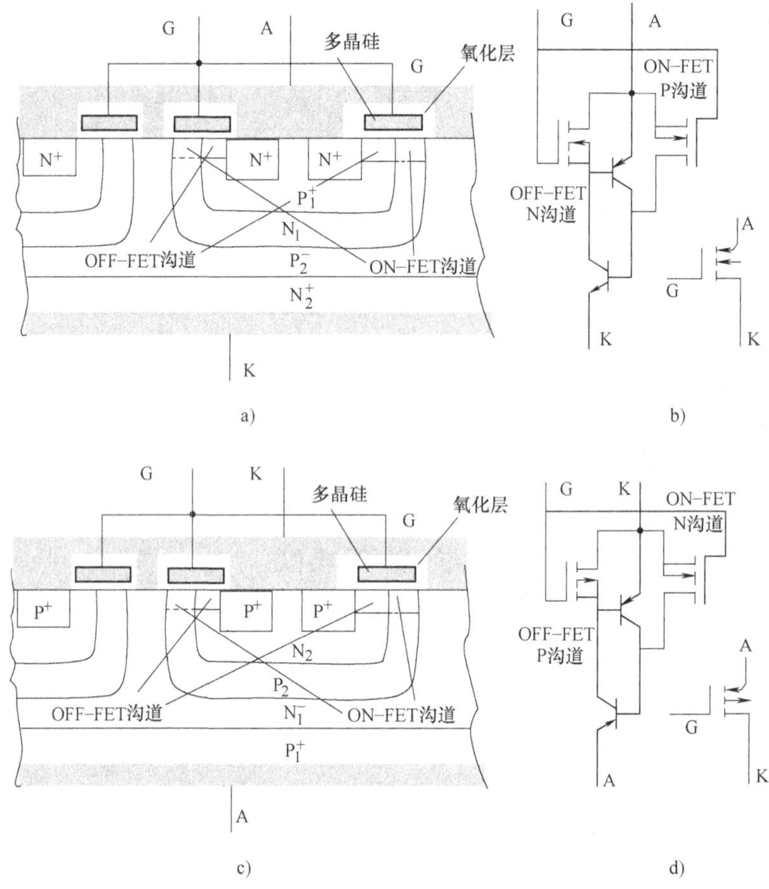

图 3-73 MCT 结构、等效模型和符号

道），于是一个小的阳极电流流入 P_1^+ 层，经过 P 层和 P 沟道流向 $P_2^-N_2^+$ 结，即 ON-FET 被接通（OFF-FET 被关闭）。该电流恰好为 $N_1P_2^-N_2^+$ 晶体管提供了基极电流，使该晶体管的集电极电流增加，$N_1P_2^-N_2^+$ 的集电极又是 $P_1^+N_1P_2^-$ 晶体管的基极，从而使晶闸管的正反馈机制发生作用，最后导致 MCT 导通。MCT 中晶闸管部分一旦导通，其通道电阻比激励通道的电阻小的多，因此主电流由晶闸管部分承担，激励通道只维持很小的激励电流。当门极相对于阳极加正脉冲信号时，门极下面的 P 表面层反型为 N 型，形成 N 沟道，则将 $P_1^+N_1P_2^-$ 晶体管的基射极 $P_1^+N_1$ 短路，也就是说，从 N_1 基区中抽取电流，从而使 $P_1^+N_1P_2^-$ 晶体管进入关断过程，最后导致晶闸关不能维持导通条件（$\alpha_1+\alpha_2>1$）而关断。

对于 N-MCT，一般 +5V 脉冲可以使 MCT 导通，-10V 脉冲可以使 MCT 关断；对于 P-MCT，一般 -5 ~ -15V 脉冲可以使 MCT 导通，+10V 脉冲可以使 MCT 关断。

3.8.2 MCT 的特点

MCT 和 IGBT 一样，都具有 MOS 器件和双极型器件的优点，但其电压和电流容量可以做的比 IGBT 更大，其主要特点如下：

1）通态压降小（为 IGBT 的 1/3，约 1.1V）。

2）开关速度快，开关损耗小，工作频率可达 20kHz。

3）可以承受极高的 di/dt（2000A/μs）和 dV/dt（20000V/μs）。

4）工作温度高（200℃以上）。

5）门极驱动电路简单。

6）器件阻断电压高，峰值电流大。

MCT 和 IGBT 都是场控器件，目前 IGBT 在开关特性方面比 MCT 好，在驱动方面也比 MCT 容易；MCT 通态损耗比 IGBT 低，但其开关损耗比 IGBT 高。

练　习　题

1. 按多子和少子器件对本章所述器件进行分类。
2. 解释基区电导调制效应。
3. 快恢复二极管的动态参数有哪些？用图示说明恢复时间。
4. 按恢复时间划分二极管有哪几类？在高频功率电路中常用哪些二极管？
5. 晶闸管导通的条件是什么？
6. 维持晶闸管导通的条件是什么？如何使晶闸管由导通变为关断？
7. 晶闸管维持电流和擎住电流有何差别？
8. 如何用万用表判断晶闸管的管脚？
9. 静电感应效应是什么？
10. 达林顿结构是如何防止 GTR 进入过饱和状态的？
11. 理解 VDMOS 或 IGBT 的栅极电流波形，曲线斜率的三次变化代表什么？
12. IGBT 的过电流保护与栅极电压关系。
13. 简述静电感应器件的工作原理。
14. 比较 GTR、VDMOS、IGBT 的主要特征。
15. 说明晶闸管的关断条件是什么？
16. 叙述 IGBT 的特点。
17. GTR、IGBT 关断为什么需要负电压？
18. 单相交流电压 220V/50Hz，经过全桥整流后连接 10Ω 负载，画出电压、电流波形，计算：1）峰值电流；2）平均电流；3）流过二极管的电流有效值。假定二极管为理想二极管。

第 4 章　AC-DC 变换技术

本章首先介绍相控整流电路的基本特性，然后针对电路功率因数和网侧谐波电流，讨论了高功率因数整流问题。对于单相半波整流电路、全波整流电路和三相整流电路，从不控整流电路出发，详细分析了相控整流电路的输出电压、网侧（输入）谐波电流以及提高 AC-DC 电路网侧功率因数的主要方法。

将交流电源变换成直流电源的电路称为 AC-DC 变换或整流电路。功率由电源传向负载的变换被称为整流，功率由负载传回电源的变换被称为“有源逆变”，整流电路按交流输入相数大致可分为单相和多相整流；按导通角可控与否可分为可控和不可控整流；按电路形式可分为半波、全波与桥式整流等。对于需要改变直流输出电压的场合，可以采用相控整流方案，也可采用其他高性能的调节方案（如斩波或高频调制技术）。

4.1　单相半波整流电路

4.1.1　不可控整流电路

单相半波整流电路是最简单的整流电路。整流电路如图 4-1 所示。利用整流管 VD 的单向导电特性，在交流电源的作用下，VD 周期性导通和截止，实现 AC-DC 变换，将交流转换成脉动直流。由于半波整流引起电流的畸变，电流中包含直流成分，会引起输入电源变压器饱和，因此在实际中采用较少。

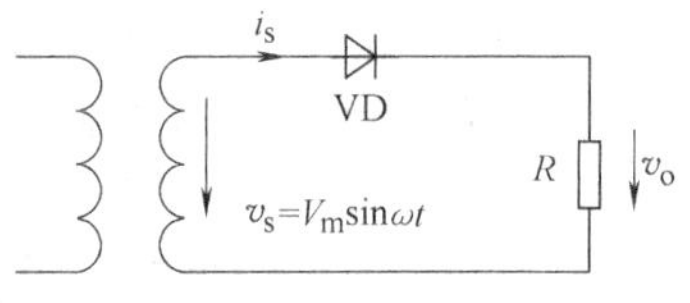

图 4-1　单相半波不控整流电路（阻性负载）

设交流电压为

$$v_s = V_m \sin\omega t$$

则整流输出电压平均值为

$$V_o = \frac{1}{T}\int_0^T V_o(t)\,dt = \frac{1}{T}\int_0^{\frac{T}{2}} V_m \sin\omega t dt = \frac{V_m}{\pi} = 0.318V_m \tag{4-1}$$

1. R 负载

忽略整流管的导通压降和反向漏电流，在阻性负载下，电压波形和电流波形完全一样。输出电流平均值为

$$Z_o = \frac{V_o}{R} = \frac{V_m}{\pi R} = \frac{0.318V_m}{R} \tag{4-2}$$

由有效值定义，输出电压和电流有效值为

$$V = \sqrt{\frac{1}{T}\int_0^{\frac{T}{2}} (V_m \sin\omega t)^2 dt} = \frac{V_m}{2} = 0.5V_m \tag{4-3}$$

$$I = \frac{V_m}{2R} = \frac{0.5V_m}{R} \tag{4-4}$$

2. R-L 负载

R-L 负载电路如图 4-2 所示，负载为 $R+\mathrm{j}\omega L$。根据电路理论，可以写出电压平衡方程

$$v_s = v_R + v_L = v_o \tag{4-5}$$

$$V_m \sin(\omega t) = i(t)R + L\frac{\mathrm{d}i(t)}{\mathrm{d}t} \tag{4-6}$$

这是一阶微分方程，解此方程可得

$$i(t) = \frac{V_m}{\sqrt{R^2+(\omega L)^2}}\left[\sin(\omega t-\theta)+\sin(\theta)\mathrm{e}^{-\omega t/\omega\tau}\right] \tag{4-7}$$

式中，$\theta=\arctan\left(\frac{\omega L}{R}\right)$；$\tau=\frac{L}{R}$。

图 4-3 是 R-L 负载时的波形。从图可以看出：由于 $v_L=L\frac{\mathrm{d}i(t)}{\mathrm{d}t}$，$v_L$ 有负电压产生，尽管输入电压已为负，二极管仍然导通，其正向导通角大于 π，二极管关断时，电流为零。

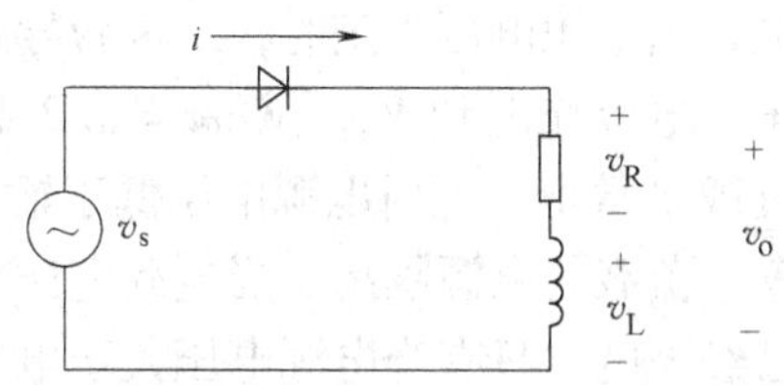

图 4-2　R-L 负载

定义熄灭角 β 为从二极管导通到电流为零时的角度，由式（4-7）可得

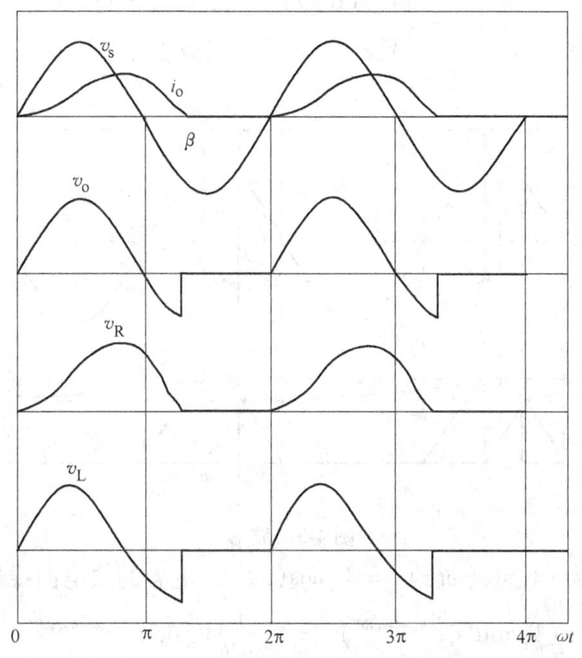

图 4-3　各点波形

$$i(\beta) = \frac{V_m}{\sqrt{R^2+(\omega L)^2}}\left[\sin(\beta-\theta)+\sin(\theta)\mathrm{e}^{-\beta/\omega\tau}\right] = 0$$

上式只能得出数字解，无法写出解析表达式。二极管导通区间为 [0, β]。

电流平均值

$$I_o = \frac{1}{2\pi}\int_0^{2\pi} i(\omega t)\,d(\omega t) = \frac{1}{2\pi}\int_0^{\beta} i(\omega t)\,d(\omega t) \tag{4-8}$$

电流有效值

$$I_{RMS} = \sqrt{\frac{1}{2\pi}\int_0^{\beta} i(\omega t)\,d(\omega t)} \tag{4-9}$$

负载吸收功率（有功功率）

$$P_o = (I_{RMS})^2 R \tag{4-10}$$

3. R-C 负载

如图 4-4 所示，在电路初始状态，假定电容尚未充电，当电源电压为正时，二极管导通，输出电压为电源电压，电容充电到 V_m，从 $\omega t = \pi/2$ 起，电容以指数规律向负载 R 放电，这时电源电压低于输出电压，二极管反向偏置，负载与电源隔离。当电源电压再次为正时，由于电容已经充电，只有当电源电压大于电容电压时，二极管才能导通，电源电压低于输出电压时，二极管反向偏置，负载与电源隔离。周而复始，当二极管正向导通时，输出电压为电源电压；当二极管截止时输出电压以指数规律放电。输出波形如图 4-5 所示。

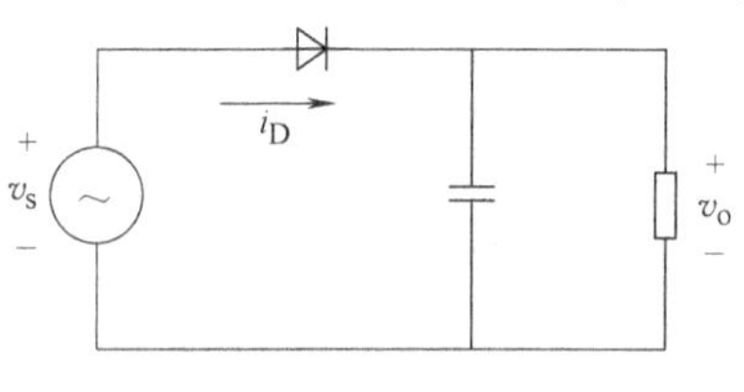

图 4-4　R-C 负载

$$V_m = \begin{cases} V_m \sin(\omega t) & \text{二极管导通} \\ V_\theta e^{-(\omega t-\theta)/\omega RC} & \text{二极管截止} \end{cases} \tag{4-11}$$

式中，$V_\theta = V_m \sin\theta$。

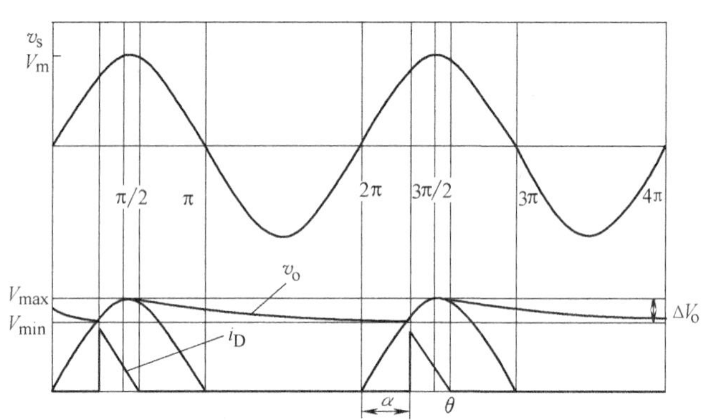

图 4-5　波形

正弦波形的导数为 $(V_m \sin(\omega t))' = V_m \cos(\omega t)$，电容的放电曲线导数为

$$(V_m \sin\theta e^{-(\omega t-\theta)/\omega RC})' = -\frac{1}{\omega RC} V_m \sin\theta e^{-(\omega t-\theta)/\omega RC}$$

在 $\omega t = \theta$ 时，这两个斜率应该相等，因此，$V_m \cos\theta = -\frac{1}{\omega RC} V_m \sin\theta e^{-(\theta-\theta)/\omega RC}$，整理得

$$\theta = -\arctan(\omega RC) + \pi \tag{4-12}$$

在 $\omega t = 2\pi + \alpha$ 处，正弦波形的幅值与电容的放电曲线在该处的幅值相等

$$\sin\theta e^{-(2\pi+\alpha-\theta)/\omega RC} = \sin\alpha \tag{4-13}$$

上式只能得出数字解，无法写出解析表达式。从式（4-13）可知，C 增大，α 增大，二

极管导通时间减小，若输出平均电流不变，二极管峰值电流必然增大，因此，C 增大导致大的二极管脉动电流。

从图4-5可知，最大输出电压 $V_{max}=V_m$，最小输出电压在 $\omega t=2\pi+\alpha$ 时刻，最小输出电压为 $V_{min}=V_m\sin(2\pi+\alpha)$，输出电压纹波

$$\Delta V_o = V_{max} - V_{min} = V_m(1-\sin\alpha) \tag{4-14}$$

在实际应用电路中，ωRC 一般很大，由式（4-12）可得 $\theta\approx-\arctan(\infty)+\pi=-\frac{\pi}{2}+\pi=\frac{\pi}{2}$，$V_\theta=V_m\sin\theta=V_m\sin\frac{\pi}{2}=V_m$，由式（4-13）可得 $\alpha\approx\theta=\frac{\pi}{2}$，显然，$\alpha<\frac{\pi}{2}$。把式（4-13）带入式（4-14）可得

$$\Delta V_o = V_m(1-e^{-(2\pi+\alpha-\theta)/\omega RC}) = V_m(1-e^{-2\pi/\omega RC}) \tag{4-15}$$

将上式用泰勒级数展开，得

$$\Delta V_o \approx \frac{V_m}{fRC} \tag{4-16}$$

式中，$f=2\pi\omega$。

从式（4-16）可知，输出电压纹波与滤波电容大小成反比，C 增大，可以减小输出电压纹波。

4.1.2 可控整流电路

1. 阻性负载

将图4-1中的整流管换成晶闸管，该电路就变成了可控整流电路。纯电阻负载的单相半波可控整流电路和波形如图4-6所示，在电源正半周期，晶闸管承受正向阳极电压，处于正向阻断状态，假定 $\omega t=\alpha$ 时刻发出触发脉冲，则在 $0\sim\alpha$ 期间，晶闸管不导通，电源电压全部加在晶闸管上，负载电阻上电压为零，流过负载的电流也为零。在 α 时刻触发晶闸管，则晶闸管从正向阻断状态进入导通状态，晶闸管一旦被触发，门极失去控制作用，故触发信号只需一个脉冲电压即可。于是在 $\alpha\sim\pi$ 期间，电源电压全部加在负载上，电流 i_o 流过，其值为

$$i_o = \frac{V_m}{R}\sin\omega t \tag{4-17}$$

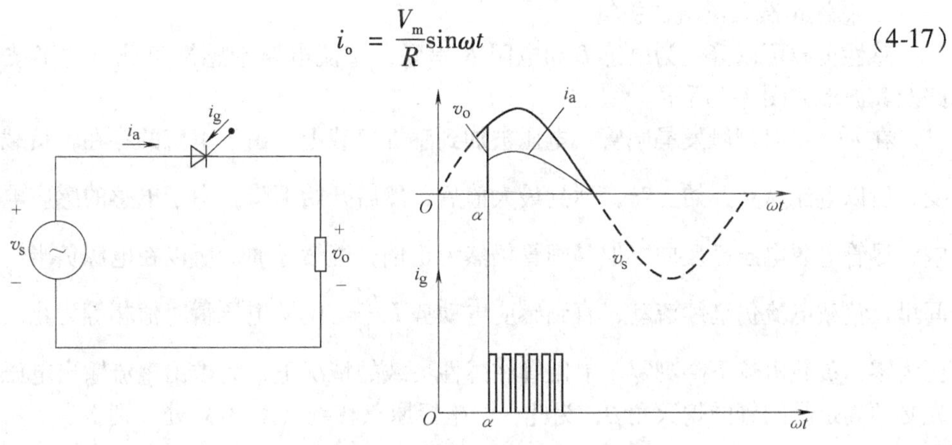

图4-6 单相半波可控整流电路及波形（纯阻负载）

在交流电压正半周期快结束时，晶闸管中的电流自然的下降到维持电流以下，晶闸管自动进入阻断状态，负载电流变为零，交流电源为负时，在负半周 $\pi\sim2\pi$ 期间，晶闸管转入反向阻断状态，电源电压又全部加在晶闸管上，负载上电压又为零。而后，电路重复上述过程。

因此，在电源工作周期内，负载上只是得到脉动直流电压，其脉动频率与电源频率一样，它的波形只在电源电压正半周期出现，故称为单向半波可控整流电路。

定义：从晶闸管本身承受正向电压起到加上触发脉冲这一角度称为触发延迟角 α。

在阻性负载条件下，晶闸管导通角度为导通角 θ，显然有 $\theta=\pi-\alpha$。

当触发延迟角为 α 时，整流输出电压平均值为

$$V_o=\frac{1}{2\pi}\int_\alpha^\pi V_m\sin\omega t\mathrm{d}(\omega t)=\frac{V_m}{2\pi}(1+\cos\alpha) \tag{4-18}$$

式（4-18）说明 $V_o\sim\alpha$ 关系是非线性的。α 从 $0\sim\pi$，则输出电压平均值从$\frac{V_m}{\pi}$变到零。这意味着改变触发延迟角 α 就可以改变输出电压的平均值，达到可控整流的目的。不控整流是 $\alpha=0$ 时的可控整流电路的一种特殊情况。

由有效值定义，整流输出电压、电流的有效值为

$$V=\sqrt{\frac{1}{2\pi}\int_\alpha^\pi V_m^2\sin^2\omega t\mathrm{d}\omega t}=\frac{V_m}{2}\sqrt{\left[\frac{1}{\pi}\left(\pi-\alpha+\frac{\sin2\alpha}{2}\right)\right]} \tag{4-19}$$

$$I=\frac{V}{R} \tag{4-20}$$

整流输出电流有效值与其平均值之比为波形系数

$$K_f=\frac{I}{I_o}=\frac{V}{V_o}=\frac{\sqrt{\pi\left(\pi-\alpha+\frac{\sin2\alpha}{2}\right)}}{1+\cos\alpha} \tag{4-21}$$

从上一章中，我们知道，晶闸管的额定电流是指在额定结温（25℃）下允许晶闸管通过电流波形为（工频）正弦半波的最大电流平均值，因此必须注意流过晶闸管的电流波形，以防止其有效值超出定额。

2. 感性负载及续流二极管

感性负载可以等效为电感 L 和电阻 R 串联，整流电路带感性负载时的半波可控整流电路及其波形如图 4-7 所示。

在 $\omega t=\alpha$ 时刻触发晶闸管，电压被加到感性负载上。由于电感的存在，负载电流不能突变，所以电流从 0 开始上升，达到最大值后，然后开始下降，由于电感的感应电动势 $L\frac{\mathrm{d}i}{\mathrm{d}t}$影响，尽管电源电压已反向，但晶闸管仍然为正偏，继续导通。所以在电源负半周期的一段时间里，负载电流仍继续流动，直到感应电动势 $L\frac{\mathrm{d}i}{\mathrm{d}t}$与电源电压瞬时值相等为止。此时回路电压为零，负载电流下降到零。晶闸管在感性负载的情况下，为求出整流输出电压平均值，首先必须确定晶闸管的熄灭角 β，为此，将坐标原点移到（α，0）处，则

$$v=V_m\sin(\omega t+\alpha) \tag{4-22}$$

电压平衡方程

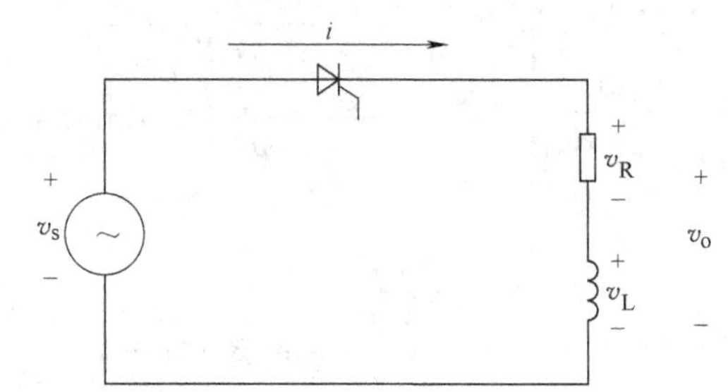

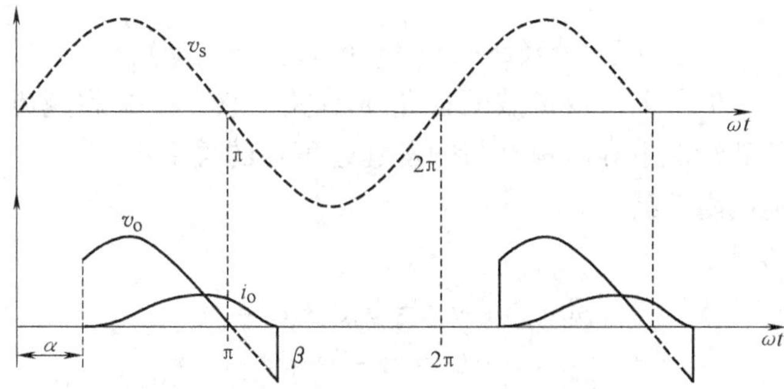

图 4-7　半波可控整流电路及其波形（感性负载）

$$V_m \sin(\omega t + \alpha) = L\frac{\mathrm{d}i_0}{\mathrm{d}t} + iR \tag{4-23}$$

拉氏变换

$$V_m l[\sin(\omega t + \alpha)] = SLi(S) + Ri(S) \tag{4-24}$$

$l\ (\sin\omega t) = \dfrac{\omega^2}{S^2+\omega^2}$，由延迟定理 $l\ [f(t-\tau)] = \mathrm{e}^{-s\tau}F(S)$，因此

$$V_m l[\sin(\omega t + \alpha)] = \frac{\omega}{S^2+\omega^2}\mathrm{e}^{s\frac{\alpha}{\omega}} \tag{4-25}$$

$$i(S) = \frac{V_m}{L} \times \frac{\frac{\omega}{S^2+\omega^2}\mathrm{e}^{S\frac{\alpha}{\omega}}}{S + \frac{R}{L}} \tag{4-26}$$

拉氏反变换得

$$i(t) = \frac{V_m \omega}{L\left(\omega^2 + \frac{R^2}{L^2}\right)}\left[\mathrm{e}^{-\frac{R}{L}\left(t+\frac{\alpha}{\omega}\right)} + \frac{\sqrt{\omega^2+\left(\frac{R}{L}\right)^2}}{\omega}\sin(\omega t + \alpha - \varphi)\right] \tag{4-27}$$

式中，$\varphi = \operatorname{arccot}\left(\dfrac{\omega L}{R}\right)$。

由于当 $\omega t = 0$，$i\ (0)\ = 0$ 则有

$$\mathrm{e}^{-\frac{R}{\omega L}\alpha} = -\frac{\sqrt{(\omega L)^2 + R^2}}{\omega L}\sin(\alpha - \varphi) \tag{4-28}$$

当 $\omega t = \beta$，$i\left(\dfrac{\beta}{\omega}\right) = 0$ 则有

$$0=i\left(\frac{\beta}{\omega}\right)=\frac{U_m\omega}{L\left(\omega^2+\frac{R^2}{L^2}\right)}\left[e^{-\frac{R\beta+\alpha}{L\ \omega}}+\frac{\sqrt{\omega^2+\left(\frac{R}{L}\right)^2}}{\omega}\sin(\beta+\alpha-\varphi)\right]$$

$$e^{-\frac{R}{L\omega}\beta-\frac{R}{L\omega}\alpha}=-\frac{\sqrt{\omega^2+\left(\frac{R}{L}\right)^2}}{\omega}\sin(\beta+\alpha-\varphi) \tag{4-29}$$

把式（4-28）代入式（4-29）得

$$e^{-\frac{R}{LW}\beta}\sin(\alpha-\varphi)=\sin(\beta+\alpha-\varphi) \tag{4-30}$$

式（4-30）表明，β 同 α 以及负载阻抗角 φ 有关，它是一个超越方程。无法给出代数解。现在讨论几种特殊情况下导电角 β 与触发延迟角 α 的关系：

第一种情况：纯电阻负载。

由 $\omega L=0$，$\varphi=0$ 得

$$\sin(\beta+\alpha)=0,\beta+\alpha=\pi$$

$$\beta=\pi-\alpha \tag{4-31}$$

第二种情况：纯电感负载 $R=0$。

$\mathrm{tg}\varphi=\frac{\omega L}{R}$，$\varphi=\frac{\pi}{2}$，$\sin\left(\alpha-\frac{\pi}{2}\right)=\sin\left(\beta+\alpha-\frac{\pi}{2}\right)$，$\sin\left(\frac{\pi}{2}-\alpha\right)=\sin\left[\frac{\pi}{2}-(\beta+\alpha)\right]$，$\cos\alpha=\cos(\beta+\alpha)$，显然只有 $\beta+\alpha=2\pi-\alpha$ 即

$$\beta=2\pi-2\alpha \tag{4-32}$$

第三种情况：导电角 $\beta=\pi$ 的条件。

将式（4-30）变换，得

$$\sin(\beta+\alpha-\varphi)=\sin\beta\cos(\alpha-\varphi)+\cos\beta\sin(\alpha-\varphi)=\sin(\alpha-\varphi)e^{-\frac{R}{L\omega}\varphi}$$

两边同除以 $\cos(\alpha-\varphi)$，得

$$\sin\theta+\cos\beta\,\mathrm{tg}(\alpha-\varphi)=e^{-\frac{R}{L\omega}}\mathrm{tg}(\alpha-\varphi)$$

整理得

$$\mathrm{tg}(\alpha-\varphi)=\frac{\sin\beta}{e^{-\frac{R}{L\omega}\beta}-\cos\beta} \tag{4-33}$$

当 $\beta=\pi$ 时，有 $\mathrm{tg}(\alpha-\varphi)=0$

$$\alpha=\varphi \tag{4-34}$$

由式（4-33）可知，当 $0\leqslant\beta<\pi$ 时，$\alpha>\varphi$；当 $\pi<\beta<2\pi$ 时，$\alpha<\varphi$。

感性负载上平均电压

$$V_o=\frac{1}{2\pi}\int_{\alpha}^{\alpha+\beta}V_m\sin\omega t\mathrm{d}\omega t=\frac{V_m}{2\pi}[\cos\beta-\cos(\alpha+\beta)] \tag{4-35}$$

又 $v_o=v_L+v_R,V_L=\frac{1}{2\pi}\int_{\alpha}^{\alpha+\beta}L\frac{\mathrm{d}i}{\mathrm{d}t}\mathrm{d}\omega t=\frac{L\omega}{2\pi}\int_0^0\mathrm{d}i=0$，所以

$$V_o=V_R \tag{4-36}$$

即感性负载上的平均值就等于负载电阻上的平均电压。

在单相半波可控整流电路中，由于电感的存在，整流输出平均电压变小，特别是在大电感负载下，输出电压接近于零，且负载电流不连续。

为解决这个问题，只要在负载两端并接一个续流二极管（Free Wheeling Diode，FWD）即可，晶闸管和续流二极管不可能同时导通。当电源电压进入负半周时，感应电动势使续流二极管导通续流，如忽略二极管压降，感性负载上的电压波形与阻性负载的情况没有什么区别。当电感很大时，流过负载上的电流基本保持不变，这个电流在晶闸管导通时由晶闸管提供，晶闸管关断后由续流二极管提供。

4.2 全波整流电路

从上一节可以看到，单相半波整流输出电压脉动大，一般只用在小功率场合。在中小功率场合，更多使用全波整流。

4.2.1 不可控整流电路

全波整流电路有两种形式：一种为单相全桥整流电路，如图4-8所示；一种为带中心抽头的全波整流，如图4-9所示。

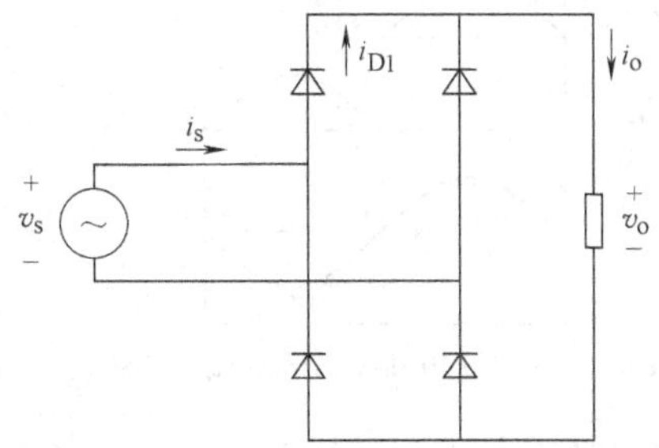

图4-8 单相全桥整流电路图

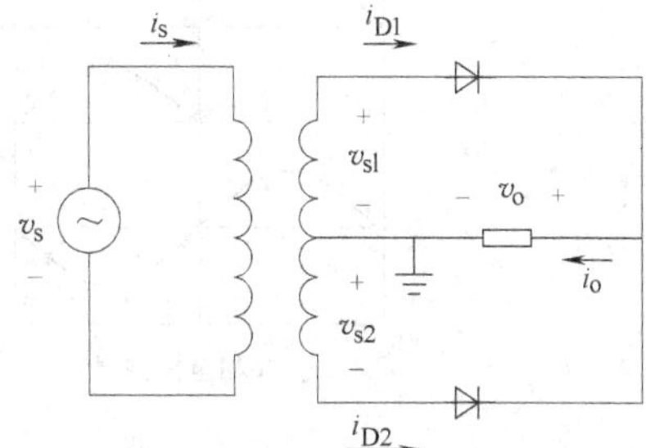

图4-9 带中心抽头的全波整流电路

单相全桥整流电路中，整流二极管分两组轮流导通，对角二极管同时导通，同时截止；带中心抽头的全波整流电路中，两个二极管轮流导通。

1. *R* 负载

对这两个电路，其输出电压可表示为

$$v_o = \begin{cases} V_m \sin\omega t & 0 \leqslant \omega t \leqslant \pi \\ V_m \sin\omega t & \pi \leqslant \omega t \leqslant 2\pi \end{cases} \tag{4-37}$$

输出直流电压的平均值

$$V_o = \frac{1}{\pi}\int_0^{\pi} V_m \sin(\omega t)\,\mathrm{d}\omega t = \frac{2}{\pi}V_m = 0.637V_m \tag{4-38}$$

这两个电路各点电流、电压的波形如图4-10所示。比较这两电路可以发现：

1）带中心抽头的全波整流电路需要带中心抽头的变压器，桥式整流则不需要。

2）带中心抽头的全波整流只需要两个二极管，每半周期内只有一个二极管导通，单相全桥整流需要4个二极管，每半周期内有2个二极管导通，因此带中心抽头的全波整流的导通损耗是单相全桥整流的1/2。

3）带中心抽头的全波整流电路中，二极管所承受的反向电压是单相全桥整流电路中二极管承受电压的两倍。

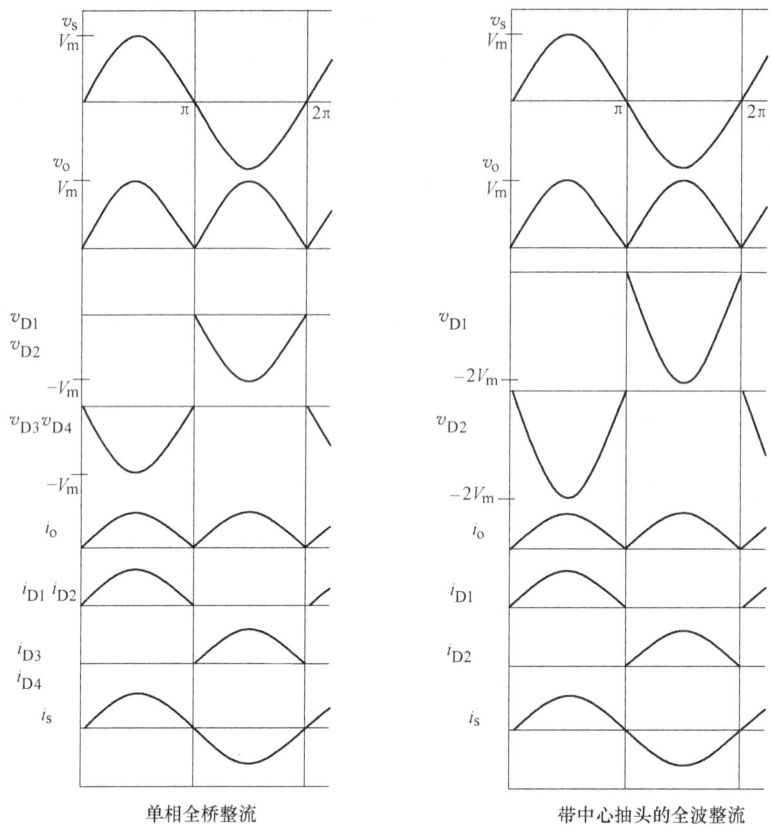

图4-10 各点电流、电压的波形

2. *R-L* 负载

由于负载中有电感存在，流过二极管的电流发生畸变，电流滞后于电压，当一对二极管导通时，另一对二极管中的上管起着续流二极管的作用，因此电流不会反向，输出波形如图4-11所示。

从图4-11可以看出，电源电流 i_s 畸变严重，电源功率因数下降。

输出电压是偶函数，利用傅里叶级数（Fourier Series），输出电压可写为

$$v_o(\omega t) = \frac{2}{\pi}V_m - \frac{4}{\pi}V_m\sum_1^{\infty}\frac{1}{(2n-1)(2n+1)}\cos(2n\omega t) \tag{4-39}$$

令 $V_o = \frac{2}{\pi}V_m$，$V_n = \frac{4}{\pi}V_m\frac{1}{(2n-1)\ (2n+1)}$，则输出直流电流和谐波电流可表示为

$$I_o = \frac{V_o}{R} \tag{4-40}$$

$$I_n = \frac{V_n}{|R + jn\omega L|} = \frac{V_n}{\sqrt{R^2 + (n\omega L)^2}} \tag{4-41}$$

输出电流

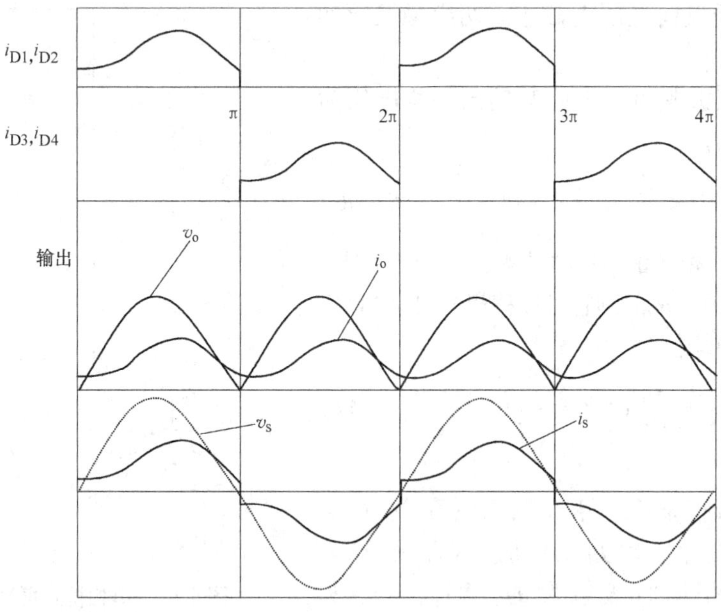

图4-11 *R-L*负载时桥式整流电路输出波形

$$i_o(\omega t) = I_o + \sum_1^{\infty} I_n \cos(n\omega t) \tag{4-42}$$

对于大电感负载，即 ωL 足够大，且 $\omega L \gg R$，由式（4-41）可得

$$I_n = \frac{V_n}{\sqrt{R^2 + (n\omega L)^2}} \approx \frac{V_n}{n\omega L} \approx 0$$

也就是说，大电感负载使输出电流的各次谐波减弱，几乎等于零，输入电源的电流为方波电流，输出电流约为直流

$$i_o(\omega t) = I_o + \sum_1^{\infty} I_n \cos(n\omega t) \approx I_o = \frac{V_o}{R} \tag{4-43}$$

输出电流的有效值

$$I_{RMS} = \sqrt{I_o^2 + \sum (I_{n,RMS})^2} \tag{4-44}$$

由电源传递到负载的功率

$$P_o = I_{RMS}^2 R \tag{4-45}$$

4.2.2 可控整流电路

单相桥式可控整流如图4-12所示。

1. *R*负载

当变压器二次电压 $v_2 = V_m \sin\omega t$ 为正半周时，在触发延迟角为 α 时刻，晶闸管 VT_1 和 VT_4 触发导通，电流从 *a* 端经 VT_1、*R* 和 VT_4 流回 *b* 端；当 v_2 为零时，电流 i_2 也为零，晶闸管 VT_1 和 VT_4 截止。电压 $v_2 = V_m \sin\omega t$ 为负半周时，在相应触发延迟角为 α 时刻，晶闸管 VT_2 和 VT_3 触发导通，电流从 *b* 端经 VT_2、*R* 和 VT_3 流回 *a* 端，当 v_2 为零时，电流 i_2 也为零，晶闸管 VT_2 和 VT_3 截止。晶闸管承受最大的反向电压为 V_m。

显然，在 VT_1 和 VT_4 导通时，VT_2 和 VT_3 承受反向电压而截止；VT_2 和 VT_3 导通时，

VT_1 和 VT_4 承受反向电压而截止。两组触发脉冲相位相差 180°。

由于属于全波整流，因此其输出平均电压为半波整流的两倍。

$$V_o = \frac{V_m}{\pi}(1 + \cos\alpha) \qquad (4\text{-}46)$$

当 $\alpha = 0$ 时，相当于不控桥式整流；当 $\alpha = 180°$ 时，输出电压为零，故晶闸管可控移相范围为 180°。

负载电流平均值为

$$I = \frac{V_m}{R\pi}(1 + \cos\alpha) \qquad (4\text{-}47)$$

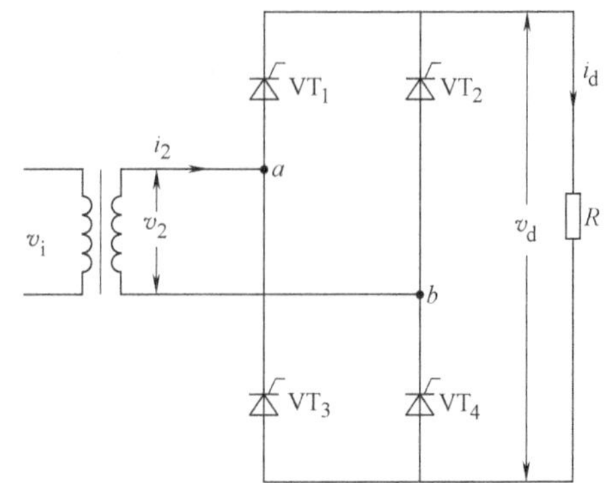

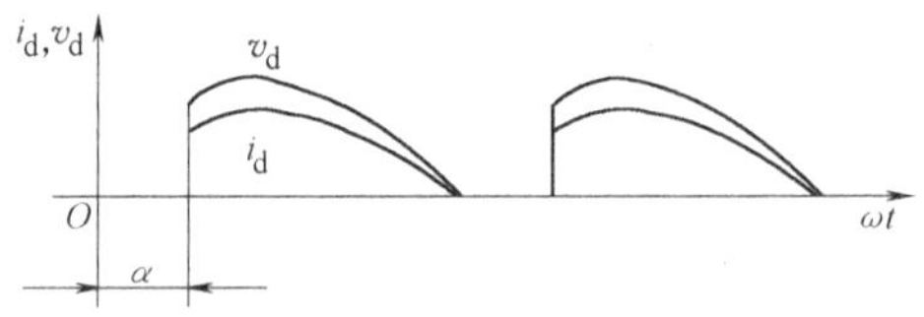

图 4-12 单相桥式可控整流电路及阻性负载时电流和电压波形

2. *R-L* 负载

单向桥式可控整流电路（电感性负载 $\omega L \gg R$）如图 4-13 所示，电路工作时，VT_1 和 VT_2、VT_3 和 VT_4 均是同时被触发的，VT_1、VT_2 和 VT_3、VT_4 的触发脉冲互差 180°，其工作工程可划分为下述两个阶段。

由于 $\omega L \gg R$，电感电流连续，输出电流 i_d 则为一恒定值。

1）[α，$\pi + \alpha$] 期间。在 $\omega t = \alpha$ 时刻，同时触发 VT_1 和 VT_2，则电源电压 $v_2 = V_m \sin\omega t$ 就加在负载端，当 v_2 过零变负时，因为电感上产生的感应电动势使 VT_1 和 VT_2 仍然承受正向电压而继续导通，因此 v_d 波形中出现负值部分，此时 VT_3 和 VT_4 虽然承受正向电压，但都不导通。

2）[$\pi + \alpha$，$2\pi + \alpha$] 期间。当 $\omega t = \pi + \alpha$ 时刻，同时触发 VT_3 和 VT_4 使其导通，VT_1 和 VT_2 承受反向电压而关断。负载电流从 VT_1 和 VT_2 转移到 VT_3 和 VT_4，同样因为电感上产生的感应电动势使 VT_3 和 VT_4 并不在 2π 时结束导通，仍然承受正向电压而继续导通，直到 VT_1 和 VT_2 再次导通为止，即一直延续到 $2\pi + \alpha$ 时刻，以后继续重复上述过程。

电流连续时，输出电压平均值为

$$V_d = \frac{2}{2\pi}\int_{\alpha}^{\pi+\alpha} V_m \sin\omega t \mathrm{d}\omega t = \frac{2V_m}{\pi}\cos\alpha \qquad (4\text{-}48)$$

输出电压有效值为

$$V = \left[\frac{2}{2\pi}\int_{\alpha}^{\alpha+\pi} V_m^2 \sin^2\omega t \mathrm{d}\omega t\right]^{\frac{1}{2}} = \frac{V_m}{\sqrt{2}} \qquad (4\text{-}49)$$

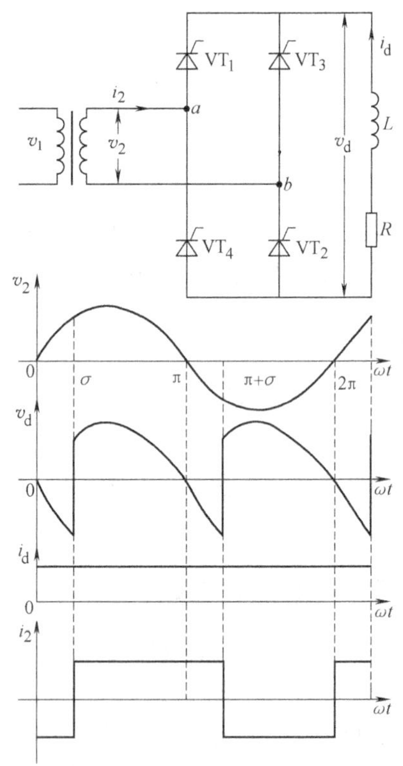

图 4-13 单向桥式可控整流电路（电感性负载 $\omega L \gg R$）及输出波形

由式（4-48）可知，当$\alpha<\pi/2$时，输出电压为正，变流器工作与“整流方式”；当$\alpha>\pi/2$时，输出电压为负，变流器工作于“逆变方式”。

将图4-13中VT_2和VT_4用整流二极管来代替，就形成了所谓单相半控桥式整流电路，如图4-14所示。即用一个晶闸管控制一个支路的导通时刻，如果只是为了整流，这样线路比全控桥式整流电路更加简单。

4.2.3 半控整流电路

半控整流电路在电阻性负载时工作情况与全控电路是完全相同的，其参数计算也相同，所以只讨论电感性负载时的工作情况（无续流二极管）。

当电源电压在正半周期、触发延迟角为α触发晶闸管VT_1，则VT_1和VD_2导通。当电源电压v_2下降到零并变负时，由于电感作用，VT_1继续导通，但此时a点电位比b点电位低，因此整流管VD_4导通VD_2截止，电流从VD_2转移到VD_4，此时电流不再经过变压器绕组而由VT_1和VD_4起续流作用，在此阶段，忽略元件的管压降，输出电压为零，不像桥式全控电路那样出现负值电压。

当v_2负半周期期间，晶闸管VT_3承受正向电压，在相应触发延迟角α时刻触发导通晶闸管VT_3，晶闸管VT_1受到反向电压而强迫关断。此时电流从晶闸管VT_3、负载、VD_4返回变压器。当电源电压v_2过零并变正时，由于电感的作用，VT_3继续导通，但此时b点电位比点a点电位低，因此整流管VD_2导通VD_4截止，电流从VD_4转移到VD_2，此时电流不再经过变压器绕组而由VT_3和VD_2起续流作用，此时输出电压又等于零。它和电阻特性负载时的电压波形一致。由于大电感的存在，输出电流波形为一水平线。上述电路的工作特点是晶闸管在触发时刻换相，整流管在电源电压过零时自然换相。

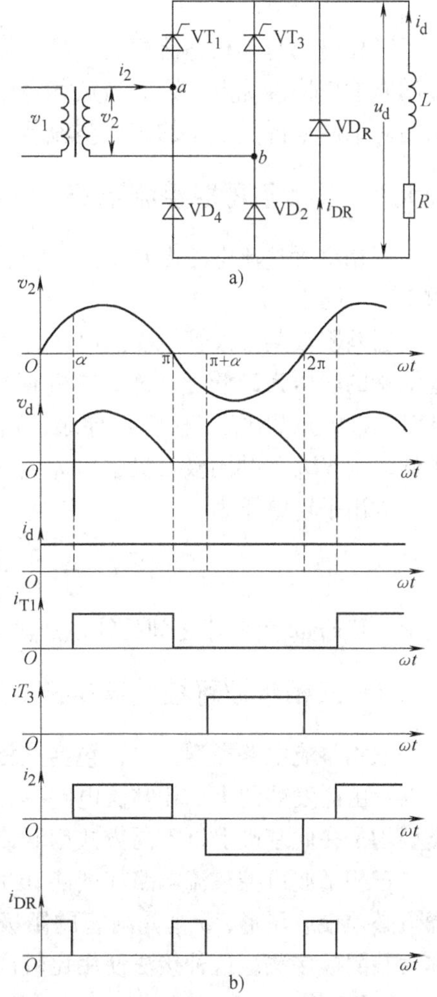

图4-14 单相半控桥式整流电路及波形（$L\omega\gg R$，有续流二极管）

在实际运行中，当突然把触发延迟角α增大到180°或突然把控制电路切断时，会发生一个晶闸管一直导通、另两个整流管轮流导通的异常现象，例如，当VT_1导通时切断触发电路，当v_2变负时，由于电感的作用，负载电流由VT_1和VD_4续流，当v_2又为正时，因为VT_1已经导通，所以电源又通过VT_1和VD_2向负载供电。此时输出电压的波形和单相半波不控整流输出相同，为避免这种情况发生，在负载侧并联一个续流二极管，负载电流经过续流二极管VD_R续流，而不再经过VT_1和VD_4，这样就可以使晶闸管VT_1恢复阻断能力。其输出电压波形如图4-14所示。

输出电压的平均值

$$V_0 = \frac{V_m}{\pi}(1 + \cos\alpha) \tag{4-50}$$

输出电压的有效值

$$V = \left[\frac{2}{2\pi}\int_\alpha^\pi V_m^2 \sin^2\omega t \mathrm{d}\omega t\right]^{\frac{1}{2}} = \frac{V_m}{\sqrt{2}}\left[\frac{1}{\pi}\left(\pi - \alpha + \frac{\sin 2\alpha}{2}\right)\right]^{\frac{1}{2}} \tag{4-51}$$

将图 4-14 中晶闸管和整流管上下对调，则形成了另一种形式的桥式半控整流电路。

4.3 三相整流电路

三相整流与单相整流相比，具有输出电压高且脉动小，脉动频率高，网侧功率因数高以及动态响应快等优点。因此当负载容量大，或者要求直流电压脉动小，易滤波等场合，一般采用对电网来说是平衡的三相整流装置。

4.3.1 三相不可控整流电路

三相全桥整流电路由 6 个二极管组成，其中共阳极 3 个二极管和共阴极 3 个二极管，如图 4-15 所示。

当共阳极某二极管承受的电压为最高时，这个二极管导通，其余截止；当共阴极某二极管承受的电压为最低时，这个二极管导通，其余截止。例如，如果 v_{an} 电压比其他两相电压高时，VD_1（共阳极二极管）导通，则 v_{an} 与负载 v_{pn} 端接通，此刻如果 v_{bn} 电压比其他两相电压低，则 VD_6（共阴极二极管）v_{bn} 与负载 v_{nn} 端接通，负载上得到电压为 $v_o = v_p - v_n = v_{ab}$。

输出平均电压为

$$V_o = \frac{1}{\pi/3}\int_{\frac{\pi}{3}}^{\frac{2\pi}{3}} V_m \sin\omega t \mathrm{d}\omega t = \frac{3V_m}{\pi} = 0.955V_m \tag{4-52}$$

式中，$V_m \sin\omega t$ 为两相之间的线电压。

4.3.2 三相半波可控整流电路

三相整流电路类型很多，包括三相半波式（零式）、三相全桥式、三相半控式、双反星型以及由此发展的十二相整流电路等，三相半波可控整流电路是这些电路的基本电路，其他类型均是在此基础上以不同方式串联或并联组成。

三相半波可控整流电路如图 4-16 所示，整流变压器的一次绕阻一般接成三角形，二次绕阻必须接成星形，3 个晶闸管的阳极分别到 u、v、w 三相电源，它们的阴极连接在一起，称为共阴极接法，这种接法使用比较广泛。

1. *R* 负载

相电压波形如图 4-16 所示，在 $\omega t_1 \sim \omega t_2$ 期间，u 相电压比 v 相和 w 相都高。如果在 ωt_1 时刻触发晶闸管 VT_1 使其导通，此时负载上得到 u 相相压。在 $\omega t_2 \sim \omega t_3$ 期间，v 相电压最高，在 ωt_2 时刻触发晶闸管 VT_2 导通。此时 VT_1 因承受反向电压而关断，负载上得到 v 相电压，在 ωt_3 时刻触发晶闸管 VT_3 导通并关断 VT_2，负载上得到 w 相电压。图 4-17 中输出电压 v_d 是负载上电压波型，在一个周期内有 3 次脉动，3 个触发脉冲互差 120°（2π/3）。在三相

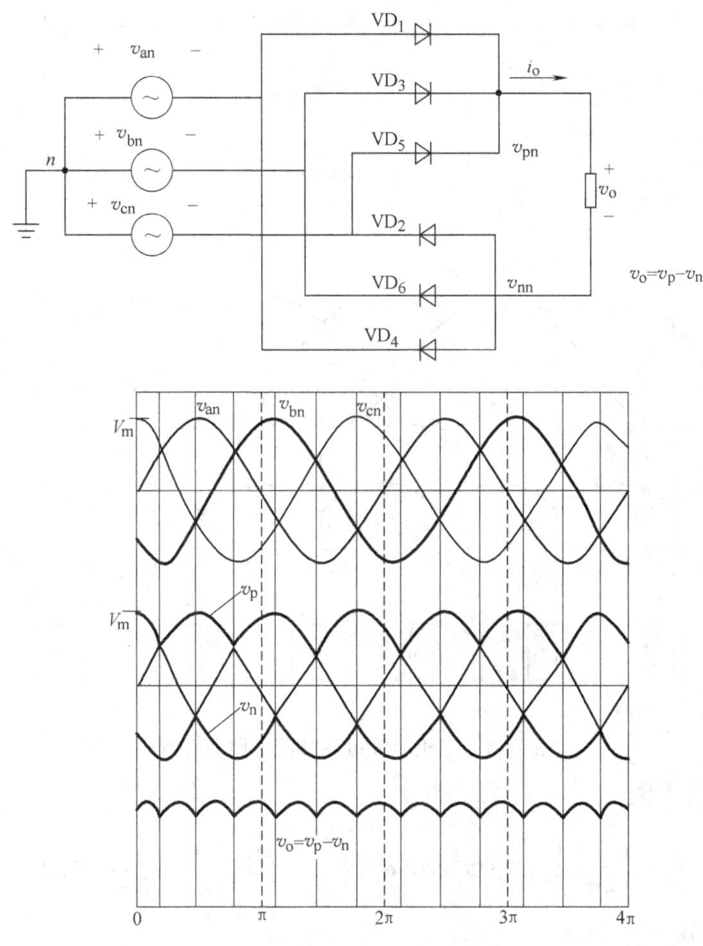

图 4-15 三相全桥整流电路及波形

电路中，通常规定 $\omega t=\dfrac{\pi}{6}$为触发延迟角 α 的起算点，即该处 $\alpha=0$，各相触发脉冲依次间隔 120°。在一个周期内，三相电源轮流向负载供电，负载电流是连续的。

显然，ωt_1、ωt_2、ωt_3 是 3 个晶闸管能够触发的最早时刻，这个交点叫做自然换相点，这是因为如把晶闸管换成不可控的整流二极管，相电压的交点就是二极管的自然换相点的缘故。

从图 4-17 可知，$\alpha=30°$是负载电流连续和断续的临界点。

输出电压的平均值

① $\alpha \leqslant 30°$时，VT_1 在$\dfrac{\pi}{6}+\alpha \sim \dfrac{5\pi}{6}+\alpha$ 范围内导通，故

$$V_d=\frac{3}{2\pi}\int_{\frac{\pi}{6}+\alpha}^{\frac{5\pi}{6}+\alpha}V_m\sin\omega t\mathrm{d}(\omega t)=\frac{3}{2\pi}\sqrt{3}V_m\cos\alpha \tag{4-53}$$

② $\alpha>30°$时，输出电压波形断续，u 相电压减至零时 VT_1 关断

$$V_d=\frac{3}{2\pi}\int_{\frac{\pi}{6}+\alpha}^{\pi}V_m\sin\omega t\mathrm{d}(\omega t)=\frac{3V_m}{2\pi}\left[1+\cos\left(\frac{\pi}{6}+\alpha\right)\right] \tag{4-54}$$

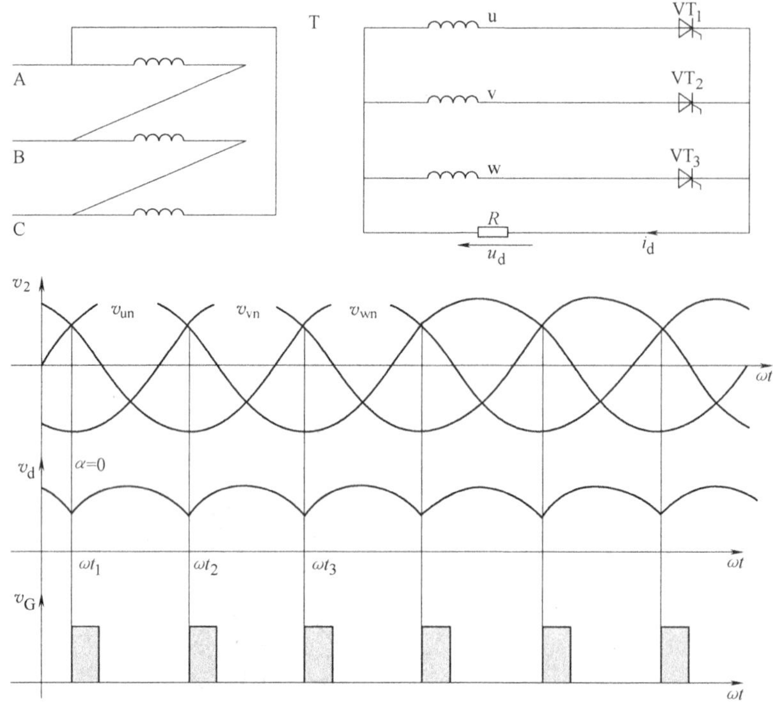

图 4-16　三相半波可控整流电路及波形

输出电压的有效值

$$V = \left[\frac{3}{2\pi}\int_{\frac{\pi}{6}+\alpha}^{\frac{5\pi}{6}+\alpha} V_m^2 \sin^2\omega t \mathrm{d}(\omega t)\right]^{\frac{1}{2}} = \sqrt{3}V_m\left(\frac{1}{6}+\frac{\sqrt{3}}{8\pi}\cos 2\alpha\right)^{\frac{1}{2}} \tag{4-55}$$

2. 大电感负载

在 $\omega t = \pi/6 + \alpha$ 时刻触发 VT_1，u 相电压 v_{an} 加到负载上，VT_1 管通过负载电流 i_{VT_1}，VT_1 一直持续到 v 相晶闸管 VT_2 被触发为止。

在 $\omega t = 5\pi/6 + \alpha$ 时刻，VT_2 导通，VT_1 立即被加上反向电压 v_{uv}（$v_{un} - v_{vn}$）而关断，负载电流由 VT_2 承担，负载被施加 v 相电压，直到 VT_3 被触发。

在 $\omega t = 3\pi/2 + \alpha$ 时刻触发 VT_3，则 VT_2 承受反向电压 v_{vw}（$v_{vn} - v_{wn}$），负载电流也立刻转移到 VT_3 管，VT_3 一直工作到 VT_1 被触发。电路及波形如图 4-17 所示。

从上述分析可知：

1）在负载电流连续情况下，每个晶闸管的导电角均为 $2\pi/3$。

2）在晶闸管支路不存在电感的情况下，晶闸管之间的电流转移是瞬间完成的。

3）负载上出现的电压波型是相电压波形。

4）未导通晶闸管承受的电压是线电压。

5）整流输出电压的脉动频率为 $3f$。

6）电感性负载时整流电流基本是平直的，尽管 $\alpha > 30°$，仍能使各晶闸管导通 120°，保证电流连续，v_d 可能出现负值。

若 $v_{un} = V_m \sin\omega t$，则输出电压平均值为

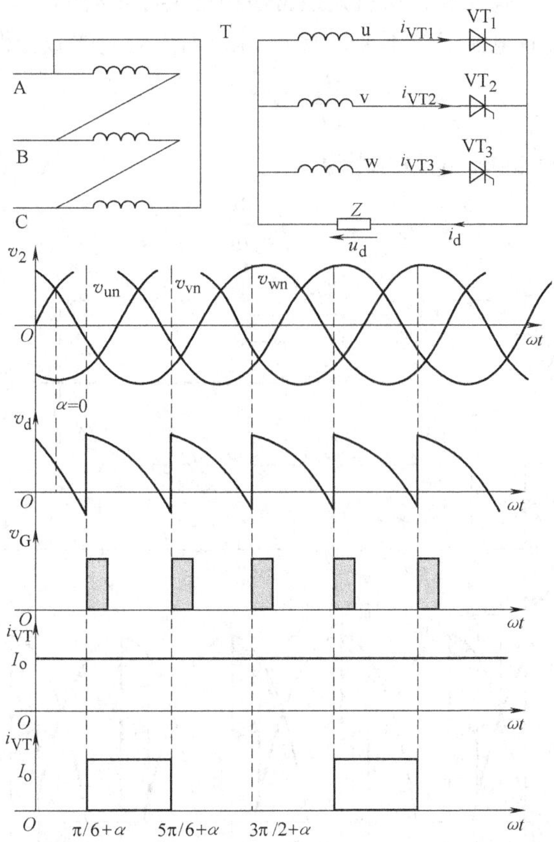

图4-17 三相半波可控整流电路及波形（$\omega L>>R$）

$$V_d=\frac{3}{2\pi}\int_{\frac{\pi}{6}+\alpha}^{\frac{5\pi}{6}+\alpha}V_m\sin\omega t\mathrm{d}(\omega t)=\frac{3\sqrt{3}}{2\pi}V_m\cos\alpha \tag{4-56}$$

输出电压有效值为

$$V=\left[\frac{3}{2\pi}\int_{\frac{\pi}{6}+\alpha}^{\frac{5\pi}{6}+\alpha}V_m^2\sin^2\omega t\mathrm{d}(\omega t)\right]^{\frac{1}{2}}=\sqrt{3}V_m\left(\frac{1}{6}+\frac{\sqrt{3}}{8\pi}\cos2\alpha\right)^{\frac{1}{2}} \tag{4-57}$$

3. 电源变压器T漏感影响

前面讨论中都忽略了电源变压器漏感对晶闸管换相的影响；在分析电感性负载的可控整流电路过程时都假设晶闸管的换相是瞬时完成的，即认为欲停止导通的晶闸管其电流从I_d突然下降到零，而刚开始导通的晶闸管电流从零瞬时上升到I_d。众所周知，变压器都有漏感，该漏感可用一个集中参数L_c表示，且其值是折算到变压器二次侧的，由于电感要阻止电流的变化，电感电流不能突变，因此电流换相必然要经过一段时间，不能瞬时完成。

考虑变压器漏感的电路如图4-18所示，现在分析漏感对换相的影响。

VT_1导通，换相开始前，VT_2、VT_3不导通。开始换相时，此时触发VT_2，因为每一相中都有电感L_c，所以VT_1中的电流不能突然消失，VT_2中的电流也不能突然增加到I_d，而需要一个逐渐变化的过程，也就是说，VT_1中的电流不能瞬间的转移到VT_2中去，而需要一个换相过程，在换相过程中VT_1的电流逐渐变小，VT_2中的电流逐渐上升，即存在一个很短的两个晶闸管同时导通的重叠期间，这就是通常所说的换相重叠问题。

换相重叠期间，负载电流保持不变，有 $i_u + i_v = I_d$，对上式微分得

$$\frac{di_u}{dt} + \frac{di_v}{dt} = 0 \tag{4-58}$$

忽略 VT_1 和 VT_2 管压降，电路方程为

$$v_{vn} - v_{un} = L_C \frac{di_v}{dt} - L_C \frac{di_u}{dt} \tag{4-59}$$

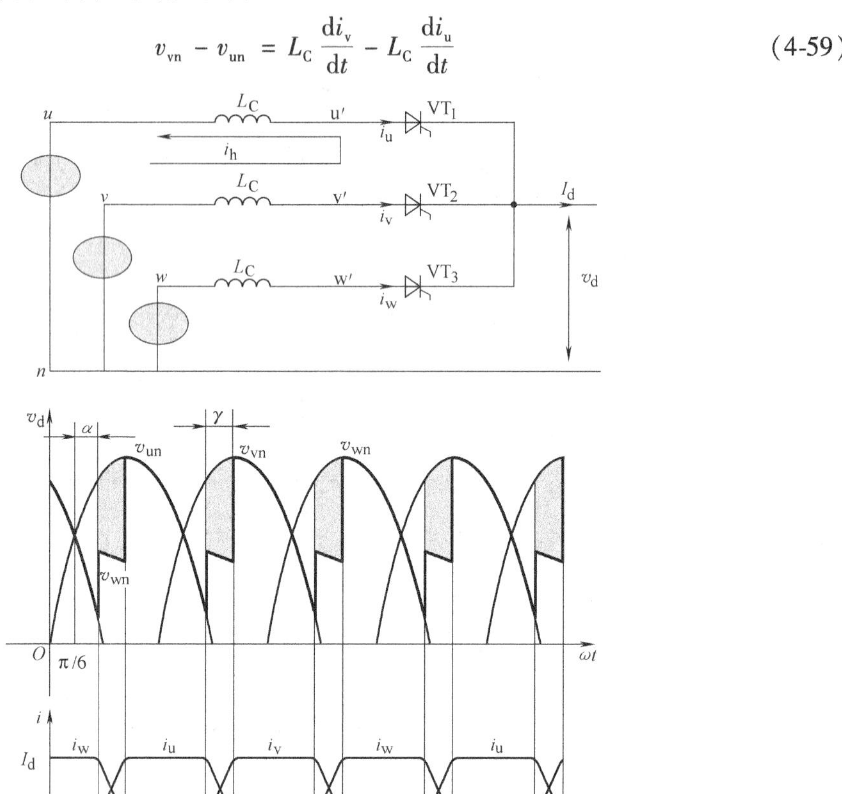

图 4-18 变压器漏抗对可控整流电路电压和电流波形的影响

把式（4-58）代入式（4-59）式得

$$2L_c \frac{di_v}{dt} = v_{vn} - v_{un} \tag{4-60}$$

因为在换相期间 $v_v > v_u$，所以$\frac{di_v}{dt}>0$，而$\frac{di_u}{dt}<0$，这表明，换相重叠期间，换相回路有一个电位差 $v_{vn} - v_{un}$，它在两相漏抗回路中产生一环流 i_h，如图 4-19 中所示，它迫使 VT_1 管中的电流下降，VT_2 管中电流上升，此时输出电压为

$$v_d = v_{un} - L_c \frac{di_u}{dt} = v_{vn} - L_c \frac{di_v}{dt} = \frac{v_{un} + v_{vn}}{2} \tag{4-61}$$

上式说明在换相重叠期间，加在负载上的电压不是 v 相电压，而是 u 和 v 两相电压的平均值，它与无 L_c 的波形相比，少了一块面积，因此输出电压的平均值就减少了，这是由于换相支路的漏感 L_c 造成的，其平均电压降可表示为

$$\Delta V_{d} = \frac{m}{2\pi}\int_{\alpha}^{\alpha+\gamma} L_{c}\frac{di_{v}}{dt}d\omega t = \frac{m\omega L_{c}}{2\pi}\int_{0}^{I_{d}} di_{v} = \frac{m\omega L_{c}}{2\pi}I_{d} \tag{4-62}$$

式中，m 为一个电压周期内换相次数，γ 为换相重叠角，上式表示换相压降平均值正比于负载电流 I_d 和 ωL_c 乘积。

换相重叠角 γ 可以从式（4-62）解得，为了使获得的结果具有普遍意义，把图 4-19 的电压坐标纵轴移到自然换相点，则 m 相电源中相邻两相（u 和 v）电压表示成余弦函数，即

$$v_{un} = V_{m}\cos\left(\omega t + \frac{\pi}{m}\right)$$

$$v_{vn} = V_{m}\cos\left(\omega t - \frac{\pi}{m}\right)$$

$$v_{vn} - v_{un} = 2V_{m}\sin\omega t \times \sin\frac{\pi}{m} \tag{4-63}$$

把式（4-60）带入式（4-63）得

$2L_{c}\frac{di_{v}}{dt} = 2V_{m}\sin\omega t \times \sin\frac{\pi}{m}$，对上式进行变换得

$$\frac{\omega L_{c}}{V_{m}\sin\frac{\pi}{m}}di_{v} = \sin\omega t d(\omega t) \tag{4-64}$$

式（4-64）两边积分得换相重叠角与漏抗和触发延迟角的关系

$$\frac{\omega L_{c}}{V_{m}\sin\frac{\pi}{m}}I_{d} = \int_{\alpha}^{\alpha+\gamma}\sin\omega t d(\omega t) = \cos\alpha - \cos(\alpha+\gamma) \tag{4-65}$$

变压器的漏抗与交流进线电抗器的作用一样，能够限制其短路电流，使电流变化比较缓和，但是，在漏抗引起的换相重叠期间，相间短路，致使相电压波形出现一很深的缺口，造成电网波形畸变，因此实际的整流装置入端加滤波器以消除这种畸变波形。另外漏抗使整流装置的功率因素变坏，电压脉动系数增加，输出电压调整率降低。

4.3.3 三相桥式全控整流电路

在工业上广泛应用的三相桥式整流电路如图 4-19 所示，电路中 VT_1、VT_3、VT_5 共阴极

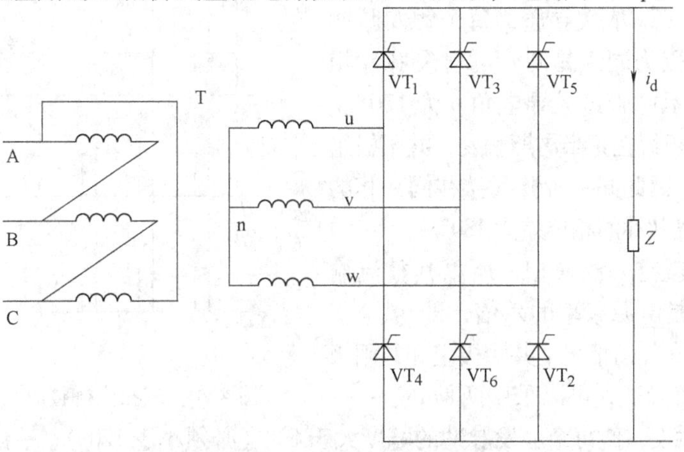

图 4-19 三相桥式整流电路

接法，VT_4、VT_6、VT_2 共阳极接法。共阴极组在正半周期导电，共阳极组在负半周期导电，正负半周期都有电流流过变压器，因此变压器使用率提高。

显然三相桥式全控整流输出平均电压是三相半波整流电路的两倍，三相桥式晶闸管承受的最大反向电压比三相半波电路中的晶闸管低 1/2。

α 时的波形如图 4-20 所示，把一个周期分为 6 等份，每份 $\pi/3$ 弧度。

第一个 $\pi/3$ 内（Ⅰ阶段）：u 相电位电压最高，v 相点位电压最低，因而 VT_1 和 VT_6 触发导通，变压器 u、v 两相工作，加在负载上的整流电压为

$$v_u - v_v = v_{uv}$$

第二个 $\pi/3$ 弧度（Ⅱ阶段）：这时，u 相电位仍然最高，VT_1 继续导通，但 w 相电位最低，经自然换相点后触发 w 相 VT_2，电流从 u 相换到 w 相，VT_6 承受反向关断，负载上的电压为 $v_u - v_w = v_{uw}$。

第三个 $\pi/3$ 弧度（Ⅲ阶段）：这是 v 相电位最高，VT_3 导通，电流从 u 相换到 v 相，VT_2 继续导通，负载上电压为 $v_v - v_w = v_{vw}$。

第四个 $\pi/3$ 弧度（Ⅳ阶段）：VT_3、VT_4 导通，v、u 两相工作，负载电压为 v_{vu}。

同理，第Ⅴ段，VT_4、VT_5 导通，w、u 两相工作，负载电压 v_{wu}。

在第Ⅵ段，VT_5、VT_6 导通，w、v 两相工作，负载电压 v_{wv}。

6 个晶闸管的导通顺序是：6-1，1-2，2-3，3-4，4-5，5-6，6-1。

由上述工作过程可以看出：

1）三相桥式全控整流电路在任何时间必须各有一个共阴极和共阳极晶闸管同时导通。

2）三相桥式全控电路是两组三相半波整流电路的串联，因此共阴极组 VT_1、VT_3、VT_5 依次导通，每个触发脉冲的相位差 120°；共阳极组 VT_4、VT_6、VT_2 依次导通，每个触发脉冲的相位差 120°，因为同组晶闸管的触发脉冲相位差 120°，所以晶闸管最大导电角 θ 为 120°。

3）由于共阴极组在正半周期触发，共阳极组在负半周期触发，因此同一桥臂（接在同一相的两个晶闸管）触发脉冲的相位差为 180°。

4）每隔 60°就有一次换相，所以其整流输出电压脉动频率是电源频率的六倍，即 $6f$。

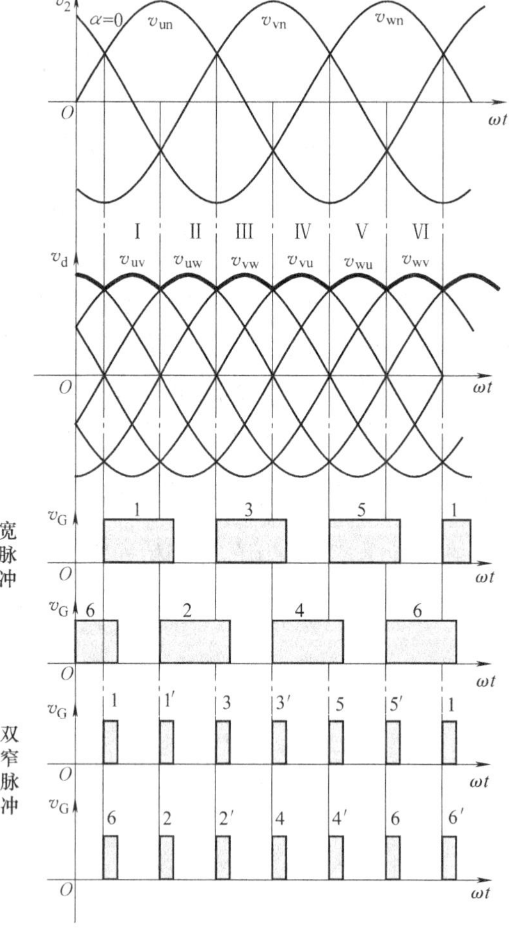

图 4-20 三相全桥整流波形及触发脉冲

5）为了保证在任何情况下共阴极组和共阳极组都有一个晶闸管导通，可以采用两种办法：一种被称为宽脉冲触发，使每个触发脉冲的宽度大于 60°（必须小于 120°），一般取 80°～100°；另一种被称为双窄脉冲触发，即在触发某一个晶闸管时，同时给前一个晶闸管补发一个脉冲，例

如，当要求 VT_1 导通时，除了发出触发 VT_1 的脉冲外，同时发出触发 VT_6 的脉冲。

实际应用中常采用双窄脉冲触发。图4-21中，1~6为脉冲序号。

当触发延迟角 $\alpha>0$ 时，每个晶闸管都是在自然换相角后移 α 角开始换相，方法与 $\alpha=0$ 相同。可以从 α 角开始，把一个周期6等份，每一等份 $2\pi/6$，在第一等份，VT_1、VT_6 导通，器件虽然经过共阳极组的自然换相点，w相电压开始低于v相电压，VT_2 开始承受正向电压，但因未被触发而由 VT_6 继续导电，工作 $\pi/6$ 弧度后，VT_2 被触发，迫使 VT_6 关断，进入第二等份，VT_1、VT_2 导通，负载上的电压由 v_{uv} 变为 v_{uw}，依此类推，得到一个周期6个脉动电压：v_{uv}，v_{uw}，v_{vw}，v_{vu}，v_{wu}，v_{vw}。

感性负载条件下，移相角 $\alpha=30°$，$\alpha=60°$，$\alpha=90°$的波形如图4-21a、图4-21b和图4-21c所示。

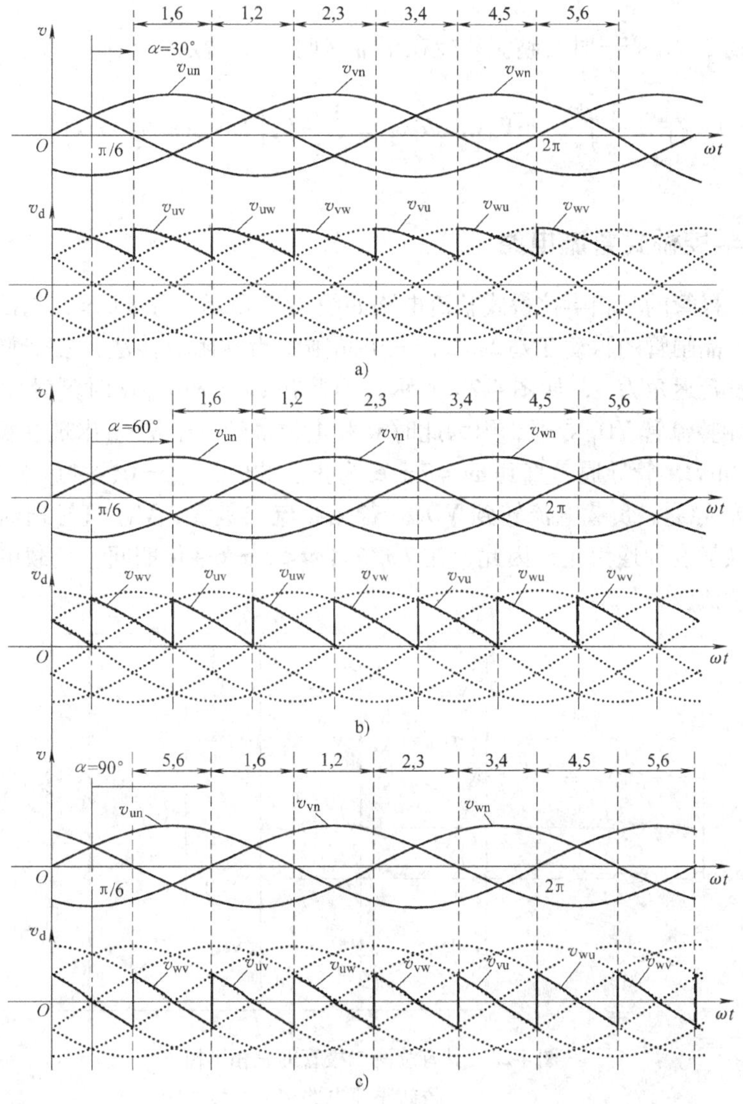

图4-21 $\alpha=30°$、$\alpha=60°$、$\alpha=90°$时三相桥式全控整流电路输出电压波形（电感性负载）

现将交流电源的相电压表示为

$$v_{\mathrm{un}} = V_{\mathrm{m}}\sin\omega t, v_{\mathrm{vn}} = V_{\mathrm{m}}\sin\left(\omega t - \frac{2}{3}\pi\right), v_{\mathrm{wn}} = V_{\mathrm{m}}\sin\left(\omega t + \frac{2}{3}\pi\right)$$

那么其线电压可表示为

$$v_{\mathrm{uv}} = \sqrt{3}V_{\mathrm{m}}\sin\left(\omega t + \frac{\pi}{6}\right), v_{\mathrm{vw}} = \sqrt{3}V_{\mathrm{m}}\sin\left(\omega t - \frac{\pi}{2}\right), v_{\mathrm{wu}} = \sqrt{3}V_{\mathrm{m}}\sin\left(\omega t + \frac{5\pi}{6}\right)$$

对于感性负载，每个晶闸管的导电角总是120°，因为一般负载电流是连续的，对于阻性负载，负载电流可以连续，也可以断续。负载电流连续时输出电压平均值

$$V_{\mathrm{d}} = \frac{1}{\frac{\pi}{3}}\int_{\frac{\pi}{3}+\alpha}^{\frac{2}{3}\pi+\alpha} \sqrt{3}V_{\mathrm{m}}\sin\omega t\mathrm{d}(\omega t) = \frac{3\sqrt{3}}{\pi}V_{\mathrm{m}}\cos\alpha \tag{4-66}$$

电阻性负载$\frac{\pi}{3}<\alpha<\frac{2\pi}{3}$时，整流只能在正半周期进行，故

$$V_{\mathrm{d}} = \frac{1}{\frac{\pi}{3}}\int_{\frac{\pi}{3}+\alpha}^{\pi} \sqrt{6}V_{\mathrm{m}}\sin\omega t\mathrm{d}\omega t = \frac{3\sqrt{3}}{\pi}V_{\mathrm{m}}\left[1 + \cos\left(\frac{\pi}{3} + \alpha\right)\right] \tag{4-67}$$

4.3.4 三相半控桥式整流电路

具有续流二极管的三相半控桥式整流电路如图4-22所示。在$\omega L \gg R$情况下，可忽略负载电流的脉动，晶闸管的脉动互差$2\pi/3$，三个晶闸管为共阴极接法，三个整流管为共阳极接法。假定触发延迟角为α，如图4-23所示，因此在$\omega t=\pi/6+\alpha$时刻触发u相$\mathrm{VT_1}$管导通，必然使w相整流管$\mathrm{VD_1}$导通，因为此时w相电位最低，于是v_{uw}出现在负载上，负载电流i_{d}通过$\mathrm{VT_1}$和$\mathrm{VD_1}$管导通，直到$\omega t=7\pi/6$为止。此时，$v_{\mathrm{uw}}=0$，过后$\mathrm{VT_1}$管加上反压，续流二极管$\mathrm{VD_R}$导通，负载电流转到$\mathrm{VD_R}$。若无续流二极管，$\mathrm{VT_1}$管导通时间要一直延续到v相$\mathrm{VT_2}$管被触发导通为止，因此，在$7\pi/6\leqslant\omega t\leqslant5\pi/6+\alpha$期间，负载电流自动的通过$\mathrm{VT_1}$和$\mathrm{VD_2}$管续流。

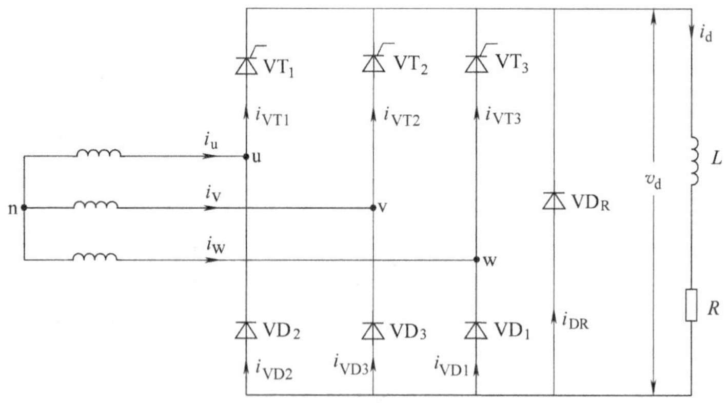

图4-22 具有续流二极管的三相半控桥式整流电路

在$\omega t=5\pi/6+\alpha$时，v相$\mathrm{VT_2}$被触发导通，同时u相整流管$\mathrm{VD_2}$也导通，于是，v_{vu}电压加到负载上，同时续流二极管$\mathrm{VD_R}$被加上反向电压而关断，负载电流i_{d}通过$\mathrm{VT_2}$和$\mathrm{VD_2}$导

通，直到 $\omega t=11\pi/6$ 为止，此时，$v_{vu}=0$。过后，VT_2 被加上反向电压（v_{vu}变负），续流二极管 VD_R 又导通，负载电流转到 VD_R 管。

同理，VT_3 管在 $\omega t=9\pi/6+\alpha$ 时刻导通，一直持续到 $\omega t=5\pi/2$，在这期间 v_{wv}电压加在负载上。由图 4-23 可知，$\pi/6+\alpha>\pi/2$，即 $\alpha>\pi/3$ 时，有续流二极管 VD_R 导通。当 $\alpha<\pi/3$ 时，每一个晶闸管导通角均为 120°续流二极管 VD_R 就始终不导通。

三相交流电源的相电压可表示为

$$v_{un}=V_m\sin\omega t,v_{vn}=V_m\sin\left(\omega t-\frac{2}{3}\pi\right),v_{wn}=V_m\sin\left(\omega t+\frac{2}{3}\pi\right)$$

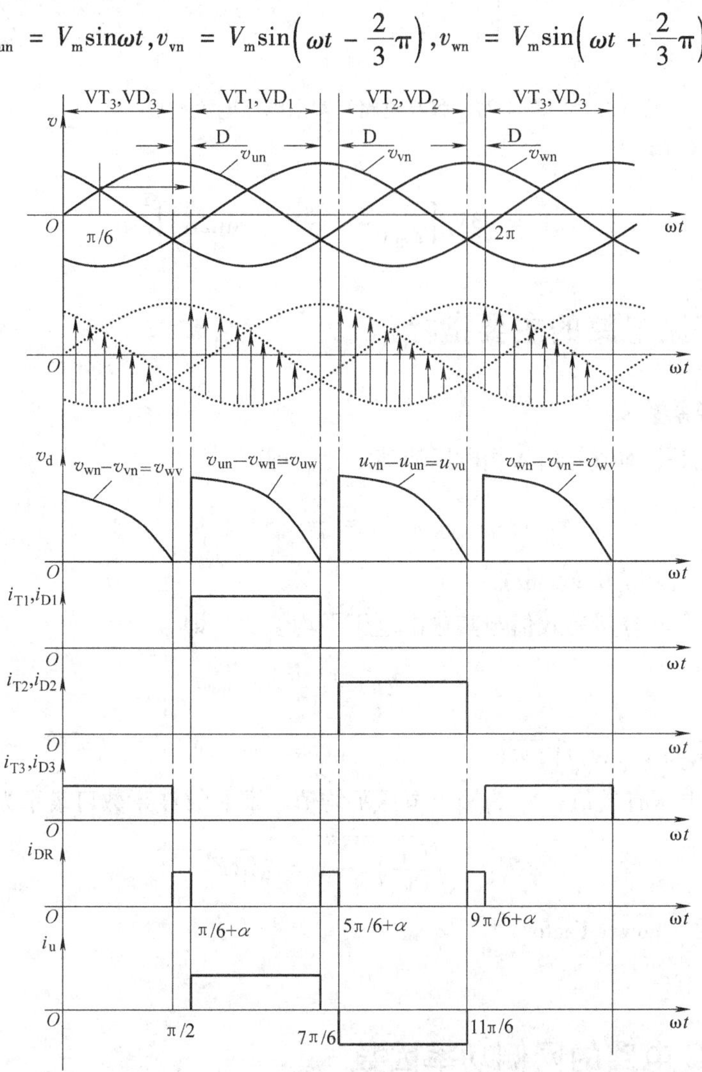

图 4-23 三相半控桥式整流电路各点波形（带续流二极管，电感性负载）

那么线电压

$$v_{uw}=\sqrt{3}V_m\sin\left(\omega t-\frac{\pi}{6}\right),v_{vu}=\sqrt{3}V_m\sin\left(\omega t-\frac{5\pi}{6}\right),v_{vw}=\sqrt{3}V_m\sin\left(\omega t+\frac{\pi}{2}\right)$$

输出电压平均值

$$V_d=\frac{3}{2\pi}\int_{\frac{\pi}{6}+\alpha}^{\frac{7}{6}\pi}\sqrt{3}V_m\sin\left(\omega t-\frac{\pi}{6}\right)d\omega t=\frac{3\sqrt{3}}{2\pi}V_m(1-\cos\alpha) \tag{4-68}$$

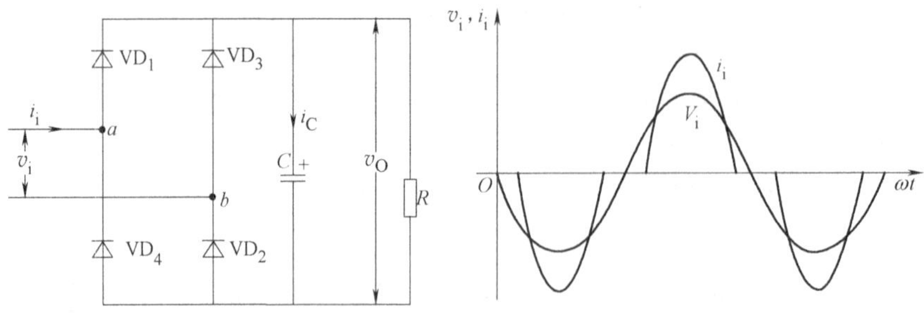

图 4-24 整流电路及输出电压电流波形

输出电压有效值

$$V = \sqrt{3}V_{m}\left[\frac{3}{4\pi}\left(\pi - \alpha + \frac{1}{2}\sin 2\alpha\right)\right]^{\frac{1}{2}} \tag{4-69}$$

4.4 相控整流电路的主要指标

1. 电压变换系数 k_u

整流输出电压平均值与输入相电压峰值之比。即

$$k_{u} = \frac{V_{o}}{V_{m}} \tag{4-70}$$

2. 纹波系数（Ripple Factor）

输出电压中交流分量有效值与其输出电压平均值比。即

$$RF = \frac{V_{AC}}{V_{o}} \tag{4-71}$$

式中，V_{AC}可表示为 $V_{AC} = \sqrt{V^2 - V_o^2}$。

式中，V 为输出电压有效值；V_o 为输出电压平均值。那么纹波系数可表示为

$$RF = \sqrt{\left(\frac{V}{V_{O}}\right)^{2} - 1} = \sqrt{RF^{2} - 1} \tag{4-72}$$

3. 功率因数（Power Factor）

见第 1 章内容。

4.5 AC-DC 电路的网侧功率因数

4.5.1 AC-DC 相控整流电路的网侧谐波电流

传统的交流—直流（AC-DC）变换器（不可控整流或相控整流），都是从电网经变压器整流得到直流。以单相桥式整流电路为例（见图 4-24），AC 电源经全波整流后，再接一个电容器滤波，得到直流电压。

输入电压 v_i 是正弦，但输入整流脉动电压仅在高于电容电压的瞬间对电容充电，所以

输入交流电流 i_i 波形严重畸变，呈脉冲状，（在滤波电容 $C=1000\mu F$，负载电阻 $R=100\Omega$ 时，脉宽为 4ms）。脉冲状的输入电流，含有大量谐波，一方面使谐波噪声水平提高，同时 AC-DC 整流电路输入端必需增加滤波器，成本高，体积、重量大。图 4-25 给出了单相桥式整流电路的输入电流谐波分析，在这里把基波分量定为 100%，则电流的 3 次谐波分量达 77.5%，而 5 次谐波分量也达到 50.3%，……；总的谐波电流分量有效值（或称总谐波畸变 Total Harmonic Distortion，THD，其表达式为 $THD=\frac{\sqrt{\sum_{n=2}^{\infty} I_{RMSn}^2}}{I_{RMS1}}$）为 95.6%，输入端功率因数只有 68.3%。

在可控整流电路中，整流电源是依靠改变触发延迟角 α 来实现调压或稳压，这种传统的相控整流电路的网侧（输入）电流绝大多数都是非正弦的，如图 4-26 所示，若考虑到换相重叠时，即使是全波带阻性负载的不可控整流电路，网侧电流也有畸变，当不控整流输出加滤波时，网侧电流为断续脉冲波，因此相控整流装置相当于一个电流谐波发生器。由此可见，整流电路的大量应用，使电网输出非正弦电流，网侧功率因数下降，对电网的谐波电流污染严重。

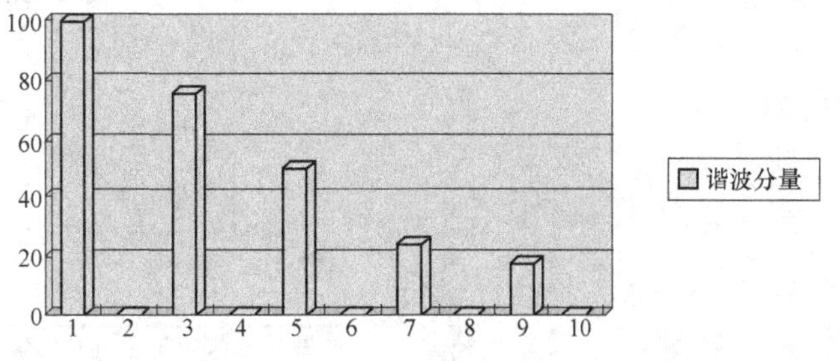

图 4-25 输入电流谐波分析柱状图

大量电流谐波分量倒流入电网（称为 Harmonic Emission），一方面造成对电网的谐波“污染”，增加了电网的无功损耗与电路压降，这些谐波电流在传输线上流动将引起传导和射频干扰，干扰对它敏感的电子设备；另一方面产生“二次效应”，即失真电流流经电源内部和线路阻抗时，其谐波电流就会在电源内阻和电路阻抗上产生电压降，构成谐波电压，谐波电压叠加在电源的基波电压上就会引起电源电压失真。特别是在使用大容量开关电源时，如果交流电源的内阻和配电电路阻抗较大，就有可能引起电源电压失真，反过来又会使所有负载产生相应的电流失真，致使配电系统中的谐波电流再次增加，加剧电压失真，影响某些负载设备正常工作，造成电路故障。例如，电路和配电变压器过热；谐波电流引起电网 LC 谐振，或高次谐波电流流过电网的高压电容器，使之过电流、过热而爆炸；在三相电路中，中线流过三相 3 次谐波电流的叠加，使中线过流而损坏，等等。

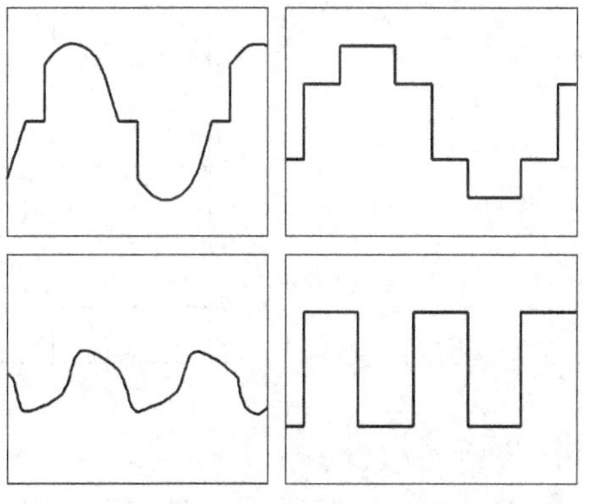

图 4-26 相控整流电路的网侧电流波形

近年来，由于谐波电流的存在使得电流波形失真，成为除相移因数外第二个使 AC-DC 变流电路输入端功率因数下降的主要原因。这样负载上可以得到的实际功率减小。脉冲状的输入电流波形，有效值大而平均值小，所以电网输入伏安数大，负载功率却较小。例如，用容量为 1000kV·A 的发电机来带动功率为 10kW 的电动机，如采用图 4-16 所示的变流电路，由于其功率因数只有0.65左右，则该发电机最多能带动的电动机数为65台，但若使变流电路的功率因数提高到0.95，则该发电机所能带动的电动机台数至少为90台。由此可见，提高功率因数能充分利用发电设备的容量。

4.5.2 提高AC-DC电路的网侧功率因数的主要方法

为了减小AC-DC变流电路输入端谐波电流造成的噪声和对电网产生的谐波“污染”，以保证电网供电质量，提高电网的可靠性；同时也为了提高输入端功率因数，必须限制AC-DC电路的输入端谐波电流分量。现在，相应的国际标准已经颁布实施，如IEC-555-2，EN60555-2等。一般规定各次谐波不得大于某极限值。

提高AC-DC变流电路输入端功率因数和减小输入电流谐波的主要方法有：

1）无源滤波器（或称无源功率因数校正）

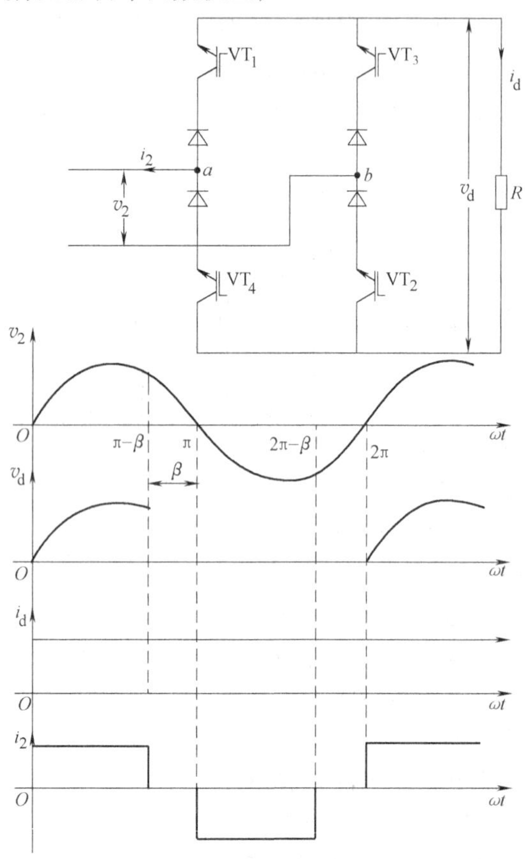

图4-27 熄灭角控制电路图及网侧电流波形

这一方案是在AC-DC变换器的输入端加入有针对性的滤波器，即无功补偿装置。无源校正法的优点在于其电路简单，易于实现，而且其成本低、可靠性高、EMI小。但缺点是其功率因数校正效果有限（一般可提高到0.9左右），工作性能与频率、负载变化及输入电压变化有关，电感和电容器之间有大的充放电电流，而且在低频情况下，需要大容量的电感器和电容器，使AC-DC变换器的体积、重量、性能价格比与有源功率因数校正法相比有明显的不足。

2）增加整流相数，使网侧电流更加接近正弦。

3）尽量设法让整流装置运行在α比较小的状况下。

4）利用自关断器件代替晶闸管（一般需要串入整流管），通过适当的控制策略，如熄灭角控制、对称角控制、脉宽调制（PWM）、正弦脉宽调制（SPWM）等来改善功率因数。

1. 熄灭角控制

这种方法就是让开关器件在交流电源过零时开通，通过控制熄灭角β来达到改变整流输出电压的目的。从图4-27可以看出，网侧电流中的基波电流分量领先于电源电压一个相角，从而补偿了电网中的滞后无功分量。

由于是全控桥电路，在电感性负载情况下，有一段时间使同一桥臂VT_1、VT_4和VT_3、VT_2同时导通，因此器件导通顺序是

VT_1，VT_2导通，$[0, \pi-\beta]$

VT_1，VT_4导通，$[\pi-\beta, \pi]$

VT_4，VT_3导通，$[\pi, 2\pi-\beta]$

VT_3，VT_2导通，$[2\pi-\beta, 2\pi]$

循环往复，电路重复上述过程，不断进行下去。

根据波形可以求出输出电压平均值和有效值

$$V_d = \frac{V_m}{\pi}(1 - \cos\beta) \tag{4-73}$$

$$V = \frac{V_m}{\sqrt{2}}\left[\frac{1}{\pi}\left(\pi - \beta + \frac{\sin 2\beta}{2}\right)\right]^{\frac{1}{2}} \tag{4-74}$$

2. 对称角控制

在相控整流电路中，输入电流波形基波滞后输入电压；熄灭角β控制，输入电流波形基波超前输入电压，对称角控制就是希望网侧电流（输入电流）基波与输入电压同相位。

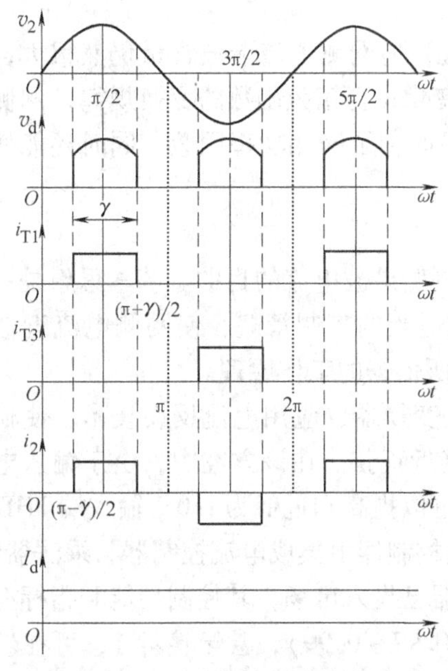

图4-28 对称角控制式的波形

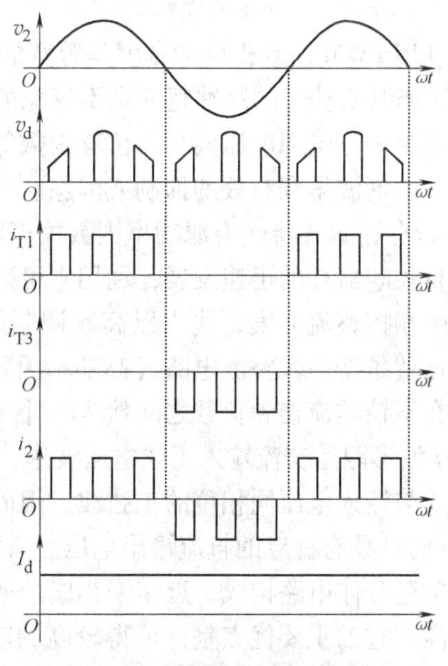

图4-29 脉宽调制式的波形（PWM）

利用图 4-28 可以实现对称角控制。在对称角控制中功率开关管导通角 γ 是以 $k\pi/2$（$k=1, 3, 5, \cdots$）为中心，因此 VT_1 在 $\omega t=\pi/2-\gamma/2$ 时开通，在 $\omega t=\pi/2+\gamma/2$ 时关断；T_3 在 $\omega t=3\pi/2-\gamma/2$ 时开通，在 $\omega t=3\pi/2+\gamma/2$ 时关断；持续不断的循环下去，在负载上得到如图 4-28 所示的电压，网侧电流亦如图 4-28 所示。

3. 脉宽调制技术（PWM）

上述两种控制方法，每半周只有一个脉冲，将网侧电流进行傅里叶分析，含有 3 次谐波，滤除 3 次谐波比较困难，采用脉宽调制技术，每一个半周由几个到上千个脉冲（根据开关管的工作频率不同而不同），通过选择不同的脉冲个数，可以消除某些低次谐波，例如，如果脉冲个数是 3 或 3 的整数倍，网次电流就不含 3 或 3 的整数倍次谐波。脉冲个数的增加会增加高次谐波的幅值，但高次谐波容易滤除。因此，利用脉宽调制技术，可以降低或消除网侧电流的低次谐波，提高网侧的功率因数。改变脉冲宽度可以改变输出电压的大小。

每半周有 3 个脉冲的脉宽调制工作波形如图 4-29 所示，其输出电压平均值为

$$V_d=\sum_{m=1}^{p}\frac{2}{2\pi}\int_{\alpha_m}^{\alpha_m+\delta_m}V_m\sin(\omega t)\,d(\omega t)=\frac{V_m}{\pi}\sum_{m=1}^{p}[\cos\alpha_m-\cos(\alpha_m+\delta_m)] \tag{4-75}$$

式中，p 为电源半周内的脉冲个数；α_m 为第 m 个脉冲的导通起始角；δ_m 第 m 个脉冲的脉宽（用弧度表示）。

若负载平均电流为 I_d，忽略其脉动，把网侧电流 i_2 进行谐波分析，由于网侧电流是奇函数，所以其 $\alpha_n=0$，即不含有偶次谐波和直流分量

$$\begin{aligned}b_n&=\frac{1}{\pi}\int_0^{2\pi}i_2(t)\sin(n\omega t)\,d(\omega t)\\&=\sum_{m=1}^{p}\left[\frac{1}{\pi}\int_{\alpha_m}^{\alpha_m+\delta_m}I_d\sin(n\omega t)\,d(\omega t)-\frac{1}{\pi}\int_{\pi+\alpha_m}^{\pi+\alpha_m+\delta_m}I_d\sin(n\omega t)\,d(\omega t)\right]\\&=\frac{2I_d}{n\pi}\sum_{m=1}^{p}[\cos n\omega t-\cos n(\alpha_m+\delta_m)]\quad(n=1,3,5,\cdots)\end{aligned} \tag{4-76}$$

利用 PWM 所获得脉冲宽度是等宽的，容易实现，但网侧电流谐波含量仍然很大，利用 SPWM 调制所获得的脉冲宽度是不等宽的，其宽度变化符合正弦函数的变换规律，网侧电流的基波分量与电源电压同相，位移因数等于 1，明显改善了网侧功率因数，同时还能使网侧电流中的谐波得到有效的抑制或消除。

4. 有源滤波器（有源功率因数校正器）

自关断器件的迅速发展，利用它可以达到减少网侧谐波电流的目的。基本思想是：放弃传统的相控整流方案，代之以高频调制原理，通过适当的控制策略，使网侧电流近似为正弦。这就是新一代整流电路（高功率因数变流器）所依据的工作原理。

在不控整流器和负载之间接入一个 DC-DC 开关变换器，应用电流反馈技术，使输入端电流 i 波形跟踪交流输入正弦电压波形，可以使 i 接近正弦。在该方案中，由于输入电流被校正成与输入电压同相位的正弦波，因而功率因数可以提高到近似为 1.0，输入端 THD 小于 5%，而且具有稳定的直流输出电压。有源功率因数控制器由集成电流控制器与乘法器组成，过去常用分体电路构成，近年来集成功率因数控制器已投入市场，其控制性能和指标有了很大提高。它的主要优点是：可得较高的功率因数（0.97 ~ 0.99），甚至接近 1；可在较宽的输入电压范围（如 90 ~ 264VAC）和宽频带下工作；体积、重量小；输出电压可保持恒定。

主要缺点是：电路复杂、成本高、EMI 高和效率会有所降低。目前，这种功率因数控制器已开始广泛应用于新型开关电源中。

（1）功率因数校正的基本原理

由功率因数定义可知功率因数校正（Power Factor Correct，PFC）技术就是使得输入电流和输入电压的波形一致，这样 $DF=1$，$\cos\Phi_1=1$，则 $PF=1$。

其基本思想为：将输入交流电压进行全桥整流。对得到的全波脉动电压进行 DC/DC 变换。通过适当的控制使得输入电流自动跟随全波脉动电压，输入阻抗呈纯阻性，从而实现功率因数为 1。图 4-30 为 PFC 原理框图。变换器输出电压 V_o 是常数，输入电压、电流都是正弦半波。从原理上讲，图中 DC/DC 变换器可以是 Buck、Boost、Buck-Boost 等变换器。但是，由于 BOOST 电路具有输入电流可连续、输入功率因数高并可直接控制电感电流以控制输入电流等优点，所以常常用作前级功率因数校正。控制电路包括电压误差放大器 VA 及基准电压 V_{ref}，乘法器 M，比较器 CA 和驱动电路等，负载可以是一个开关电源。

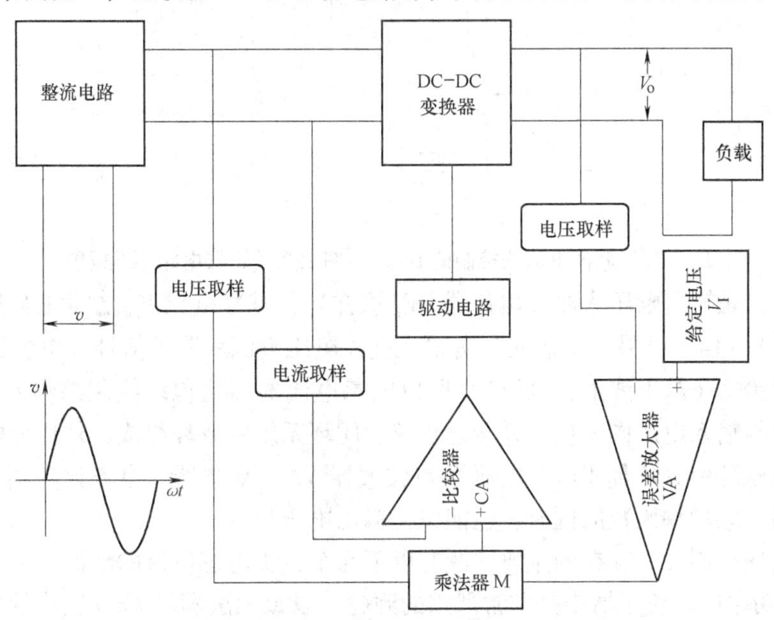

图 4-30 PFC 原理框图

PFC 的工作原理如下：主电路的输出电压 V_o 取样信号与基准电压 V_{ref} 输入给电压误差放大器 VA，整流后电压取样信号和 VA 的输出电压信号共同加到乘法器 M 的输入端，乘法器 M 的输出作为电流取样的基准信号，与电流取样信号经比较器 CA 比较后，产生 PWM 信号，PWM 信号经驱动电路控制变换器开关的通断，从而使输入电流的波形与整流电压的波形相位基本一致，使电流谐波大为减小，提高了输入端功率因数，由于功率因数校正器同时保持输出电压恒定，使下一级开关电源的设计更为容易些。

常用的控制 AC-DC 变换器实现 PFC 的方法基本上有 3 种，即电流峰值控制、电流滞环控制和平均电流控制。下面就控制方法的各自特点结合原理框图叙述如下。

（2）峰值电流控制法

图 4-31 为用峰值电流控制法实现 Boost 功率因数校正电路原理图。图中，电感电流被检测，所得信号送入比较器 CA。电流基准值由乘法器输出 Z 供给，Z = XY。乘法器有两个输

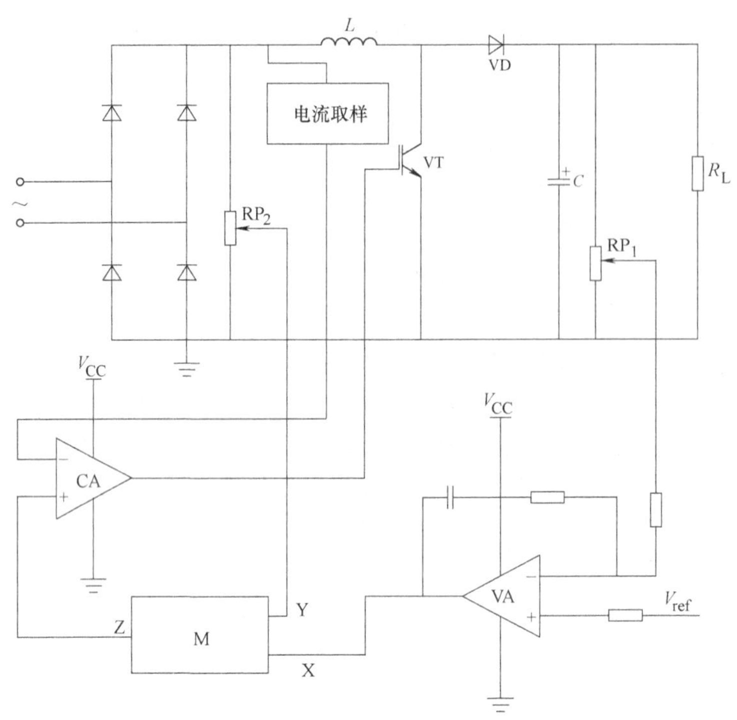

图 4-31 峰值电流法控制的 Boost 功率因数校正器电路原理框图

入，一个为 X，是输出电压取样（电位器 RP_1 取样）与基准电压 V_{ref}之间的误差（经过电压误差放大器 VA）信号；另一个输入 Y 为输入交流电压整流后取样信号（电位器 RP_2 取样），因此电流基准为 Z（双半波正弦电压），所以电感电流的峰值包络线跟踪输入电压 V_{AC}的波形，输入电流与输入电压同相位，并接近正弦。闭环系统由双环组成，外环为电压环，内环为电流环。电压环由分压器 RP_1、电压误差放大器 VA、乘法器、电流比较器 CA 组成。因此，在提高输入端功率因数的同时，也能保持输出电压稳定。

峰值电流法控制时，存在的主要问题有以下几个：①电感电流的峰值和平均电流之间的误差在 Boost 功率因数校正器中是非常严重的问题，以致无法满足 THD 很小的要求。当峰值电流按要求的正弦波电流变化时，平均电流却不能作同样的变化。峰值与平均值的误差在小电流时变得非常严重，特别是当正弦波每半个周期过零时导致电感电流不连续时更是如此，这就需要大电感以减小电感电流斜率，但因此而产生的平坦的电感电流斜坡使系统的抗干扰性更差。②在占空比超过 50% 时不稳定，会产生低次谐波振荡。可在比较器输入端加上一个与电感电流下斜坡相同斜率的补偿斜坡来消除不稳定性。在 Boost 高功率因数校正器中，电感电流下斜坡斜率随经整流的正弦波输入电压的变化而变化。提供足够补偿的固定斜坡在大部分时间内会过补偿，这将导致性能降低并增加干扰。③峰值对噪声相当敏感。

（3）电流滞环控制法

图 4-32 给出了用电流滞环控制法控制的 Boost 功率因数校正器电路原理图。由图可见，电流滞环控制法与峰值电流控制法的差别只是控制电路中比较器换成了滞环比较器。滞环比较器的特性，和继电器特性一样，有一个电流滞环带，产生两个基准电流：上限和下限值。当电感电流达基准下限值时，开关 VT 导通，电感电流上升，当电感电流达基准上限值时，

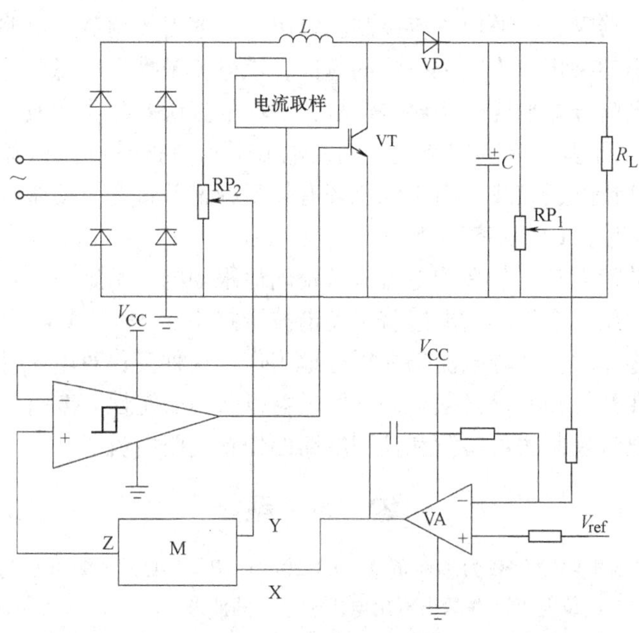

图4-32　滞环法控制的Boost功率因数校正器电路原理图

开关VT关断，电感电流下降。电流滞环宽度决定了电流纹波大小，它可以是固定值，也可以与瞬时平均电流成正比。电流滞环控制法对噪声仍很敏感。

从其控制原理上来说，仍是双环控制，内环为电流调节环，提高了系统控制的快速性。外环为稳定输出电压的闭环反馈，用来提高系统的稳定性和控制精度。

（4）平均电流控制法

图4-33给出一个用平均电流控制的Boost功率因数校正器电路原理图。它的主要特点是

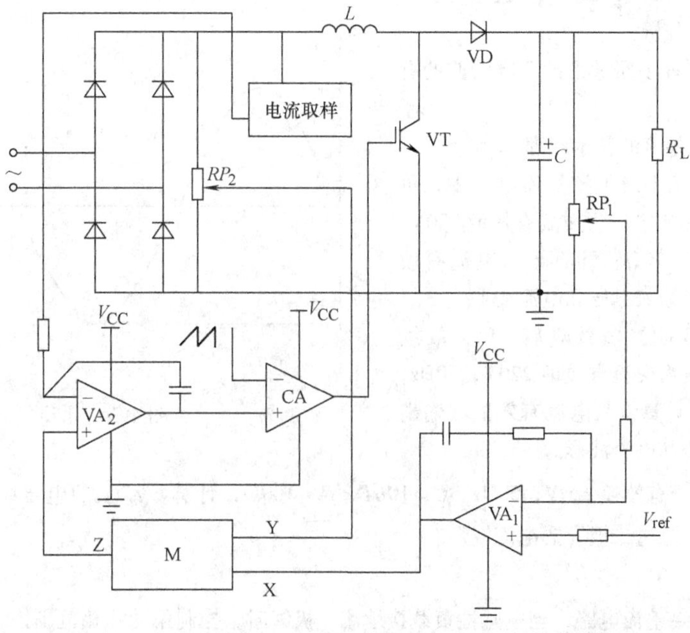

图4-33　平均电流法控制的Boost功率因数校正器电路原理图

增加了电流误差放大器 VA_2。平均电流控制法应用于功率因数调节，以输入整流电压和 VA_1 电压误差放大器输出的乘积作为电感电流的基准，该电流基准和电感电流取样信号送入误差放大器 VA_2，其输出信号即平均电流误差信号，平均电流误差与锯齿波斜坡比较后，给开关 VT 驱动信号，并决定了其应有的占空比，输入电流平均值被迅速而精确地校正，使与输入整流电压同相位，并接近正弦波。由于电流环有较高的增益带宽，使跟踪误差产生的畸变小于1%，容易实现接近于1的功率因数。

平均电流控制的特点有：①平均电流非常精确地跟随电流给定值。这在高功率因数校正器中尤其重要，这样用一个很小的电感就可使谐波干扰小于3%。实际上，在小电流时电感电流由连续变为不连续时，平均电流仍能很好地工作。这种变化对电压外环没有影响。②不需要斜坡补偿，但在开关频率处必须限制环路增益以获得稳定性。③抗干扰性非常好。对噪声不敏感。④平均电流控制法可检测和控制电路的任意支路电流。

练 习 题

1. 单相半波可控整流电路的负载为感性负载：$L=20\text{mH}$，$R=10\Omega$，电源电压为100V，频率为50Hz，分别求当 $\alpha=0°$，30°时的负载电流，并画出输出电压和电流的波形。

2. 请说明单相半波可控整流电路（负载为感性负载）当 $\alpha=120°$时，触发延迟角同阻抗角 φ 的关系。

3. 说明单相全桥整流电路和带中心抽头的双半波（全波）整流电路的差异及适用条件。

4. 可控整流电路的输出能否接滤波电容？为什么？

5. 为什么相控整流电路的输入电流的基波分量滞后与输入电压？

6. 以三相半波全控整流电路（阻性负载）为例，画出考虑变压器漏感时整流电路输出电压，并分析原因。

7. 三相桥式全控整流电路，如图4-19所示，6个晶闸管的导通顺序是什么？

8. “电力公害”是什么？简述改善措施。

9. 功率因数（Power Factor）定义、意义。

10. 什么是谐波分析？

11. 计算如图4-34所示波形的3次谐波的有效值。

12. 高功率因数整流的基本原理。

13. 在图4-2单相半波不控整流电路中，负载为 R 和 L 串联，输入电压为交流有效值220V，50Hz，$L=30\text{mH}$，$R=10\Omega$，计算输入电流有效值和输出功率，画出输入电压和电流波形。

14. 在上题（13题）负载两端，反并联续流二极管，输入电压为交流有效值220V，50Hz，$L=30\text{mH}$，$R=1\Omega$，计算输入电流有效值和输出功率，画出输入电压和电流波形。

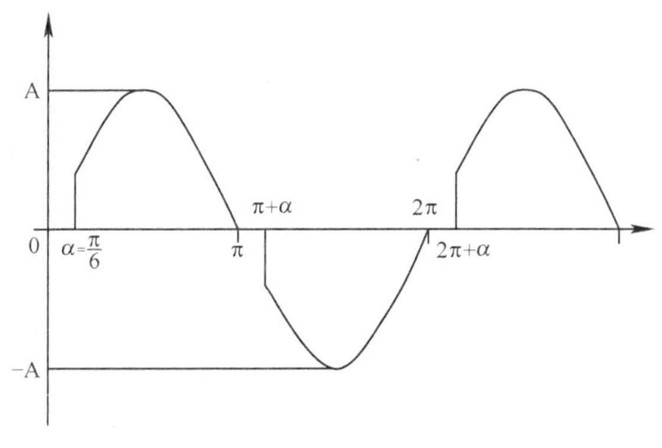

图4-34 谐波

15. 在图4-4中，有效值220V，50Hz，$C=10\mu\text{F}$，$R=100\Omega$，计算负载上的电压纹波、输出的平均功率，画出输出电压、流过二极管的电流波形。

16. 填空

1）单相半波可控整流电路，当电感性负载接续流二极管时，控制角的移相范围为________。

2）在反电动势负载时，只有________的瞬时值大于负载的反电动势，整流桥路中的晶闸管才能随受正压而触发导通。

3）把晶闸管承受正压起到触发导通之间的电角度称为________。

4）触发脉冲可采取宽脉冲触发与双窄脉冲冲触发两种方法，目前采用较多的是________触发方法。

5）三相全桥整流电路中，由于电路中共阴极与共阳极组换流点相隔60°，所以每隔60°有一次______。

6）在三相可控整流电路中，$\alpha=0$ 的地方（自然换相点）为相邻线电压的交点，它距对应线电压波形的原点为________。

7）在三相半波可控整流电路中，电阻性负载，当触发延迟角________时，电流连续。

8）三相桥式全控整流电路，电阻性负载，当触发延迟角________时，电流连续。

9）考虑变压器漏抗的可控整流电路中，如与不考虑漏坑的相比，则使输出电压平均值________。

17. 图4-12 中 $V_m=\sqrt{2}\times380$，计算当输出电压 V_o 平均值为220V时，触发延迟角 $\alpha=?$

18. 在图4-8中，负载（*R-L* 负载，大电感）两端并结反并联二极管，分析工作过程，画出输出电压和电流波形。

第5章　DC-DC变换技术

比较了直流电源线性调节模式和开关调节模式，介绍 Buck、Boost、Buck-Boost 和 Cuk 等 DC-DC 变换的基本电路，分析在导通、关断两种状态下的等效电路，导出了不同变换的输入和输出关系。从实际应用出发，介绍了带变压器隔离的 DC-DC 变换器的特点，对于单端正激、反激、推挽、半桥和全桥电路作了较为详细的分析，最后介绍两种 PWM 控制器的工作原理。

5.1　概述

将一个不受控制的输入直流电压变换成为另一个受控的输出直流电压称为 DC-DC 变换。随着科学技术的发展，对电子设备的要求是：①性能更加可靠；②功能不断增加；③使用更加方便；④体积日益减小。这些使 DC-DC 变换技术变得更加重要。目前，DC-DC 变换器在计算机、航空、航天、水下行器、通信及电视等领域得到了广泛的应用，同时，这些应用也促进了 DC-DC 变换技术的进一步发展。

实现 DC-DC 变换有两种模式：一种是线性调节（Linear Regulator）模式；另一种是开关调节（Switching Regulator）模式。

5.1.1　两种调节模式及比较

线性调节器模式如图 5-1a 所示，在这种模式中晶体管工作在线性工作区，其输出电压为 $V_o = I_L R_L$。晶体管模型可以用可调电阻 R_T 等效，其等效电路如图 5-1b 所示。显然晶体管功率损耗为 $P = I_L^2 R_T$。

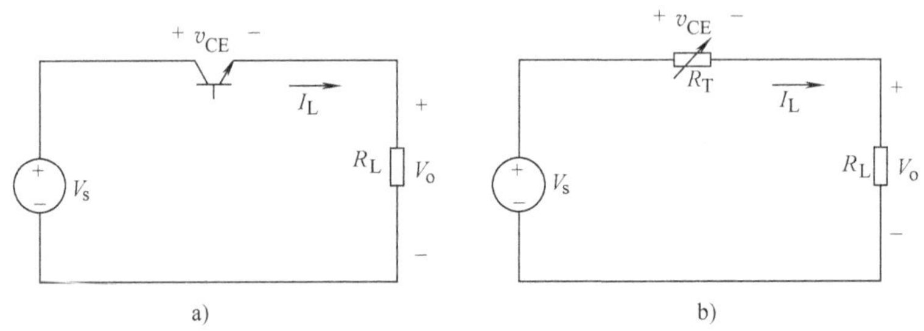

图 5-1　线性调节模式

a）线性调节器模式　b）等效电路

开关调节模式如图 5-2a 所示，其等效电路和输出电压如图 5-2b 和图 5-2c 所示。

假设：晶体管截止时，$I_L = 0$；晶体管导通时，$V_{CE} = 0$。则该晶体管为理想开关（Ideal Switch），在理想开关的情况下，晶体管损耗为零。

两种模式的电源方块图如图 5-3a 和图 5-3b 所示。

开关调节模式与线性调节模式相比具有明显的特点：

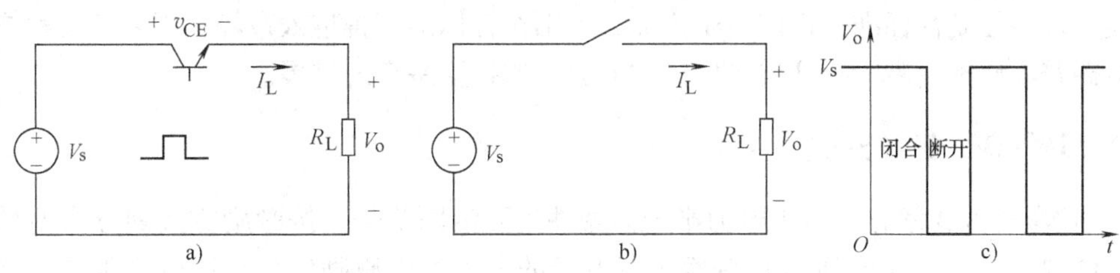

图 5-2　开关调节模式

a）开关调节模式图　b）等效电路图　c）输出电压

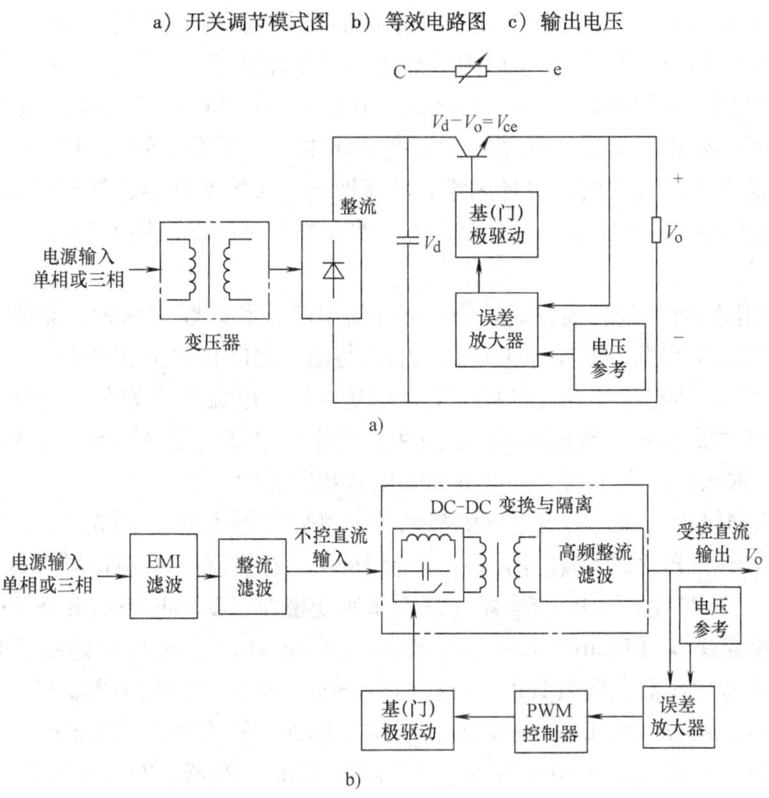

图 5-3　线性电源和开关电源框图

a）线性模式电源框图　b）开关模式电源（SMPS：Switch-mode power supply）框图

1）功耗小、效率高。在 DC-DC 变换中，电力半导体器件工作在开关状态，工作频率很高，目前这个工作频率已达到数百甚至 1000kHz，这使电力半导体器件功耗减少、效率大幅度提高。

2）体积小、重量轻。由于频率提高，使脉冲变压器、滤波电感、电容的体积、重量大大减小，同时，由于效率提高，散热器体积也减小。还由于 DC-DC 变换无笨重的工频变压器，所以 DC-DC 变换体积小、重量轻。

3）稳压范围宽。目前 DC-DC 变换中基本使用脉宽调制（PWM）技术，通过调节脉宽来调节输出电压，对输入电压变化也可调节脉宽来进行补偿，所以稳压范围宽。

由于电力半导体器件工作在高频开关状态，它所产生的电流和电压会通过各种耦合途径，产生传导干扰和辐射干扰。目前，许多国家包括我国对电子产品的电磁兼容性和电磁干扰制定了许多强制性标准，任何电子产品如果不符合标准不得进入市场。国内外工程技术人员对电磁兼容性和电磁干扰开展了广泛的研究，取得了一定的进展。

5.1.2 DC-DC 变换分类

1）按激励方式划分。由于电力半导体器件需要激励信号，按激励方式划分为他激式和自激式两种方式：他激式 DC-DC 变换中有专门的电路产生激励信号控制电力半导体器件开关；自激式变换中电力半导体器件是作为振荡器的一部分（作为振荡器的振荡管）。

2）按调制方式划分。目前在变换中常使用脉宽调制和频率调制两种方式，脉宽调制（Pulse Width Modulation，PWM）是电力半导体器件工作频率保持不变，通过调整脉冲宽度达到调整输出电压。脉频调制（Pulse Frequent Modulation，PFM）是保持开通时间不变，通过调节电力半导体器件开关工作频率达到调整输出电压。频率调制在 DC-DC 变换器设计中由于易产生谐波干扰、且滤波器设计困难。脉宽调制与频率调制相比具有明显的优点，目前在 DC-DC 变换中占据主导地位。还有混合式，即在某种条件下使用 PWM，在另一条件下使用 PFM。

3）按储能电感与负载连接方式划分。可分为串联型和并联型两种。储能电感串联在输入输出之间称之为串联型；储能电感并联在输出与输入之间称之为并联型。

4）按电力半导体器件在开关过程中是否承受电压、电流应力划分。可分为硬开关和软开关。所谓软开关是指电力半导体器件在开关过程中承受零电压（ZVS）或零电流（ZIS）。

5）按输入输出电压大小划分。可分为降压型和升压型。

6）按输入与输出之间是否有电气隔离划分。可分为隔离型和不隔离型。隔离型 DC-DC 变换器按电力半导体器件的个数可分为：单管 DC-DC 变换器［单端正激（Forward）、单端反激（Flyback）］；双管 DC-DC 变换器［双管正激变换器（Double Transistor Forward Converter）、双管反激变换器（Double Transistor Flyback Converter）、推挽电路变换器（Push-pull Converter）和半桥变换器电路（Half-bridge Converter）等］；四管 DC-DC 变换器即全桥 DC-DC 变换器（Full-Bridge DC-DC Converter）。不隔离型主要有降压（Buck）变换器、升压（Boost）变换器、升降压式（Boost-Buck）变换器、Cuk 变换器、Zeta 变换器、Sepic 变换器等。

5.1.3 DC-DC 变换器的要求及主要技术指标

DC-DC 变换器是电子设备的基础部件，从使用角度出发，对 DC-DC 变换器的要求是：高的可靠性、好的维修性、小的体积重量和低的价格等。从技术角度出发，DC-DC 变换器的主要技术指标有：

（1）输入参数：

1）输入电压及输入电压变化范围。

2）输入电流及输入电流变化范围。

（2）输出参数：

1）输出电压及输出电压变化范围。

2）输出电流及输出电流变化范围。

3）输出电压稳压精度。

输入电压、负载电流、工作环境温度及工作时间等都会引起输出电压的变化，输出电压稳压精度包括两个内容：

① 负载调整率，即负载效应，指当负载在0% ~100%额定电流范围内变化时，输出电压的变化量与输出电压额定值的比值。

② 源效应是指当输入电压在规定范围内变化时，输出电压的变化量与输出电压额定值的比值。

4）效率。

5）输出电压纹波有效值和峰-峰值。

高频化、小型化、模块化和智能化是 DC-DC 变换器的发展方向。高频化是小型化和模块化的基础，比功率（功率/重量）是表征小型化的重要指标。

5.2 DC-DC 变换器的基本电路拓扑

为了分析方便，在本章以后部分如无特别说明，电力半导体器件都是理想器件。首先来看一下基本斩波器工作原理，如图5-4a 所示。

开关 S 闭合，直流电压 V_d 加到负载 R，并流过电流 i_o；开关 S 断开，负载 R 的电流、电压为零。

如果让开关 S 合上 t_{on}秒，然后断开 t_{off}秒，开关 S 再合上 t_{on}秒，然后再断开 t_{off}秒，周而复始，就得到负载 R 的电压、电流波形，如图5-4b 所示。

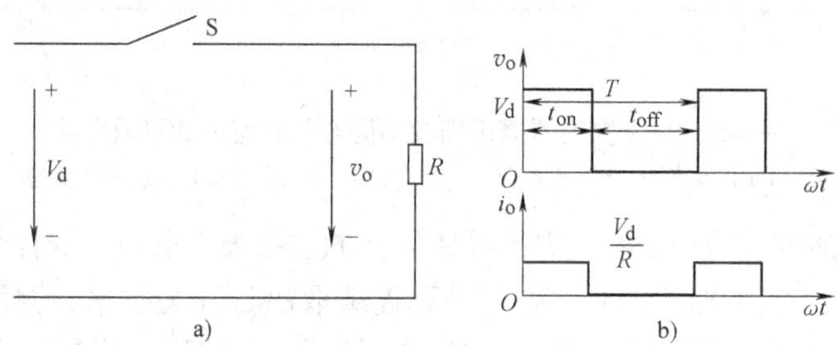

图5-4　基本斩波器电路及波形

定义：T 为开关周期，$T = t_{on} + t_{off}$，f 为开关频率，$f = 1/T$，δ 为占空比，$\delta = t_{on}/T$，则：$t_{off} = (1-\delta)T$，T 可表示为：$T = \delta T + (1-\delta)T$。

由图5-4b 可得输出电压平均值

$$\overline{V_o} = \frac{1}{T}\int_0^T v_o \mathrm{d}t = \frac{1}{T}\int_0^{t_{on}} v_o \mathrm{d}t + \frac{1}{T}\int_0^{t_{off}} v_o \mathrm{d}t = \frac{1}{T}\int_0^{t_{on}} V_d \mathrm{d}t$$

$$= \frac{V_d}{T} t_{on} = V_d f t_{on} = \delta V_d \tag{5-1}$$

由式（5-1）可得到下述结论：

1）保持 T 不变，调节 t_{on}，可以调节输出电压大小；调节 t_{on} 即调节脉冲宽度，这就是脉宽调制（Pulse Width Modulation，PWM）方式。

2）保持 t_{on} 不变，调节 T（即调节 f），可以调节输出电压大小；调节 f 即调节脉冲频率，这就是脉频调制（Pulse Frequent Modulation，PFM）方式。

5.2.1 Buck 电路

Buck 电路又称为串联开关稳压电路，或降压斩波电路。Buck 变换器原理图如图 5-5a 所示，它有两种基本工作模式，即电感电流连续模式（Continuous Current Mode，CCM）和电感电流断续模式（Discontinuous Current Mode，DCM）电感电流连续是指输出滤波电感电流总是大于零，电感电流断续是指在开关管关断期间有一段时间电感电流为零，这两种状态之间有一个临界状态，即在开关管关断末期电感电流刚好为零。电感电流连续时，Buck 变换器存在两种开关状态；电感电流断续时，Buck 变换器存在 3 种开关状态；如图 5-5b、图 5-5c 和图 5-5d 所示。

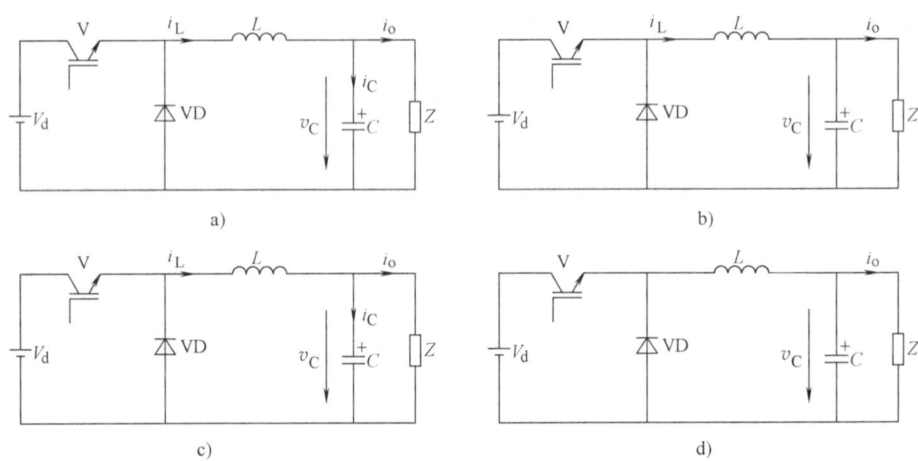

图 5-5 Buck 变换器原理图及不同开关状态下的等效电路
a）Buck 电路图 b）V 导通 c）V 关断 d）V 关断时电感电流为零

将图 5-6 所示的方波信号加到电力半导体器件的控制极，电力半导体器件在控制信号激励下周期性地开关。通过电感中的电流 i_L 是否连续取决于开关频率、滤波电感和电容的数值。电感电流 i_L 连续条件下其工作波形如图 5-6a 所示。电路稳定状态下的工作分析如下：

1. 电感电流连续模式（Continuous Current Mode，CCM）

开关状态 1：V 导通（$0 \leqslant t \leqslant t_{on}$）

$t=0$ 时刻，V 被激励导通，二极管 VD 中的电流迅速转换到 V，二极管 VD 被截止，等效电路如图 5-5b 所示，这时电感上的电压为

$$v_L = L\frac{di_L}{dt} \tag{5-2}$$

若 V_o 在这期间保持不变，则有

$$V_d - V_o = L\frac{di_L}{dt} \tag{5-3}$$

显然 $dt = t_{on}$

$$\frac{V_d - V_o}{L}dt = di_L \Rightarrow \frac{V_d - V_o}{L}t_{on} = \Delta i_L \Rightarrow \Delta i_L = \frac{V_d - V_o}{L}t_{on} \tag{5-4}$$

即导通过程的电流变化

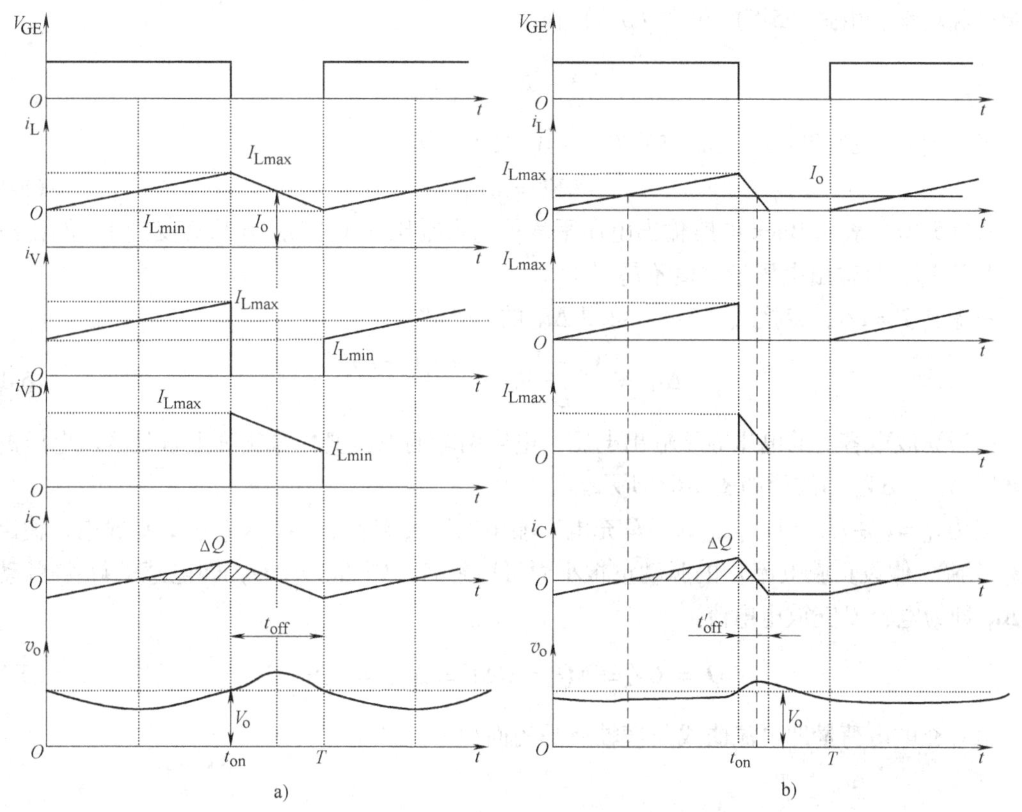

图 5-6　Buck 电路图各点波形
a）电感电流连续　b）电感电流断续

$$(\Delta i_L)_{opened} = \frac{V_d - V_o}{L} t_{on} \tag{5-5}$$

开关状态 2：V 截止（$t_{on} \leqslant t \leqslant T$）

$t = t_{on}$时刻，V 截止，储能电感中的电流不能突变，于是电感 L 两端产生了与原来电压极性相反的自感电动势，该电动势使二极管 VD 正向偏置，二极管 VD 导通，储能电感中储存的能量通过二极管 VD 向负载供电，二极管 VD 的作用是续流，这就是二极管 VD 被称为续流二极管的原因。等效电路如图 5-5c 所示，这时电感上的电压为

$$V_o = -L \frac{di_L}{dt} \tag{5-6}$$

显然 $dt = t_{off}$

$$\frac{di_L}{dt} = -\frac{V_o}{L} \Rightarrow \Delta i_L = -\frac{V_o}{L} t_{off} \tag{5-7}$$

即截止过程的电流变化

$$(\Delta i_L)_{closed} = \frac{V_o}{L} t_{off} \tag{5-8}$$

显然，只有 V 导通期间（t_{on}内）电感 L 增加的电流等于 V 截止期间（t_{off}时间内）减少的电流，这样电路才能达到平衡，才能保证储能电感 L 中一直有能量，才能不断地向负载提

供能量和功率。由式（5-5）和式（5-8）得

$$\frac{V_d - V_o}{L}t_{on} = \frac{V_o}{L}t_{off} \tag{5-9}$$

考虑到 $t_{on} = \delta T$ 和 $t_{off} = (1-\delta)T$，由式（5-9）可得

$$V_o = \delta V_d \tag{5-10}$$

式（5-10）表明 Buck 电路输出电压平均值与占空比 δ 成正比，δ 从 0 变到 1，输出电压从 0 变到 V_d，且输出电压最大值不超过 V_d。

考虑到 $T = 1/f$，变换式（5-8）可得 Δi_L 的表达式

$$\Delta i_L = \frac{V_d - V_o}{Lf}\delta = \frac{V_o(1-\delta)}{Lf} \tag{5-11}$$

由于滤波电容上的电压等于输出电压，电容两端的电压变化量实际上就是输出电压的纹波电压 ΔV_o，ΔV_o 的波形如图 5-6a 所示。

因为 $i_C = i_L - i_o$，当 $i_L > I_o$ 时，C 充电，输出电压 v_o 升高；当 $i_L < I_o$ 时，C 放电，输出电压 v_o 下降，假设负载电流 i_o 的脉动量很小而可以忽略，则 $\Delta i_C = \Delta i_L$，即电感的峰-峰脉动电流 Δi_L 即为电容 C 充放电电流。

$$Q = CV_o \Rightarrow \Delta Q = C\Delta V_o \Rightarrow \Delta V_o = \frac{\Delta Q}{C} \tag{5-12}$$

电容充电电荷量即电流曲线与横轴所围的面积

$$\Delta Q = S = \frac{\frac{\Delta i_L}{2} \times \frac{T}{2}}{2} = \frac{\Delta I_L T}{8}$$，则

$$\Delta V_o = \Delta V_C = \frac{\Delta Q}{C} = \frac{\Delta i_L T}{8C} = \frac{\Delta i_L}{8Cf} \tag{5-13}$$

将式（5-11）代入式（5-13）得

$$\Delta V_C = \frac{(V_d - V_o)}{8LCf^2}\delta = \frac{V_o(1-\delta)}{8LCf^2} \tag{5-14}$$

因此纹波系数为

$$r = \frac{\Delta V_o}{V_o} = \frac{1-\delta}{8LCf^2} \tag{5-15}$$

由式（5-14）可知，降低纹波电压，除与输入输出电压有关外，增大储能电感 L 和滤波电容 C 可以起到显著效果，提高电力半导体器件的工作频率也能收到同样的效果。在已知 ΔV_c、V_d、V_o 和 f 的情况下根据上述公式可以确定 C 和 L 的值。

设负载阻抗 $Z = R_L$，则电感平均电流为

$$I_L = \frac{V_o}{R_L} \tag{5-16}$$

电感电流的最大值

$$I_{Lmax} = I_L + \frac{\Delta i_L}{2} = \frac{V_o}{R_L} + \frac{V_o(1-\delta)}{2Lf} = V_o\left(\frac{1}{R_L} + \frac{1-\delta}{2Lf}\right) \tag{5-17}$$

电感电流的最小值

$$I_{\text{Lmin}} = I_{\text{L}} - \frac{\Delta i_{\text{L}}}{2} = \frac{V_{\text{o}}}{R_{\text{L}}} - \frac{V_{\text{o}}(1-\delta)}{2Lf} = V_{\text{o}}\left(\frac{1}{R_{\text{L}}} - \frac{1-\delta}{2Lf}\right) \tag{5-18}$$

电感电流不能突变，只能近似地线性上升和下降，电感量越大电流的变化越平滑；电感量越小电流的变化越陡峭。当电感量小到一定值时，在 $t = T$ 时刻，电感 L 中储藏的能量刚刚释放完毕，这时 $I_{\text{Lmin}} = 0$，此时的电感量被称为临界电感，当储能电感 L 的电感量小于临界电感时，电感中电流就发生断续现象。

将 $I_{\text{Lmin}} = 0$ 代入式（5-18）得

$$\frac{1}{R_{\text{L}}} = (1-\delta)\frac{1}{2Lf} \tag{5-19}$$

$$L_{\text{C}} = L = (1-\delta)\frac{R_{\text{L}}}{2f} \tag{5-20}$$

式中，L_{C} 即为临界电感值；R_{L} 为负载电阻。

2. 电感电流断续工作方式（Discontinuous Current Mode，DCM）

图 5-6b 给出了电感电流断续时的工作波形，它有 3 种工作状态：①V 导通，电感电流 i_{L} 从零增长到 I_{Lmax}；②V 关断，二极管 VD 续流，i_{L} 从 I_{Lmax} 降到零；③V 和 VD 均截止，在此期间 i_{L} 保持为零，负载电流由输出滤波电容供电。这 3 种工作状态对应 3 种不同的电路结构，如图 5-2b、c、d 所示。

V 导通期间，电感电流从零开始增长，其增长量为

$$(\Delta i_{\text{L}})_{\text{opened}} = \frac{V_{\text{d}} - V_{\text{o}}}{L} t_{\text{on}} \tag{5-21}$$

V 截止后，电感电流从最大值线性下降，在 $t = t_{\text{on}} + t'_{\text{off}}$ 时刻下降到零，其减小量为

$$(\Delta i_{\text{L}})_{\text{closed}} = \frac{V_{\text{o}}}{L} t'_{\text{off}} \tag{5-22}$$

电感电流增长量和电感电流减小量在稳态时应相等

$$\frac{V_{\text{d}} - V_{\text{o}}}{L} t_{\text{on}} = \frac{V_{\text{o}}}{L} t'_{\text{off}} \tag{5-23}$$

整理得

$$\frac{V_{\text{o}}}{V_{\text{d}}} = \frac{t_{\text{on}}}{t_{\text{on}} + t'_{\text{off}}} = \frac{\dfrac{t_{\text{on}}}{T}}{\dfrac{t_{\text{on}}}{T} + \dfrac{t'_{\text{off}}}{T}} = \frac{\delta}{\delta + \delta'} \tag{5-24}$$

电感电流连续时，$\delta + \delta' = 1$，电感电流断续时，$\delta + \delta' < 1$。

变换器输出电流等于电感电流平均值 I_{L}

$$I_{\text{L}} = \frac{1}{T} Q = \frac{1}{T} \times \frac{1}{2} \Delta i_{\text{L}} (t_{\text{on}} + t'_{\text{off}}) = \frac{\delta^2}{2fL}\left(\frac{V_{\text{d}}}{V_{\text{o}}} - 1\right) V_{\text{d}} \tag{5-25}$$

上式表明，电感电流断续时，$\dfrac{V_{\text{o}}}{V_{\text{d}}}$ 不仅与占空比 δ 有关，而且与负载电流有关。

3. Buck 变换器设计步骤

1）选择续流二极管 VD。续流二极管选用快恢复二极管，其额定工作电流和反向耐压必须满足电路要求，并留一定的余量。

2）选择开关管工作频率。最好选用工作频率大于20kHz，以避开音频噪声。工作频率提高可以减小 L、C，但开关损耗增大，因此效率减小。

3）开关管V可选方案：MOSFET、IGBT、GTR。

4）占空比选择。为保证当输入电压发生波动时，输出电压能够稳定，占空比一般选0.7左右。

5）确定临界电感。$L_C=(1-\delta)\dfrac{R_L}{2f}$，电感选取一般为临界电感的10倍。

6）确定电容。电容耐压必须超过额定电压；电容必须能够传送所需的电流有效值；电流有效值计算：电流波形为三角形，三角形高为 $\Delta i_L/2$，底宽为 $T/2$，因此电容电流有效值为

$$I=\Delta i_L/2\sqrt{3} \tag{5-26}$$

根据纹波要求，按式（5-14）确定电容容量。

7）确定连接导线。确定导线必须计算电流有效值（RMS），电感电流有效值由下式给出

$$I_{LRMS}=\sqrt{I_L^2+\left[\frac{\Delta i_L/2}{\sqrt{3}}\right]^2} \tag{5-27}$$

由电流有效值确定导线截面积，由工作频率确定穿透深度（当导线为圆铜导线时，穿透深度为：$\sigma=\dfrac{66.1}{\sqrt{f}}$），然后确定线径和导线根数。

5.2.2 Boost 电路

Boost电路如图5-7a所示，等效电路如图5-7b所示，工作波形图如图5-8所示。

它是一升压斩波电路，同Buck变换器一样，Boost变换器也有电感电流连续和断续两种工作方式，电感电流连续时，存在两种开关状态；电感电流断续时，存在3种开关状态。电路稳定状态下的工作分析如下：

1. 电感电流连续模式（Continuous Current Mode，CCM）

开关状态1：V导通（$0\leqslant t\leqslant t_{on}$）

$t=0$ 时刻，V导通，输入电压 V_d 加到储能电感 L 两端，二极管VD被反向截止，等效电路如图5-7b所示，流过电感的电流 i_L

$$V_d=L\frac{di_L}{dt}\Rightarrow\frac{di_L}{dt}=\frac{V_d}{L}\Rightarrow\frac{di_L}{dt}=\frac{\Delta i_L}{t_{on}}=\frac{V_d}{L} \tag{5-28}$$

因此

$$(\Delta i_L)_{opened}=\frac{V_d}{L}t_{on}=\frac{V_d}{L}\delta T \tag{5-29}$$

开关状态2：V截止（$t_{on}\leqslant t\leqslant T$）

$t=t_{on}$ 时刻后，V截止，等效电路如图5-7c所示。二极管正向偏置而导通，电源功率和储存在 L 中的能量通过二极管VD输送给负载和滤波电容 C。此时加在电感上的电压为 V_d-V_o，流过电感的电流为 i_L

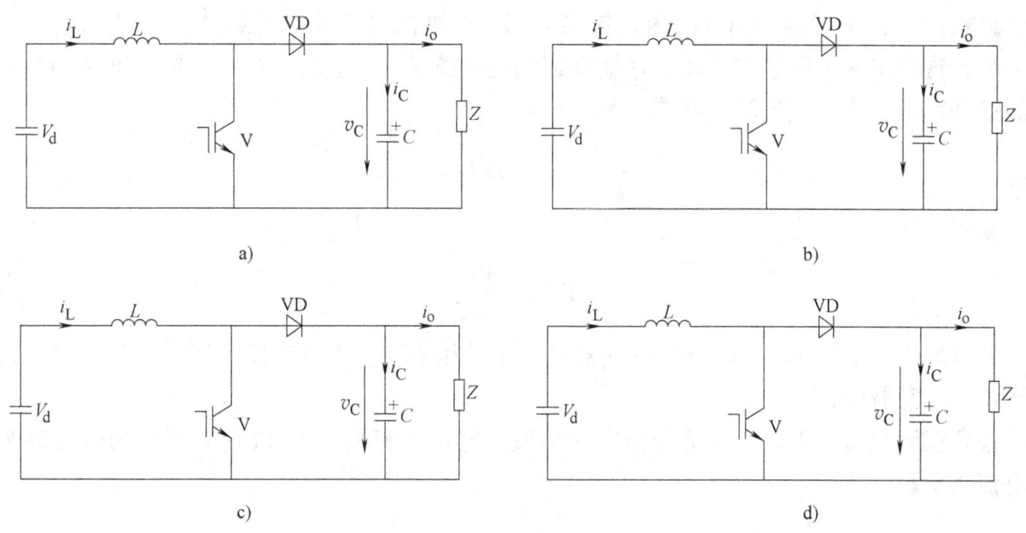

图 5-7 Boost 电路及不同开关状况下等效电路

a）Boost 电路图 b）V 导通 c）V 关断 d）V 关断时电感电流为零

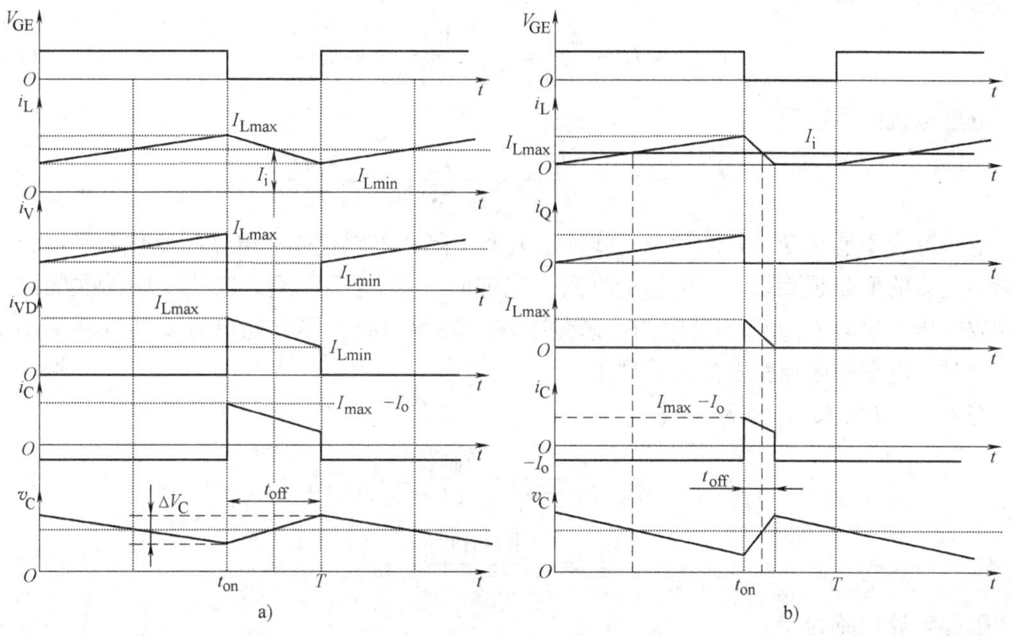

图 5-8 Boost 电路各点工作波形

a）电感电流连续 b）电感电流断续

$$V_d - V_o = L\frac{di_L}{dt} \Rightarrow \frac{di_L}{dt} = \frac{V_d - V_o}{L} \Rightarrow \frac{di_L}{dt} = \frac{\Delta i_L}{t_{off}} = \frac{V_d - V_o}{L} \tag{5-30}$$

因此

$$(\Delta i_L)_{closed} = \frac{V_o - V_d}{L}t_{off} = \frac{V_o - V_d}{L}(1-\delta)T \tag{5-31}$$

显然，只有 V 导通期间（t_{on}内）储能电感 L 增加的电流等于 V 截止期间（t_{off}内）减少的电流，这样电路才能达到平衡，才能保证储能电感 L 中一直有能量，才能不断地向负载提供能量和功率。由式（5-29）和式（5-31）得

$$\frac{V_o - V_d}{L}(1-\delta)T = \frac{V_d}{L}\delta T \tag{5-32}$$

解得

$$V_o = \frac{V_d}{1-\delta} \tag{5-33}$$

式（5-33）表明 Boost DC-DC 变换器是一个升压电路，当占空比 δ 从零变到 1 时，输出电压从 V_d 变到任意大。

设负载阻抗 $Z=R_L$，从能量守恒定律出发，输出电流 $I_o=V_o/R_L$，电感平均电流即为输入电流 $I_L=I_i$

$$V_d I_L = \frac{V_o^2}{R_L} \Rightarrow I_L = \frac{V_o^2}{V_d R_L} = \frac{\left(\frac{V_d}{1-\delta}\right)^2}{V_d R_L} = \frac{V_d}{(1-\delta)^2 R_L} \tag{5-34}$$

电感电流的最大值

$$I_{Lmax} = I_L + \frac{\Delta i_L}{2} = \frac{V_d}{(1-\delta)^2 R_L} + \frac{V_d\delta T}{2L} \tag{5-35}$$

电感电流的最小值

$$I_{Lmin} = I_L - \frac{\Delta I_L}{2} = \frac{V_d}{(1-\delta)^2 R_L} - \frac{V_d\delta T}{2L} \tag{5-36}$$

电感电流不能突变，只能近似地线性上升和下降，电感量越大电流的变化越平滑；电感量越小电流的变化越陡峭。当电感量小到一定值时，在 $t=T$ 时刻，电感 L 中储藏的能量刚刚释放完毕，这时 $I_{Lmin}=0$，此时的电感量被称为临界电感，当储能电感 L 的电感量小于临界电感时，电感中电流就发生断续现象。

将 $I_{Lmin}=0$ 代入式（5-36）得

$$\frac{V_d^2}{(1-\delta)^2 R_L} - \frac{V_d\delta T}{2L} = 0 \tag{5-37}$$

$$L = \frac{\delta(1-\delta)^2 R_L}{2f} \tag{5-38}$$

因此临界电感为

$$L_C = L = \frac{\delta(1-\delta)^2 R_L}{2f} \tag{5-39}$$

滤波电容上的电压等于输出电压，电容两端的电压变化量实际上就是输出电压的纹波电压 $\Delta V_o=\Delta V_C$，ΔV_C 的波形如图 5-8a 所示。若忽略负载电流脉动，则在导通期间电容泄放电荷量应等于在关断期间电容充电电荷量，反映了电容峰-峰电压脉动量

$$\Delta Q = C\Delta V_C = I_o t_{on} = I_o\delta T \tag{5-40}$$

$$\Delta V_C = \frac{\Delta Q}{C} = \frac{I_o\delta T}{C} = \frac{V_o\delta}{R_L Cf} \tag{5-41}$$

纹波系数

$$r = \frac{\Delta V_o}{V_o} = \frac{\delta}{R_L Cf} \tag{5-42}$$

由式（5-42）可知，降低纹波电压，除与输出电压有关外，增大滤波电容 C 可以起到显著效果，提高电力半导体器件的工作频率也能收到同样的效果。

2. 电感电流断续工作方式（Discontinuous Current Mode）

Boost 变换器在电感电流断续时有 3 种开关状态：①V 导通，电感电流 i_L 从零增长到 I_{Lmax}；②V 截止，二极管 VD 续流，电感电流 i_L 从 I_{Lmax} 降到零；③V 和 VD 均截止，电感电流保持为零，负载由输出滤波电容供电。这 3 种工作状态的等效电路如图 5-7b、c、d 所示。

V 导通期间，电感电流从零开始增长，其增长量为

$$(\Delta i_L)_{opened} = I_{Lmax} = \frac{V_d}{L} t_{on} \tag{5-43}$$

V 截止后，电感电流 i_L 从 I_{Lmax} 线性下降，并在

$$t = t_{on} + t'_{off} \tag{5-44}$$

时刻下降到零，即

$$(\Delta i_L)_{closed} = I_{Lmax} = \frac{V_o - V_d}{L} t'_{off} \tag{5-45}$$

由式（5-44）和式（5-45）得

$$\frac{V_o}{V_d} = \frac{t_{on} + t'_{off}}{t'_{off}} = \frac{\delta + \delta'}{\delta'} \tag{5-46}$$

式中，$\delta' = \frac{t'_{off}}{T}$，电感电流断续时 $\delta' < 1 - \delta$。

令式（5-45）中 $t'_{off} = t_{off}$，得 $I_{Lmax} = \frac{V_o - V_d}{L} t_{off}$，与式（5-43）左右两边各自相加除以 2 得 $I_{Lmax} = \frac{V_d}{Lf}\delta$，电感电流临界连续时的平均值

$$I_{LG} = I_i = \frac{1}{2} I_{Lmax} = \frac{V_d}{2Lf}\delta \tag{5-47}$$

5.2.3 Buck-Boost 电路

图 5-9a 为 Buck-Boost 电路原理图，它即能够工作在 Buck 型（$V_o < V_d$），又能够工作在 Boost 型（$V_o > V_d$）。它的输入电压极性与输出电压极性相反，工作波形如图 5-10 所示。在 Buck 和 Boost 变换器中存在一个能量从电源流入负载的期间，而在 Buck-Boost 变换器中，能量首先储存在电感中，然后再由电感向负载释放能量。电路稳定状态下的工作分析如下：

1. 电感电流连续模式（Continuous Current Mode，CCM）

在电感电流连续条件下，工作于图 5-9b、c 所示的两种状态。

状态 1：V 导通（$0 \leqslant t \leqslant t_{on}$）

在 $t=0$ 时刻，V 导通，二极管 VD 反向偏置关断，能量从输入电源流入，并存储在电感 L 中，L 上的电压上正下负，等于输入电压 V_d，此时负载电流由虑波电容 C 提供，等效电路

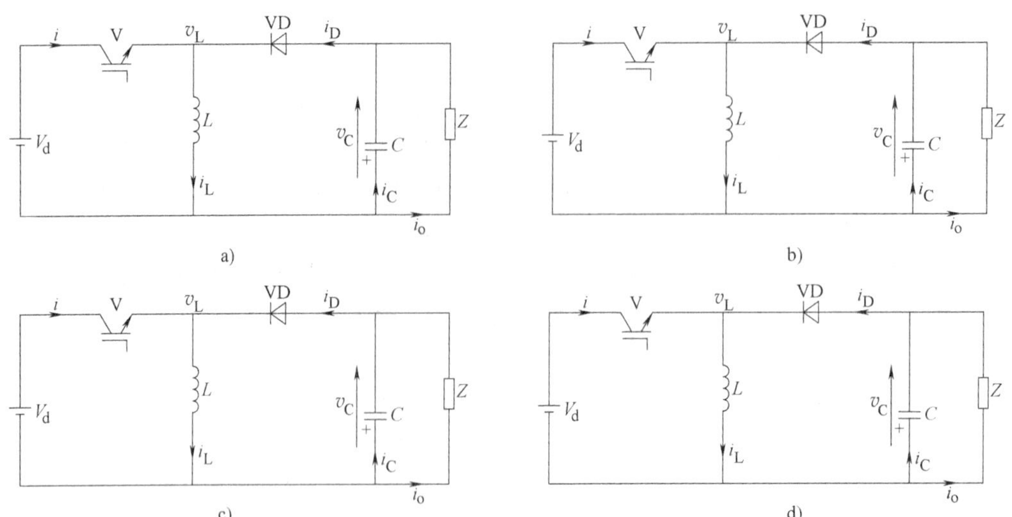

图 5-9 Buck-Boost 电路原理图

a) Buck-Boost 电路图 b) V 导通 c) V 关断 d) V 关断时电感电流为零

如图 5-9b 所示。

$V_d = L\dfrac{di_L}{dt}$，在 t_{on}期间内，电感电流的增量为

$$(\Delta i_L)_{opened} = \frac{V_d}{L}t_{on} = \frac{V_d}{L}\delta T = \frac{V_d}{Lf}\delta \tag{5-48}$$

状态 2：V 截止（$t_{on} \leqslant t \leqslant T$）

在 $t = t_{on}$时刻，V 关断，由于电感中电流不能突变，L 上呈现的感应电势极性为下正上负，二极管导通，电感 L 上存储的能量通过 VD 向负载和电容 C 释放，补充了电容 C 在 t_{on}期间损失的能量，负载电压极性与输入电压极性相反。等效电路如图 5-9c 所示，工作波形如图 5-10a 所示。$V_o = -L\dfrac{di_L}{dt}$，电流按线性规律直线下降，电感电流的减少量为

$$(\Delta i_L)_{closed} = \frac{V_o}{L}t_{off} = (1-\delta)T\frac{V_o}{L} = (1-\delta)\frac{V_o}{Lf} \tag{5-49}$$

显然，只有 V 导通期间（t_{on}内）储能电感 L 增加的电流等于 V 截止期间（t_{off}内）减少的电流，这样电路才能达到平衡，才能保证储能电感 L 中一直有能量，才能不断地向负载提供能量和功率。由式（5-48）和式（5-49）得

$$\frac{V_d}{L}t_{on} = \frac{V_o}{L}t_{off} \Rightarrow \frac{V_d \delta T}{L} = \frac{V_o}{L}(1-\delta)T \tag{5-50}$$

输出电压平均值为

$$V_o = \frac{\delta}{1-\delta}V_d \tag{5-51}$$

由式（5-51）可知，改变占空比就能获得所需的输出电压。

当 $\delta = 0.5$ 时，$V_o = V_d$；当 $\delta > 0.5$ 时，$V_o > V_d$，为升压型；当 $\delta < 0.5$ 时，$V_o < V_d$，为降压型。

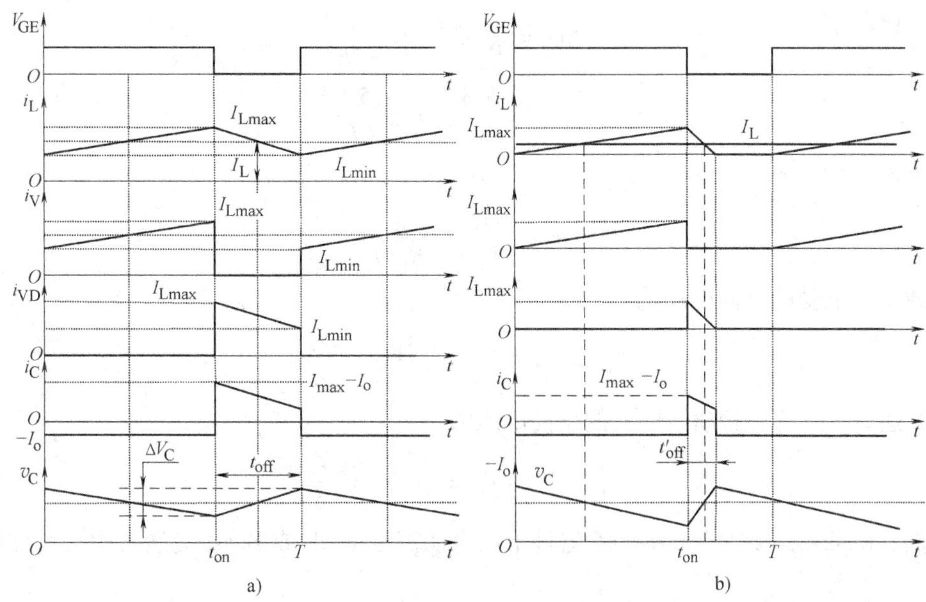

图 5-10 Buck-Boost 逆变器工作波形

a) 电感电流连续 b) 电感电流断续

这样，就可以得到高于或低于输入电压的任何输出电压。在要求输出电压一定的情况下，容许输入电压有较大的变化都能够工作。

假设电路中所有的器件为理想开关，即变换器无功率损耗，输入功率等于输出功率，负载阻抗 $Z=R_L$

$$V_d I=\frac{V_o^2}{R_L} \tag{5-52}$$

由于输出平均电流 I 与电感平均电流 I_L 有以下关系

$$I=I_L\delta \tag{5-53}$$

因此有

$$V_d I_L\delta=\frac{V_o^2}{R_L}\Rightarrow I_L=\frac{V_o^2}{V_d R_L\delta}=\frac{V_d^2\left(\frac{\delta}{1-\delta}\right)^2}{V_d R_L\delta}=\frac{V_d\delta}{R_L(1-\delta)^2} \tag{5-54}$$

电感电流的最大值

$$I_{Lmax}=I_L+\frac{\Delta i_L}{2}=\frac{V_d\delta}{(1-\delta)^2 R_L}+\frac{V_d\delta T}{2L} \tag{5-55}$$

电感电流的最小值

$$I_{Lmin}=I_L-\frac{\Delta I_L}{2}=\frac{V_d\delta}{(1-\delta)^2 R_L}-\frac{V_d\delta T}{2L} \tag{5-56}$$

当电感电流的最小值为零时，电感为临界电感 L_C

$$\frac{V_d\delta}{(1-\delta)^2 R_L}-\frac{V_d\delta T}{2L}=0\Rightarrow L_C=L=\frac{(1-\delta)^2 R_L}{2f} \tag{5-57}$$

电容上的峰-峰脉动电压求法同 Boost 电路一样，可得

$$\Delta Q = \frac{V_o}{R_L}\delta T = C\Delta V_o \tag{5-58}$$

$$\Delta V_o = \frac{V_o \delta T}{R_L C} = \frac{V_o \delta}{R_L Cf} \tag{5-59}$$

纹波系数

$$r = \frac{\Delta V_o}{V_o} = \frac{\delta}{R_L Cf} \tag{5-60}$$

V 截止时承受的反向电压为

$$V_Q = V_d + V_o = \frac{V_d}{1-\delta} = \frac{V_o}{\delta} \tag{5-61}$$

V 开通时，加于二极管 VD 上的反向电压为

$$V_D = V_d + V_o = \frac{V_d}{1-\delta} = \frac{V_o}{\delta} \tag{5-62}$$

显然，Book-Boost 变换器中功率器件上的电压高于 Book 或 Boost 变换器中功率器件上的电压。

2. 电感电流断续工作方式（Discontinuous Current Mode）

图 5-10b 给出了电感电流断续工作时的主要波形，此时 Book-Boost 变换器有 3 种开关状态：①V 导通，电感电流 i_L从零增长到 I_{Lmax}；②V 关断，二极管 VD 续流，电感电流 i_L从 I_{Lmax}降到零；③V 和 VD 均截止，电感电流保持为零，负载由输出滤波电容供电。这 3 种工作状态的等效电路如图 5-9b、c、d 所示。

V 导通期间，电感电流从零开始增长，其增长量为

$$(\Delta i_L)_{opened} = I_{Lmax} = \frac{V_d}{L}t_{on} \tag{5-63}$$

V 截止后，电感电流 i_L从 I_{Lmax}线性下降，并在 $t = t_{on} + t'_{off}$时刻下降到零，即

$$(\Delta i_L)_{closed} = I_{Lmax} = \frac{V_o}{L}t'_{off} \tag{5-64}$$

因此有

$$\frac{V_o}{V_d} = \frac{t_{on}}{t'_{off}} = \frac{\delta}{\delta'} \tag{5-65}$$

式中，$\delta' = \frac{t'_{off}}{T}$，电感电流断续时 $\delta' < 1-\delta$。

令式（5-64）中 $t'_{off} = t_{off}$，得 $I_{Lmax} = \frac{V_o}{L}t_{off}$，与式（5-63）左右两边各自相加后除以 2 得 $I_{Lmax} = \frac{V_d}{Lf}\delta$，电感电流临界连续时的平均值

$$I_{LG} = I_i = \frac{1}{2}I_{Lmax} = \frac{V_d}{2Lf}\delta \tag{5-66}$$

5.2.4 Cuk 电路

由于 Buck-Boost 变换器的电感 L 在中间，其输入和输出电流的脉动都很大。针对这一缺

点，美国加州理工大学的 Slobdan Cuk 教授提出了单管 Cuk 变换器，该变换器使用了两个电感，一个在输入端，一个在输出端，从而减小了电流脉动。

Cuk 变换器的电路形式如图 5-11a 所示，在负载电流连续的条件下，工作波形图如图 5-12a 所示，其中 L_1、L_2 为储能电感，V 为功率开关管，VD 为续流二极管，C_1 为传输能量的耦合电容，C_2 为滤波电容。

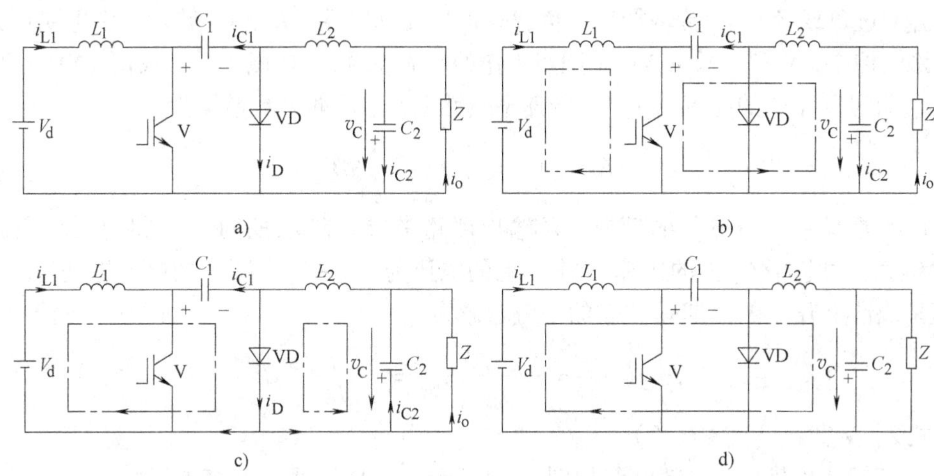

图 5-11 Cuk 变换器电路原理图及等效电路

a）Cuk 电路图 b）V 导通 c）V 关断 d）V 关断时二极管电流为零

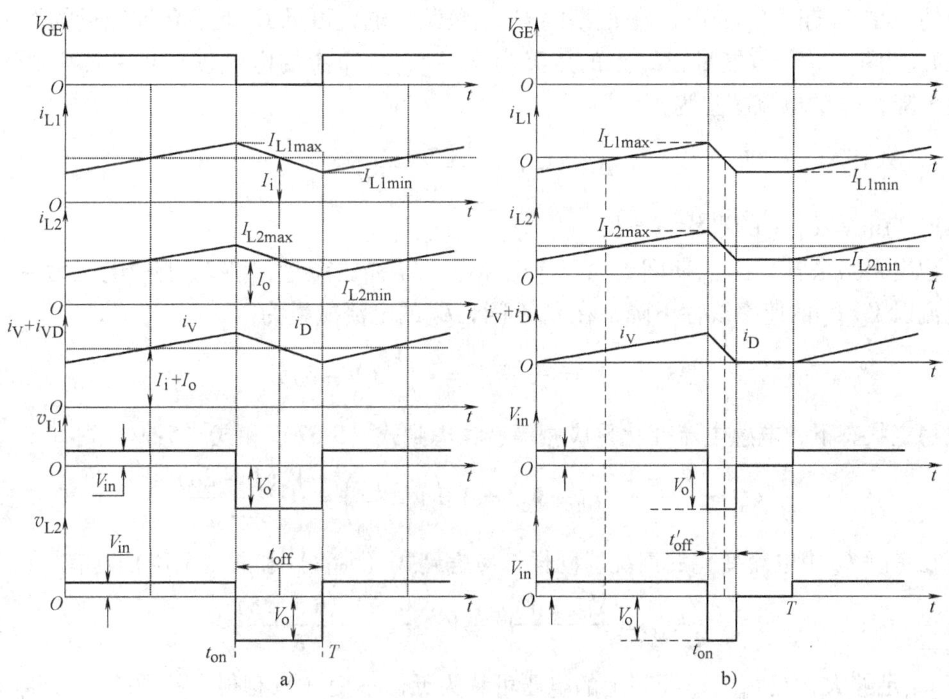

图 5-12 Cuk 变换器工作波形

a）电感电流连续 b）电感电流断续

Cuk 变换器能够提供一个反极性、不隔离的输出电压，输出电压可高于或低于输入电压，而且其输入电流和输出电流都是连续的、非脉动的，这些特点使 Cuk 变换器有着广阔的应用前景。

模式 1：V 导通（$0 \leqslant t \leqslant t_{on}$）

在 t_{on}期间，V 导通，等效电路如图 5-11b 所示。L_1 储能，电容 C_1 上的电压使 VD 反偏置，电容通过负载 Z 和 L_2 传输能量，负载获得反极性电压，L_2、C_2 储能。由电路可知，在这种电路结构中，V 和二极管 VD 是同步工作的，V 导通，VD 截止；V 截止，VD 导通。

在 t_{on}期间，L_1 中的电流以 V_d/L_1 的速率线性上升，L_1的电流增量为

$$\Delta i_{L1}(+) = \frac{V_d}{L_1}t_{on} = \frac{V_d}{L_1}\delta T \tag{5-67}$$

现在考虑 L_2 中电流变化的情况。从输出回路来看，在 t_{on}期间，C_1 供电，L_2 储能，若 C_1 的足够大，可忽略 C_1 上的压降，则 L_2 上的电压为 $V_{C1} - V_o$，L_2 中的电流以（$V_{C1} - V_o$）/ L_2 的速率线性上升，在 t_{on}期间，L_2 的电流增量为

$$\Delta i_{L2}(+) = \frac{V_{C1} - V_o}{L_2}t_{on} = \frac{V_{C1} - V_o}{L_2}\delta T \tag{5-68}$$

模式 2：V 截止（$t_{on} \leqslant t \leqslant T$）

在 t_{off}期间，V 截止，等效电路如图 5-11c 所示。VD 导通，电容 C_1 被充电，L_1 通过 C_1 和 D 向 C_1 充电储能，同时 L_2 向负载释放能量，在这种电路结构中，无论在 t_{on}期间还是在 t_{off}期间都从输入向负载传输能量，只要电感 L_1、L_2 和电容 C_1 足够大，输入输出电流基本上是平滑的。在 t_{off}期间 C_1 充电，在 t_{on}期间 C_1 向负载放电，可见 C_1 起着传递能量的作用。

在 t_{off}期间，L_1 释放能量，L_1 上的压降为 $V_d - V_{C1}$，L_1 中的电流以（$V_d - V_{C1}$）/L_1 的速率线性下降，L_1 的电流减量为

$$\Delta i_{L1}(-) = \frac{V_d - V_{C1}}{L_1}t_{off} \tag{5-69}$$

式中，V_{C1}为电容 C_1 上的平均电压值。

从输出回路来看，在 t_{off}期间，由于 VD 导通，L_2 释放能量，则 L_2 上的电压为 $-V_o$，L_2 中的电流以 V_o/L_2 的速率线性下降，在 t_{off}期间，L_2 的电流减量为

$$\Delta i_{L2}(-) = \frac{-V_o}{L_2}t_{off} = \frac{-V_o}{L_2}(1 - \delta)T \tag{5-70}$$

在稳定状态下，电感电流变化量应相等，考虑到式（5-67）和式（5-69）则有

$$\frac{V_d}{L_1}t_{on} = \frac{V_d - V_{C1}}{L_1}t_{off} \Rightarrow V_{C1} = V_d\left(1 - \frac{t_{on}}{t_{off}}\right) = \frac{V_d(1 - 2\delta)}{1 - \delta} \tag{5-71}$$

现在考虑 L_2 中电流变化的情况。同样，考虑到式（5-68）和式（5-70）则有

$$-\frac{V_o}{L_2}t_{off} = \frac{V_{C1} - V_o}{L_2}t_{on} \Rightarrow V_{C1} = -\frac{V_o(1 - 2\delta)}{\delta} \tag{5-72}$$

若 C_1 足够大，在 t_{on}、t_{off}期间上的电压可认为近似不变（只有很小的顶降），则有由式（5-71）和式（5-72）得

$$V_o = -\frac{\delta V_d}{1 - \delta} \tag{5-73}$$

假设电路中所有的器件为理想开关，即变换器无功率损耗，输入功率等于输出功率，负载阻抗 $Z=R_L$，输入平均电流 I_i 即为电感 L_1 平均电流 I_{L1}

$$V_d I_{L1}=\frac{V_o^2}{R_L}\Rightarrow I_L=\frac{V_o^2}{V_d R_L}=\frac{V_d^2\left(\frac{\delta}{1-\delta}\right)^2}{V_d R_L}=\frac{V_d\delta^2}{R_L(1-\delta)^2} \tag{5-74}$$

L_1 电感电流的最大值

$$I_{L1\max}=I_{L1}+\frac{\Delta i_{L1}}{2}=\frac{V_d\delta^2}{(1-\delta)^2 R_L}+\frac{V_d\delta T}{2L_1} \tag{5-75}$$

L_1 电感电流的最小值

$$I_{L1\min}=I_{L1}-\frac{\Delta i_{L1}}{2}=\frac{V_d\delta^2}{(1-\delta)^2 R_L}-\frac{V_d\delta T}{2L_1} \tag{5-76}$$

L_1 临界电感

$$\frac{V_d\delta^2}{(1-\delta)^2 R_L}=\frac{V_d\delta T}{2L_1}\Rightarrow L_{C1}=L_1=\frac{(1-\delta)^2 R_L}{2f} \tag{5-77}$$

输出平均电流 I_o 即电感 L_2 的平均电流

$$I_o=I_{L2}=\frac{V_o}{R_L} \tag{5-78}$$

L_2 电感电流的最大值

$$I_{L2\max}=I_{L2}+\frac{\Delta i_{L2}}{2}=\frac{V_o}{R_L}+\frac{V_o(1-\delta)T}{2L_2}=\frac{V_d\delta}{1-\delta}\left(\frac{1}{R_L}+\frac{1-\delta}{2L_2 f}\right) \tag{5-79}$$

L_2 电感电流的最小值

$$I_{L2\max}=I_{L2}-\frac{\Delta i_{L2}}{2}=\frac{V_d\delta}{1-\delta}\left(\frac{1}{R_L}-\frac{1-\delta}{2L_2 f}\right) \tag{5-80}$$

L_2 临界电感

$$\frac{1}{R_L}=\frac{1-\delta}{2L_2 f}\Rightarrow L_{C2}=L_2=\frac{1-\delta}{2f}R_L \tag{5-81}$$

下面来看电容 C_1、C_2 的峰-峰脉动电压。假设负载电流 i_o 的脉动量很小而可以忽略，则 $\Delta i_{C2}=\Delta i_{L2}$，即电感的峰-峰脉动电流 Δi_{L2} 即为电容 C_2 充放电电流。

$$\Delta Q=C_2\Delta V_{C2}\Rightarrow \Delta V_{C2}=\frac{\Delta Q}{C_2} \tag{5-82}$$

从图5-12电容 C_2 充放电电流波形图可知，从 $t=t_{on}/2$ 时刻到 $t=t_{on}+t_{off}/2$ 时刻，电流曲线与横轴所围的面积为

$$S=|\Delta Q|=\frac{\frac{\Delta i_{L2}}{2}\frac{T}{2}}{2}=\frac{|\Delta i_{L2}|T}{8} \tag{5-83}$$

$$\Delta V_{C2}=\frac{|\Delta Q|}{C}=\frac{|\Delta i_{L2}|}{8C_2 f}=\frac{V_d\delta}{8L_2 C_2 f^2} \tag{5-84}$$

纹波系数

$$r=\frac{\Delta V_{o}}{V_{o}}=\frac{\Delta V_{C2}}{V_{o}}=\frac{\dfrac{V_{d}\delta}{8L_{2}C_{2}f^{2}}}{\dfrac{\delta V_{d}}{1-\delta}}=\frac{1-\delta}{8L_{2}C_{2}f^{2}} \tag{5-85}$$

5.3 带变压器隔离的 DC-DC 变换器的原理及设计

上一节分析了升压和降压等变换器，它们可以完成直流电压的变换，但在实际应用中，有许多场合需要输出电压和输入电压隔离，或需要多路输出，此时需要高频变压器来完成这些功能。

5.3.1 单端 DC-DC 变换器的原理及设计

单端变换器具有电路简单的特点，它只有一个功率半导体器件、一个变压器以及电容和二极管组成。近年来国内外对这类变换器予以极大的重视，这类变换器得到了很大的发展。上一节介绍的 4 种基本类型的变换器加上变压器隔离后，可以引申出各种类型的单端变换器：Buck 型引申为 Forward 型（单端正激）变换器；Buck-Boost 型引申为 Fly-back 型（单端反激）变换器。

1. Fly-back（单端反激）变换器原理

Fly-back（单端反激）变换器原理图如图 5-13 所示。在工作过程中，变压器起了储能电感的作用，实际上是耦合电感，用普通导磁材料作铁心时，铁心必须留有气隙，保证在最大负载电流时铁心不会饱和。Fly-back（单端反激）变换器由于电路简单，所用器件少，适于多路输出场合应用。

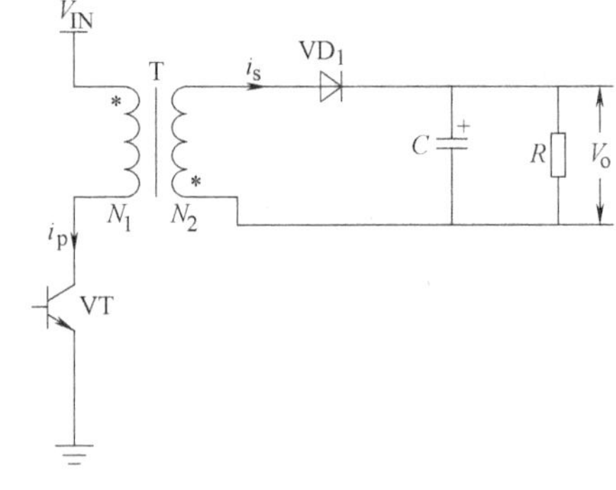

图 5-13 Fly-back 变换器原理

和 Boost 变换器一样，Fly-back（单端反激）变换器也有电流连续和断续两种工作方式，仅仅是连续和断续的定义不同。Boost 变换器只有一个电感，Fly-back 变换器是耦合电感，对一次绕组 N_1 的自感 L_1 来讲，它的电流不可能连续，因为功率晶体管 VT 断开后电流必然为零，这时必然在二次绕组 N_2 的自感 L_2 中引起电流，故对 Fly-back 变换器来讲，电流连续是指变压器两个绕组的合成安匝在一个开关周期中不为零，与此相反即为电流断续。

开关状态 1：VT 导通（$0\leqslant t\leqslant t_{on}$）

等效电路如图 5-14a 所示，在 $t=0$ 时，功率晶体管 VT 的门极被激励而导通时，输入电压 V_{IN}加到变压器的一次绕组 N_1两端，由于变压器对应的极性，二次绕组 N_2下正上负，二极管 VD 截止，二次绕组 N_2 中没有电流流过，负载电流由滤波电容 C 提供。此时只有变压器一次绕组工作，变压器相当于一个电感，设绕组 N_1的电感量为 L_1，绕组 N_2的电感量为 L_2，则 VT 导通期间流过一次绕组 N_1的电流为

$$i_{p}(t)=\frac{V_{IN}}{L_{1}}t \tag{5-86}$$

$t=t_{on}$时，电流 i_p达到最大值 I_{Pmax}

$$I_{\mathrm{Pmax}} = \frac{V_{\mathrm{IN}}}{L_1} t_{\mathrm{on}} \tag{5-87}$$

开关状态2：VT截止 $t_{\mathrm{on}} \leqslant t \leqslant T$

$t = t_{\mathrm{on}}$时，功率晶体管VT截止，如图5-14b所示，一次绕组开路，二次绕组 N_2 的电压极性上正下负，二极管 VD_1 导通，导通期间储存在变压器中的能量通过二极管 VD_1 向负载释放，同时向电容 C 充电。此时变压器只有二次绕组工作，相当于一个电感，其电感量为 L_2，VT截止期间流过二次绕组 N_2 的电流为

$$i_s(t) = I_{\mathrm{smax}} - \frac{V_o}{L_2} t \tag{5-88}$$

式中，V_o为输出电压；I_{smax}为 $t = t_{\mathrm{on}}$时刻VT截止开始时流过绕组 N_2 的电流值。

$t = T$时，二次电流 i_s达到最小值

$$I_{\mathrm{smin}} = I_{\mathrm{smax}} - \frac{V_o}{L_2} t_{\mathrm{off}} \tag{5-89}$$

式中，t_{off}为VT截止时间，$t_{\mathrm{on}} + t_{\mathrm{off}} = T$

由式（5-89），$t = T$时刻，$I_{\mathrm{smin}} = 0$ 表示VT导通期间储存的磁场能量刚好释放完毕；$I_{\mathrm{smin}} > 0$ 表示VT导通期间储存的磁场能量还没有释放完；$I_{\mathrm{smin}} < 0$ 表示VT导通期间储存的磁场能量还没有到 $t = T$ 时刻就已经释放完毕，事实上，I_{smin}不可能小于零，VT导通期间储存的磁场能量释放完毕后 $I_{\mathrm{smin}} = 0$。

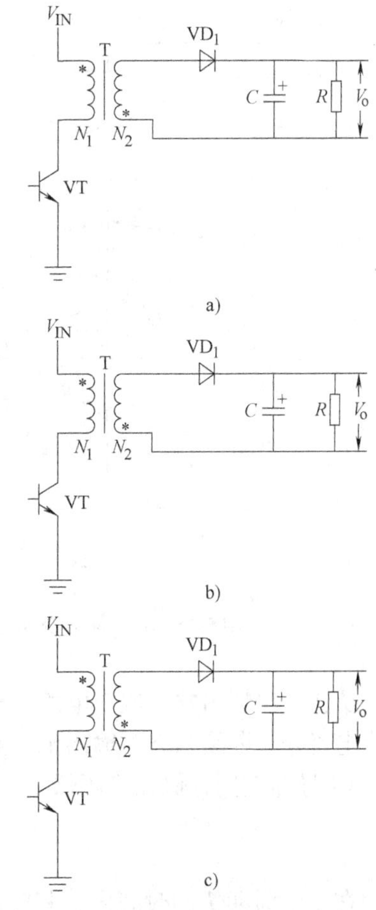

图5-14 Fly-back变换器不同开关状态的等效电路图

上述3种情况即Fly-back变换器的3种工作状态：连续状态、临界状态和断续状态。

（1）临界状态

即 $t = T$ 时刻，绕组 N_2 中的电流 i_s 正好下降到零。在下一个周期VT重新导通时，N_1 中的电流 i_p 也从零开始按 V_d/L_1 的规律线性上升，这时磁化电流处于临界状态。

当VT的截止时间 t_{off}和绕组 N_2 中的电流 i_s 衰减到零所需的时间相等时，由式（5-89）得

$$t_{\mathrm{off}} = \frac{I_{\mathrm{smax}} L_2}{V_o} \tag{5-90}$$

（2）不连续状态

当VT的截止时间 t_{off}比绕组中电流 i_s 衰减到零所需的时间更长时，即

$$t_{\mathrm{off}} > \frac{I_{\mathrm{smax}} L_2}{V_o} \tag{5-91}$$

即 $t = T$ 时刻，绕组 N_2 中的电流 i_s和变压器的磁通早已衰减到零，在下一个周期VT重新导通时，N_1 中的电流 i_p和变压器磁通都从零开始按 V_{IN}/L_1 的规律线性上升。电流断续时有3种开关状态，如图5-14a、b、c所示，断续期间负载所需能量由电容 C 提供。磁化电流处于断续状态时变压器中的一、二次电流、磁通及一次电压波形如图5-15b所示。

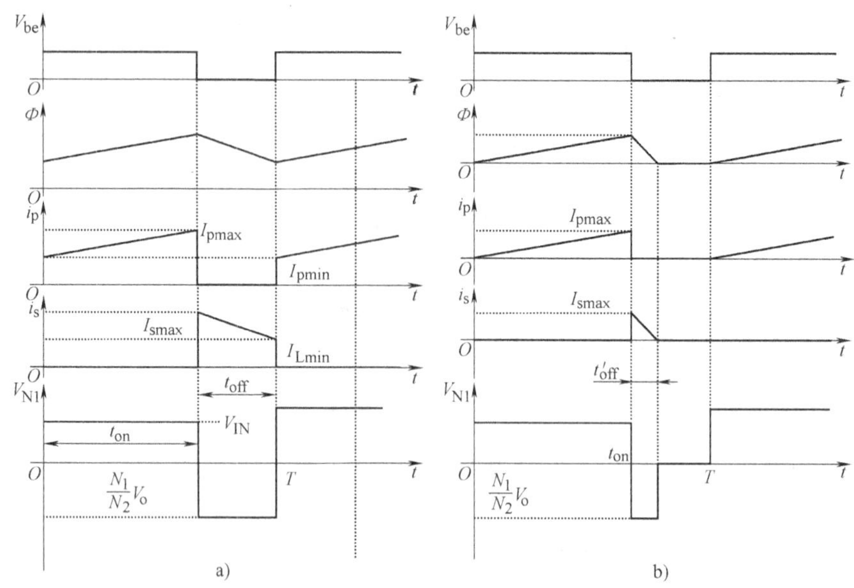

图 5-15 Fly-back 变换器变压器中的一、二次电流、磁通及一次电压波形

a）电感电流连续 b）电感电流断续

从能量守恒出发，假定电路中没有损耗，输入的能量都被负载吸收，在此条件下，推导磁化电流处于断续状态时输出电压与输入电压的关系。

VT 导通期间存储在变压器中的能量为

$$W_{IN} = \frac{1}{2}L_1 I_{Pmax}^2 \tag{5-92}$$

在一个周期 T 的时间内，其输出能量为

$$W_{OUT} = \frac{V_o^2}{R_L}T \tag{5-93}$$

从能量守恒出发，由下式成立

$$\frac{1}{2}L_1 I_{Pmax}^2 = \frac{V_o^2}{R_L}T$$

$$V_o = \sqrt{\frac{R_L L_1 I_{Pmax}^2}{2T}} = \sqrt{\frac{R_L L_1\left(\frac{V_{IN}}{L_1}t_{on}\right)^2}{2T}} = V_{IN}t_{on}\sqrt{\frac{R_L}{2TL_1}} \tag{5-94}$$

由式（5-94）可知，输出电压与负载 R_L 阻值成正比，这就是反激式变换器必须在电路中接入固定负载的原因。

现在看一看 VT 承受的反向耐压。VT 截止时，VD_1 导通，二次绕组 N_2 上的电压近似为输出电压 V_o，此时绕组 N_1 上感应的电压为 $V_{N1} = \frac{N_1}{N_2}V_o$，因此 VT 截止期间，集-射（漏-源）极间承受的电压为

$$V_{ce} = V_{IN} + \frac{N_1}{N_2}V_o \tag{5-95}$$

由式（5-95）可知，VT 截止期间，集-射（漏-源）极间承受的电压不仅与输入电压还

与输出电压有关，而输出电压又与负载R_L阻值成正比，因此，负载开路时容易损坏管子。

(3) 连续状态

当VT的截止时间t_{off}小于绕组N_2中的电流i_s衰减到零所需的时间时，即

$$t_{off} < \frac{I_{smax}L_2}{V_o} \tag{5-96}$$

即$t=T$时刻，绕组N_2中的电流i_s大于零，$i_s(T)>0$。在下一个周期VT重新导通时，N_1中的电流i_p从I_{pmin}开始按V_{IN}/L_1的规律线性上升，这时磁化电流处于连续状态。电流连续时，Fly-back变换器有两种开关状态，如图5-14a、b所示。磁化电流处于连续状态时变压器中的一、二次电流、磁通及一次电压波形如图5-15a所示。

从图5-15a可知，变压器T磁心中的磁通Φ在VT导通期间随着变压器一次绕组N_1中的电流的增长而增长，在VT截止期间随着变压器二次绕组N_2中的电流减小而减小，设磁通的最小值为Φ_{min}，显然，Φ_{min}大于零，磁通Φ只工作在磁滞回线的一侧，在磁化电流临界状态和不连续状态下Φ_{min}对应于剩磁感应B_r的磁通。如果在每个工作周期结束时，磁通Φ没有回到周期开始的出发点，而是随着周期的重复，磁通Φ棘轮式上升，即工作点逐渐上移，VT电流逐渐增大，铁心最终饱和，最终造成VT损坏，这一过程是在瞬间完成的。因此，每个周期结束时磁通Φ必须回到原来的位置。

从电压与磁通的关系$V=N\dfrac{d\Phi}{dt}$出发，有VT导通期间：$V_{IN}=N_1\dfrac{d\Phi}{dt}$，$dt=t_{on}$；VT截止期间：$V_o=N_2\dfrac{d\Phi}{dt}$，$dt=t_{off}$，导通和截止期间磁通的变量应相等，有

$$\frac{V_{IN}t_{on}}{N_1} = \frac{V_o t_{off}}{N_2} \Rightarrow V_o = \frac{N_2}{N_1}\frac{t_{on}}{t_{off}}V_{IN} = \frac{N_2}{N_1}\frac{\delta}{1-\delta}V_{IN} \tag{5-97}$$

由式(5-97)可知，在磁化电流连续状态下，单端反激式变换器的输出电压值取决于匝比、占空比和输入电压，与负载电阻无关。

$$V_{ce} = V_{IN} + \frac{N_1}{N_2}V_o = V_{IN} + \frac{\delta}{1-\delta}V_{IN} = \frac{V_{IN}}{1-\delta} \tag{5-98}$$

当占空比等于0.5时，VT集射（漏源）极承受电压为两倍的输入电压，当占空比小于0.5时，VT集射（漏源）极承受电压大于两倍的输入电压。

在磁化电流不连续状态下，输出电压由式(5-94)确定，在磁化电流连续状态下，输出电压由式(5-97)确定，在磁化电流临界状态下，输出电压由式(5-94)或式(5-97)确定。

式(5-97)可得临界截止时间：

$$t_{off} = \frac{\dfrac{N_2}{N_1}}{\sqrt{\dfrac{R_L}{2TL_1}}} = \frac{N_2}{N_1}\sqrt{\frac{2TL_1}{R_L}} \tag{5-99}$$

只要VT的截止时间小于上述临界截止时间，I_{pmin}就大于零，就工作在连续状态。

2. Forward（单端正激）DC-DC变换器原理

Forward变换器（单端正激变换器）实际上是在降压式Buck变换器中插入隔离变压器而成，由于变压器的磁通只工作在磁滞回线的一侧，因此要遵循磁通复位的原则，即每个周期结束时变压器磁通必须回到原来的位置，也就是说，要保证变压器一次在VT导通期间的

电压时间乘积（伏秒积）与 VT 关断期间的伏秒积相等。正激变换器变压绕组器铁心的磁复位有许多方法，在输入端接复位绕组是最常用的方法，此外还有 RCD 复位、LCD 复位等。图 5-16 给出了输入端接复位绕组的单端正激变换器的主电路。开关管 VT 按 PWM 方式工作，VD_1 是输出整流二极管，VD_2 是续流二极管，L_f 是输出滤波电感，C_f 是输出滤波电容。变压器有 3 个绕组，一次绕组 W_1，二次绕组 W_2，复位绕组 W_3，符号 * 表示绕组同名端。图 5-17 是变换器在不同开关状态下的等效电路。

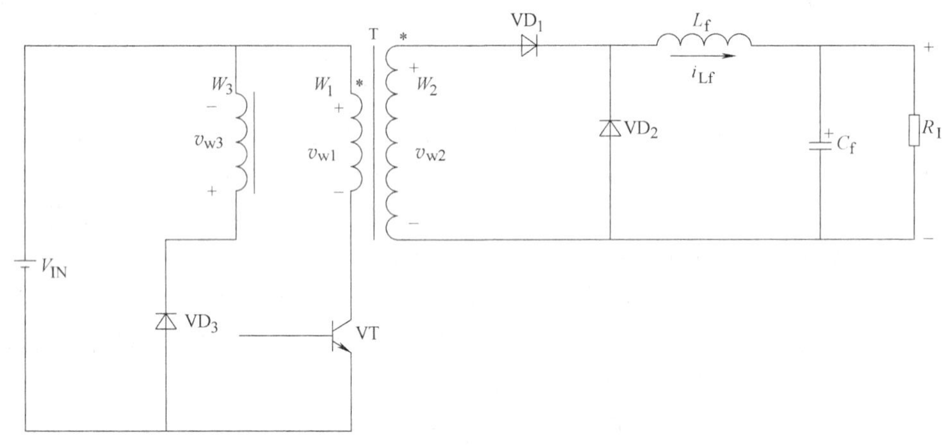

图 5-16 单端正激变换器的主电路

(1) 开关状态 1：VT 导通 $[KT, KT+t_{on}]$

在 $t=KT$ 时，开关管 VT 导通，电源电压 V_{IN} 加在一次绕组 W_1 上，即 $v_{W1}=V_{IN}$，变压器铁心磁通 ϕ 增加

$$W_1\frac{d\phi}{dt}=V_{IN} \tag{5-100}$$

取 $dt=t_{on}$，$d\phi=\Delta\phi$，则变压器铁心磁通增量

$$\Delta\phi(+)=\frac{V_{IN}}{W_1}t_{on}=\frac{V_{IN}}{W_1}\frac{t_{on}}{T}T=\frac{V_{IN}}{W_1}\delta T \tag{5-101}$$

式中，T 为开关管 VT 的开关周期；δ 为占空比。

由 $V_{IN}=L_M\frac{di_M}{dt}$ 得变压器一次电流

$$i_M=\int_{KT}^{KT+t}\frac{V_{IN}}{L_M}dt=\frac{V_{IN}}{L_M}t \tag{5-102}$$

式中，L_M 是一次绕组的励磁电感。

二次绕组 W_2 上的电压为

$$v_{W2}=\frac{W_2}{W_1}V_{IN} \tag{5-103}$$

此时整流二极管 VD_1 导通，续流二极管 VD_2 截止，流过滤波电感 L_f 的电流增加

$$\frac{W_2}{W_3}V_{IN}-V_o=L_f\frac{di_{Lf}}{dt} \tag{5-104}$$

显然这和 Buck 变换器中开关管 VT 导通时一样。

变压器一次绕组电流

$$i_{W1} = \frac{W_1}{W_2} i_{Lf} + i_M$$

（2）开关状态 2：VT 截止 $[KT + t_{on}, KT + t_{on} + T_r]$

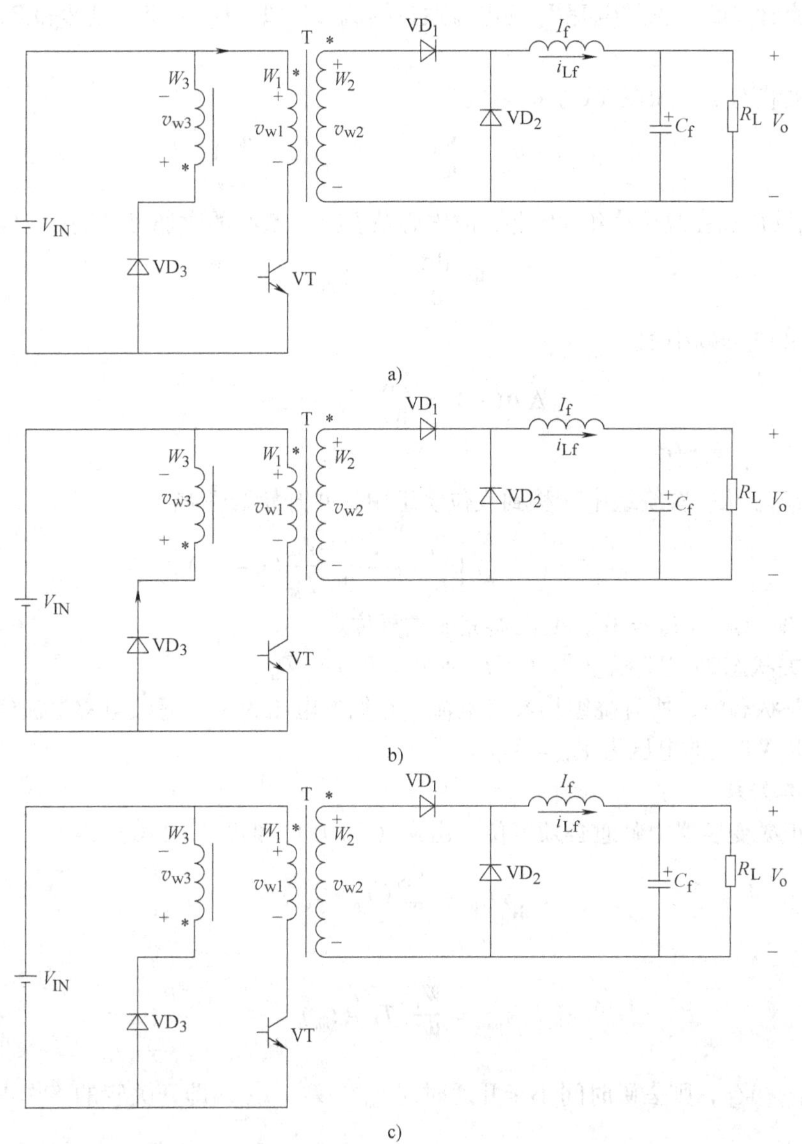

图 5-17 Forward 变换器不同开关状态下的等效电路

a）VT 导通 b）VT 关断，变压器磁复位 c）VT 关断

在 $t = KT + t_{on}$ 时，VT 截止，变压器一次绕组和二次绕组中都没有电流流过，此时变压器通过复位绕组进行磁复位，励磁电流 i_M 从复位绕组 W_3 经过二极管 VD_3 回馈到输入电源中去。复位绕组电压

$$v_{W3} = -V_{IN} \tag{5-105}$$

变压器一次绕组和二次绕组的电压分别为

$$v_{W1} = -\frac{W_1}{W_3}V_{IN} \tag{5-106}$$

$$v_{W2} = -\frac{W_2}{W_3}V_{IN} \tag{5-107}$$

此时整流管关断，流过电感 L_f 的电流通过续流二极管 VD_2 续流，显然和 Buck 变换器类似。

在此开关状态中，加在 VT 上的电压为

$$V_Q = V_{IN} + \frac{W_1}{W_3}V_{IN} = V_{IN}\left(1 + \frac{W_1}{W_3}\right) \tag{5-108}$$

电源 V_{IN} 反向加在复位绕组 W_3 上，故铁心被去磁，铁心的磁通 Φ 减小

$$W_3\frac{d\Phi}{dt} = -V_{IN} \tag{5-109}$$

铁心磁通 Φ 的减小量

$$\Delta\Phi(-) = \frac{V_{IN}}{W_3}(T_r - t_{on}) \tag{5-110}$$

式中，$T_r - t_{on}$ 是去磁时间。

励磁电流 i_M 从一次绕组中转移到复位绕组中，并开始线性减小

$$i_{W3} = i_M = \frac{W_1}{W_3}\left[\frac{V_{IN}}{L_M}t_{on} - \frac{W_1}{W_3}\frac{V_{IN}}{L_M}(t - t_{on})\right] \tag{5-111}$$

在 T_r 时刻，$i_{W3} = i_M = 0$，变压器完成磁复位。

（3）开关状态 3：VT 截止 $[KT + t_{on} + T_r, (K+1)T]$

在此开关状态中，所有绕组均没有电流，它们的电压为零。滤波电感电流经续流二极管续流。在此时 VT 上的电压为 $V_Q = V_{IN}$。

（4）基本关系

由于在正激变换器中磁通必须复位，由式（5-101）和式（5-110）得

$$\frac{V_{IN}}{W_1}t_{on} = \frac{V_{IN}}{W_3}(T_r - t_{on}) \tag{5-112}$$

整理得

$$t_{on} = \frac{W_1}{W_3}(T_r - t_{on}) \tag{5-113}$$

如果 $W_1 > W_3$，则去磁时间小于开通时间 $t_{on} > T_r - t_{on}$，即开关管的工作占空比 $\delta = \frac{t_{on}}{T} > 0.5$。

如果 $W_1 < W_3$，则去磁时间大于开通时间 $t_{on} < T_r - t_{on}$，即开关管的工作占空比 $\delta = \frac{t_{on}}{T} < 0.5$。

由式（5-108）可知，$W_1 > W_3$，VT 电压大于 2 倍输入电压；$W_1 < W_3$，VT 电压小于 2 倍输入电压。

为了充分提高占空比和减小 VT 两端电压，必须折衷选择。一般选 $W_1 = W_3$，这时当

$T_r - t_{on} = t_{off}$ 时，$\delta_{max} = \frac{t_{on}}{T} = 0.5$，而VT电压等于2倍输入电压。

由于单端正激变换器（Forward）变换器实际上是一个隔离的Buck变换器，因此其输入和输出关系为

$$V_o = \frac{W_2}{W_1} V_{IN} \delta \tag{5-114}$$

主要波形如图5-18所示。

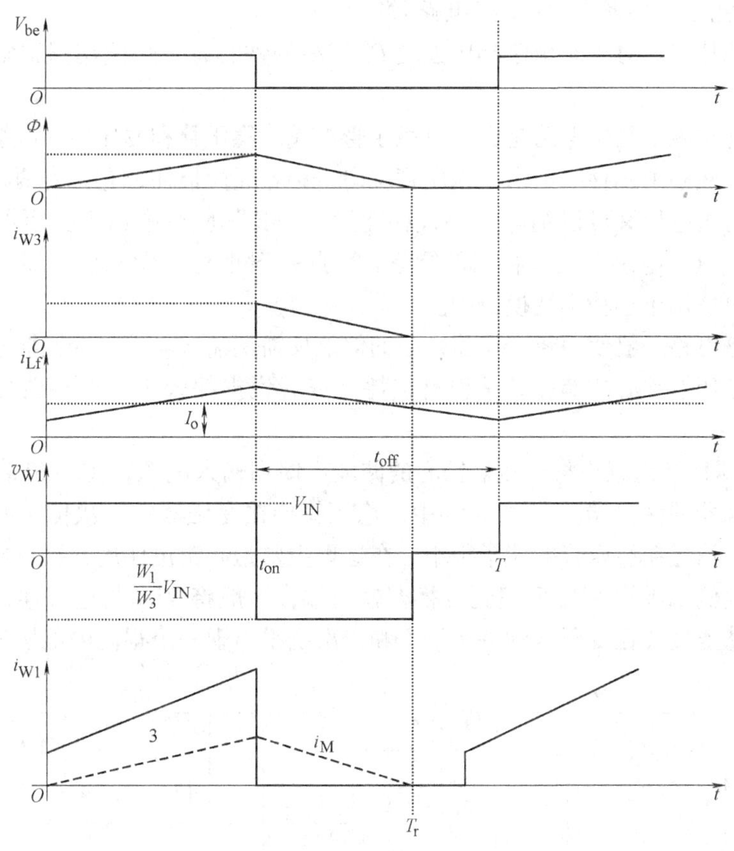

图5-18 主要波形

3. 单端变换器的磁复位技术

使用单端隔离变压器之后，变压器磁心如何在每个脉动工作磁通之后都能恢复到磁通起始值，这是产生的新问题，称为去磁复位问题。因为线圈通过的是单向脉动激磁电流，如果没有每个周期都作用的去磁环节，剩磁通的累加可能导致出现饱和。这时开关导通时电流很大；断开时，过电压很高，导致开关器件的损坏。

剩余磁通实质是磁心中仍残存有能量，如何使此能量转移到别处，就是磁心复位的任务。具体的磁心复位线路可以分成两种：一种是把铁心残存能量自然的转移，在为了复位所加的电子元件上消耗掉，或者把残存能量反馈到输入端或输出端；另一种是通过外加能量的方法强迫铁心的磁状态复位。具体使用哪种方法，可视功率的大小、所使用的磁心磁滞特性而定。最典型的两种磁心磁滞特性曲线如图5-19所示。

在磁场强度 H 为零时，磁感应强度的多少是由铁心材料决定。

$H=0$ 时，图 5-19a 的剩余磁感应强度 B_r 比图 5-19b 小，图 5-19a 一般是铁氧体、铁粉磁心和非晶合金磁心，图 5-19b 一般为无气隙的晶粒取向镍铁合金铁心。

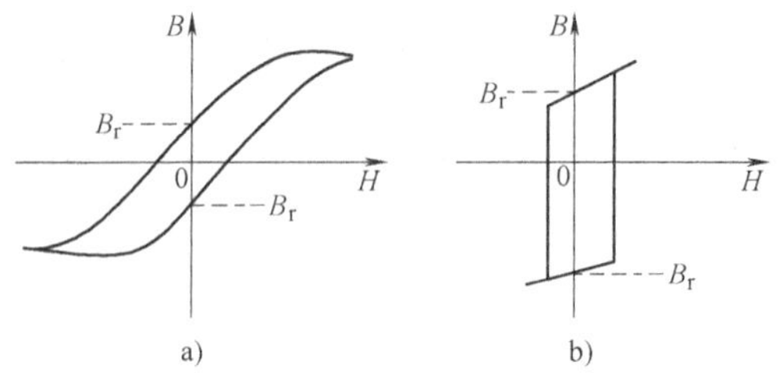

图 5-19 典型的两种磁心磁滞特性曲线

对于剩余磁感应强度 B_r 较小的铁心，一般使用转移损耗法。转移损耗法有电路简单、可靠性高的特点。对于剩余磁感应强度 B_r 较高的铁心，一般使用强迫复位法。强迫复位法电路较为复杂。

简单的损耗法磁心复位电路是由一只稳压管组成，稳压管和变压器一次绕组或和变压器二次绕组并联，磁心中残存能量由于稳压管反向击穿导通而损耗，它具有两种功能，既可以限制功率开关管过电压又可以消除磁心残存能量。在实际应用中由于变压器的漏电感（寄生电感）存在，这个电感中也有存储的能量，因此一般把稳压管和变压器一次绕组并联连接。这种电路只适用于小功率变换器中。

大功率去磁电路一般使用将变压器铁心的储能反馈到输入电源或变换器输出端。使用这种复位方法，变压器铁心的储能几乎没有损耗（或者说损耗较小）变换器变换效率是很高的。

图 5-17 的复位绕组就是将变压器铁心的储能反馈到输入电源，图 5-20 将变压器铁心的储能反馈到变换器的输出端。在图 5-20 中，稳压管接在变压器的一次侧，如上所述，它有两种功能，由于消耗在稳压管的能量很小，在这里主要是起钳位作用，铁心的储能通过连结在变压器的二次侧二极管 VD_3 反馈到变换器输出端，一般将 VD_3 与电容连接，如果将 VD_3 与高阻抗的电感连接会在变压器的一次绕组和二次绕组出现一个很高的电压尖峰脉冲。

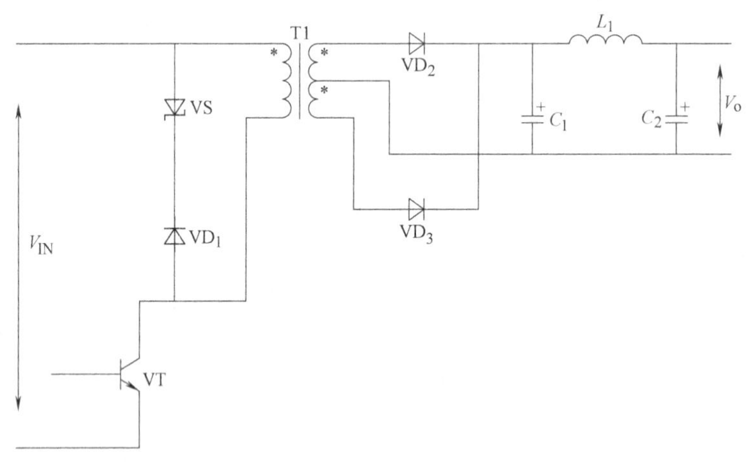

图 5-20 将变压器铁心的储能反馈到变换器的输出端

当变压器铁心中的剩余磁感应强度 B_r 较大时使用图 5-21 进行复位。由于在变换器输出端均有滤波电感，可以把它看作恒流源，因此使用恒流源和附加绕组 N_r 复位。在变压器二次中增加一个中间抽头形成绕组 N_r，通过 VD_3 与电感连结即可。

在单端变换器中，引起开关引力高的主要原因是开关管关断时漏感引起的开关管集电极和发射极之间电压突然升高，抑制开关管应力的方法有两个：一是减小漏电感；二是耗散过电压的能量，或者是能量反馈到电源中。

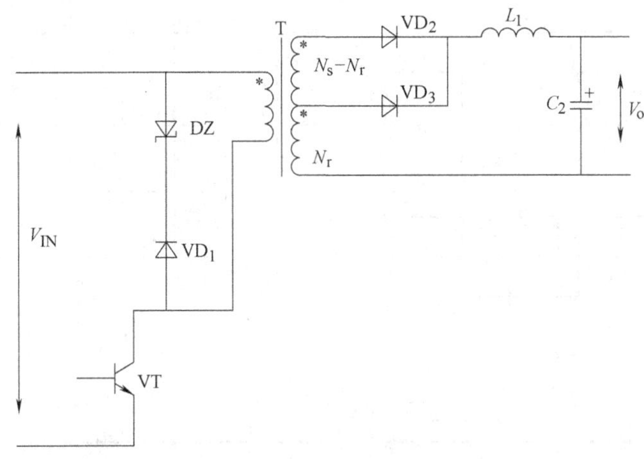

图5-21 恒流源复位

减小漏电感主要靠工艺，耗散过电压的能量要依靠与电感并联的R、C缓冲器，或与开关并联的R、C缓冲器。能量反馈回电源要依靠附加的线圈和定向二极管。

5.3.2 推挽式DC-DC变换器的原理及设计

推挽式（Push-Pull）DC-DC变换器由推挽逆变器和输出整流滤波电路构成，因此推挽式DC-DC变换器是属于DC-AC-DC变换器。图5-22是推挽式（Push-Pull）逆变器的主电路，图5-23是推挽式（Push-Pull）逆变器的主要波形。变压器两个一次绕组匝数相等，$W_{11}=W_{12}=W_1$，二次绕组匝数为W_2。

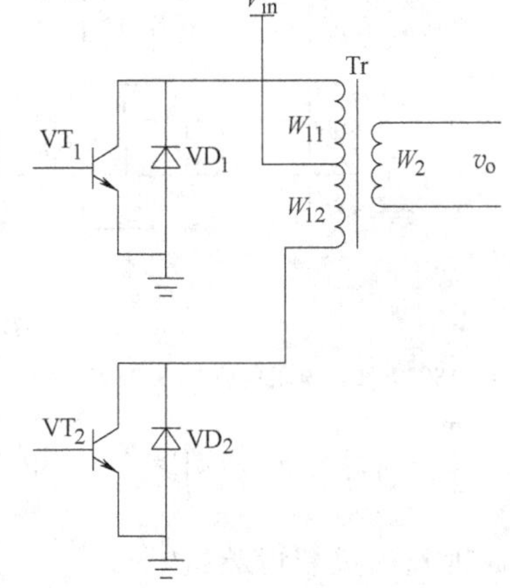

图5-22 推挽式逆变器主电路

1. 推挽式逆变器

（1）VT_1和$VT_2$180°互补导通工作

图5-23a、b是VT_1和$VT_2$180°互补导通工作时的波形。当VT_1导通时，电源电压V_{in}加在W_{11}上，当VT_2导通时，电源电压V_{in}加在W_{12}上，因此绕组W_2中的电动势为一个宽度为180°的交变方波，幅值为$\frac{W_2}{W_1}V_{in}$。

VT_1关断时，它的集电极和发射极之间电压为$V_{Q_1CE}=V_{in}+e_1$，e_1为W_{11}中的感应电动势，$e_1=V_{in}$，故$V_{Q_1CE}=2V_{in}$。

VT_2关断时，它的集电极和发射极之间电压为$V_{Q_2CE}=V_{in}+e_1$，e_1为W_{12}中的感应电动势，$e_1=V_{in}$，故$V_{Q_2CE}=2V_{in}$。

输出端接电阻负载时，负载电流波形和电压波形相同；输出端接电感负载时，若电感量为L，则电感电流i_L波形为三角波，电流以$\frac{V_o}{L}$斜率上升，也以$\frac{V_o}{L}$斜率下降。电流最大值为

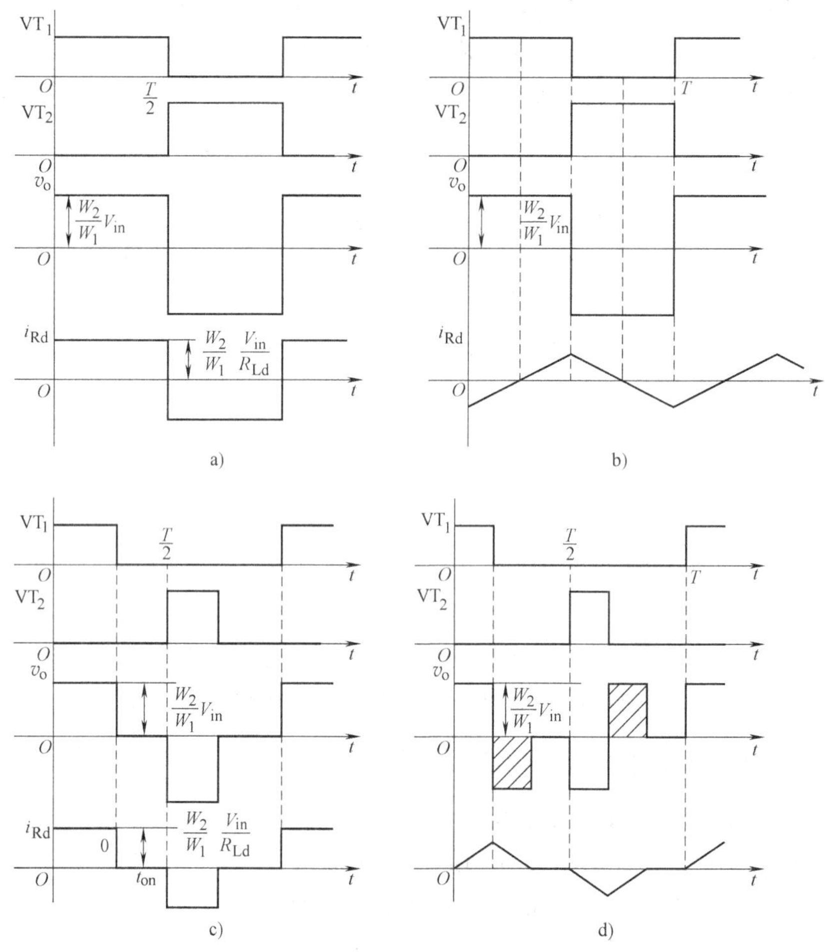

图 5-23 推挽式逆变器主要波形

a) 180°方波，电阻负载 b) 180°方波，电感负载 c) 小于 180°方波，电阻负载 d) 小于 180°方波，电感负载

$\frac{V_o}{L}\times\frac{T}{2}=\frac{V_o}{2Lf_s}$，$f_s$ 为逆变器开关频率。($\frac{T}{4}$，$\frac{T}{2}$) 期间，VT_1 导通，输出电压为正，i_L 为正，电源能量向负载传送；($\frac{T}{2}$，$\frac{3T}{4}$) 期间，i_L 为正，V_o 变负，负载向电源回馈能量，此时 VD_2 续流；($\frac{3T}{4}$，T) 期间，VT_2 导通，i_L 变负，V_o 为负，电源能量向负载传送；(0，$\frac{T}{4}$) 期间，i_L 为负，V_o 为正，负载向电源回馈能量，此时 VD_1 续流。显然，纯电阻负载时只有开关管中有电流流过，感性负载时开关管和二极管中都有电流流过。

(2) VT_1 和 VT_2 导通小于 180°工作

如果 VT_1 和 VT_2 导通时间减少，则输出电压为宽度小于 180°的方波，若输出端接电阻负载时，负载电流波形和电压波形相同；输出端接电感负载时，若电感用 L 表示，则电感电流 i_L 的波形为三角波，VT_1 导通，电流以$\frac{V_o}{L}$斜率上升；VT_1 关断，电感电流 i_L 经 VD_2 续流，电流以$\frac{V_o}{L}$斜率下降。VD_2 续流，使 V_{in}加在 W_{12}上，在 W_2 绕组上，电压极性反向，如图中阴影部分所示。如果 VT_1 和 VT_2 导通时间分别大于$\frac{T}{4}$，则在感性负载时，输出电压 V_o 为 180°的交变方波，不再受 VT_1 和 VT_2导通时间的影响。

2. 推挽式 DC-DC 变换器

（1）工作原理

图 5-24 是推挽式 DC-DC 变换器的主电路，整流二极管 VD_{R1}和 VD_{R2}的左侧是逆变电路，右侧是整流、滤波电路。

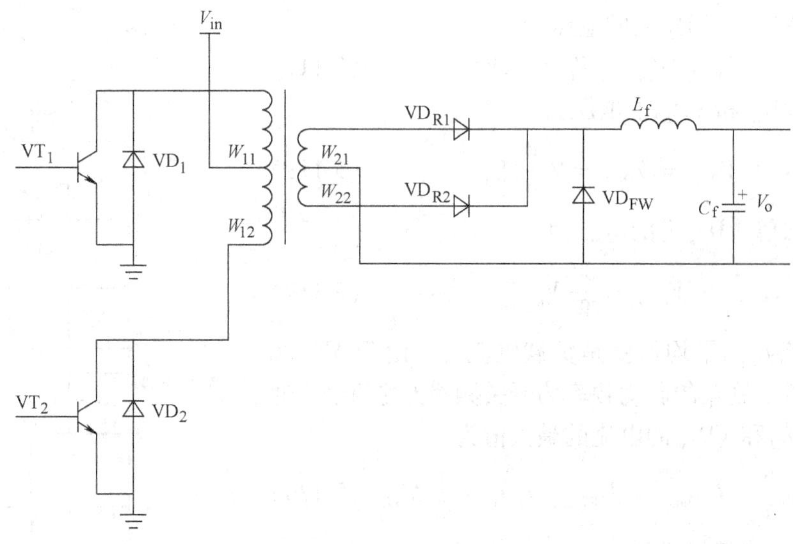

图 5-24 推挽式 DC-DC 变换器主电路

输出整流电路有 3 种基本类型：全波整流电路、全桥整流电路和倍流整流电路。全波整流电路适用于输出电压较低的场合，可以减小整流电路中的通态损耗，全桥整流电路适用于输出电压较高的场合，可以降低整流管的电压额定值。图中为全波整流电路，L_f 式输出滤波电感，C_f 是输出滤波电容。推挽式直流变换器可看成是两个 Forward 变换器的组合，这两个 Forward 变换器的开关管轮流导通，故变压器铁心是交变磁化的。全波整流电路变压器二次有 W_{21}和 W_{22}两个绕组，它们的匝数相等，即 $W_{21}=W_{22}=W_2$，图中还接有续流管 VD_{FW}，但也可不接。

图 5-25 是推挽式直流变换器的主要波形。在 VT_1 或 VT_2 导通期间，变压器二次绕组中感应电动势为 v_{W2}，电压脉冲宽度决定于 VT_1 或 VT_2 的导通时间 t_{on}，幅值为 $\frac{W_2}{W_1}V_{in}$，为一交流电。该电压经整流管 VD_{R1}和 VD_{R2}整流成一个直流方波电压。滤波电感电流 I_{Lf}在电流连续时为三角波，图中给出了流过 VD_{R1}、VD_{R2}和 VD_{FW}的电流波形。

（2）基本关系

设 VT_1 或 VT_2 的导通时间为 t_{on}，则 $D_y=\frac{t_{on}}{T_s/2}$，电感电流连续时输出电压与输入电压之间的关系为

$$\frac{V_o}{V_{in}} = \frac{W_2}{W_1}D_y \tag{5-115}$$

可以看出，若 V_{in} 表示恒定的没有纹波，则输出 V_o 同样也是恒定的没有纹波。对于多路输出的开关电源来说，这一点是特别重要的。这也是把降低输出电压纹波的重点和精力都放在降低输入电压纹波的原因所在。

开关管 VT_1 和 VT_2 上的电压为

$$V_{Q1} = V_{Q2} = 2V_{in} \tag{5-116}$$

二极管 VD_1 和 VD_2 上的电压为

$$V_{D1} = V_{D2} = V_{Q1} = 2V_{in} \tag{5-117}$$

整流管 VD_{R1} 和 VD_{R2} 上电压为

$$V_{DR1} = V_{DR2} = 2\frac{W_2}{W_1}V_{in} \tag{5-118}$$

续流二极管 VD_{FW} 上的电压为

$$V_{DFW} = \frac{W_2}{W_1}V_{in} \tag{5-119}$$

电感电流 i_{Lf} 的平均值就是负载电流 I_o。由于 VT_1 和 VT_2 轮流导通，故 i_{Lf} 的脉动频率为开关频率 f_s 的两倍，通过 VD_{R1}、VD_{R2} 和 VD_{FW} 的电流的最大值为

$$I_{DR1max} = I_{DR2max} = I_{DFWmax} = I_o + \frac{1}{2}\Delta i_{Lf} \tag{5-120}$$

Δi_{Lf} 是电感电流脉动量

$$\Delta i_{Lf} = \frac{W_2}{W_1}\frac{V_{in}}{L_f}D_y\frac{T_s}{2} \tag{5-121}$$

$$I_{DR1max} = I_{DR2max} = I_{DFWmax} = I_o + \frac{W_2}{W_1}\frac{V_{in}}{4L_f f_s}D_y \tag{5-122}$$

因 i_{DR1} 和 i_{DR2} 就是流过变压器二次绕组的电流，若不计变压器的励磁电流，则变压器一次绕组电流的最大值为

$$I_{pmax} = \frac{W_2}{W_1}I_o + \left(\frac{W_2}{W_1}\right)^2\frac{V_{in}D_y}{4L_f f_s} \tag{5-123}$$

流过变压器一次侧的电流最大值 I_{pmax} 也就是流过开关管电流的最大值。

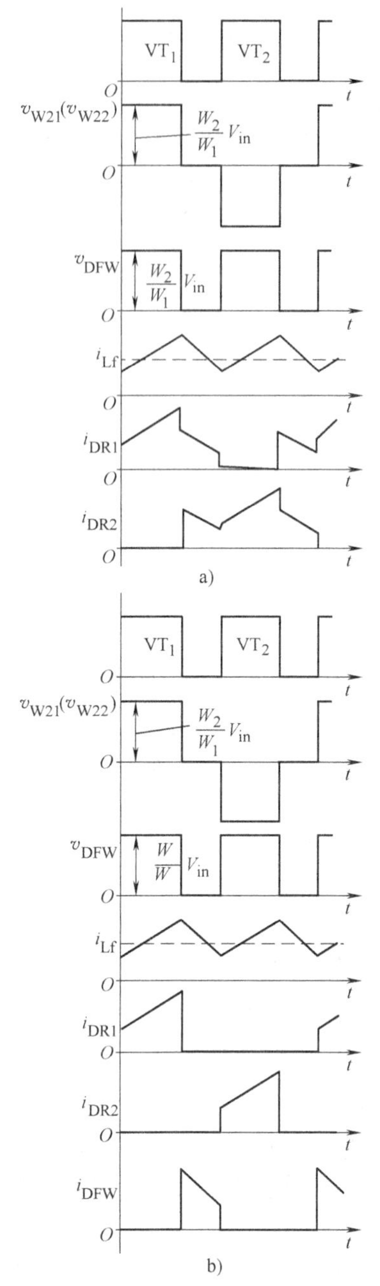

图 5-25 推挽式变换器各点主要波形
a）无续流二极管 b）有续流二极管

开关管的反并二极管 VD_1 和 VD_2 不流过负载电流，仅流过铁心磁复位时的磁化电流。

如果断开续流管 VD_{FW}，该变压器的主要波形如图 5-25a 所示。当 VT_1 和 VT_2 关断时，本应流过 VD_{FW} 的电流现在改为通过 VD_{R1}、W_{21} 和 VD_{R2}、W_{22}，通过 VD_{R1} 和 VD_{R2} 的电流大小相同，这样此时变压器二次绕组的合成磁势才为零。

3. 推挽式变换器的铁心偏磁

VT_1 和 VT_2 的交替开关，使变压器铁心交替磁化与去磁，完成电能从一次到二次的传递。由于电路不可能完全对称，例如，VT_1 和 VT_2 导通时的导通状态压降可能不同，或两管的开通时间可能不同，会在变压器一次侧的高频交流电压上叠加一个数值较小的直流电压，这就是所谓的直流偏磁。由于一次绕组电阻很小，即使是一个较小的直流偏磁电压，如果作用时间太长，也会使变压器铁心单方向饱和，引起大的磁化电流，导致器件损坏。通常推挽式直流变换器用电流控制芯片，以限制流过器件的电流。

推挽式变换器存在着以下方面缺点：①容易发生偏磁；②功率开关的耐压至少是输入电压的两倍，考虑最坏情况下的安全设计，例如，输入电压波动 ±10%；由于变压器漏感影响在截止瞬间产生的电压尖刺一般限制在输入电压的 ±20%；实际应用中电压额定值留取 20% 的余量；则功率开关的耐压至少为 $1.2\times1.1\times2\div0.8=3.3$ 倍，在直接使用交流电网供电的情况下（220/380V 交流，对应直流 310/530V 左右）几乎很难找到合适的开关管。因而实际应用较少，只用在输入电压较低的场合。

5.3.3　半桥式 DC-DC 变换器的原理及设计

推挽式直流变换器开关管承受反向电压至少是电源电压的两倍，因而大多用于电源电压较低的场合。半桥式变换器开关管承受的反向电压为电源电压，故可在电源电压较高的场合应用。半桥式变压器是由半桥逆变器、高频变压器和输出整流滤波电路组成，因而也属于直流-交流-直流变换器。

图 5-26 给出了输出为全波整流电路的半桥式直流变换器的主电路，图 5-27 给出了各点主要波形。由两个相等的电容 C_1 和 C_2 构成一个桥臂，开关管 VT_1、VT_2（均含有反并联二极管）构成另一个桥臂，两个桥臂的中点 A、B 接高频变压器，由于电容 C_1 和 C_2 较大，其中点 B 的电位保持不变，且等于$\frac{1}{2}V_{in}$。从另一个角度看，它实际上是两个正激变换器的组合，每个正激变换器输入电压为 $V_{in}/2$，输出电压为 V_o。变压器一次绕组的匝数为 W_1，两个二次绕组匝数相等，即 $W_{21}=W_{22}=W_2$，图中 L_{lk}是变压器的漏感。

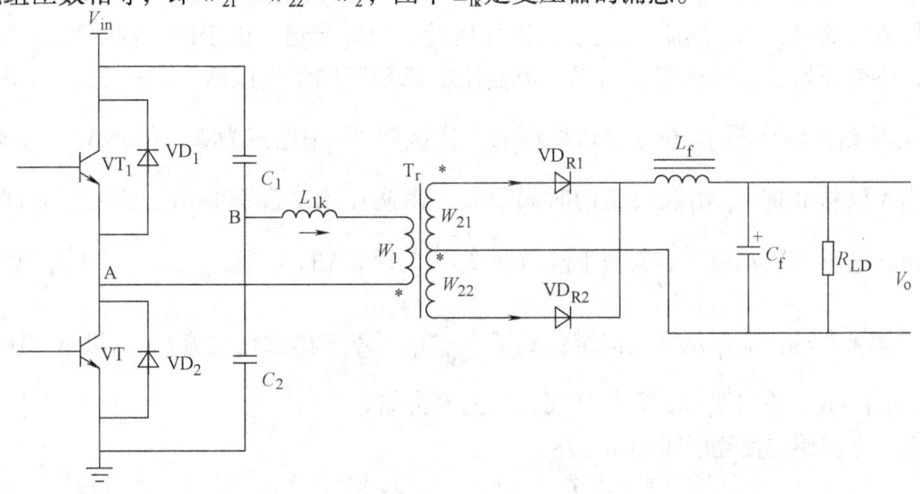

图 5-26　输出为全波整流电路的半桥式直流变换器的主电路

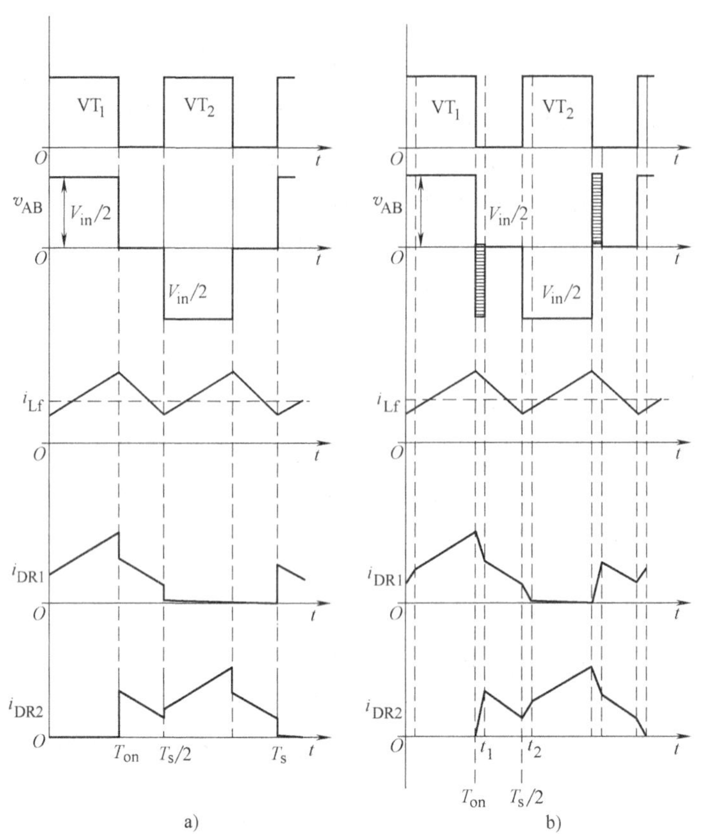

图 5-27 输出为全波整流电路的半桥式直流变换器主电路各点主要波形

a）不考虑变压器漏感 b）考虑变压器漏感

1. $L_{lk}=0$ 时的工作原理

当 VT_1 导通时，变压器一次绕组上电压为 $v_{AB}=\frac{1}{2}V_{in}$，绕组感应电动势“ * ”端为“正”极性，故 VD_{R1}导通，VD_{R2}反偏截止，输出滤波电感电流 i_{Lf}增长。在 $t=T_{on}$时，VT_1 截止，由于电感电流不能断续，i_{Lf}继续按原方向流动，故二次绕组 i_{s1} 和一次绕组中的电流 i_p 也仍按原方向流动，VD_2 续流，因此 v_{AB}极性反转，VD_{R2}导通。由于两个输出整流二极管同时导通，将变压器二次电压钳位为零，由变压器原理可知，变压器一次电压 $v_{AB}=0$，这时 $i_p=0$，这时 $i_{s1}=i_{s2}=\frac{1}{2}i_{Lf}$，由于这时变压器一次绕阻 W_1 中电流为零，因此 VD_2 续流停止。实际上当 VT_1 截止时 v_{AB}出现负压的时间很短，因此在图中没有画出。在死区时间 [T_{on}，$T_s/2$] 内，电感电流 i_{Lf}以 $-\frac{V_o}{L_f}$斜率下降，在 $T_s/2$ 时刻，VT_2 导通，$v_{AB}=-\frac{1}{2}V_{in}$，变压器绕阻电势“非 * ”为正，$i_p$ 从零反向增长到了 $-\frac{W_2}{W_1}i_{Lf}$（不考虑磁化电流），二极管 VD_{R1}截止，$i_{DR1}=0$，$i_{DR1}=i_{Lf}$，在 [$T_s/2$，T_s] 区间，与上面类似。

显然，在电感电流连续时输出电压

$$V_o=\frac{W_2}{W_1}\times\frac{T_{on}}{T_s/2}\times\frac{V_{in}}{2}=\frac{1}{2}\times\frac{W_2}{W_1}\times D_y\times V_{in} \tag{5-124}$$

$$D_y = \frac{T_{on}}{T_s/2} \tag{5-125}$$

VT_1、VT_2 承受的反向电压为输入电源电压 V_{in}；整流二极管承受的反向电压为 $\frac{W_2}{W_1}V_{in}$；电感电流的平均值为负载电流 I_o，通过输出整流二极管的最大电流为 $I_o + \frac{1}{2}\Delta i_{Lf}$，$\Delta i_{Lf}$为电感电流脉动量

$$\Delta i_{Lf} = \frac{\frac{V_{in}}{2}}{L_f \frac{W_1}{W_2}} T_{on} = \frac{W_2}{W_1}\frac{V_{in}}{2L_f}T_{on} \tag{5-126}$$

流过功率开关管的最大电流

$$I_{Q_1max} = I_{Q_2max} = I_{Pmax} = \frac{W_2}{W_1}I_o + \left(\frac{W_2}{W_1}\right)^2 \frac{V_{in}D_y}{8L_f f_s} \tag{5-127}$$

$f_s = \frac{1}{T_s}$ 为开关频率。

2. $L_{lk} \neq 0$ 时的工作原理

在实际应用中，变压器总是存在漏感，由于漏感的存在，变换器的工作原理与不考虑漏感时有所不同。图5-27b给出了半桥式变换器考虑变压器漏感时的主要波形。

在 T_{on}时刻，VT_1 关断，由于 $L_{lk} \neq 0$，变压器一次电流 i_p 不能断续，由 VD_2 续流，此时 $v_{AB} = -\frac{1}{2}V_{in}$，输出整流二极管 VD_{R2}导通，这时输出整流二极管 VD_{R1}还在导通。由于两个输出整流二极管 VD_{R1}、VD_{R2}同时导通，将变压器一次电压钳位为零，因此 $v_{AB} = -\frac{1}{2}V_{in}$就全部加在变压器漏感 L_{lk}上，这个电压使变压器一次电流 i_p 线性下降，在 t_1 时刻 i_p 下降到零，此时 VD_2 截止，$v_{AB} = 0$。［T_{on}，t_1］区间的电压方波（图中用阴影表示）是变压器一次电流 i_p 减小到零所必需的，一般称为复位电压。同样 VT_2 截止时也会出现复位电压。

在$\frac{T_s}{2}$时刻，VT_2 导通，$v_{AB} = -\frac{1}{2}V_{in}$，此时变压器一次电流 i_p 从零开始线性上升，由于变压器漏感 L_{lk}限制了它的上升率，在 t_2 时刻之前，输出整流二极管 VD_{R1}还没有恢复其阻断能力，两个输出整流二极管 VD_{R1}、VD_{R2}同时导通。将变压器二次电压钳位为零，同时也把变压器一次电压钳位为零，因此 $v_{AB} = -\frac{1}{2}V_{in}$就全部加在变压器漏感 L_{lk}上，这个电压使变压器一次电流 i_p 线性增加，在 t_2 时刻输出整流二极管 VD_{R1}截止，变压器一次电流 i_p 线性增加到 $-\frac{W_2}{W_1} \times \frac{V_{in}}{2}i_{Lf}$，钳位结束。虽然在［$T_{on}/2$，$t_2$］这一区间 $v_{AB} = -\frac{1}{2}V_{in}$，但变压器二次电压为零，也就是说，变压器二次丢失了［$T_s/2$，t_2］时段的电压方波，这部分时间与 $T_s/2$ 的比值即占空比丢失 D_{loss}

$$D_{loss} = \frac{t_2 - T_s/2}{T_s/2} = \frac{W_2}{W_1}\frac{8L_{lk}I_o f_s}{V_{in}} \tag{5-128}$$

通过上述分析，可以看出，漏感带来复位电压和占空比丢失两个问题。要求我们在设计

电路时要对最大占空比 D_y 进行限制，留出复位时间；占空比丢失使有效占空比减小，为了得到所要求的输出电压，必须减小变压器的一二次匝比，但匝比减小会带来两个问题：一是一次开关电流峰值增加，通态损耗增加；二是输出整流二极管的耐压值要增加。为了减小复位电压时间和占空比丢失，应尽量减小漏感。

3. 电容 C_1，C_2 选取

电容器的值可以从已知的一次电流和工作频率来计算。若总输出功率为 P_o（包括变压器损耗），工作频率为 f_s，占空比 δ，半周期为 $\frac{T_s}{2}=\frac{1}{2f_s}$，则一次平均电流为 $I_{平均}=\frac{P_o}{\delta V_{in}/2}$。当 VT_1 导通，一次电流流入 B 点，当 VT_2 导通，则从 B 点取出电流，在半个周期内由电容 C_1，C_2 补充电荷损失。在半个周期内电容上的电压变化为

$$\Delta V=\frac{I_{平均}\frac{T_s}{2}}{C_1+C_2}=\frac{P_o}{\delta V_{in}/2}\times\frac{1}{2f_s(C_1+C_2)}$$

在实际应用中，取 $C_1=C_2=C$，则上式可写为

$$\Delta V=\frac{P_o}{2\delta V_{in}f_sC} \tag{5-129}$$

电容上直流电压变化率与输出整流电压变化率是相同的，因此输出纹波系数为

$$RF=\frac{\Delta V}{V_{in}/2}=\frac{P_o}{\delta V_{in}^2fC} \tag{5-130}$$

为了满足输出纹波要求，则 C 为

$$C=\frac{P_o}{V_{in}^2f\delta RF} \tag{5-131}$$

实际应用中，一般将滤波电容和分压电容分别设置，滤波电容取几百到几千微法的电解电容，分压电容常取几个微法的无极性电容。

4. 半桥式电路抗不平衡能力分析

半桥电路具有较强的抗偏磁能力，即在主电路不平衡条件下仍能维持高频变压器磁通对称。在分析这个结论之前，作下述假设：

1）只研究导通和截止的稳态过程而不考虑开通和关断的瞬态过程。

2）输入直流电压 V_{in} 恒定。

3）功率开关用理想开关和串联等效电阻 R_1、R_2 表示，电阻 R_1、R_2 表示功率开关管饱和压降不同。

4）高频变压器用低频等效电路表示，忽略漏感和励磁电感，变压器直流等效电组用 R_0 表示，变压器二次侧负载折合到一次侧用 R_L' 表示，$R_0+R_L'=R_3$。

通过上述假设，图 5-26 半桥式变换器原理图可等效为图 5-28a。当开关 VT_1 闭合，VT_2 断开时，C_2 充电，C_1 放电，充放电电流分别用 i_2 和 i_1 表示，如图 5-28b 所示。当开关 VT_1 断开，VT_2 闭合时，C_1 充电，C_2 放电，充放电电流分别用 i_1' 和 i_2' 表示，如图 5-28c 所示。

当 VT_1 闭合，VT_2 断开时，设 C_1、C_2 的初始电压为 V_1（0）和 V_2（0），由回路电流法写出回路复变量电压方程

$$[i_1(s)+i_2(s)](R_1+R_3)+\frac{i_2(s)}{sC_2}=\frac{V_{in}}{s}-\frac{V_2(0)}{s} \tag{5-132}$$

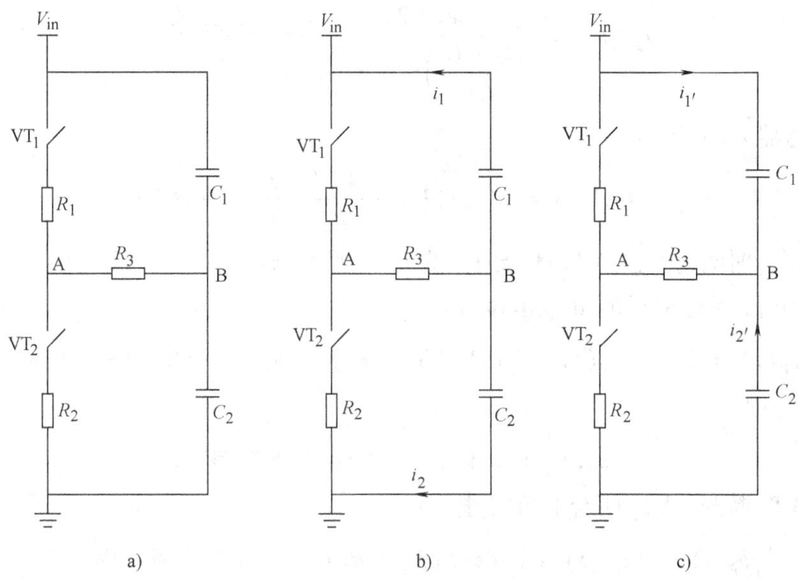

图 5-28 半桥式变换器原理图等效电路

$$[i_1(s)+i_2(s)](R_1+R_3)+\frac{i_1(s)}{sC_1}=\frac{V_1(0)}{s} \tag{5-133}$$

$$V_{in}=V_1(0)+V_2(0) \tag{5-134}$$

解上式并拉氏反变换得

$$i_1(t)=\frac{V_1(0)}{\left(\frac{C_2+C_1}{C_1}\right)(R_1+R_3)}e^{-\frac{t}{(R_1+R_3)(C_1+C_2)}} \tag{5-135}$$

$$i_2(t)=\frac{V_1(0)}{\left(\frac{C_2+C_1}{C_2}\right)(R_1+R_3)}e^{-\frac{t}{(R_1+R_3)(C_1+C_2)}} \tag{5-136}$$

高频变压器 v_{AB} 电压为

$$v_{AB}=[i_1(t)+i_2(t)]R_3=\frac{V_1(0)R_3}{(R_1+R_3)}e^{-\frac{t}{(R_1+R_3)(C_1+C_2)}} \tag{5-137}$$

当开关 VT_1 断开，VT_2 闭合时，C_1 充电，C_2 放电，充放电电流分别用 i_1' 和 i_2' 表示，设 C_1、C_2 的初始电压为 V_1'（0）和 V_2'（0）可得

$$[i_1'(s)+i_2'(s)](R_2+R_3)+\frac{i_1'(s)}{sC_1}=\frac{V_{in}}{s}-\frac{V_1'(0)}{s} \tag{5-138}$$

$$[i_1'(s)+i_2'(s)](R_2+R_3)+\frac{i_2'(s)}{sC_2}=\frac{V_2'(0)}{s} \tag{5-139}$$

$$V_{in}=V_1'(0)+V_2'(0) \tag{5-140}$$

解上式并拉氏反变换得

$$i_1'(t)=\frac{V_2'(0)}{\left(\frac{C_2+C_1}{C_1}\right)(R_2+R_3)}e^{-\frac{t}{(R_2+R_3)(C_1+C_2)}} \tag{5-141}$$

$$i_2'(t)=\frac{V_2'(0)}{\left(\frac{C_2+C_1}{C_2}\right)(R_2+R_3)}e^{-\frac{t}{(R_2+R_3)(C_1+C_2)}} \tag{5-142}$$

高频变压器v_{BA}电压为

$$v_{BA}=(i_1'(t)+i_2'(t))R_3=\frac{V_2'(0)R_3}{(R_2+R_3)}e^{-\frac{t}{(R_2+R_3)(C_1+C_2)}} \tag{5-143}$$

设 VT_1 闭合时间为 t_{1on}，VT_2 闭合时间为 t_{2on}，且 $t_{1on}\neq t_{2on}$

当 VT_1 闭合，VT_2 断开时 B 点电位

$$v_B(t)=V_{in}-(i_1(t)+i_2(t))(R_1+R_3)=V_{in}-V_1(0)e^{-\frac{t}{(R_1+R_3)(C_1+C_2)}} \tag{5-144}$$

当 $t=t_{1on}$ 时

$$v_B(t_{1on})=V_{in}-V_1(0)e^{-\frac{t_{1on}}{(R_1+R_3)(C_1+C_2)}} \tag{5-145}$$

当开关 VT_1 断开，VT_2 闭合时 B 点电位：

$$v_B(t)=(i_1'(t)+i_2'(t))(R_2+R_3)=V_2'(0)e^{-\frac{t}{(R_2+R_3)(C_1+C_2)}} \tag{5-146}$$

当 $t=t_{2on}$ 时

$$v_B(t_{2on})=V_2'(0)e^{-\frac{t_{2on}}{(R_2+R_3)(C_1+C_2)}} \tag{5-147}$$

在稳定工作时，开关 VT_1、VT_2 交替导通，设 VT_1 闭合，VT_2 断开时 B 点电位由 V_B 上升到 V_B'，并在 VT_1 断开时间里保持不变；当开关 VT_1 断开，VT_2 闭合时 B 点电位由 V_B'下降 V_B，并在 VT_2 断开时间里保持不变，显然初始条件有

$$V_2'(0)=v_B(t_{1on})=V_{in}-V_1(0)e^{-\frac{t_{1on}}{(R_1+R_3)(C_1+C_2)}} \tag{5-148}$$

$$V_1(0)=V_{in}-v_B(t_{2on})=V_{in}-V_2'(0)e^{-\frac{t_{2on}}{(R_2+R_3)(C_1+C_2)}} \tag{5-149}$$

联立式（5-148）和式（5-149）得

$$V_1(0)=\frac{V_{in}\left(1-e^{-\frac{t_{2on}}{(R_2+R_3)(C_1+C_2)}}\right)}{1-e^{-\left(\frac{t_{1on}}{(R_1+R_3)(C_1+C_2)}+\frac{t_{2on}}{(R_2+R_3)(C_1+C_2)}\right)}} \tag{5-150}$$

$$V_2'(0)=\frac{V_{in}\left(1-e^{-\frac{t_{1on}}{(R_1+R_3)(C_1+C_2)}}\right)}{1-e^{-\left(\frac{t_{1on}}{(R_1+R_3)(C_1+C_2)}+\frac{t_{2on}}{(R_2+R_3)(C_1+C_2)}\right)}} \tag{5-151}$$

把式（5-150）和式（5-151）分别代入式（5-137）和式（5-143）得

$$v_{AB}=\frac{V_{in}(1-e^{-\frac{t_{2on}}{(R_2+R_3)(C_1+C_2)}})}{1-e^{-(\frac{t_{1on}}{(R_1+R_3)(C_1+C_2)}+\frac{t_{2on}}{(R_2+R_3)(C_1+C_2)})}}\frac{R_3}{(R_1+R_3)}e^{-\frac{t}{(R_1+R_3)(C_1+C_2)}} \tag{5-152}$$

$$v_{BA}=\frac{V_{in}(1-e^{-\frac{t_{1on}}{(R_1+R_3)(C_1+C_2)}})}{1-e^{-(\frac{t_{1on}}{(R_1+R_3)(C_1+C_2)}+\frac{t_{2on}}{(R_2+R_3)(C_1+C_2)})}}\frac{R_3}{(R_2+R_3)}e^{-\frac{t}{(R_2+R_3)(C_1+C_2)}} \tag{5-153}$$

分别计算在开关 VT_1、VT_2 交替导通时加在变压器的伏秒积

$$US_1=\int_0^{t_{1on}}v_{AB}dt=\frac{V_{in}(1-e^{-\frac{t_{2on}}{(R_2+R_3)(C_1+C_2)}})}{1-e^{-(\frac{t_{1on}}{(R_1+R_3)(C_1+C_2)}+\frac{t_{2on}}{(R_2+R_3)(C_1+C_2)})}}\frac{R_3}{(R_1+R_3)}\left[1-e^{-\frac{t_{1on}}{(R_1+R_3)(C_1+C_2)}}\right] \tag{5-154}$$

$$US_2 = \int_0^{t_{2on}} v_{BA} dt = \frac{V_{in}(1 - e^{-\frac{t_{1on}}{(R_1+R_3)(C_1+C_2)}})}{1 - e^{-(\frac{t_{1on}}{(R_1+R_3)(C_1+C_2)}+\frac{t_{2on}}{(R_2+R_3)(C_1+C_2)})}} \frac{R_3}{(R_2+R_3)}\left[1 - e^{-\frac{t_{2on}}{(R_2+R_3)(C_1+C_2)}}\right] \tag{5-155}$$

比较式（5-154）和式（5-155）可见 $US_1 = US_2$，即半桥电路在不平衡条件下仍能维持高频变压器磁通对称，也就是说半桥式电路具有较强的抗偏磁能力。

5.3.4 全桥式 DC-DC 变换器的原理

全桥式变换器原理图及波形如图 5-29 所示。全桥式变换器中 4 个功率管只承受电源电压，与推挽式变换器相比，多用了两个开关管。

从图 5-29 可以看出，全桥式变换器开关管的开关过程：SW_1、SW_2（或 SW_3、SW_4）同时开关，这两对管子互补导通。为了防止直通现象，设置有一死区，死区期间 4 个管子都不导通。

输出电压为

$$V_o = 2V_s\left(\frac{N_s}{N_p}\right)\frac{t_{on}}{T} \tag{5-156}$$

全桥式变换器充分利用了变压器传递能量的能力，是大功率 DC-DC 变换器的理想电路。

全桥式变换器也有明显的缺点，如直通问题、偏磁问题等。

所谓偏磁问题是指变压器磁心的工作磁滞回线中心点偏离了坐标远点，变压器正反向脉冲过程中磁通不对称现象。

造成偏磁的原因主要有功率管的饱和导通压降不一致、导通时间（开关管从关断到导通的时间）和关断时间不一致以及加在变压器上的正负脉冲电压宽度不一致等原因所造成的。

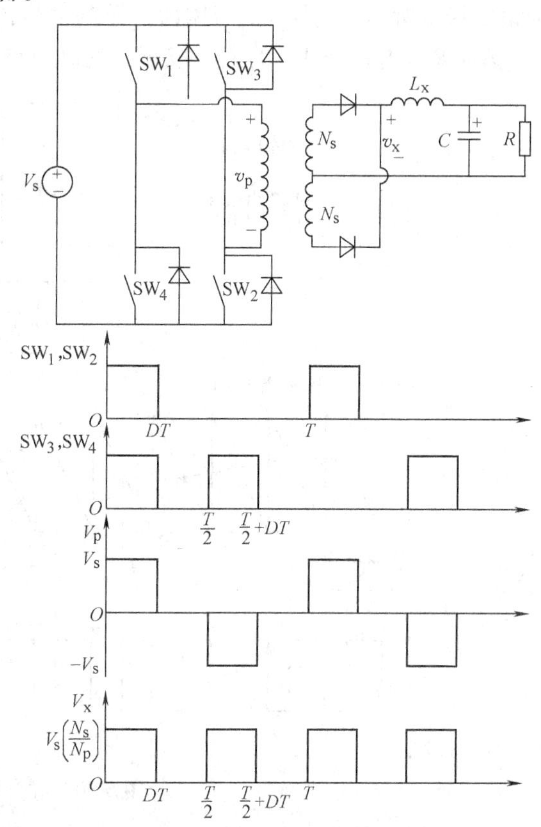

图 5-29 全桥式变换器原理图及波形

偏磁在全桥式变换器中是必然现象。偏磁发生时，可通过电流母线来观察，可以发现流过母线的相邻电流脉冲信号幅度不相等。也就是说流过 SW_1、SW_2 和 SW_3、SW_4 的电流不相等。

在电路设计中，一般都假定流过 SW_1、SW_2 和 SW_3、SW_4 的电流相等，两组开关管分担了输出能量，如果偏磁严重就会造成功率管的损坏。

全桥式变换器必须有抗偏磁电路，否则全桥式变换器几乎无法可靠工作。

实际应用中，常使用变压器一次串联电容的方法或使用电流型 PWM 控制器来减弱偏磁危害。

5.4 PWM 控制器原理

DC-DC 变换器的控制方式有：①脉冲频率调制式（PFM，脉冲信号的宽度不变，而脉冲频率可调）；②脉冲宽度调制式（PWM，脉冲信号的频率不变，而脉冲宽度可调）；③混合式。脉冲宽度调制式（PWM）由于线性度好、负载调整率高和热稳定性好等优点而得到广泛应用。

5.4.1 电压型 PWM 控制器原理

电压型脉宽调制器是一个电压-脉冲变换装置，用锯齿波作调制信号的脉宽调制器原理图如图 5-30 所示。电压 V_{ctrl}与锯齿波调制信号比较，输出的 PWM 开关信号为与锯齿波同频率、脉冲宽度与电压 V_{ctrl}的大小成正比的脉宽调制信号。

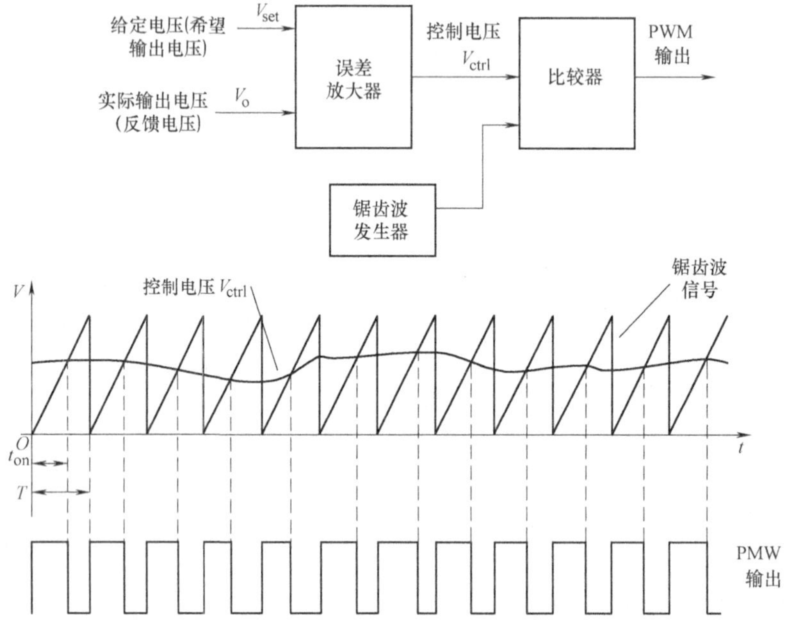

图 5-30 脉宽调制原理图

5.4.2 电流型 PWM 控制器原理

电流型 PWM 控制器与传统的仅有输出电压反馈的电压型 PWM 控制器比较具有较多的优点。从电路结构上看，是增加了一个电感电流反馈，而且此电流反馈就作为 PWM 的斜波函数，就不再需要锯齿波（或三角波）发生器，更重要的是在于引入了电感电流反馈使系统的性能具有明显的优越性。

1. 电流型 PWM 控制器常用的几种原理方案

（1）恒定迟滞环宽控制：在电感中产生一个固定的电流减小量后，功率开关管被导通，如图 5-31a 中由迟滞比较器来实现，即恒定迟滞环宽控制。

（2）恒定关断时间控制：经过一个固定的时间间隔后，功率开关管被导通，如图 5-31b

中由一单稳态触发器来实现，即恒定关断时间控制。

（3）恒定频率控制；有一个固定频率的时钟信号控制 RS 触发器从而控制功率开关管的导通，如图 5-31c 所示，即恒定频率控制。下边介绍恒定频率控制的电流型 PWM 控制电路工作原理。

2. 恒定频率控制的电流型 PWM 控制器电路工作原理

图 5-32 为恒定频率的电流型 PWM 控制器所构成的变换器电路工作原理，R_s 为流过开关管电流的取样电阻，控制电路为双环控制，具有电压外环和电流内环，峰值电流在内环。电流内环的反馈电流为电感电流或开关电流。

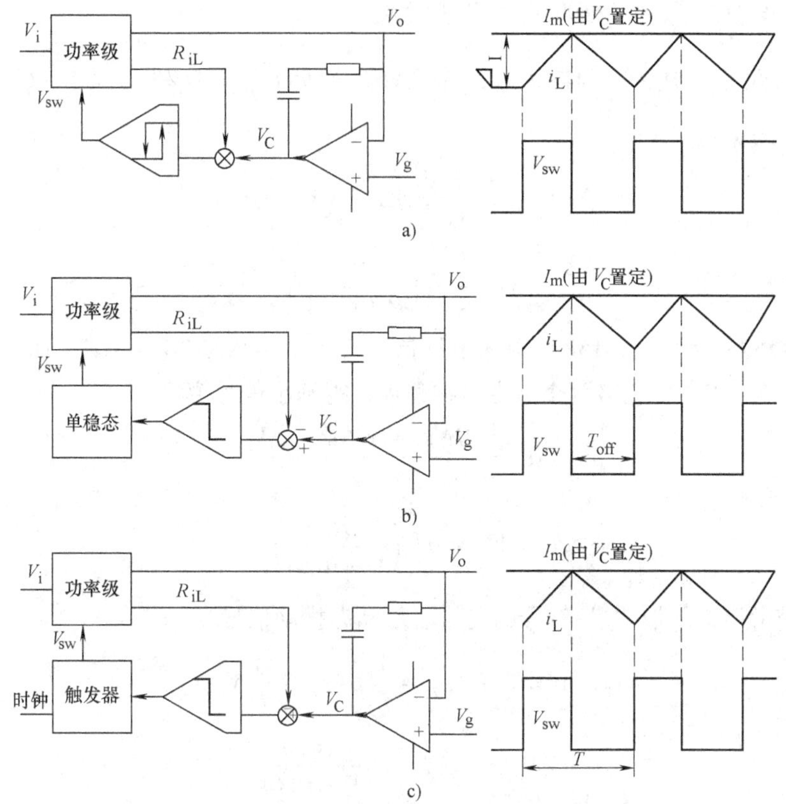

图 5-31 电流型 PWM 原理框图

a）恒定迟滞环宽控制 b）恒定关断电间控制 c）恒定频率控制

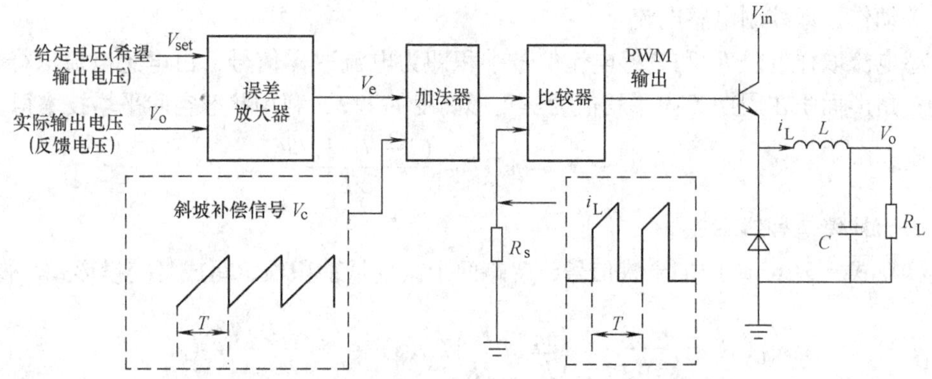

图 5-32 具有斜坡补偿的电流型控制的 Buck 变换器

假定功率开关器件和整流二极管是理想开关，产生动态过程的扰动信号频率远低于开关频率，扰动信号的幅度比其稳态量小得多，在以上假设条件下得 Buck 功率变换器主电路等效电路如图 5-33 所示。图中开关 S 接通 V_i 时间受占空比 D 控制。

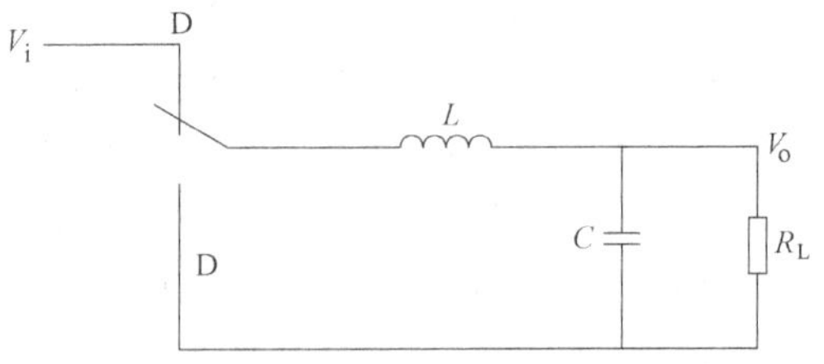

图 5-33 全桥功率变换电路主电路等效电路

在电感电流连续模式下，每个周期有两个开关状态：导通状态和关断状态，导通时间 t_{on}，关断时间 t_{off}，在一个周期 T 内，其平均值分别为 $\frac{t_{on}}{T}=D$ 和 $\frac{t_{off}}{T}=1-D$。利用小信号状态空间平均技术得

$$I_L=\frac{V_i-V_o}{Ls}D-\frac{V_o}{Ls}(1-D) \tag{5-157}$$

$$V_o=I_L\left(\frac{R_L}{R_LCs+1}\right) \tag{5-158}$$

在式（5-157）和式（5-158）中加干扰信号，用 $V_o+\Delta V_o$、$V_i+\Delta V_i$、$D+\Delta D$、$I_L+\Delta I_L$ 分别代替 V_o、V_i、D、I_L 忽略两个微变量乘积项，得到小信号模型

$$\Delta I_L=\frac{D\Delta V_i+V_i\Delta D-\Delta V_o}{Ls} \tag{5-159}$$

$$\Delta V_o=\Delta I_L\left(\frac{R_L}{1+R_LCs}\right) \tag{5-160}$$

写成复变量形式，带“^”符号的变量表示动态扰动信号

$$\hat{i}_L(s)=\frac{D}{Ls}\hat{V}_i(s)+\frac{V_i}{Ls}\hat{D}(s)-\frac{1}{Ls}\hat{V}_o(s) \tag{5-161}$$

$$\hat{V}_o(s)=\hat{i}_L(s)\frac{R_L}{1+R_LCs} \tag{5-162}$$

对于功率级来说，是通过调节占空比 D 来控制电感电流。因此，把 PWM 功率级作为一个功能块，它有两个输入：一个为占空比，一个是输入电压，占空比为控制输入，控制功率级的开关动作，即控制电感电流。

电感电流取样电阻 R_s 和电感电流信号乘积即为电流取样信号，由电感电流取样信号所围成的三角形面积在周期 T 内平均值为三角形高度的 1/2，利用状态空间平均技术得

$$I_LR_s=V_e-mDT-\frac{(1-D)V_oTR_s}{2L} \tag{5-163}$$

式中，m 为补偿信号斜率。

同样在式（5-163）中加干扰信号，忽略两个微变量乘积项，写成复变量形式，得

$$\hat{i}_L(s)=\frac{\hat{V}_e(s)}{R_s}-\left(\frac{m}{R_s}-\frac{V_o}{2L}\right)T\hat{D}(s)-\frac{(1-D)T}{2L}\hat{V}_o(s) \tag{5-164}$$

由式（5-164）可导出

$$\hat{D}(s)=\frac{\hat{V}_e(s)-\hat{i}_L(s)R_s}{R_sT\left(\frac{m}{R_s}-\frac{V_o}{2L}\right)}-\frac{1-D}{2L\left(\frac{m}{R_s}-\frac{V_o}{2L}\right)}\hat{V}_o(s) \tag{5-165}$$

带入式（5-161）消去 $\hat{D}(s)$ 得

$$\left(Ls+\frac{V_i}{T\left(\frac{m}{R_s}-\frac{V_o}{2L}\right)}\right)\hat{i}_L(s)$$

$$=D\hat{V}_i(s)+\frac{V_i}{TR_s\left(\frac{m}{R_s}-\frac{V_o}{2L}\right)}\hat{V}_e(s)-\frac{V_i(1-D)}{2Ls\left(\frac{m}{R_s}-\frac{V_o}{2L}\right)}\hat{V}_o(s)-\hat{V}_o(s) \tag{5-166}$$

由式（5-162）和式（5-166）可得到电流内环传递函数结构图，如图5-34所示。

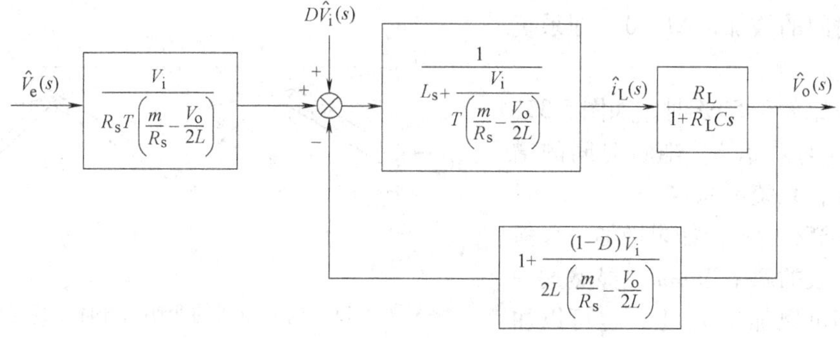

图5-34 电流内环传递函数结构图

从图5-35可见，显然 $m=\frac{V_o}{2L}R_s$ 为极点。在极点处，反馈回路 $1+\frac{(1-D)V_i}{2L\left(\frac{m}{R_s}-\frac{V_o}{2L}\right)}$ 趋于∞，可认为环路开路；环节 $\frac{V_i}{R_sT\left(\frac{m}{R_s}-\frac{V_o}{2L}\right)}$ 趋于∞，可认为该环节为高增益的比例环节；环节 $\frac{1}{Ls+\frac{V_i}{T\left(\frac{m}{R_s}-\frac{V_o}{2L}\right)}}$ 趋于0，该环节可等效为一小比例环节；因此在极点处，电流内环为一阶系统。

如果 $|Ls|>>\frac{V_i}{T\left(\frac{m}{R_s}-\frac{V_o}{2L}\right)}$，即 $\left(\frac{m}{R_s}-\frac{V_o}{2L}\right)>>0$，$m>>\frac{V_o}{2L}R_s$，环节 $\frac{1}{Ls+\frac{V_i}{T\left(\frac{m}{R_s}-\frac{V_o}{2L}\right)}}$ 可等效为 $\frac{1}{Ls}$；反馈回路可等效为单位反馈；环节 $\frac{V_i}{R_sT\left(\frac{m}{R_s}-\frac{V_o}{2L}\right)}$ 趋于0，该环节可等效为一小比

例环节，系统为由 $R_L LC$ 形成的二阶系统。

设电感电流的上升斜率为 m_1，下降斜率为 m_2，电压外环误差放大器输出电压为 V_e，当电感电流扰动 ΔI_0 时，在下一周期求出其扰动量 ΔI_1，如果 ΔI_1 小于 ΔI_0，可以认为系统是稳定的，如果 ΔI_1 大于 ΔI_0，可以认为系统是不稳定的。

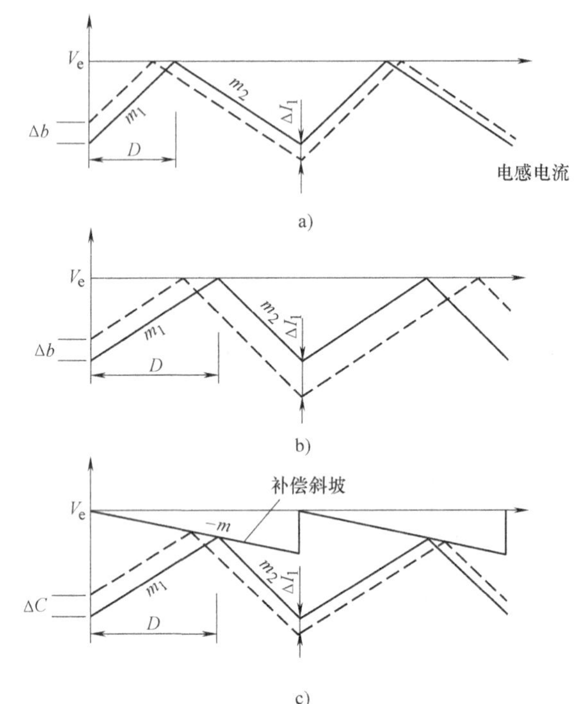

图 5-35 电流模式的变换器开环不稳定性

a）占空比小于 0.5 b）占空比大于 0.5 c）占空比大于 0.5 的补偿斜坡

如图 5-35a 所示，当占空比小于 50% 时（$|m_2|<m_1$），可以求出

$$\Delta I_1 = -\Delta I_0\left(\frac{m_2}{m_1}\right) \tag{5-167}$$

随着时间的增加，$\Delta I \to 0$，即系统稳定。

当占空比大于 50% 时，如图 5-35b 所示（$|m_2|>m_1$），随着时间的增加，$\Delta I \to \infty$，系统不稳定。

如图 5-35c 所示，如果增加一个斜坡补偿，斜坡的斜率为 $-m$，显然这一补偿信号即可以加在 V_e 上，也可以加在电感电流上。图 5-35c 中补偿信号加在 V_e 上。此时

$$\Delta I_1 = -\Delta I_0\left(\frac{m_2+m}{m_1+m}\right) \tag{5-168}$$

由于 $m_2<0$，$m_1>0$，$m>0$，要保证系统稳定，必须有

$$|m_2+m| < m_1+m \tag{5-169}$$

当占空比增大时，m_1 减小，占空比为 100% 时，m_1 最小，$m_{1\min}=0$，要使式（5-169）成立有

$$m > -\frac{1}{2}m_2 \tag{5-170}$$

对于 Buck 电路，$m_2=-\frac{V_o}{L}R_s$，为一常数，由式（5-160）可知斜坡补偿信号斜率要大于电感电流下降斜率的 1/2。

通过上述分析可知，电流控制具有快速、精确的优点，由于峰值电流信号参与控制，使得过载、短路保护更为有效，整个系统的动态特性好，适用于负载或输入电压有较大变化的情况。

当输入电压变化或由负载变化引起输出电压变化时，都将引起电感电流变化率的改变，使功率开关的转换时刻变化，从而控制了功率开关的占空比。这对输入电压的变化而言，实质上是起了前馈控制作用，即输入电压变化尚未导致输出电压变化，就由内环产生调节作

用，这种输入电压的前馈控制作用使得只要电流脉冲达到了预定的幅值，脉宽比较器不经过误差放大器就能改变输出脉宽，因此调整速度快。由于电流内环具有快速的响应，对于电压反馈外环，电流内环相当于一个受控放大器，外环的瞬态响应速度仅决定于滤波电容 C 和负载性质，所以整个系统具有快速的瞬态响应。

电流内环对整个系统来说，滤波器（LC）对稳定性影响减小，二阶环节的输出滤波器降低为一阶环节。也就是说，对整个系统，只有一个与滤波电容和负载有关的惯性环节，使得整个系统具有高度的稳定性。

从图5-32可见，电感电流的峰值（或流过功率开关的电流）直接受误差放大器输出电流给定信号所控制，所以在任何输入电压和负载的瞬态条件下，功率开关的峰值电流被控制在一定的给定值，所以对功率开关的电流具有限流能力。最大电流正比于限幅放大器的限幅值，改变限幅值可改变所限制的最大电流。同时，由于内环可以及时地、灵敏地、准确地检测电感峰值电流或功率开关的峰值电流，自然形成逐个脉冲电流检测，使功率开关在输出过载甚至短路时得到保护，同时，也可以在设计时不必给功率开关元件留较大的余量，使逆变器在保证可靠工作的前提下降低成本。

由于电流型PWM功能，使系统的内环如同一个良好的受控电流放大器，所以能很方便地进行并联工作，而不需要外加均流措施，只需将各变换器的输出端联结在一起，使用其中一个误差放大器，将其输出的电流给定信号加至每个变换器中电流内环比较器的输入端，就可实现并联，同时电流型PWM控制器能够自动地解决偏磁问题。

练 习 题

1. 以Buck变换器为例，推导电感电流连续时输入电压和输出电压、输出电容上的电压波动公式。（有推导过程）。

2. Buck变换器工作于连续工作模式，电路参数如下：输入电压48V，$L=250\mu H$，$Z=2\Omega$，$C=10\mu F$ 工作频率 $f=100kHz$，占空比为0.4；

1）计算输出电压。

2）画出电感电流波形。

3）确定输出电感 L 为多少时变换器工作于断续模式。

4）计算输出纹波电压。

3. Buck变换器输入电源电压24V，等效内阻0.02Ω，输出电压5V，电流100A，计算占空比。

4. Boost变换器工作于连续工作模式，电路参数如下：输入电压5V，$L=250\mu H$，$Z=20\Omega$，$C=470\mu F$，工作频率 $f=100kHz$，占空比为0.4；

1）计算输出电压。

2）画出电感电流波形。

3）确定输出电感为多少时变换器工作于断续模式。

4）计算输出纹波电压。

5. 采用90V直流电源作为150V的电池充电器的输入，采用Boost变换器，工作与连续方式，工作频率为50kHz；

1）计算当输出电流为50A、电流纹波小于100mA的电感值。

2）计算加入保险的额定值。

6. 为什么反激式变换器输出负载不能开路？

7. 简述Buck-Boost电路和Cuk电路的异同点。

8. 比较线性调节和开关调节的异同。

9. 比较电压型和电流型 PWM 控制器的异同，MOSFET、IGBT 的应用对 DC-DC 变换器的影响。

10. Buck-Boost 变换器工作于连续工作模式，电路参数如下：输入电压 12V，$L=250\mu H$，$Z=20\Omega$，$C=470\mu F$，工作频率 $f=100kHz$，占空比为 0.7；

1）计算输出电压。

2）画出电感电流波形。

3）确定临界电感值。

4）计算输出纹波电压。

11. 全桥 DC-DC 变换器（图 5-29），输出电压 12V，输入电压在 20 ~ 40V 变化，开关频率 $f=100kHz$，计算占空比调节范围，假设各功率管、二极管为理想器件。

12. 设计一个 DC-DC 变换器，输入电压为 12（1 ± 10%）V，输出电压为 48V，输出额定电流为 $I=10A$，纹波 $v_{p-p}\leqslant 480mV$，开关频率 $f=100kHz$，输入输出隔离。

第 6 章 DC-AC 变换技术

本章主要介绍 DC-AC 变换器的分类、功率流向和波形指标，分析方波逆变器（单相、三相方波逆变器）的工作过程和输出波形，并进行谐波分析，给出滤波及其设计的方法。对 PWM 调制的基本工作原理、相关术语、调制方式和计算方法作了详细的介绍。

把直流电变成交流电称为逆变，相应的电能转换器被称为逆变器。如果把逆变器的交流侧接到交流电源上，把直流电逆变成同频率的交流电送到电网，叫有源逆变。如果逆变器的交流侧不与电网连接，而是直接接到负载，即把直流电逆变成某一频率的交流电供给负载，则叫无源逆变。

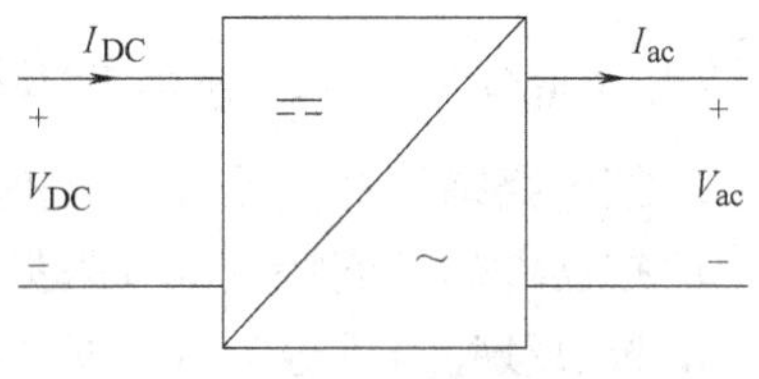

图 6-1 DC-AC 方框图

无源逆变在国民经济的各个领域得到了广泛的应用，本章主要阐述无源逆变的基本工作原理、特点及其分析方法。

DC-AC 变换器方框图如图 6-1 所示。

6.1 逆变器的分类、功率流方向和波形指标

6.1.1 逆变器的分类

逆变器分为单相和三相两大类。单相逆变器适用于小、中功率；三相逆变器适用于中、大功率。这两大类按不同的特点又可分为：

1. 按输入电源特点分

输入电压为恒压源称为电压源逆变器（Voltage Source Inverter，VSI）或电压型逆变器，如图 6-2 所示。电压源逆变器的输入特点是其输入具有理想电压源性质；输入为恒流源称为电流源逆变器（Current Source Inverter，CSI），或电流型逆变器，如图 6-3 所示。电流源逆变器输入为理想电流源，在实际应用中使用较少。

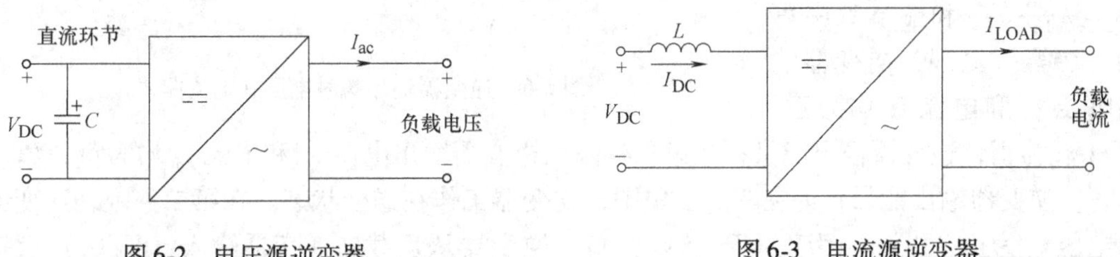

图 6-2 电压源逆变器

图 6-3 电流源逆变器

电压源逆变器又可分为：

1）具有可变直流电压环节（Variable DC Voltage link）的电压源逆变器，如图 6-4 所示。由 DC-DC 变换器或可控整流器获得可变的直流电压，输出电压幅值取决于输入可变直流电

压，输出电压频率受控于由逆变器决定。一般情况下，该变换器输出电压为方波。

2）具有恒定直流电压环节（Fixed DC Voltage link）的电压源逆变器，方块图如图 6-5 所示。其直流电压恒定，输出电压幅值和频率利用 PWM 技术同步调整。

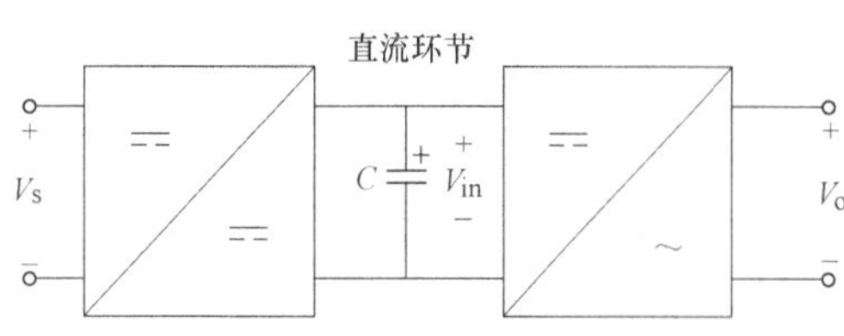

图 6-4 具有可变直流电压环节的电压源逆变器

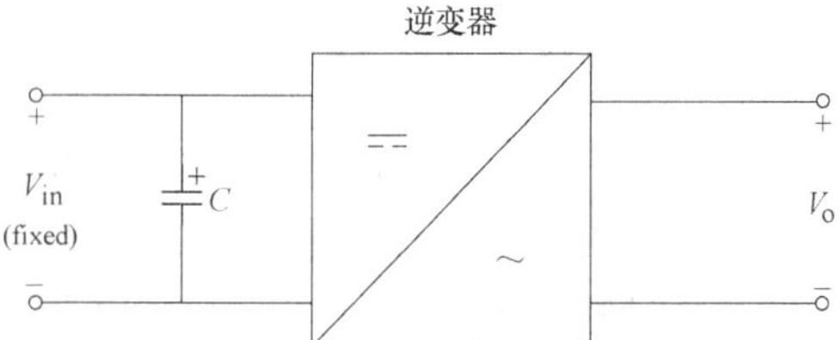

图 6-5 具有恒定直流电压环节的电压源逆变器

2. 按电路结构特点可分为半桥式、全桥式、推挽式和单管式逆变器。
3. 按器件的换流特点可分为强迫换流式逆变器和自然换流式逆变器。
4. 按负载特点可分为谐振式逆变器和非谐振式逆变器。
5. 按输出波形可分为正弦式逆变器和非正弦式逆变器。

工业用的特殊交流电源有变频变压电压源（Variable Voltage Variable Frequency，VVVF）和恒频恒压电压源（Constant Voltage Constant Frequency，CVCF）。

6.1.2 逆变器的功率流方向

无论逆变器输出是方波还是正弦，在负载为阻性负载时其输出电压和电流同相位，在负载为感性或容性负载时，其输出电压与电流有相位差。因此，在任意时刻（除阻性负载）其输出功率的瞬时值有正有负。正的输出功率表明逆变器输出功率，即能量从逆变器输入（V_{dc}，I_{dc}）向负载传输；负的输出功率表明逆变器工作于整流状态，从负载向逆变器输入（V_{dc}，I_{dc}）反馈能量。因此逆变器必须能够工作在 4 个象限才能适应各种不同的负载情况。

设逆变器输出电压为正弦，输出电流滞后于输出电压 ϕ 弧度，在此负载情况下，其输出功率情况可以从图 6-6 看出。图 6-6 为逆变器输出瞬时电压和电流曲线。

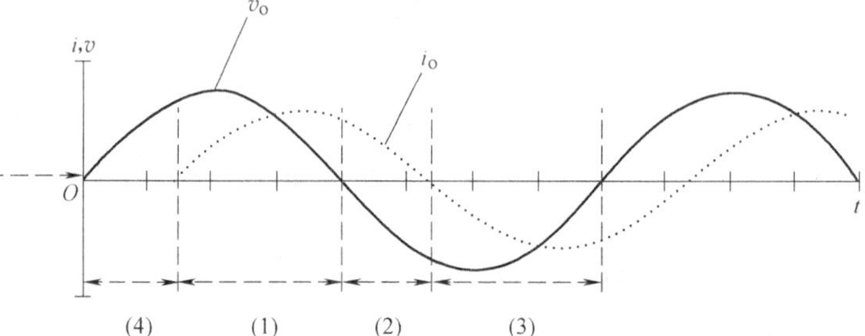

图 6-6 逆变器输出瞬时电压和电流曲线

从图 6-6 和图 6-7 中可知，在第一象限，逆变器输出电压 v_o 和电流 i_o 均为正，$P=i_o v_o$ 为正，逆变器输出能量；在第三象限，逆变器输出电压 v_o 和电流 i_o 均为负，$P=i_o v_o$ 为正，逆变器输出能量；即在一、三象限，逆变器工作在逆变状态。在第二象限，逆变器输出电压 v_o 为负，电流 i_o 为正，$P=i_o v_o$ 为负，逆变器从负载向逆变器输入（$V_{dc}I_{dc}$）反馈能量；在第三象限，逆变器输出电压 v_o 为正，电流 i_o 为负，$P=i_o v_o$ 为负，逆变器从负载向逆变器输入（V_{dc}，I_{dc}）反馈能量。即在二、四象限，逆变器工作在整流状态。

为了使逆变其能够在 4 个象限工作，功率开关管反并联一个二极管即可实现，连接如图 6-8 所示。

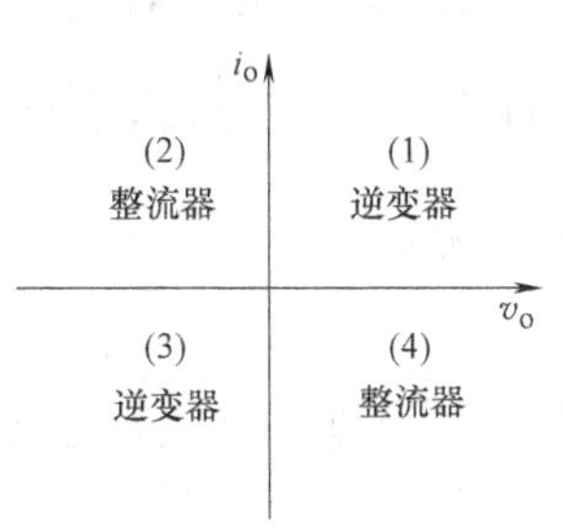

图6-7　逆变器4个象限的工作情况

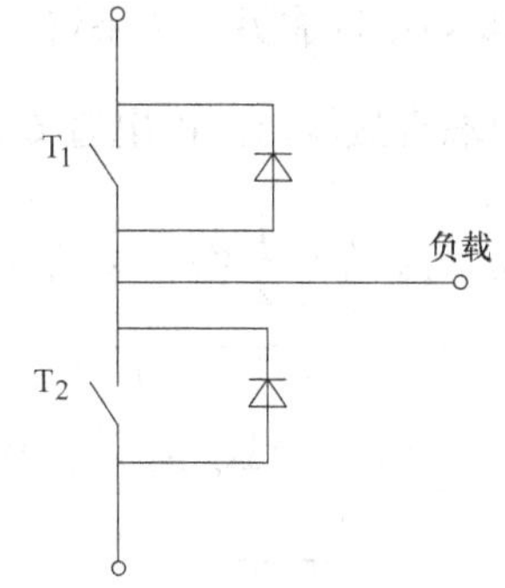

图6-8　功率开关管与反并联二极管

6.1.3　逆变器的波形指标

实际逆变器的输出波形总是偏离理想的正弦波形，含有谐波成分，为了评价输出波形的品质，从电压角度引入下述几个参数指标：

1. 谐波因数HF（Harmonic Factor）

HF_n 定义为第 n 次谐波分量有效值同基波分量有效之值比，即

$$HF_n = \frac{V_n}{V_1} \tag{6-1}$$

2. 总谐波畸变因数THD（Total Harmonic Distortion Factor）

定义

$$THD = \frac{1}{V_1}\left(\sum_{n=2,3}^{\infty} V_n^2\right)^{\frac{1}{2}} \tag{6-2}$$

该参数表示了一个实际波形同基波分量的接近程度。输出为理想正弦波的THD为零。

3. 畸变因子DF（Distortion Factor）

THD指示了总的谐波合量，但它并不能告诉我们每一个谐波分量的影响程度，畸变因子定义

$$DF = \frac{1}{V_1}\left[\sum_{n=2,3}^{\infty}\left(\frac{V_n}{n^2}\right)^2\right]^{\frac{1}{2}} \tag{6-3}$$

对于 DF_n 定义如下

$$DF_n = \frac{V_n}{V_1 n^2} \tag{6-4}$$

对逆变器来讲，性能指标除波形参数外，还有如逆变器效率、比功率等性能指标。

6.2　方波逆变器

6.2.1　单相半桥式逆变电路

半桥式逆变电路如图6-9a所示，在直流侧有两个相互串联足够大的电容，使得两个电容的联结点为直流电压的中点。两个电容 C 构成一个桥臂，开关管 VT_1 和 VT_2 及其反并二

极管 VD_1 和 VD_2 构成另一个桥臂，两桥臂的中点 A 和 B 为输出端，可以通过变压器输出，也可由这两端直接输出。因电容 C 容量较大，每个电容两端电压 $V_C=\frac{1}{2}V_{in}$，中点 B 的电位基本上不变，为 $V_B=\frac{1}{2}V_{in}$。A 点的电位则取决于器件的工作情况。

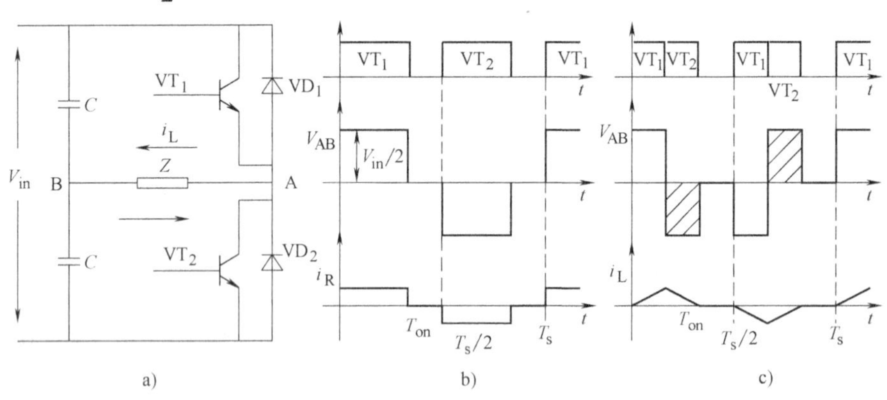

图 6-9 半桥逆变器的主电路及主要波形

若 VT_1 导通，则 $v_{AB}=\frac{1}{2}V_{in}$；若 VT_2 导通，则 $v_{AB}=-\frac{1}{2}V_{in}$。所以输出电压 v_{AB} 为小于 180°电角度的方波交流电，宽度等于 T_{on}（VT_1 或 VT_2 的导通时间）。幅值 $V_0=\frac{V_{in}}{2}$，v_o 的频率等于开关频率，$f_s=\frac{1}{T_s}$，T_s 是开关周期。

在纯电阻负载 R 情况下，VD_1 或 VD_2 都不参与导通，在 VT_1 和 VT_2 互相轮流导通，输出波形为方波，其幅值为$\frac{V_{in}}{2}$，其输出电压有效值为

$$v_{AB}=\left[\frac{2}{T_0}\int_0^{\frac{T_0}{2}}\frac{V_{in}^2}{4}dt\right]^{\frac{1}{2}}=\frac{V_{in}}{2} \tag{6-5}$$

负载电流波形和 v_{AB} 相同，幅值 $i_R=\frac{V_{in}}{2R}$，如图 6-9b 所示。其瞬时值表达式为

$$v_{AB}=\sum_{n=1,3,5\cdots}^{\infty}\frac{2V_{in}}{n\pi}\sin n\omega t \tag{6-6}$$

$\omega=2\pi f_0$ 为输出电压角频率。

当 $n=1$ 时，其基波分量的有效值为

$$V_{AB1}=\frac{2V_{in}}{\sqrt{2}\pi}=0.45V_{in} \tag{6-7}$$

为保证电路正常工作，VT_1 和 VT_2 不能同时导通，否则将出现直流侧短路现象。改变 VT_1 和 VT_2 的激励信号的频率，输出电压也随之改变。

当负载为纯电感负载时，若 VT_1 管在 $T_s/2$ 关断，由于电感中的电流不能突然改变方向，此时即使 VT_2 管加上驱动信号，负载电流 i_L 也必须通过 VD_2 流动，直到 $i_L=0$ 才能导通。$i_L=0$时负载电流开始反向，VT_2 管流过电流，同样 VT_2 关断时负载电流 i_L 也要通过 VD_1 流

动，直到 $i_L=0$ 时 VT_1 才能导通，当二极管 VD_1 或 VD_2 导通时能量返回电源。

电感电流 i_L 为三角波，在 VT_1 或 VT_2 导通期间，在 v_{AB} 的作用下，i_L 线性增长，$I_{Lmax}=\frac{V_{in}}{2L_f}D_y$，$D_y$ 是 VT_1 和 VT_2 的占空比，$D_y=\frac{T_{on}}{T_s/2}$。VT_1 截止后，i_L 维持原方向流动，电流经 VD_2 续流，于是 v_{AB} 变负，$v_{AB}=-V_{in}/2$。在此电压作用下 i_L 下降，下降速度与增长速度相同。由此可见，感性负载时 VT_1 和 VT_2、VD_1 和 VD_2 是轮流导通的。

由于 VD_1 或 VD_2 续流，电压 v_{AB} 形成一个负（正）的面积。如果 VT_1 或 VT_2 导通时间超过 $T_s/4$，v_{AB} 波形为 180°方波，电感电流成为正负面积对称的三角波，不再受 VT_1 或 VT_2 导通时间变化的影响，如图 6-9c 所示。

6.2.2 单相全桥式逆变电路

单相全桥逆变电路如图 6-10 所示，有 4 个功率管、4 个反并联二极管组成，输入电压为 V_{in}，输出电压为 v_{AB}，其控制方式有双极性控制、有限双极性控制和移相控制 3 种。

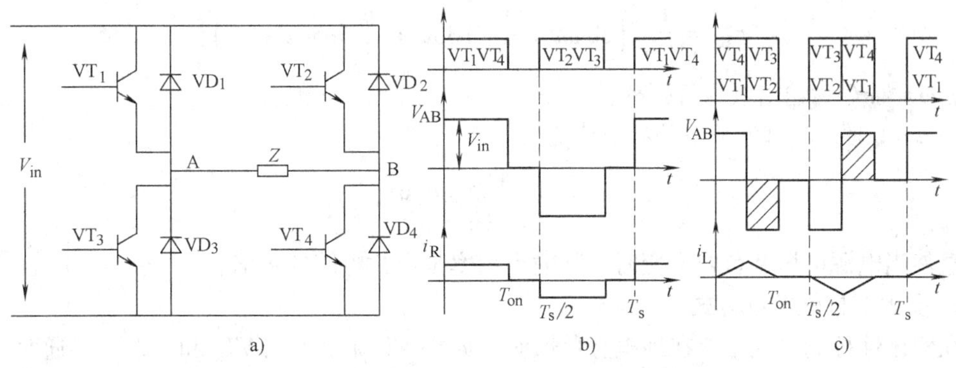

图 6-10 全桥逆变器主电路和双极性控制工作波形

1. 双极性控制

图 6-10b、c 给出了双极性控制方式下的工作波形。在 PWM 调制方式下，开关周期为 T_s，在前半个开关周期，VT_1 和 VT_4 导通时间为 T_{on}，δ 为占空比，$\delta=\frac{T_{on}}{T_s/2}$；后半周期 VT_2 和 VT_3 导通时间也为 T_{on}。假定开关管为理想器件则在 VT_1 和 VT_4 导通期间 $v_{AB}=V_{in}$；在 VT_2 和 VT_3 导通期间 $v_{AB}=-V_{in}$；4 个功率均截止时，$v_{AB}=0$。

若负载 Z 为纯电阻负载 R，则流过负载 R 的电流 i_R 的波形与电压波形相同，幅值为 $i_R=\frac{V_{in}}{R}$。调节开关管的开通时间 T_{on}，即调节占空比 δ，就可以调节 v_{AB} 的宽度，从而调节 v_{AB} 的有效值大小。纯电阻负载时与开关管反并联的二极管没有电流流通，也就是说反并联的二极管不参与工作。

若负载 Z 为纯电感负载 L，在 VT_1 和 VT_4 导通时，$v_{AB}=V_{in}$，流过负载 L 的电流从零增加，电流变化率为 $\frac{di_L}{dt}=\frac{V_{in}}{L}$，该电流在 $t=T_{on}$ 时达到最大值，即在 VT_1 和 VT_4 将关断时达到最大值，VT_1 和 VT_4 关断后，由于电感电流不能突变，电感电流仍将按原来方向流动，因此 VD_3 和 VD_2 导通续流，于是 $v_{AB}=-V_{in}$。在这个电压作用下，电感电流减小，减小速度与

VT_1 和 VT_4 导通时的增长速度相同。$i_L=0$ 时，VT_2 和 VT_3 导通，负载电流开始反向流过，负载 L 的电流从零反向增加，电流变化率为$\frac{di_L}{dt}=\frac{V_{in}}{L}$，该电流在 $t=T_{on}$时达到最大值，即在 VT_2 和 VT_3 将关断时达到最大值，VT_2 和 VT_3 关断后，由于电感电流不能突变，电感电流仍将按原来方向流动，因此 VD_1 和 VD_4 导通续流，于是 $v_{AB}=V_{in}$。

由于 VD_2、VD_3（或 VD_1、VD_4）续流，电压 v_{AB}形成一个与导通期间伏秒积相等的负（正）的面积。如果 VT_1 和 VT_4（VT_2 和 VT_3）导通时间超过$\frac{T_s}{4}$，v_{AB}波形为 180°方波，电感电流成为正负面积对称的三角波，不再受 VT_1 或 VT_2 导通时间变化的影响。由此可见，全桥逆变器在感性负载时不宜采用双极性控制方式。

v_{AB}的有效值和瞬时值为

$$V_{AB}=\left[\frac{2}{T_s}\int_0^{\frac{T_s}{2}}V_{in}^2dt\right]^{\frac{1}{2}}=V_{in} \tag{6-8}$$

$$v_{AB}=\frac{4V_{in}}{\pi}\left(\sin\omega t+\frac{1}{3}\sin3\omega t+\frac{1}{5}\sin5\omega t+\cdots\right) \tag{6-9}$$

式中，$\omega=2\pi f_s$ 为输出电压角频率。

当 $n=1$ 时，其基波分量的有效值为

$$V_{AB1}=\frac{4V_{in}}{\sqrt{2}\pi}=0.9V_{in} \tag{6-10}$$

显然当电源电压和负载不变时，其输出功率是半桥电路的 4 倍。

2. 受限双极性控制方式

在双极性控制方式中，在纯电感负载时，如果 VT_1 和 VT_4（VT_2 和 VT_3）导通时间超过 $T_s/4$，v_{AB}波形为 180°方波。受限双极性控制方式的工作原理是让一个桥臂的两个管子（例如，VT_1 和 VT_3）以 PWM 方式工作，另一个桥臂的两个管子各轮流导通半个周期。在纯电阻负载或空载时 v_{AB}波形与双极性控制方式工作时相同，如图 6-11a 所示；在负载为纯电感情况下，v_{AB}波形与双极性控制方式工作时不同，其波形如图 6-11b 所示。

在负载为纯电感情况下，VT_1 和 VT_4 导通，$v_{AB}=V_{in}$，流过负载 L 的电流从零增加，电

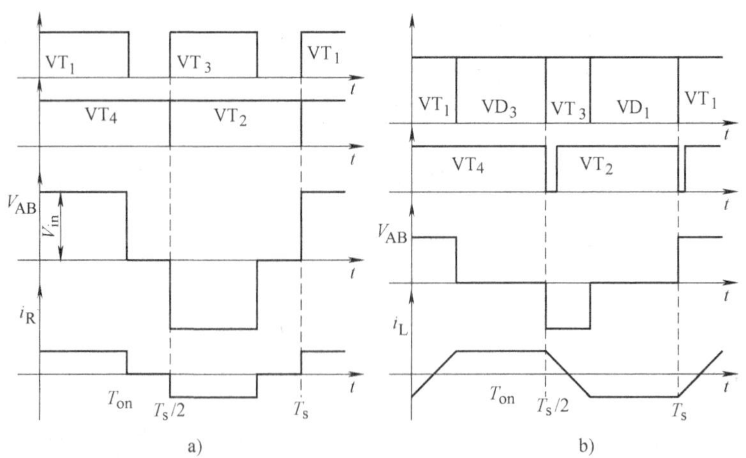

图 6-11　全桥电路受限双极性控制方式工作波形

流变化率为$\frac{di_L}{dt}=\frac{V_{in}}{L}$，该电流在$t=T_{on}$时$VT_1$关断，由于电感电流不能突变，电感电流仍将按原来方向流动，形成由VD_3、负载L和VT_4构成的续流回路，$v_{AB}=0$，由于该电路中没有外电源，若不计电路损耗，则电感电流保持不变，直到$t=\frac{T_s}{2}$时，VT_4关断，VT_2和VT_3导通，电感电流i_L才开始下降。在此工作方式下，v_{AB}仅与开关器件的状态有关，与负载性质和大小无关。

3. 移相控制方式

移相控制方式的工作过程是VT_1和VT_3轮流导通，各导通180°电角；VT_2和VT_4也是这样，但VT_1和VT_4不是同时导通。VT_1先导通，VT_4后导通，两者导通差α电角度，如图6-12所示。其中VT_1和VT_3分别先于VT_2和VT_4导通，故称VT_1和VT_3组成的桥臂为超前桥臂，VT_2和VT_4组成的桥臂为滞后桥臂。

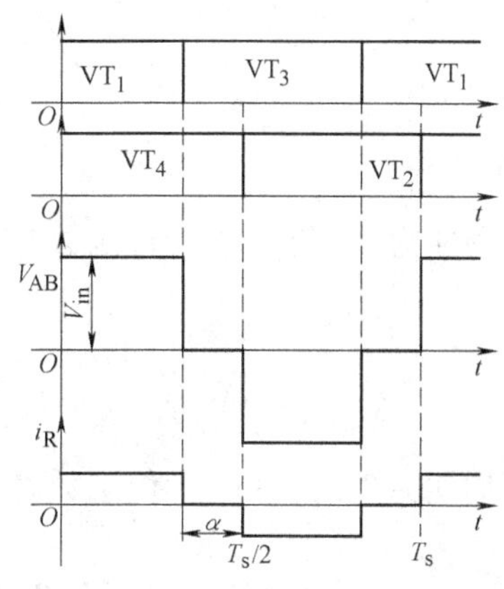

图6-12 全桥电路移相控制方式的工作过程

移相控制时，电阻负载或空载时电压波形与上述两种方式的工作波形相同，纯电感负载时工作波形与受限双极式工作波形相同的，v_{AB}波形的宽度仅与移相角α有关，即在此工作方式下，v_{AB}仅与开关器件的状态有关，也与负载性质和大小无关。

6.2.3 傅里叶级数和方波逆变器输出谐波

1. 傅里叶级数

傅里叶级数是研究和分析波形形状的工具。为了分析方便，把傅里叶级数的基本定义、概念叙述如下。

在实际问题中，除了正弦函数外，还会遇到许多非正弦的周期函数，为了研究非正弦的周期函数，将周期函数展开成由三角函数组成的级数，即将周期为$T=\frac{2\pi}{\omega}$的周期函数用一系列三角函数$A_n\sin(n\omega t+\varphi_n)$之和来表示

$$f(t)=A_0+\sum_{n=1}^{\infty}A_n\sin(n\omega t+\varphi_n) \tag{6-11}$$

其中A_0，A_n，φ_n（$n=1,2,3,\cdots$）都是常数。

用上述方法将周期函数展开，它的物理意义是很明确的，即把一个比较复杂的周期运动看成是许多不同频率的简谐振动叠加，这种展开称为谐波分析，常数项A_0称为$f(t)$的直流分量；$A_1\sin(\omega t+\varphi_1)$称为1次谐波（又叫做基波）；而$A_2\sin(2\omega t+\varphi_2)$，$A_3\sin(3\omega t+\varphi_3)$，…依次称为2次谐波，3次谐波，等等。

为了方便，将正弦函数$A_n\sin(n\omega t+\varphi_n)$展开

$$A_n\sin(n\omega t+\varphi_n)=A_n\sin\varphi_n\cos n\omega t+A_n\cos\varphi_n\sin n\omega t$$

令 $A_0=\frac{a_0}{2}$，$a_n=A_n\sin\varphi_n$，$b_n=A_n\cos\varphi_n$，$\omega t=\theta$，则

$$f(t)=\frac{a_0}{2}+\sum_{n=1}^{\infty}(a_n\cos n\theta+b_n\sin n\theta) \tag{6-12}$$

其傅里叶系数为

$$a_0=\frac{1}{\pi}\int_0^{2\pi}f(t)\,\mathrm{d}\theta \tag{6-13}$$

$$a_n=\frac{1}{\pi}\int_0^{2\pi}f(t)\cos(n\theta)\,\mathrm{d}\theta \tag{6-14}$$

$$b_n=\frac{1}{\pi}\int_0^{2\pi}f(t)\sin(n\theta)\,\mathrm{d}\theta \tag{6-15}$$

当周期为 2π 的 $f(t)$ 为奇函数时，它的傅里叶系数为

$$a_n=0$$

$$b_n=\frac{2}{\pi}\int_0^{\pi}f(t)\sin(n\theta)\,\mathrm{d}\theta \tag{6-16}$$

当周期为 2π 的 $f(t)$ 为偶函数时，它的傅里叶系数为

$$a_n=\frac{2}{\pi}\int_0^{\pi}f(t)\cos(n\theta)\,\mathrm{d}\theta \tag{6-17}$$

$$b_n=0 \tag{6-18}$$

2. 方波逆变器输出波形傅里叶分解

由于方波逆变器输出方波为奇函数，所以有

$$a_n=0$$

$$b_n=\frac{2}{\pi}\int_0^{\pi}f(t)\sin(n\theta)\,\mathrm{d}\theta=\frac{2V_{\mathrm{dc}}}{\pi}\int_0^{\pi}\sin(n\theta)\,\mathrm{d}\theta$$

解上式得

$$b_n=\frac{2V_{\mathrm{dc}}}{n\pi}\left[-\cos(n\theta)\Big|_0^{\pi}\right]=\frac{2V_{\mathrm{dc}}}{n\pi}\left[1-\cos(n\pi)\right] \tag{6-19}$$

当 n 为偶数（Even）时，$\cos(n\pi)=1$，所以 $b_n=0$；

当 n 为奇数（Odd）时，$\cos(n\pi)=-1$，所以 $b_n=\frac{4V_{\mathrm{dc}}}{n\pi}$，方波输出的傅里叶表达式 v_o 可写成

$$v_o=\sum_{n=1,3,5,\cdots}^{\infty}\frac{4V_{\mathrm{dc}}}{n\pi}\sin n\theta \quad \omega t=\theta \tag{6-20}$$

因此，得出方波逆变器输出的频谱图，如图 6-13 所示，并有以下结论：

1）方波逆变器输出的方波谐波幅度随着 n 的增加而减小，其减小系数为 $1/n$。

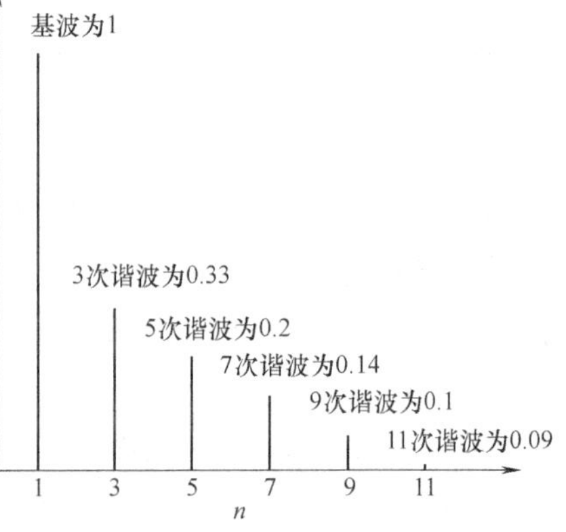

图 6-13 方波逆变器输出频谱

2）偶次谐波不存在。

3）最低次谐波为 3 次谐波。

4）由于基波和最低次谐波频率差较小，低通滤波器设计相当困难。

图 6-14 为方波的各次谐波时域图。

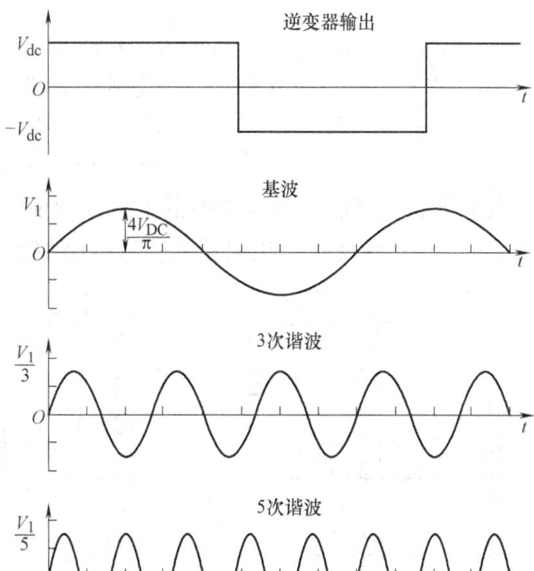

图 6-14　方波的各次谐波

3. 准方波（Quasi-Square Wave，QSW）傅里叶分析

图 6-15 为一个准方波波形，显然它是一个奇函数，因此有

$$a_n = 0$$

$$b_n = \frac{2}{\pi}\int_{\alpha}^{\pi-\alpha} f(v)\sin(n\theta)\,\mathrm{d}\theta$$

$$= \frac{2V_{dc}}{\pi}\left[-\cos n\theta\Big|_{\alpha}^{\pi-\alpha}\right]$$

$$= \frac{2V_{dc}}{\pi}\left[\cos(n\alpha) - \cos(\pi-\alpha)\right]$$

整理上式得

$$b_n = \frac{2V_{dc}}{\pi}\left[\cos(n\alpha) - \cos(n\pi)\cos(n\alpha)\right]$$

$$= \frac{2V_{dc}}{\pi}\cos(n\alpha)\left[1 - \cos n\pi\right]$$

如果 n 是偶数（Even），则 $b_n = 0$

如果 n 是奇数（Odd），则

$$b_n = \frac{4V_{dc}}{n\pi}\cos n\alpha \qquad (6\text{-}21)$$

准方波的基波幅度为

$$b_1 = \frac{4V_{dc}}{n\pi}\cos\alpha$$

由式（6-22）可以知道，基波的幅度可以通过改变 α 而被控制。

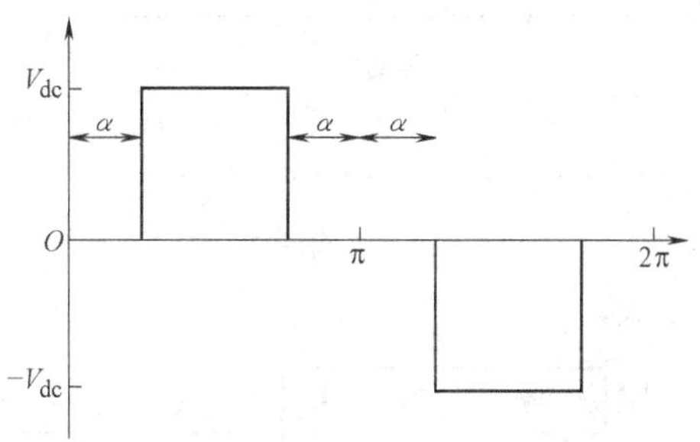

图 6-15　准方波波形

同理，准方波的 3 次谐波幅度为 $b_3 = \frac{4V_{dc}}{n\pi}\cos 3\alpha$，当 $\alpha = 30°$时，$b_3 = 0$。即准方波的 3 次谐波为零。

一般地，当 $\alpha = \frac{90°}{n}$时，n 次谐波将为零。

6.2.4　负载为感性负载的方波逆变器特性

前面讨论的方波逆变器负载为两种情况，纯电阻负载和纯电感负载，一般说来，负载总是电感和电阻同时出现，$Z = R + \mathrm{j}\omega L$，因此负载电压和电流有相位差，电流滞后于电压。

我们再次以图 6-10 全桥逆变器主电路为例，分析在 $Z = R + \mathrm{j}\omega L$ 时的工作情况。

从式（6-20）方波输出的傅里叶表达式可知 $v_o = \sum_{n=1,3,5,\cdots}^{\infty} \frac{4V_{dc}}{n\pi}\sin n\theta$，因此其输出电流的傅里叶表达式可写为

$$i_o = \sum_{n=1,3,5,\cdots}^{\infty} \frac{4V_{dc}}{n\pi|Z|}\sin(n\theta - \varphi_n), \theta = \omega t \tag{6-22}$$

式中，$Z = R + jn\omega L$。当 R 较小，若忽略 R，则式（6-22）可写成

$$i_o = \sum_{n=1,3,5,\cdots}^{\infty} \frac{4V_{dc}}{n\pi|n\omega L|}\sin(n\omega t - \varphi_n)$$

电流谐波的幅度与谐波次数的平方成比例（$1/n^2$），电流的最低次谐波 3 次谐波的幅度为基波的 1/9，因此可以把电流近似写成基波形式

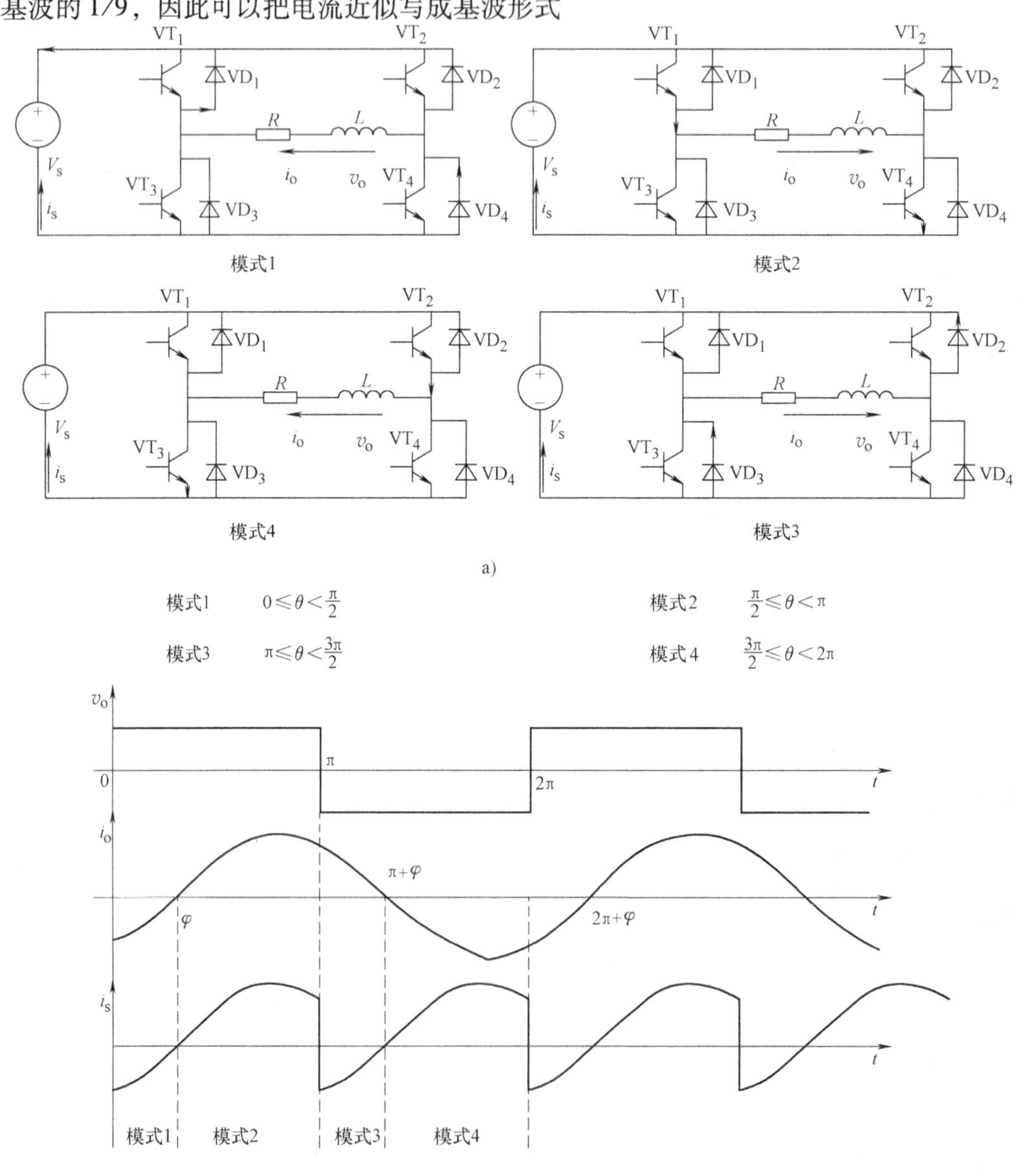

图 6-16 全桥逆变器工作模式分析

$$i_o = I_o \sin(\theta - \varphi) = \frac{4V_{dc}}{\pi \mid Z_{L1} \mid} \sin(\omega t - \tan^{-} \frac{\omega L}{R}) \tag{6-23}$$

φ 就是电压和电流的相差。

在 $R-L$ 负载下，全桥逆变器工作过程可以分为4个模式，如图6-16a所示。

模式1，VT_1 和 VT_4 从0角度开始导通，由于电流滞后电压，所以流过负载的电流 i_o 为负，它沿着二极管 VD_1 和 VD_4 流动，VT_1 和 VT_4 零电流导通。

模式2，开始于负载电流过零，过零时刻角度为 φ，在此时刻电流流过 VT_1 和 VT_4。

在模式1和模式2负载上的电压相同，为正电压。

模式3，开始于 π，此时，VT_1 和 VT_4 被强迫关断，VT_2 和 VT_3 开始导通，负载中的电流要仍然保持原来的方向，因此它沿着二极管 VD_2 和 VD_3 流动，虽然 VT_2 和 VT_3 导通，但无电流流动。此时负的电压加在负载上，并保持到模式4。

模式4，开始于 $\pi+\varphi$，此时输出电流过零，在此时刻电流流过 VT_2 和 VT_3，在 2π 时刻，VT_2 和 VT_3 被强迫关断，VT_1 和 VT_4 开始导通，进入下一循环周期。

负载电压和电流、电源电流如图6-16b所示。

若采用移相工作方式，其输为准方波（Quasi-Square Wave，QSW），从傅里叶分析可知，输出的傅里叶表达式为

$$v_o = \sum_{n=1,3,5,\cdots}^{\infty} \frac{4V_{dc}}{n\pi} \cos(n\alpha) \sin n\theta, \theta = \omega t \tag{6-24}$$

设图6-15中的脉宽为 δ，则 $\pi-2\alpha=\delta$，$\alpha=\frac{\pi-\delta}{2}$，代入式（6-26）得

$$v_o = \sum_{n=1,3,5,\cdots}^{\infty} \frac{4V_{dc}}{n\pi} \sin \frac{n\delta}{2} \sin n\theta, \theta = \omega t \tag{6-25}$$

调节 α 即调节了 δ，也就是调节了输出电压的大小。

6.2.5 方波逆变器输出滤波

方波逆变器输出是交变方波电压，在某些场合可以直接应用，例如，在驱动交流电机等应用中；在另一些场合，方波逆变器输出就必须进行滤波，才能满足应用的需要。

通常采用 LC 低通滤波器（Low Pass Filter）滤除方波逆变器输出方波的高次谐波，将 LC 低通滤波器置于方波逆变器输出和负载之间，如图6-17所示。

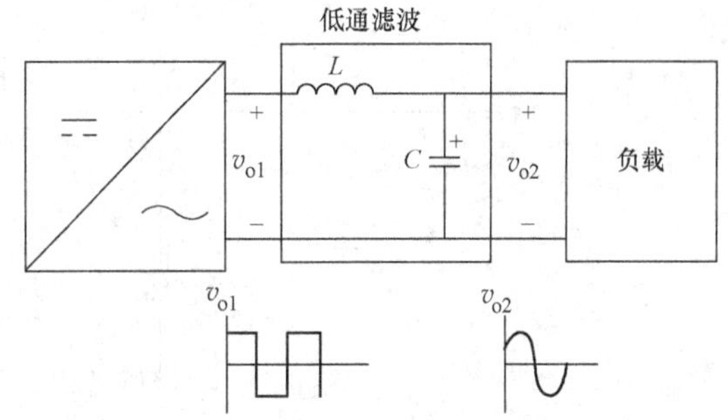

图6-17 LC 低通滤波器置于方波逆变器输出和负载之间

在方波逆变器中，其输出幅度为输入直流电压幅度，无法控制其输出电压幅度和谐波。对某一频率的输出，其谐波总是基波频率的3倍、5倍、7倍等，采用 LC 低通滤波器滤除谐波很困难。

LC 低通滤波器的截止频率是固定不变的，滤波器的体积由滤波器的 VA 额定值确定。为了减小滤波器的体积，必须采用 PWM 开关方案。

6.2.6 三相方波逆变器

当三相负载较大时，通常采用三相逆变器。三相逆变器电路可以由三个单相逆变器组成，单相逆变器可以是半桥式的也可以是全桥式的，3 个单项逆变器的激励脉冲之间彼此相差 120°，以便获得三相平衡（基波）的输出。输出变压器一、二次绕组在电路上要相互绝缘，二次绕组通常结成星形以便消除输出电压中的 3 倍数谐波（$n=3, 6, 9, \cdots$），其电路图如图 6-18 所示。这种方法构成的三相逆变电路，所用器件多，一般不用。

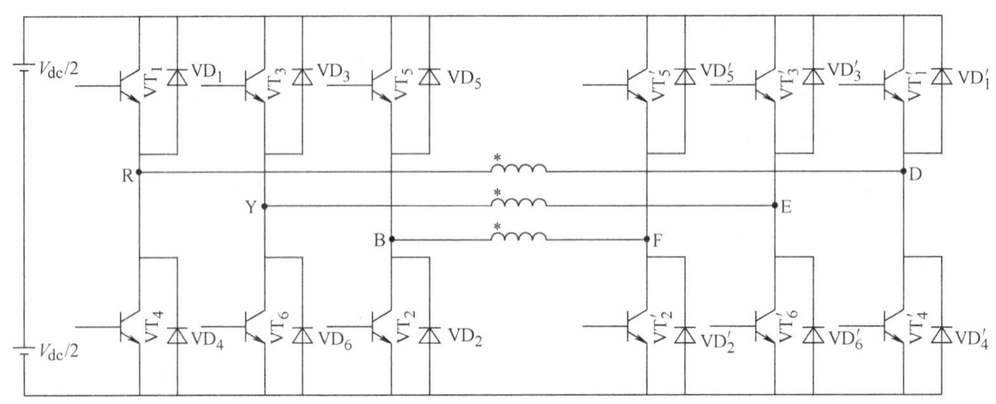

图 6-18 3 个单相逆变器组成的三相逆变器

通常三相逆变电路采用三相桥式电路，三相桥式电路如图 6-19 所示。每个桥臂（Red leg，Yellow leg，Blue leg）相互延迟 120°。当 G 点和 N 点不连接时，180°导电型工作过程分析如下。

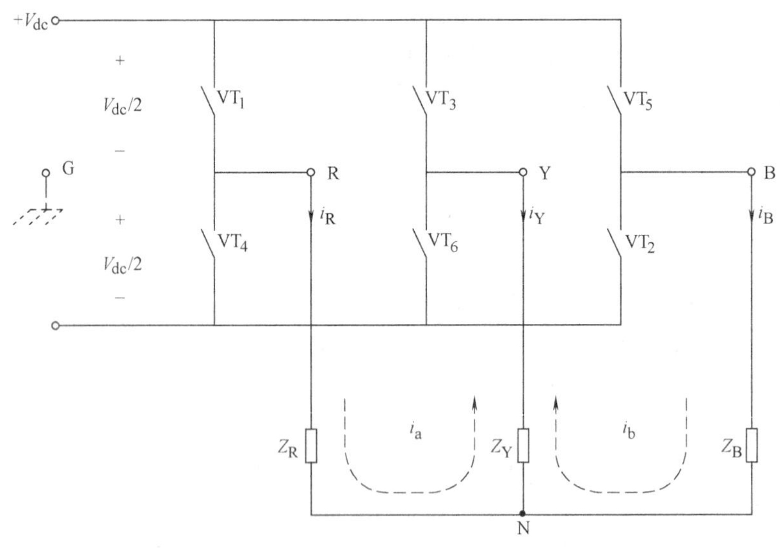

图 6-19 常用的三相桥式逆变电路

图 6-19 所示的三相逆变电路是实际应用中广泛采用的一种形式。6 个功率开关管的驱动信号如图 6-20 所示，彼此相差 60°，若每个功率开关管导通 180°，即任何时刻都有 3 个开关导通，其导通顺序为：VT_1、VT_2、VT_3→VT_2、VT_3、VT_4→VT_3、VT_4、VT_5→VT_4、VT_5、VT_6→VT_5、VT_6、VT_1→VT_6、VT_1、VT_2，循环顺序导通。

当负载为电阻负载，采用星形接法时，点 R、Y、B 对 N 点的电压。

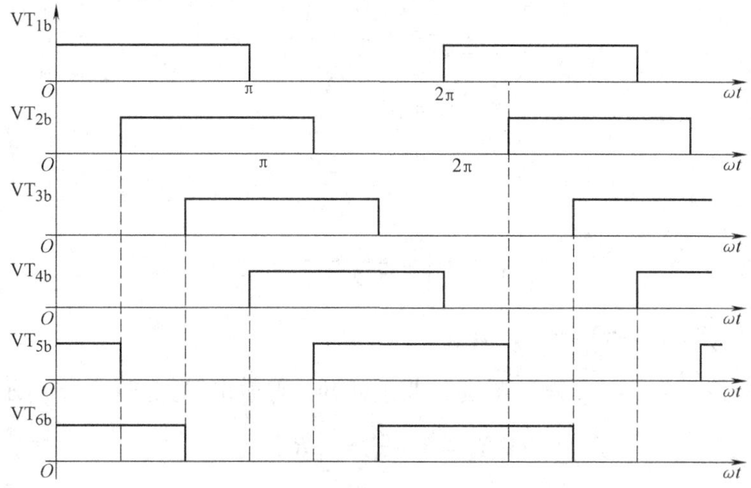

图6-20　6个开关的驱动信号（180°导电类型）

1. 区间1（$0\leqslant\omega t\leqslant\frac{\pi}{3}$）

在此区间开关 VT_5、VT_6、VT_1 导通，其余断开，等效电路如图6-21a所示。

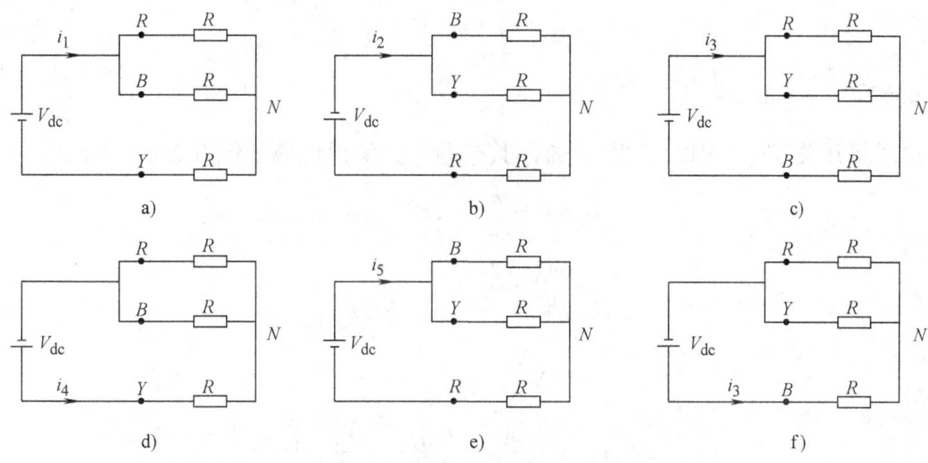

图6-21　全桥逆变器开关不同组合时的等效电路图

$$
\begin{aligned}
R_E &= R + \frac{R}{2} = \frac{3}{2}R \\
i_1 &= \frac{V_{dc}}{R_E} = \frac{2V_{dc}}{3R} \\
v_{RN} &= v_{BN} = \frac{V_{dc}}{3} \\
v_{YN} &= -i_1 R = -\frac{2V_{dc}}{3}
\end{aligned}
\tag{6-26}
$$

2. 区间2（$\frac{\pi}{3}\leqslant\omega t\leqslant\frac{2\pi}{3}$）

在此区间开关 VT_6、VT_1、VT_2 导通，其余断开，等效电路如图 6-21b 所示。

$$
\begin{aligned}
R_E &= R + \frac{R}{2} = \frac{3}{2}R \\
i_2 &= \frac{V_{dc}}{R_E} = \frac{2V_{dc}}{3R} \\
v_{RN} &= i_2 R = \frac{2V_{dc}}{3} \\
v_{YN} &= v_{BN} = -\frac{i_2}{2}R = -\frac{V_{dc}}{3}
\end{aligned}
\tag{6-27}
$$

3. 区间 3（$\frac{2\pi}{3} \leqslant \omega t \leqslant \pi$）

在此区间开关 VT_1、VT_2、VT_3 导通，其余断开，等效电路如图 6-21c 所示。

$$
\begin{aligned}
R_E &= R + \frac{R}{2} = \frac{3}{2}R \\
i_3 &= \frac{V_{dc}}{R_E} = \frac{2V_{dc}}{3R} \\
v_{BN} &= -i_3 R = -\frac{2V_{dc}}{3} \\
v_{RN} &= v_{YN} = \frac{i_3}{2}R = \frac{V_{dc}}{3}
\end{aligned}
\tag{6-28}
$$

4. 区间 4（$\pi \leqslant \omega t \leqslant \frac{4\pi}{3}$）

在此区间开关 VT_2、VT_3、VT_4 导通，其余断开，等效电路如图 6-21d 所示。

$$
\begin{aligned}
R_E &= R + \frac{R}{2} = \frac{3}{2}R \\
i_4 &= \frac{V_{dc}}{R_E} = \frac{2V_{dc}}{3R} \\
v_{YN} &= i_4 R = \frac{2V_{dc}}{3} \\
v_{RN} &= v_{BN} = -\frac{i_4}{2}R = -\frac{V_{dc}}{3}
\end{aligned}
\tag{6-29}
$$

5. 区间 5（$\frac{4\pi}{3} \leqslant \omega t \leqslant \frac{5\pi}{3}$）

在此区间开关 VT_3、VT_4、VT_5 导通，其余断开，等效电路如图 6-21e 所示。

$$
\begin{aligned}
R_E &= R + \frac{R}{2} = \frac{3}{2}R \\
i_5 &= \frac{V_{dc}}{R_E} = \frac{2V_{dc}}{3R} \\
v_{RN} &= -i_5 R = -\frac{2V_{dc}}{3} \\
v_{BN} &= v_{YN} = \frac{i_5}{2}R = \frac{V_{dc}}{3}
\end{aligned}
\tag{6-30}
$$

6. 区间6（$\frac{5\pi}{3}\leqslant\omega t\leqslant 2\pi$）

在此区间开关 VT_4、VT_5、VT_6 导通，其余断开，等效电路如图6-21f所示。

$$
\begin{aligned}
R_E &= R+\frac{R}{2}=\frac{3}{2}R \\
i_6 &= \frac{V_{dc}}{R_E}=\frac{2V_{dc}}{3R} \\
v_{BN} &= i_6 R=\frac{2V_{dc}}{3} \\
v_{RN} &= v_{YN}=-\frac{i_5}{2}R=-\frac{V_{dc}}{3}
\end{aligned}
\tag{6-31}
$$

由式（6-26）~式（6-31）可以画出 v_{RN}、v_{YN} 和 v_{BN} 的波形，如图6-22所示。图6-22的波形每个周期由6个阶梯组成，因此又称为六阶梯波。称 v_{RN}、v_{YN}、v_{BN} 为逆变器相电压；v_{RY}、v_{RB}、v_{YB} 为逆变器线电压。

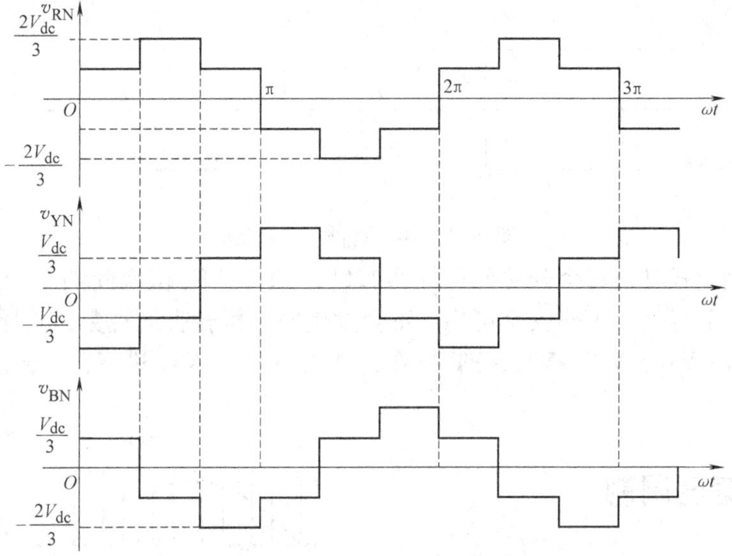

图6-22 六阶梯（Six-Step）v_{RN}、v_{YN} 和 v_{BN} 的波形

当G点和N点连接时，与上述分析过程一样，分为6个区间：

区间1（$0\leqslant\omega t\leqslant\frac{\pi}{3}$），$VT_5$、$VT_6$、$VT_1$ 导通，$v_{RN}=v_{BN}=\frac{V_{dc}}{2}$，$v_{YN}=-\frac{V_{dc}}{2}$；

区间2（$\frac{\pi}{3}\leqslant\omega t\leqslant\frac{2\pi}{3}$），$VT_6$、$VT_1$、$VT_2$ 导通，$v_{RN}=\frac{V_{dc}}{2}$，$v_{YN}=v_{BN}=-\frac{V_{dc}}{2}$；

区间3（$\frac{2\pi}{3}\leqslant\omega t\leqslant\pi$）在此区间开关 VT_1、VT_2、VT_3 导通，$v_{BN}=-\frac{V_{dc}}{2}$，$v_{RN}=v_{YN}=\frac{V_{dc}}{2}$；

区间4（$\pi\leqslant\omega t\leqslant\frac{4\pi}{3}$），开关 VT_2、VT_3、VT_4 导通，$v_{YN}=\frac{V_{dc}}{2}$，$v_{RN}=v_{BN}=-\frac{V_{dc}}{2}$；

区间5（$\frac{4\pi}{3}\leqslant\omega t\leqslant\frac{5\pi}{3}$），开关 VT_3、VT_4、VT_5 导通，$v_{RN}=-\frac{V_{dc}}{2}$，$v_{BN}=v_{YN}=\frac{V_{dc}}{2}$；

区间 6（$\frac{5\pi}{3} \leqslant \omega t \leqslant 2\pi$），开关 VT_4、VT_5、VT_6 导通，$v_{BN}=\frac{V_{dc}}{2}$，$v_{RN}=v_{YN}=-\frac{V_{dc}}{2}$。

可以看出，三相相电压为幅度为 $\pm\frac{V_{dc}}{2}$、相位互差 120°的方波信号，其线电压波形为准方波，如图 6-23 所示。

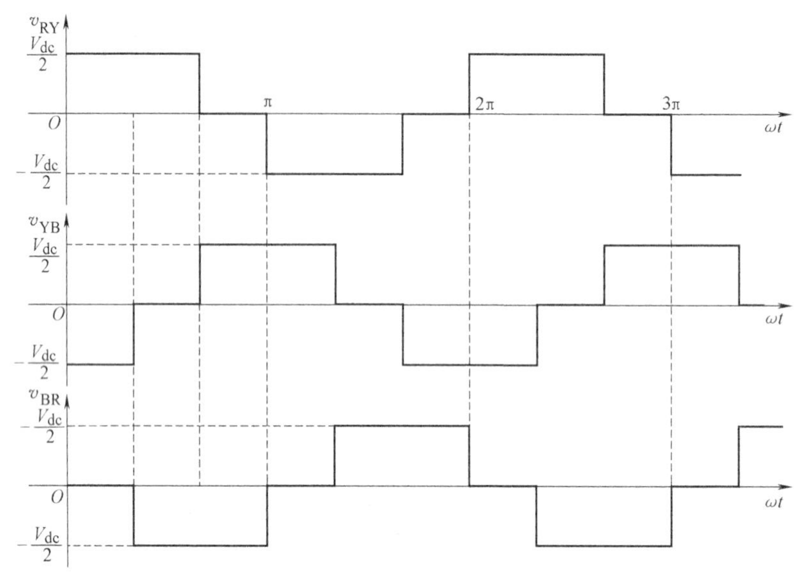

图 6-23　v_{RY}、v_{YB} 和 v_{BR} 的波形

120°导电型模式时，每个开关元件导通 120°，$VT_1 \sim VT_6$ 依次间隔 60°导通，逆变器中任一时刻只有两管导通，工作安全可靠，不会发生同一桥臂直通现象，其导通时序按 VT_1，$VT_2 \to VT_2$，$VT_3 \to VT_3$，$VT_4 \to VT_4$，$VT_5 \to VT_5$，$VT_6 \to VT_6$，VT_1 进行，其输出波形读者可以自己分析。

6.3　脉冲宽度调制

方波逆变器可以方便地调整输出电压的频率，但输出电压的幅度在逆变环节中无法调节，通常需要增加调压环节完成调压功能，但这种方法使系统复杂，且输出电压谐波大，从 6.2.3 可知，方波信号的谐波系数为 $b_n=\frac{4V_{dc}}{n\pi}$，准方波的谐波系数为 $b_n=\frac{4V_{dc}}{n\pi}\cos n\alpha$，其谐波幅度随 n 增加而减小，3 次谐波的幅度为基波的 1/3，5 次谐波的幅度为基波的 1/5，…，最低次谐波为 3 次谐波。从傅里叶分析可知，如果把方波逆变器输出的方波用 N 个小方波取代（如图 6-24 所示），就可以通

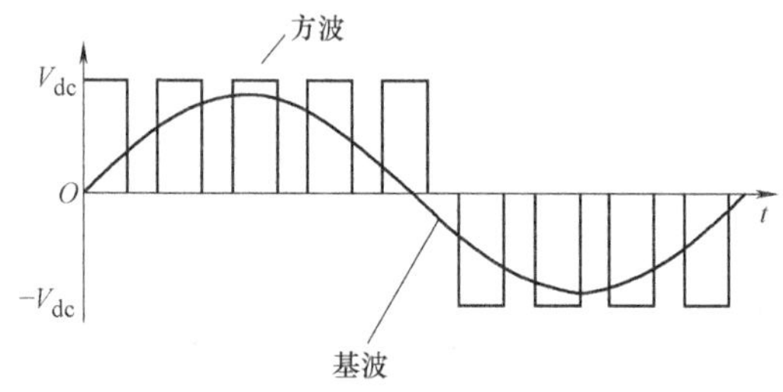

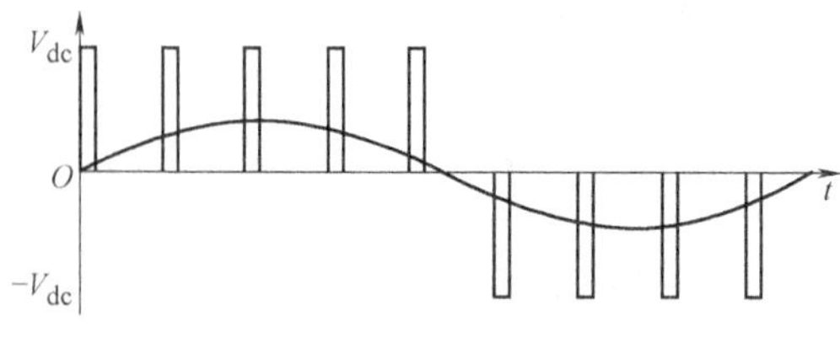

图 6-24　方波逆变器输出的方波用 N 个小方波取代，改变小方波脉冲宽度调节输出基波幅度

过控制小方波的宽度控制逆变器输出基波的幅度。

由于小方波的频率是逆变器输出基波频率的 N 倍，因此逆变器输出的最低次谐波频率升高，即可以通过增加 N 的办法减小最低次谐波幅度，同时由于 LC 低通滤波器的截止频率升高，因此体积也减小。

1964 年，德国学者 A. Schonung 和 H. Stemmler 率先提出了脉宽调制（Pulse Width Modulation，PWM）的思想，把通信技术中的调制技术应用于交流传动中，开创了 DC-AC 技术研究的新领域。

一般说来，PWM 信号输出端加适当的滤波器可以恢复出原调制波信号。

PWM 逆变器从根本上解决了方波逆变器存在的问题。近几十年来，该技术一直是电力电子的研究热点，并在工业应用领域产生了极大的经济效益。在技术实现上，从模拟电路发展到全数字化方案；在调制原理上提出了自然采样法、规则采样法、等面积算法、消除有限次谐波的优化调制方法等。为了适应交流异步电机变频调速的应用，提出了电压正弦波调制、磁通正弦波调制和电流正弦波调制算法；为了获得优良的输出波形，提出了消除有限次谐波的算法、效率最优的和转矩脉动最小的 PWM 算法；为了消除音频噪声、消除低次谐波以及提高系统稳定性，又提出了各种随机 PWM 技术。到目前为止，对这一技术仍不断有新方案提出，充分体现出其强大的生命力。

6.3.1 PWM 波形生成原理

在采样控制理论中，有一个重要结论：冲量相等而形状不同的脉冲，加在具有惯性的环节上时，其效果基本相同。冲量，即是指窄脉冲的面积。这里所说的效果相同，是指环节的输出响应波形基本相同。如果将其输出波形用傅氏变换分析，其中低频特性基本相同，仅在高频段略有差异。

例如，图 6-25 中所示的 3 个面积相等但形状不同的窄脉冲，当它们分别加在惯性上环节上时，输出基本相同，并且脉冲宽度越窄，其输出的差异越小。当脉冲变为图 6-25d 中的单位脉冲函数时，环节的响应即为该环节脉冲过度函数。

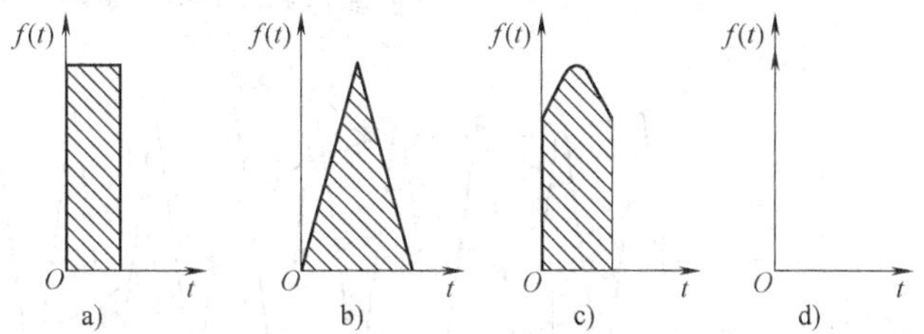

图 6-25 形状不同而冲量相同的各种脉冲

基于上述理论，下面再来分析一下如何用一系列幅度相等、宽度不等的脉冲序列代替一个正弦波。

将图 6-26a 中所示的正弦波（半个周期）分成 N 等份，可以把正弦波（半个周期）看成由 N 个脉冲组成。这些脉冲宽度相等，幅值不等，脉冲顶部不是水平直线，而是按正弦规律变化的曲线。将这些脉冲以一组幅度相等、宽度不等的脉冲代替，使脉冲的中点和相对应的正弦等分的中点重合，且使脉冲面积和相应的正弦部分面积（冲量）相等，就得到如图 6-26b 所示的一组脉冲，这就是 SPWM 波形。

把所希望的波形作为调制信号，把接受调制的信号作为载波，通过对载波的调制得到所期望的 PWM 波形。图 6-27 为所希望的波形和所期望的 SPWM 波的关系。

通常采用等腰三角波作为载波，因为等腰三角波上下宽度与高度呈线性关系且左右对称，当它与任何一个平缓变化的调制信号波相交时，在交点时刻就可以得到宽度正比于调制信号波幅度的脉冲。图6-28为调制波、载波和SPWM波的关系图形。采用SPWM技术时可以对DC-AC逆变器的输出幅度和频率进行独立控制。

需要说明的是，PWM和SPWM这两个术语实质上是没有区别的，有时为了强调正弦波调制，用SPWM表示，经常混用这两个术语。SVPWM是从电机控制角度出发，指电机磁通正弦脉冲宽度调制。

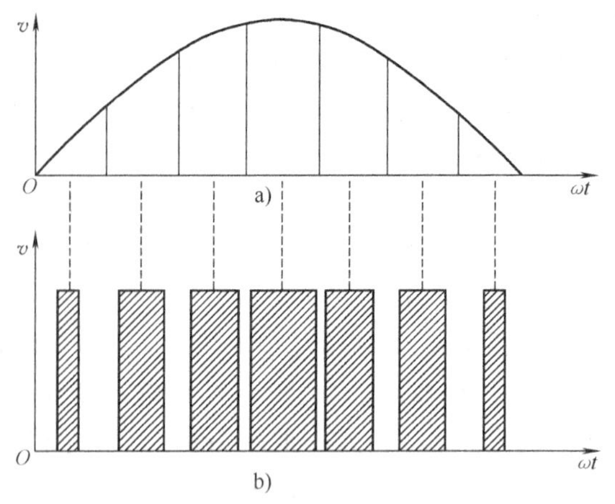

图6-26 幅度相等、宽度不等的脉冲序列代替一个正弦波示意图

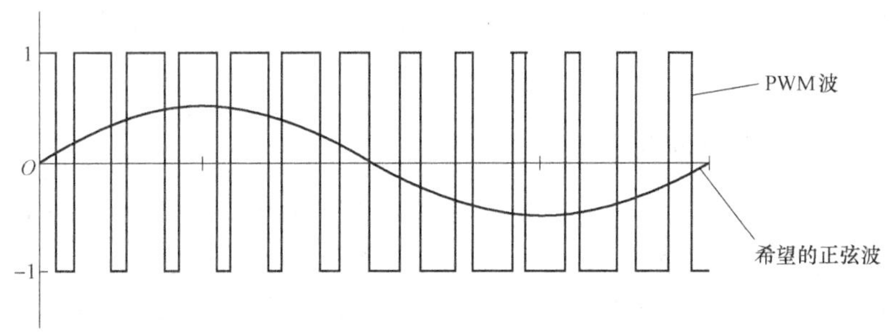

图6-27 所希望的波形和所期望的SPWM波的关系

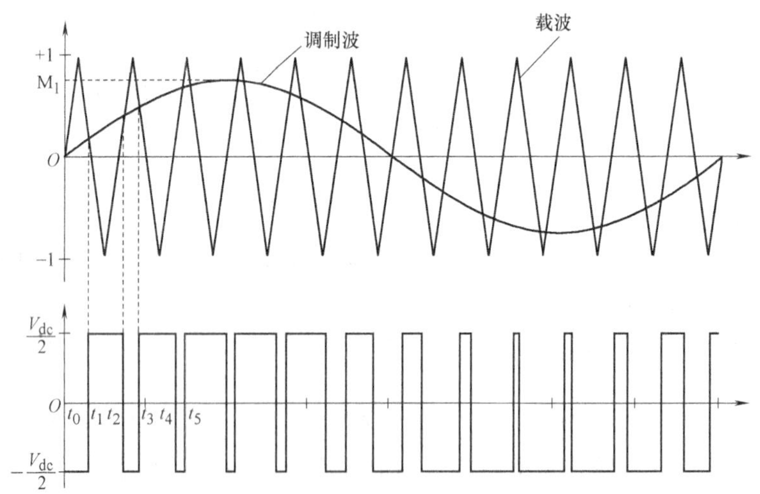

图6-28 调制波、载波和SPWM波的关系

6.3.2 PWM的调制方式和相关术语

1. 单极性（Unipolar）PWM调制与双极性（Bipolar）PWM调制

载波（三角波）在调制波半个周期内只在一个方向变化，所得到的 PWM 波形也只在一个方向变化的控制方式称为单极性 PWM 控制方式。单极性 PWM 控制方式如图 6-29 所示，它说明了 SPWM 技术对 DC-AC 逆变器输出幅度和频率独立控制。单极性调制中，逆变器同一桥臂的上部功率开关管和下部功率开关管在调制波（输出电压基波）的半个周期内仅有一个功率开关管多次开通和关断。

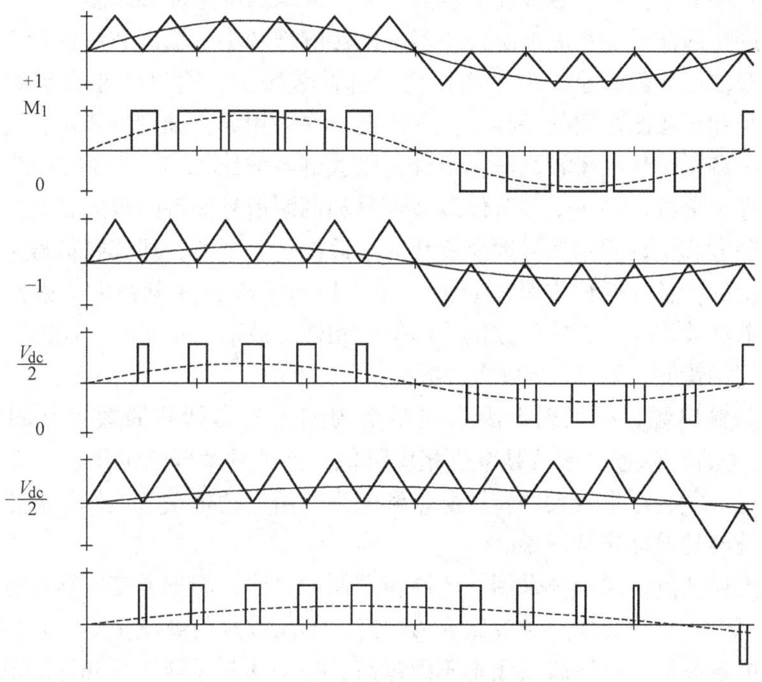

图 6-29 SPWM 技术对 DC-AC 逆变器输出幅度和频率独立控制示意图

和单极性 PWM 控制方式不同的是双极性 PWM 控制方式。在双极性控制方式中，载波（三角波）在调制波半个周期内是在正负两个方向变化，所得到的 PWM 波形也正负两个在方向变化，图 6-28 为双极性 PWM 调制。在双极性 PWM 调制方式中，同一桥臂上下两个功率开关的驱动信号是互补的信号，但实际上为了防止同一桥臂上下两个功率开关直通而造成短路，在两个信号中间加入死区，死区时间大小主要由功率开关器件的关断时间决定，死区时间将会给输出的 SPWM 波形带来影响，使其偏离正弦波。

这两种方式的差别仅仅在于正弦波与三角波比较的方法。一般说来，单极性 PWM 调制方案产生的谐波较小，但是难于实现，在本书中只讨论双极性 PWM 调制方法。

2. 载波比（调制比：Modulation Ratio $=M_R=p$）、同步调制和异步调制

载波频率 f_c 和调制信号频率 f_r 之比称为载波比

$$M_R=p=\frac{f_c}{f_r} \tag{6-32}$$

M_R 是与谐波频率相关的指标。谐波频率可表示为

$$f=kM_R f_r \tag{6-33}$$

式中，f_r 调制信号频率；k 为整数（1，2，3，…）

根据载波信号和调制信号是否同步及载波比 p 变化情况，有同步调制和异步调制两种方式。

在异步调制方式中，调制信号频率 f_r 变化时，保持载波信号频率 f_c 固定不变，因而载波比 p 是变化的。这样，在调制信号的半个周期内，输出脉冲的个数不固定，脉冲的相位也不固定，正负半周期的脉冲不对称，同时半周期内前后 1/4 周期的脉冲也不对称。

当调制信号频率较低时，载波比 p 较大，半个周期内的脉冲数较多，正负半个周期脉冲不对称和半个周期内前后 1/4 周期脉冲不对称的影响都较小，输出波形接近正弦波。当调制频率增高时，载波比 p 就减小，半个周期内的脉冲数减少，输出脉冲的不对称性影响就增大，输出波形与和正弦波之间的差异变大。因此，在采用异步调制方式示，希望尽量提高载波频率，以便在调制信号频率较高时仍能保持较大的载波比 p，改善输出特性。

载波比 p 等于常数，并在变频时使载波信号和调制信号保持同步的调制方式称为同步调制。在同步调制方式中，调制信号频率变化时，载波比 p 不变，即调制信号半个周期内输出的脉冲数是固定的，脉冲相位也是固定的。在三相 SPWM 逆变电路中，通常公用一个三角波载波信号且取载波比 p 为 3 的整数倍，以使三相输出波形严格对称，同时，为了使一相的波形正负半个周期镜向对称，p 应取为奇数。

当逆变电路输出频率很低时，因为在半个周期内输出脉冲的数目是固定的，所以由 PWM 调制而产生的 f_c 附近的谐波频率也相应降低，这种频率较低的谐波通常不易滤除，如果负载为电动机，就会产生较大的转矩脉动和噪声，给电动机正常工作带来不利影响；作为正弦电源，滤波器的设计非常困难。

为了克服上述缺点，通常都采用分段同步调制的方法，即把逆变电路的输出频率划分为若干个频段，每个频段内都保持载波比 p 为恒定，不同频段的载波比不同。在输出频率的高频段采用较低的载波比，以使载波频率不致过高，在功率开关器件所允许的范围内，在输出频率的低频段采用较高的载波比，以使载波频率不至过低而对负载产生不利影响。

3. 调制度（Modulation Index = M_I）

调制度定义

$$M_I = \frac{\text{调制波幅值}}{\text{载波幅值}} \tag{6-34}$$

M_I 是与基波（正弦波）输出电压幅度相关的指标。如果 M_I 高，正弦波输出幅度也高，反之亦然。

$0 < M_I < 1$，有以下线性关系

$$V_1 = M_I V_{in} \tag{6-35}$$

式中，V_1 是逆变器输出电压的基波幅度；V_{in} 为输入直流电压的幅值。

6.3.3 PWM 生成方法

1. 自然采样法（Natural Sampling）

按照 SPWM 控制的基本理论，在正弦波和三角波的自然交点时刻控制功率器件的通断，这种生成 SPWM 波形的方法称为自然采样法。正弦波在不同的相位角时其值不同，因而与三角波相交所得的脉冲宽度也不同。另外，当正弦波频率变化或者幅值变化时，各脉冲的宽度也相应变化，要准确生成 SPWM 波形，就应准确地计算出正弦波和三角波的交点。

图6-27中取三角波的相邻两个正峰值之间为一个周期，为了简化计算，可设三角波峰值为标幺值1，正弦调制波为

$$v_r = M_I \sin\omega_r t \tag{6-36}$$

式中，M_I为调制度，$0 \leqslant M_I \leqslant 1$；$\omega_r$为正弦调制信号的角频率。

从图6-30可以看出，在三角波载波的一个周期Δ时间内，其下降段和上升段各与正弦调制波有一个交点，使正弦调制波上升段的过零点和三角波下降段过零点重合并把该时刻作为零时刻。同时，把该点所在的三角波周期作为正弦调制波周期内的第一个三角波周期，则第n个周期的三角波方程可以表示如下

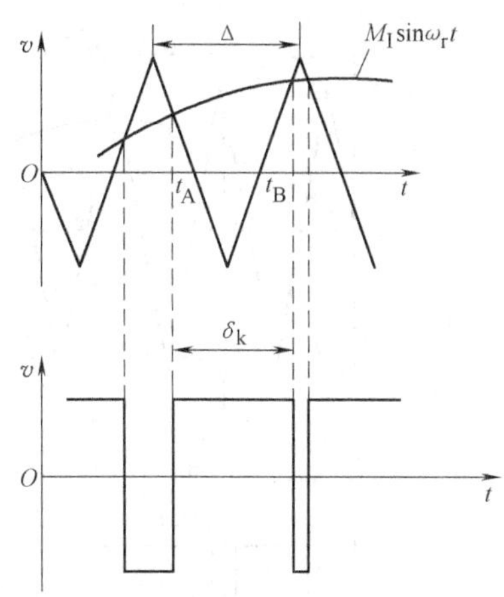

图6-30 自然采样法

$$v_c = \begin{cases} 1 - \dfrac{4}{\Delta}\left[t - \left(n - \dfrac{5}{4}\right)\Delta\right] & \left(n - \dfrac{5}{4}\right)\Delta \leqslant t < \left(n - \dfrac{3}{4}\right)\Delta \\ -1 + \dfrac{4}{\Delta}\left[t - \left(n - \dfrac{3}{4}\right)\Delta\right] & \left(n - \dfrac{3}{4}\right)\Delta \leqslant t < \left(n - \dfrac{1}{4}\right)\Delta \end{cases} \tag{6-37}$$

这样，正弦调制波和第n个周期的三角波的交点时刻t_A和t_B可分别由下式求得

$$M_I \sin\omega_r t_A = 1 - \frac{4}{\Delta}\left[t_A - \left(n - \frac{5}{4}\right)\Delta\right] \tag{6-38}$$

$$M_I \sin\omega_r t_B = -1 + \frac{4}{\Delta}\left[t_B - \left(n - \frac{3}{4}\right)\Delta\right] \tag{6-39}$$

在给定Δ和M_I后，求解上面两式即可求得t_A和t_B，脉冲宽度δ_k可由下式求出

$$\delta_k = t_B - t_A \tag{6-40}$$

可以看出，式（6-38）和式（6-39）中t_A和t_B均是未知数，求解这两个超越方程式非常困难的，这是由于正弦调制波和三角波的交点的任意性造成的。由于求解时需要花费较多的计算时间，难以在实时控制中在线计算，因而自然采样法在实际工程应用不多。

2. 规则采样法（Regular Sampling）

规则采样法有不对称规则采样法（Asymmetric Regular Sampling）和对称规则采样法（Symmetric Regular Sampling）两种。规则采样法的脉冲宽度关系如图6-31所示，在对规则称采样法中$\delta_{1k} = \delta_{2k}$；而不对称规则采样法中$\delta_{1k} \neq \delta_{2k}$。

设载波周期为Δ，$\delta_0 = \dfrac{\Delta}{4}$，$\delta_{1k}$和$\delta_{2k}$的分界点为某个三角波的负峰值点。将图6-31中第$k$个脉冲单独画出来，如图6-32所示。按冲量相等而形状不同的在脉冲加在具有惯性环节上时其效果基本相同的原理计算第k个PWM脉冲的开通角和关断角，示意图如图6-33所示。

由图6-33可得

$$A_{S1} = A_{P1} \tag{6-41}$$

$$A_{S2} = A_{P2} \tag{6-42}$$

结合图6-32和图6-33计算出PWM脉冲前半个的平均电压

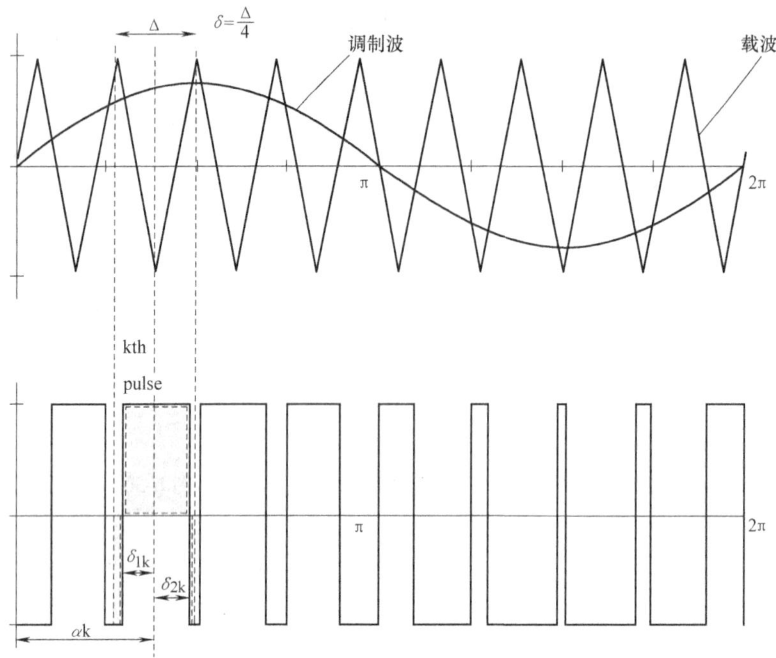

图 6-31 规则采样法脉冲宽度关系

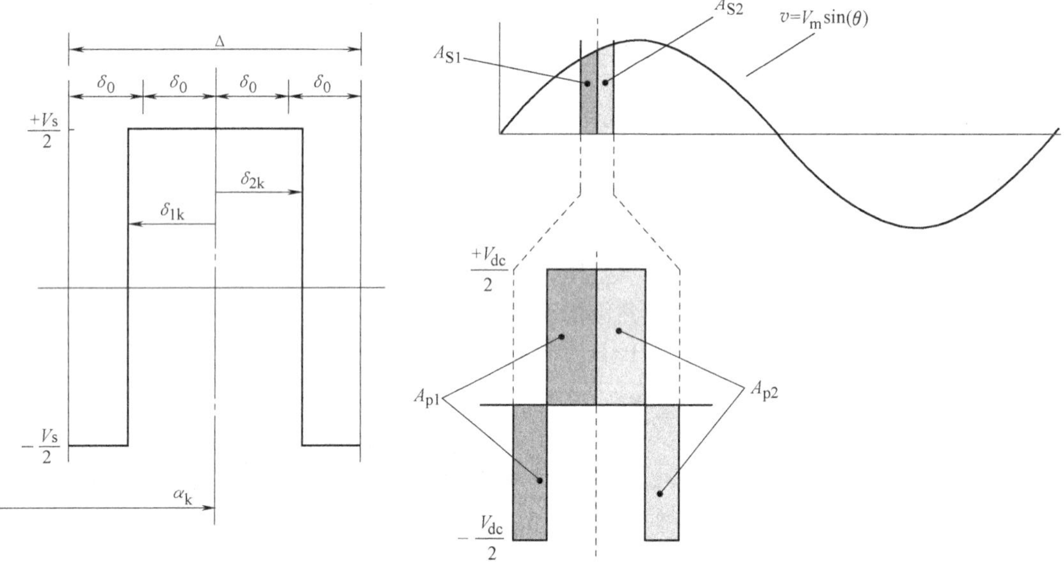

图 6-32 第 k 个 PWM 脉冲

图 6-33 按冲量相等原理计算双极性第 k 个 PWM 脉冲开通和关断角

$$\overline{V_{1k}} = \left(\frac{V_{dc}}{2}\right)\left(\frac{\delta_{1k} - (2\delta_0 - \delta_{1k})}{2\delta_0}\right) = \left(\frac{V_{dc}}{2}\right)\left(\frac{\delta_{1k} - \delta_0}{\delta_0}\right) = \beta_{1k}\left(\frac{V_{dc}}{2}\right) \tag{6-43}$$

这里 $\beta_{1k} = \dfrac{\delta_{1k} - \delta_0}{\delta_0}$。

$$A_{P1} = \beta_{1k}\left(\frac{V_{dc}}{2}\right)2\delta_0 \tag{6-44}$$

同样可以计算出 PWM 脉冲后半个周期的平均电压

$$\overline{V_{1k}} = \beta_{2k}\left(\frac{V_{dc}}{2}\right) \tag{6-45}$$

这里 $\beta_{2k} = \dfrac{\delta_{2k} - \delta_0}{\delta_0}$。

$$A_{P2} = \beta_{2k}\left(\frac{V_{dc}}{2}\right)2\delta_0 \tag{6-46}$$

现在计算第 k 个脉冲对应的调制波的伏秒积。

$$A_{S1} = \int_{\alpha_k - 2\delta_0}^{\alpha_k} V_m \sin\theta \mathrm{d}\theta = V_m\left[\cos(\alpha_k - 2\delta_0) - \cos\alpha_k\right] = 2V_m \sin\delta_0 \sin(\alpha_k - \delta_0) \tag{6-47}$$

由于当 δ_0 非常小时（$\delta_0 \to 0$），有 $\sin\delta_0 \to \delta_0$，因此式（6-47）可以改写为

$$A_{S1} = 2\delta_0 V_m \sin(\alpha_k - \delta_0) \tag{6-48}$$

同理

$$A_{S2} = 2\delta_0 V_m \sin(\alpha_k + \delta_0) \tag{6-49}$$

代入 $A_{S1} = A_{P1}$，有

$$\beta_{1k}\left(\frac{V_{dc}}{2}\right)2\delta_0 = 2\delta_0 V_m \sin(\alpha_k - \delta_0)$$

解上式得

$$\beta_{1k} = \frac{V_m}{V_{dc}/2}\sin(\alpha_k - \delta_0) \tag{6-50}$$

又调制度（Modulation Index）或调制深度（Modulation Depth）为

$$M_I = \frac{\text{调制波幅值}}{\text{载波幅值}} = \frac{V_m}{V_{dc}/2}, \quad (0 \leqslant M_I \leqslant 1)$$

所以

$$\beta_{1k} = M_I \sin(\alpha_k - \delta_0) \tag{6-51}$$

同样可得

$$\beta_{2k} = M_I \sin(\alpha_k + \delta_0) \tag{6-52}$$

由 $\beta_{1k} = \dfrac{\delta_{1k} - \delta_0}{\delta_0}$ 和 $\beta_{1k} = M_I \sin(\alpha_k - \delta_0)$ 可得

$$\delta_{1k} = \delta_0\left[1 + M_I \sin(\alpha_k - \delta_0)\right] \tag{6-53}$$

由 $\beta_{2k} = \dfrac{\delta_{2k} - \delta_0}{\delta_0}$ 和 $\beta_{2k} = M_I \sin(\alpha_k + \delta_0)$ 可得

$$\delta_{2k} = \delta_0\left[1 + M_I \sin(\alpha_k + \delta_0)\right] \tag{6-54}$$

因此

第 k 个 PWM 脉冲的上升沿开通角为：$\alpha_k - \delta_{1k}$；

第 k 个 PWM 脉冲的下降沿关断角为：$\alpha_k + \delta_{2k}$；

以上等式对于不对称调制（Asymmetric Modulation）成立。

对于对称调制（Symmetric Modulation）有 $\delta_{1k} = \delta_{2k} = \delta_k$，PWM 脉冲整个周期的平均电压

$$\overline{V_k} = \left(\frac{V_{dc}}{2}\right)\left(\frac{2\delta_k - (4\delta_0 - 2\delta_k)}{4\delta_0}\right) = \left(\frac{V_{dc}}{2}\right)\left(\frac{\delta_k - \delta_0}{\delta_0}\right) \tag{6-55}$$

第 k 个 PWM 脉冲的伏秒积

$$A_{P1} + A_{P2} = \overline{V_k}4\delta_0 = \frac{\delta_k - \delta_0}{\delta_0}\left(\frac{V_{dc}}{2}\right)4\delta_0 \tag{6-56}$$

与第 k 个 PWM 脉冲对应的正弦波伏秒积

$$\begin{aligned} A_{S1} + A_{S2} &= \int_{\alpha_k-2\delta_0}^{\alpha_k+2\delta_0} V_m\sin\theta d\theta = V_m\left[\cos(\alpha_k - 2\delta_0) - \cos(\alpha_k + 2\delta_0)\right] \\ &= 2V_m\sin\alpha_k\sin2\delta_0 \approx 4\delta_0 V_m\sin\alpha_k \end{aligned} \tag{6-57}$$

冲量相等，所以：$A_{S1} + A_{S2} = A_{P1} + A_{P2}, 4\delta_0 V_m\sin\alpha_k = \frac{\delta_k - \delta_0}{\delta_0}\frac{V_{dc}}{2}4\delta_0$，解得

$$\delta_k = \delta_0\left[1 + M_I\sin\alpha_k\right] \tag{6-58}$$

因此对于对称调制（Symmetric Modulation）有：

第 k 个 PWM 脉冲的上升沿开通角为 $\alpha_k - \delta_k$，第 k 个 PWM 脉冲的下降沿关断角为 $\alpha_k + \delta_k$。

可以直接利用图 6-34 写出对称和不对称规则采样法及计算公式。

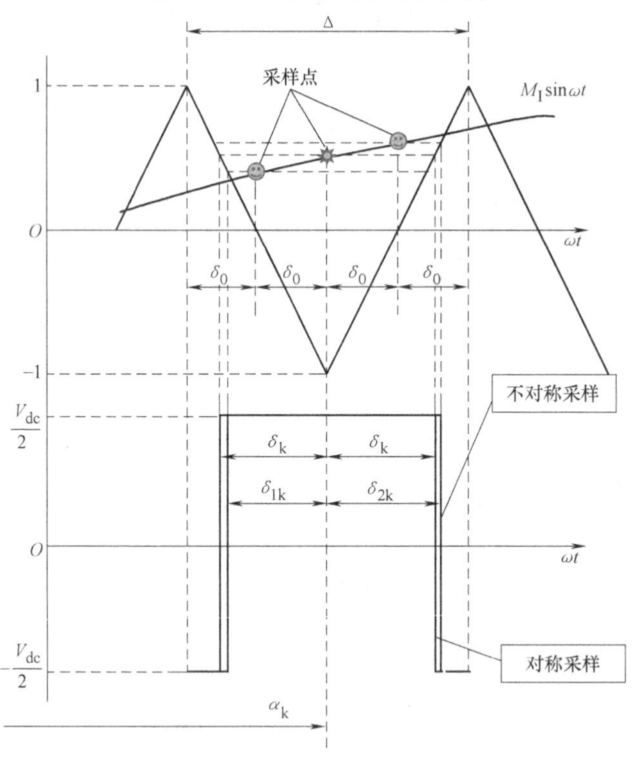

图 6-34 对称和不对称规则采样法

对于对称规则采样法，以三角波负半周期角平分线与正弦波交点作为采样点，过此点作平行线，该平行线与三角波在 Δ 内有两个交点，此两个交点即 PWM 脉冲的开通时刻和关断时刻。

对于不对称规则采样法，把 Δ 4 等份，等分线与正弦波在 Δ 内有 3 个交点，除去 Δ 等分线与正弦波交点，剩余两个交点，此两个交点作为采样点，过这两点作平行线与三角波在

Δ 内有 4 个交点，取采样点最近的两个交点作为 PWM 脉冲的开通时刻和关断时刻。

式（6-53）、式（6-54）和式（6-58）可由图 6-34 通过运算得到

$$\frac{1+M_{\mathrm{I}}\sin(\alpha_{\mathrm{k}}+\delta_0)}{\delta_{2\mathrm{k}}}=\frac{2}{2\delta_0}\Rightarrow\delta_{2\mathrm{k}}=\delta_0(1+M_{\mathrm{I}}\sin(\alpha_{\mathrm{k}}+\delta_0))$$

$$\frac{1+M_{\mathrm{I}}\sin(\alpha_{\mathrm{k}}-\delta_0)}{\delta_{1\mathrm{k}}}=\frac{2}{2\delta_0}\Rightarrow\delta_{1\mathrm{k}}=\delta_0(1+M_{\mathrm{I}}\sin(\alpha_{\mathrm{k}}-\delta_0))$$

$$\frac{1+M_{\mathrm{I}}\sin\alpha_{\mathrm{k}}}{\delta_{\mathrm{k}}}=\frac{2}{2\delta_0}\Rightarrow\delta_{\mathrm{k}}=\delta_0(1+M_{\mathrm{I}}\sin\alpha_{\mathrm{k}})$$

对于三相桥式逆变电路，应该形成三相 SPWM 波形。三相正弦调制波互差 120°相位，设在同一三角波周期内三相的脉冲宽度分别为 δ_{U}、δ_{V}、δ_{W}，由于在同一时刻三相正弦调制波电压之和为零，把式（6-53）和式（6-54）相加

$$\begin{aligned}\delta_{\mathrm{U}}&=\delta_{1\mathrm{k}}+\delta_{2\mathrm{k}}=\delta_0M_{\mathrm{I}}\left[\sin(\alpha_{\mathrm{k}}-\delta_0)+\sin(\alpha_{\mathrm{k}}+\delta_0)\right]+2\delta_0\\&=2\delta_0M_{\mathrm{I}}\cos\delta_0\sin\alpha_{\mathrm{k}}+2\delta_0=2\delta_0(1+M_{\mathrm{I}}\cos\delta_0\sin\alpha_{\mathrm{k}})\end{aligned}\tag{6-59}$$

所以有

$$\begin{aligned}\delta_{\mathrm{U}}+\delta_{\mathrm{V}}+\delta_{\mathrm{W}}&=2\delta_0(1+M_{\mathrm{I}}\cos\delta_0\sin\alpha_{\mathrm{k}})+2\delta_0(1+M_{\mathrm{I}}\cos\delta_0\sin(\alpha_{\mathrm{k}}+120°))\\&\quad+2\delta_0(1+M_{\mathrm{I}}\cos\delta_0\sin(\alpha_{\mathrm{k}}-120°))\\&=6\delta_0=\frac{3}{2}\Delta\end{aligned}\tag{6-60}$$

左边负脉冲宽度 δ'_{UL}

$$\delta'_{\mathrm{UL}}=2\delta_0-\delta_{1\mathrm{k}}=\delta_0(1-M_{\mathrm{I}}\cos\delta_0\sin(\alpha_{\mathrm{k}}-\delta_0))\tag{6-61}$$

右边负脉冲宽度 δ'_{UR}

$$\delta'_{\mathrm{UR}}=2\delta_0-\delta_{2\mathrm{k}}=\delta_0(1-M_{\mathrm{I}}\cos\delta_0\sin(\alpha_{\mathrm{k}}+\delta_0))\tag{6-62}$$

$$\delta'_{\mathrm{UL}}+\delta'_{\mathrm{VL}}+\delta'_{\mathrm{WL}}=3\delta_0=\frac{3}{4}\Delta\tag{6-63}$$

$$\delta'_{\mathrm{UR}}+\delta'_{\mathrm{VR}}+\delta'_{\mathrm{WR}}=3\delta_0=\frac{3}{4}\Delta\tag{6-64}$$

利用上述公式可以简化生成三相 SPWM 波形时的计算。在调制波（正弦波）一个周期内，假定 PWM 波为奇函数，那么第 k 个 PWM 脉冲所包含的谐波可以计算出来

$$\begin{aligned}b_{\mathrm{nk}}&=\frac{2}{\pi}\int_0^{\pi}f(v)\sin n\theta\mathrm{d}\theta\\&=\frac{2}{\pi}\left\{\int_{\alpha_{\mathrm{k}}-2\delta_0}^{\alpha_{\mathrm{k}}-\delta_{1\mathrm{k}}}\left(-\frac{V_{\mathrm{dc}}}{2}\right)\sin n\theta\mathrm{d}\theta\right\}+\frac{2}{\pi}\left\{\int_{\alpha_{\mathrm{k}}-\delta_{1\mathrm{k}}}^{\alpha_{\mathrm{k}}+\delta_{2\mathrm{k}}}\left(\frac{V_{\mathrm{dc}}}{2}\right)\sin n\theta\mathrm{d}\theta\right\}+\frac{2}{\pi}\left\{\int_{\alpha_{\mathrm{k}}+\delta_{2\mathrm{k}}}^{\alpha_{\mathrm{k}}+2\delta_0}\left(-\frac{V_{\mathrm{dc}}}{2}\right)\sin n\theta\mathrm{d}\theta\right\}\end{aligned}\tag{6-65}$$

化简得

$$\begin{aligned}b_{\mathrm{nk}}&=-\frac{V_{\mathrm{dc}}}{n\pi}\left[\cos n(\alpha_{\mathrm{k}}-2\delta_0)-\cos n(\alpha_{\mathrm{k}}-\delta_{1\mathrm{k}})+\cos n(\alpha_{\mathrm{k}}+\delta_{2\mathrm{k}})\right.\\&\quad\left.-\cos n(\alpha_{\mathrm{k}}-\delta_{1\mathrm{k}})+\cos n(\alpha_{\mathrm{k}}+\delta_{2\mathrm{k}})-\cos n(\alpha_{\mathrm{k}}+2\delta_0)\right]\\&=\frac{2V_{\mathrm{dc}}}{n\pi}\left[\cos n(\alpha_{\mathrm{k}}-\delta_{1\mathrm{k}})-\cos n(\alpha_{\mathrm{k}}+\delta_{2\mathrm{k}})-\sin n\alpha_{\mathrm{k}}\sin n2\delta_0\right]\end{aligned}\tag{6-66}$$

显然这个等式再无法有效简化，PWM 波形的傅里叶系数是一个周期内 p 个脉冲的和

$$b_{n} = \sum_{k=1}^{p} b_{nk} \tag{6-67}$$

图 6-35 是规则采样法的频谱图，观察图 6-35 频谱图可以得到：

1）基波幅度大小与调制度（Depth of Modulation）or（Modulation Index）成正比：$V_1 = M_I V_{in}$。

2）谐波频率的主要分量以簇（Clusters）的形式出现：

$$f = kpf_m; \ k = 1, 2, 3, \cdots,$$

式中，f_m 是调制波（正弦）的频率；f 为载波频率的数倍，在主要谐波频率附近存在边带（Side-Bands）。

3）谐波幅度随着调制度 M_I 的变化而变化，其相互关系不清楚。

4）当调制比（载波比）p 较小时（$p < 10$），在主要谐波频率附近存在边带重叠。

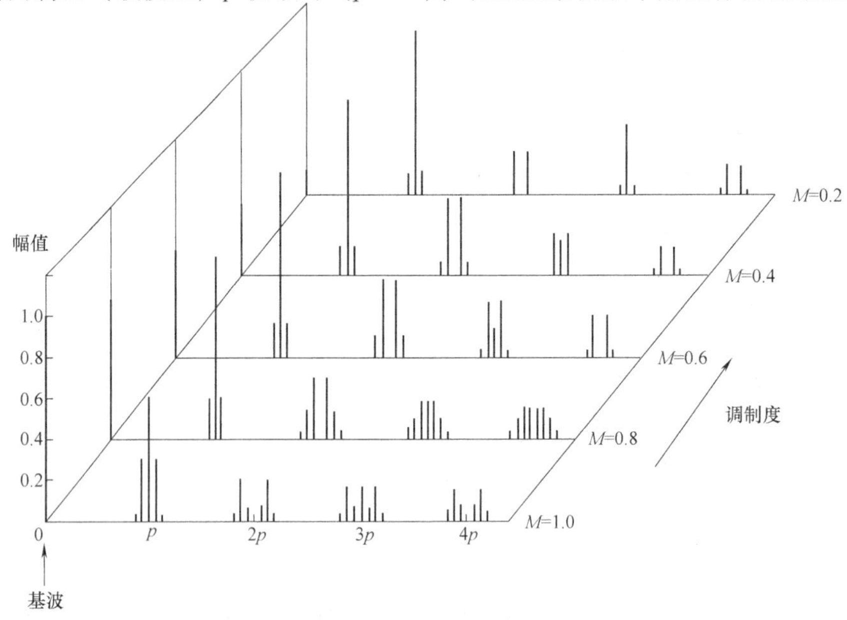

图 6-35 SPWM 频谱图

对于三相逆变器，如果 p 选择为奇数并且为 3 的倍数（例如，3、9、15、21、27、…），线电压的形状与正弦波更为接近；在相电压的谐波中不存在偶次谐波，如图 6-36 所示。

5）线电压谐波中没有 $2p-1$ 次以下谐波以及载波频率整数倍次谐波（图 6-36b），线电压的频谱比较干净，这就意味着线电压的 THD 较小，线电压波形更接近正弦。

6）尽可能地取较大的 p。这是因为较大的 p 时，谐波频率较高：$f = kpf_m$，f_m 为调制波频率。尽管电压波形的 THD 随着 p 的增加没有大的改善，但由于负载的滤波效应，电流波形的 THD 改善明显。

3. SPWM 波形等面积动态递推算法

把一个正弦半波分为 N 等分，然后每一等份的正弦曲线与横轴所包围的面积都用一个与此面积相等的等高矩形脉冲来代替，矩形脉冲的中点与正弦波每一等份的中点重合，这样，由 N 个等幅而不等宽的矩形脉冲所构成的波形就与正弦半波等效，正弦波的负半周期也可用同样方法来等效。显然这一系列脉冲波形的宽度或开关时刻可以严格地用数学方法计算得到。

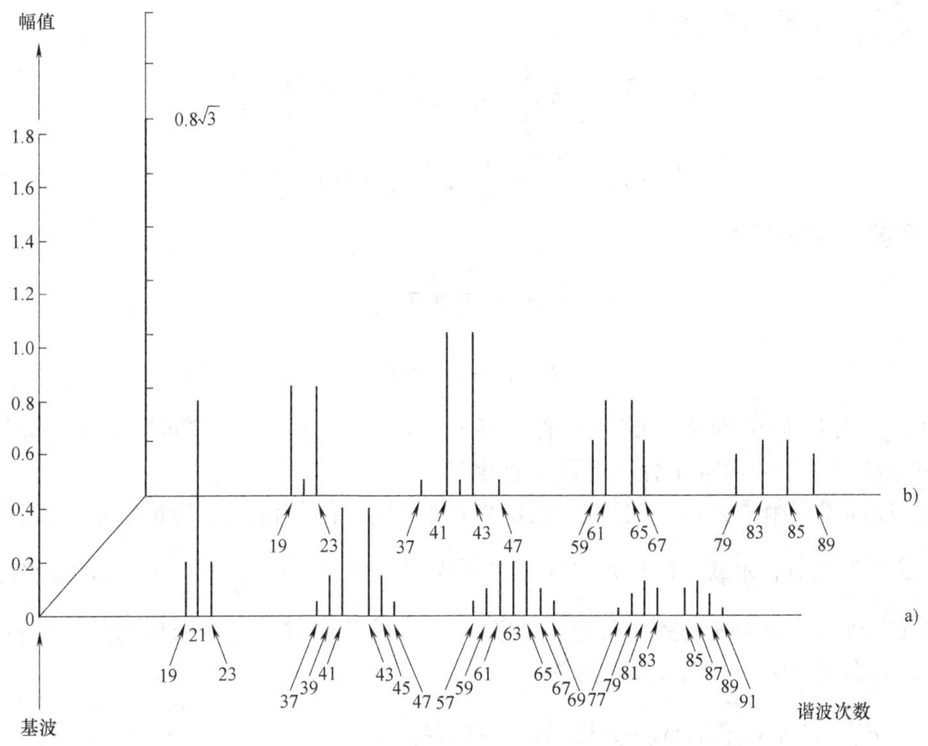

图 6-36 三相逆变器相电压（a）和线电压（b）谐波比较

将正弦信号的正半周期分为 N 等份（N 为 3 的倍数），则每份为$\frac{\pi}{N}$弧度，脉冲高度为$\frac{V_{dc}}{2}$，V_{1m}为调制波（正弦波）电压幅值，设第 K 个脉冲宽度为 δ_K，则第 K 份正弦波面积与对应的第 K 个 SPWM 脉冲面积相等，在双极式等面积算法中，逆变器主电路中每个桥臂的两个开关器件交替通断，处于互补工作方式，如图 6-37 所示，将正弦信号半周期分为 N 等份，其第 K 等份面积与所对应的 SPWM 脉冲面积相等

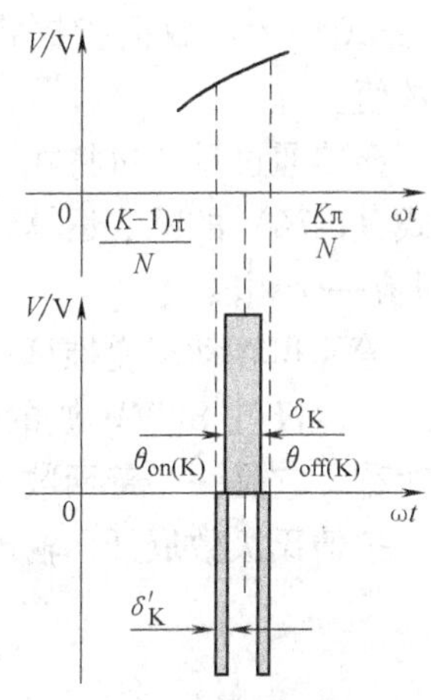

图 6-37 双极式 SPWM 等面积算法

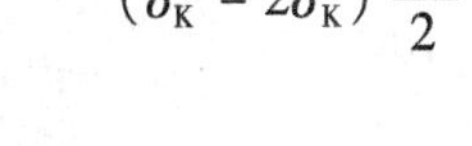

$$(\delta_K - 2\delta'_K)\frac{V_{dc}}{2} = \int_{\frac{(K-1)\pi}{N}}^{\frac{K\pi}{N}} V_{1m}\sin\theta \mathrm{d}\theta \tag{6-68}$$

又

$$\delta_K + 2\delta'_K = \frac{\pi}{N} \tag{6-69}$$

解式（6-68）和式（6-69）得

$$\delta_K = \frac{\pi}{2N} + \frac{V_{1m}}{V_{dc}}\left[\cos\left(\frac{K-1}{N}\pi\right) - \cos\left(\frac{K}{N}\pi\right)\right] \tag{6-70}$$

$$\delta'_K = \frac{\pi}{4N} - \frac{V_m}{2V_{dc}}\left[\cos\left(\frac{K-1}{N}\pi\right) - \cos\left(\frac{K}{N}\pi\right)\right] \tag{6-71}$$

又 $M_{\mathrm{I}}=\dfrac{V_{1\mathrm{m}}}{V_{\mathrm{dc}}/2}$，上述两式可写为

$$\delta_{\mathrm{K}}=\frac{\pi}{2N}+\frac{1}{2}M_{\mathrm{I}}\left[\cos\left(\frac{K-1}{N}\pi\right)-\cos\left(\frac{K}{N}\pi\right)\right]$$

$$\delta'_{\mathrm{K}}=\frac{\pi}{4N}-\frac{M_{\mathrm{I}}}{4}\left[\cos\left(\frac{K-1}{N}\pi\right)-\cos\left(\frac{K}{N}\pi\right)\right]$$

则第 K 个脉冲开关角为

$$\theta_{\mathrm{on(K)}}=\frac{K-1}{N}\pi+\delta'_{\mathrm{K}} \tag{6-72}$$

$$\theta_{\mathrm{off(K)}}=\frac{K}{N}\pi-\delta'_{\mathrm{K}} \tag{6-73}$$

式中，$\theta_{\mathrm{on(K)}}$ 为第 K 个 SPWM 脉冲上管开通角；$\theta_{\mathrm{off(K)}}$ 为第 K 个 SPWM 脉冲上管关断角；$\delta'_{\mathrm{K-1}}+\delta'_{\mathrm{K}}$为第 $K-1$ 个 SPWM 脉冲下管开通脉宽。

在分段同步调制中，每个频段载波比 N（每半周期的等份数）为恒定值，不同频段 N 不同。当 N 确定后，由式（6-71）可知，只要先将$\dfrac{1}{N}\pi$，$\dfrac{2}{N}\pi$，$\dfrac{3}{N}\pi$，…，π 的余弦值算好，在单片机中建立一个余弦表格（对应一个频段），每个数值都有一个对应的数据指针指向余弦表格，那么式（6-71）就可以改写为

$$\delta'_{\mathrm{K}}=\frac{K}{4N}\pi-\frac{V_{\mathrm{m}}}{2V_{\mathrm{S}}}\left|DX_{\mathrm{K}}-DX_{\mathrm{K+1}}\right| \tag{6-74}$$

式中，DX_{K} 表示数据指针指向余弦表格的第 K 个数值；$DX_{\mathrm{K+1}}$表示数据指针指向余弦表格的第 $K+1$ 个数值。

显然通过单片机将式（6-71）的余弦运算转换为式（6-74）的减法运算，并且只存储 N 个余弦值（对应一个频段）。

等面积算动态递推算法输出的相电压如图 6-38 所示。双极性 SPWM 波的输出波形正负半周及左右对称，它是一个奇函数。

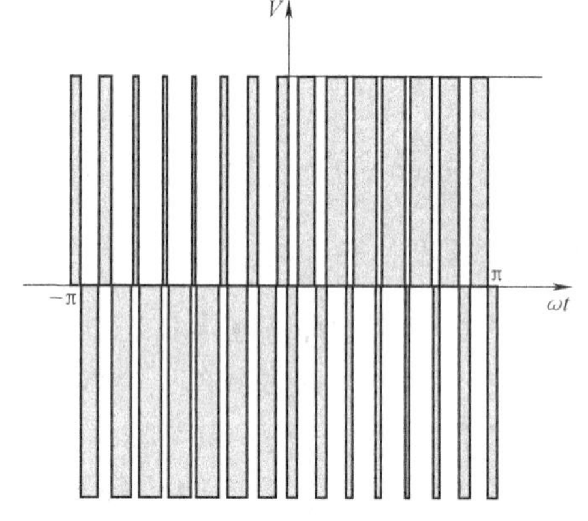

图 6-38 双极性 SPWM 波形

按傅氏级数展开，输出电压可表示为

$$v(t)=\sum_{n=1}^{\infty}V_{\mathrm{nm}}\sin n\omega t,\qquad n=1,3,5\cdots$$

式中，$V_{\mathrm{nm}}=\dfrac{2}{\pi}\int f(t)\sin(n\omega t)\mathrm{d}(\omega t)$，$f(t)$ 为图 6-37 的表达式。

$$V_{\mathrm{nm}}=\frac{2}{\pi}\sum_{K=1}^{N}\left[\int_{\frac{K-1}{N}\pi}^{\frac{K-1}{N}\pi+\delta_{\mathrm{K}}}\left(-\frac{V_{\mathrm{d}}}{2}\right)\sin(n\omega t)\mathrm{d}(\omega t)+\int_{\frac{K-1}{N}\pi+\delta'_{\mathrm{K}}}^{\frac{K}{N}\pi-\delta'_{\mathrm{K}}}\frac{V_{\mathrm{d}}}{2}\sin(n\omega t)\mathrm{d}(\omega t)+\int_{\frac{K-1}{N}\pi+\delta_{\mathrm{K}}+\delta'_{\mathrm{K}}}^{\frac{K}{N}\pi}\left(-\frac{V_{\mathrm{d}}}{2}\right)\sin(n\omega t)\mathrm{d}(\omega t)\right]$$

在三相桥式 SPWM 逆变电路中，负载星形联结，N 点和 G 点同电位（见图 6-18），各相输出电压波形完全相同，只是在相位上互差 120°，设 R 相和 Y 相的基波电压分别为 $v_{\mathrm{R}}=V_{\mathrm{m}}\sin\omega t$ 和 $v_{\mathrm{Y}}=V_{\mathrm{m}}\sin(\omega t+2\pi/3)$，则

$$\frac{v_R}{V_d/2}=\frac{V_m \sin\omega t}{V_d/2}=M_I \sin\omega t$$

$$\frac{v_Y}{V_d/2}=\frac{V_m \sin(\omega t+2\pi/3)}{V_d/2}=M_I \sin(\omega t+2\pi/3)$$

$$v_{RY}=v_R-v_Y=\sqrt{3}\frac{V_d}{2}M_I \sin\left(\omega t+\frac{\pi}{6}\right)$$

显然当$M_I=1$时，输出线电压（基波）最大幅值为$V_d\times\sqrt{3}/2$，即直流电压的利用率仅为0.866。为了获得较高的电压幅值，必须使用其他调制办法。

为了提高电源利用率，在M_I接近1时采用过调制方法。过调制一般有两种办法：一是在调制波半个周期内，只在$0\sim\frac{\pi}{3}$和$\frac{2}{3}\pi\sim\pi$内进行调制，中间$\frac{\pi}{3}$范围内为一个方波，如图6-39所示，也可以用梯形波作为载波，只在$0\sim\frac{\pi}{3}$和$\frac{2}{3}\pi\sim\pi$内进行调制；二是在正弦调制波中叠加3次谐波。

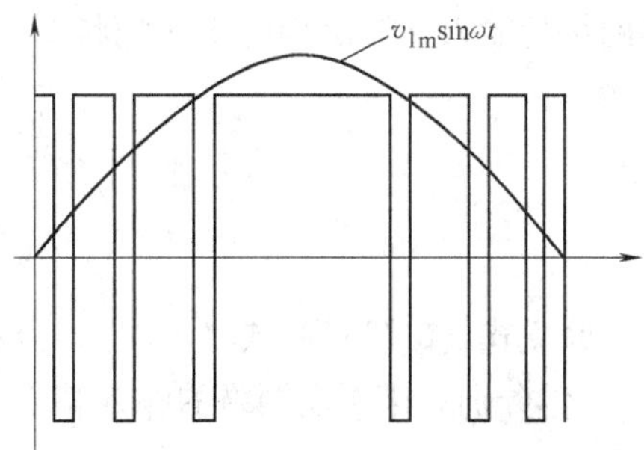

图6-39 过调制方法之一

$$v_r=v_{r1}\sin\omega t+v_{r3}\sin 3\omega t$$

叠加后的调制波为马鞍形。

这两种方法提高了直流电源利用率，但也使谐波提高。其他调制方法还有谐波消取法（Harmonic elimination /minimization PWM：消除输出波形中不希望谐波频谱的PWM算法）、最佳SPWM法（使某一指标最小的PWM算法）、电流滞环法等。总之各种调制方法都是为了消除低次谐波，提高电压利用率，同时要尽量减小计算工作量。

6.4 交流滤波器设计

在大多数逆变器中，为了使逆变器输出电压正弦化，必须设置滤波器。滤波器的任务就是使单次谐波和总谐波含量降低到指标允许的范围内。滤波器种类很多，本节主要介绍在逆变器中常用的常K型两元件和m型三元件Γ型滤波器。

1. 常K型两元件Γ型滤波器

1）Γ型四端网络的基本关系

Γ型四端网络如图6-40所示，设串联臂阻抗为Z_1，并联臂阻抗为Z_2，可写出下述关系式

$$V_1=I_1Z_1+V_2$$

$$I_1=\frac{V_2}{Z_2}+I_2=\frac{I_2Z_L}{Z_2}+I_2$$

$$\Rightarrow V_1=\left(1+\frac{Z_1}{Z_2}\right)V_2+Z_1I_2 \qquad (6\text{-}75)$$

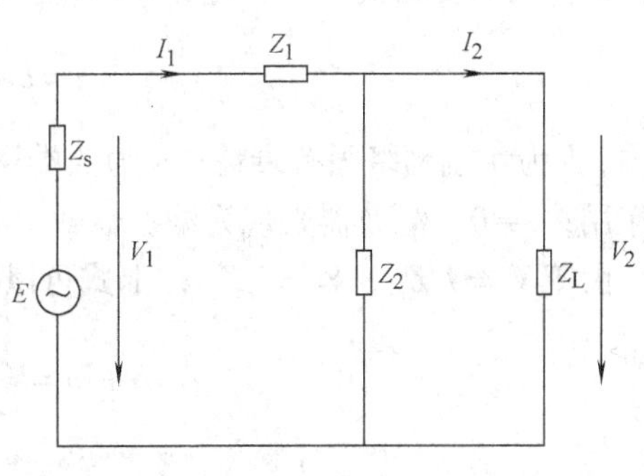

图6-40 Γ型四端网络

输入阻抗Z_i为

$$Z_i = \frac{V_1}{I_1} = Z_1 + \frac{Z_2 Z_L}{Z_2 + Z_L} \tag{6-76}$$

输出阻抗 Z_o 为

$$Z_o = \frac{(Z_1 + Z_s) Z_2}{Z_1 + Z_s + Z_2} \tag{6-77}$$

式中，Z_s 信号源阻抗；Z_L 负载阻抗。

2）特性阻抗

对于任意的4端网络，如果其输入阻抗等于信号源阻抗，输出阻抗等于负载阻抗，则4端网络的输入和输出均处于匹配状态，即4端网络工作在最佳状态。

$$Z_i = Z_s = Z_1 + \frac{Z_2 Z_L}{Z_2 + Z_L} \tag{6-78}$$

$$Z_o = Z_L = \frac{(Z_1 + Z_s) Z_2}{Z_1 + Z_s + Z_2} \tag{6-79}$$

联立式（6-78）和式（6-79），得满足这一条件的 Z_s 和 Z_L，令 $Z_{c1} = Z_s$，$Z_{c2} = Z_L$，称 Z_{c1}、Z_{c2}分别为该4端网络的输入特性阻抗和输出特性阻抗。

$$Z_{c1} = Z_s = \sqrt{Z_1 Z_2}\sqrt{1 + \frac{Z_1}{Z_2}} \tag{6-80}$$

$$Z_{c2} = Z_L = \frac{\sqrt{Z_1 Z_2}}{\sqrt{1 + \frac{Z_1}{Z_2}}} \tag{6-81}$$

3）传输函数

根据4端网络的基本理论，如果网络是对称的，其特性阻抗 $Z_{c1} = Z_{c2}$，在此情况下，定义传输常数 g 为4端网络输入端电压 V_1 和输出端电压 V_2 之比的自然对数，即 $g = \ln\frac{V_1}{V_2}$，也可以为 $g = \ln\frac{I_1}{I_2}$，也可写成

$$g = \frac{1}{2}\ln\frac{V_1 I_1}{V_2 I_2} \tag{6-82}$$

对于Γ型4端网络，由于是不对称，其传输常数只能用式（6-82）表示。由于4端网络中各元件均为复阻抗，V_1、V_2、I_1、I_2 亦为复数，所以式（6-82）可以写成

$$g = b + \mathrm{j}a = \frac{1}{2}\ln\frac{V_1 I_1}{V_2 I_2} \tag{6-83}$$

式中，b 为4端网络固有衰耗；a 为四端网络固有移相常数。显然，$b = 0$，则滤波器只起移相作用；$b \neq 0$，滤波器表现为滤波。

由于 $V_1 = I_1 Z_{c1}$，$V_2 = I_2 Z_{c2}$，上式可以写成

$$g = b + \mathrm{j}a = \frac{1}{2}\ln\frac{I_1^2 Z_{c1}}{I_2^2 Z_{c2}} = \ln\frac{I_1}{I_2}\sqrt{\frac{Z_{c1}}{Z_{c2}}} \tag{6-84}$$

由式（6-75）可得$\frac{I_1}{I_2} = 1 + \frac{Z_{c2}}{Z_2}$，代入式（6-84）得

$$g=b+\mathrm{j}a=\ln\left(1+\frac{Z_{c2}}{Z_2}\right)\sqrt{\frac{Z_{c1}}{Z_{c2}}} \tag{6-85}$$

把式（6-80）和式（6-81）代入上式

$$g=b+\mathrm{j}a=\ln\left(\sqrt{1+\frac{Z_1}{Z_2}}+\sqrt{\frac{Z_1}{Z_2}}\right) \tag{6-86}$$

由上式可见，传输常数 g 由网络的结构和各元件阻抗决定，所以称 g 为4端网络的固有传输常数。

设 x，y 为实数，复数 $z=x+iy$，令 $e^z=e^x(\cos y+i\sin y)$，则称 e^z 为指数函数。

复变量 z 的余弦函数和正弦函数分别定义为 $\cos z=\frac{1}{2}(e^{iz}-e^{-iz})$，$\sin z=\frac{1}{2i}(e^{iz}-e^{-iz})$。

复变量 z 的双曲正弦、双曲余弦分别定义为 $\mathrm{sh}z=\frac{1}{2}(e^z-e^{-z})$，$\mathrm{ch}z=\frac{1}{2}(e^z+e^{-z})$。

把式（6-86）写成指数形式

$$\begin{aligned} e^g&=\sqrt{1+\frac{Z_1}{Z_2}}+\sqrt{\frac{Z_1}{Z_2}}\\ e^{-g}&=\sqrt{1+\frac{Z_1}{Z_2}}-\sqrt{\frac{Z_1}{Z_2}} \end{aligned} \tag{6-87}$$

用双曲线函数表示 g，则 g 的双曲函数表示之一为

$$\mathrm{ch}g=\mathrm{ch}(b+\mathrm{j}a)=\frac{e^g+e^{-g}}{2}=\sqrt{1+\frac{Z_1}{Z_2}} \tag{6-88}$$

g 的双曲函数另一种表示为

$$\mathrm{sh}g=\mathrm{sh}(b+\mathrm{j}a)=\frac{e^g-e^{-g}}{2}=\sqrt{\frac{Z_1}{Z_2}} \tag{6-89}$$

由于滤波器能够无损耗或以很小的损耗通过某以频带的电功率，而对这一频带以外的电功率则表现为很大的损耗，滤波器具有一个通频带的条件称为传通条件。由于 $g=b+\mathrm{j}a=\frac{1}{2}\ln\frac{P_1}{P_2}$，所以如果滤波器具有一个无损耗或以很小的损耗的通频带，其 b 值必为零，由式（6-88）得

$$\mathrm{ch}g=\mathrm{ch}(b+\mathrm{j}a)=\mathrm{ch}(\mathrm{j}a)=\sqrt{1+\frac{Z_1}{Z_2}} \tag{6-90}$$

因为 $\mathrm{ch}(\mathrm{j}a)=\cos\alpha$，因此传通条件可表示为

$$\cos\alpha=\sqrt{1+\frac{Z_1}{Z_2}} \tag{6-91}$$

对式（6-91）两边平方得 $\cos^2\alpha=1+\frac{Z_1}{Z_2}$，因此

$$0\leqslant 1+\frac{Z_1}{Z_2}\leqslant 1 \tag{6-92}$$

解上式得Γ型滤波器传通条件

$$-1 \leqslant \frac{Z_1}{Z_2} \leqslant 0 \tag{6-93}$$

这是一个重要的关系式，阻抗 Z_1、Z_2 必须满足此关系式，Γ 型 4 端网络才具有滤波器的功能。

4）常 K 型 Γ 型低通滤波器设计

由式（6-93）Γ 型滤波器传通条件 $-1 \leqslant \frac{Z_1}{Z_2} \leqslant 0$，$Z_1$、$Z_2$ 必须反号，即 Z_1、Z_2 一个为感抗，另一个必须为容抗，对于低通滤波器

$$Z_1 = \mathrm{j}\omega L \tag{6-94}$$

$$Z_2 = \frac{1}{\mathrm{j}\omega C} \tag{6-95}$$

观察 $Z_1 \times Z_2$

$$Z_1 \times Z_2 = \frac{L}{C} = K = R^2 \tag{6-96}$$

显然，$Z_1 \times Z_2$ 为常数 K，一旦 Z_1 和 Z_2 确定，常数 K 也就确定下来。故称这种滤波器为常 K 型 Γ 型滤波器。

$$R = \sqrt{\frac{L}{C}} \tag{6-97}$$

式中，R 称为滤波器的标称特性阻抗。

把式（6-94）和式（6-95）代入式（6-93），Γ 型低通滤波器传通条件可改写为 $\omega \leqslant \frac{1}{\sqrt{LC}}$，或 $f \leqslant \frac{1}{2\pi\sqrt{LC}}$。

令 $f_c = \frac{1}{2\pi\sqrt{LC}}$，则当频率在 $0 \sim f_c$ 区间时，Γ 型低通滤波器的衰减为零，当频率大于 f_c 时，滤波器开始有损耗。

f_c 称为通带的截止频率。

滤波器在阻带（通带以外）的电功率则表现为很大的损耗

$$\mathrm{sh}g = \mathrm{sh}(b + \mathrm{j}a) = \mathrm{sh}b\cos\alpha + \mathrm{jch}b\sin\alpha = \frac{\mathrm{e}^{g} - \mathrm{e}^{-g}}{2} = \sqrt{\frac{Z_1}{Z_2}} = \sqrt{\frac{\mathrm{j}\omega L}{\frac{1}{\mathrm{j}\omega C}}} = \mathrm{j}\sqrt{\left|\frac{Z_1}{Z_2}\right|} \tag{6-98}$$

由式（6-98）可知

$$\mathrm{sh}b\cos\alpha = 0 \tag{6-99}$$

$$\mathrm{ch}b\sin\alpha = \sqrt{\left|\frac{Z_1}{Z_2}\right|} \tag{6-100}$$

当 $\mathrm{sh}b = 0$，则 $\mathrm{ch}b = 1$，因此式（6-100）可写为

$\mathrm{ch}b\sin\alpha = \sin\alpha = \sqrt{\left|\frac{Z_1}{Z_2}\right|}$，可以用此式来计算通带的移相角。

当 $\cos\alpha = 0$，则 $\alpha = \frac{\pi}{2}$，$\sin\alpha = 1$，因此式（6-100）可写为

$$\mathrm{ch}b\sin\alpha=\mathrm{ch}b=\sqrt{\left|\frac{Z_1}{Z_2}\right|}=\sqrt{\left|\frac{\mathrm{j}\omega L}{\frac{1}{\mathrm{j}\omega C}}\right|}=\sqrt{\frac{\omega^2}{\frac{1}{LC}}}=\sqrt{\frac{(2\pi f)^2}{\left(\frac{1}{\sqrt{LC}}\right)^2}}=\sqrt{\frac{(f)^2}{\left(\frac{1}{2\pi\sqrt{LC}}\right)^2}}=\frac{f}{f_c}=\lambda \tag{6-101}$$

由于 b 为4端网络固有衰耗，因此用此式计算阻带的衰耗。

为了确定滤波元件 L 和 C，首先确定 f_c。理论计算的最低次谐波是在理想条件下取得的，由于功率半导体器件动态压降和饱和压降的不一致以及其他各种非线性因数的影响，使得实际产品中可能具有甚高的2次、3次谐波电压，所以 f_c 一般选为基波频率的2倍。

其次，选定滤波器的标称阻抗 R。从前面叙述中，4端网络在最佳工作状态时的输入阻抗和输出阻抗为

$$Z_{c1}=Z_s=\sqrt{Z_1Z_2}\sqrt{1+\frac{Z_1}{Z_2}}=\sqrt{\frac{L}{C}}\sqrt{\frac{L}{C}}\sqrt{1-\omega^2LC}=R\sqrt{1-\left(\frac{f}{f_c}\right)^2}=R\sqrt{1-\lambda^2} \tag{6-102}$$

$$Z_{c2}=Z_L=\frac{\sqrt{Z_1Z_2}}{\sqrt{1+\frac{Z_1}{Z_2}}}=\frac{\sqrt{\frac{L}{C}}}{\sqrt{1-\omega^2LC}}=\frac{R}{\sqrt{1-\left(\frac{f}{f_c}\right)^2}}=\frac{R}{\sqrt{1-\lambda^2}} \tag{6-103}$$

显然 Z_{c1}、Z_{c2} 为 λ 的函数；$\lambda=\frac{f}{f_c}$，f_c 为滤波器的截止频率，在滤波器通带内，当 $0\leqslant f\leqslant f_c$ 时，$0\leqslant\lambda\leqslant1$；$Z_{c1}$、$Z_{c2}$ 为 λ 在 $0\leqslant\lambda\leqslant1$ 的函数，如图6-41所示，从图可见，Z_{c1}、Z_{c2} 在 $0\leqslant\lambda\leqslant1$ 内并不是常数，只有当 $\lambda=0$ 时 $Z_{c1}=Z_{c2}=R$，才是真正的低通滤波，损耗为零。在Γ型低通滤波器中，负载 R_L 与 Z_{c2} 连接，R_L 取一个合适的数值使在通带内与 Z_{c2} 的正负偏差适中，实践表明

$$R=(0.5\sim0.8)R_L \tag{6-104}$$

当负载所需的功率和电压为已知时，R_L 就是一个已知量，则 R 就可选定，由 $f_c=\frac{1}{2\pi\sqrt{LC}}$ 和 $R=\sqrt{\frac{L}{C}}$ 就可以求出 L 和 C 的值

$$L=\frac{R}{2\pi f_c} \tag{6-105}$$

$$C=\frac{L}{R^2}=\frac{1}{2\pi f_c R} \tag{6-106}$$

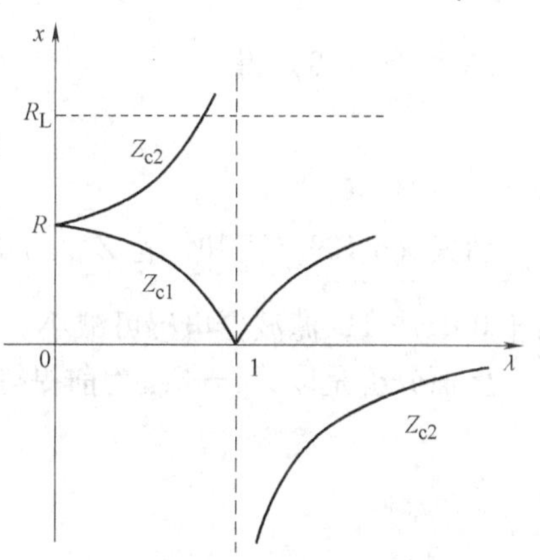

图6-41 Z_{c1}、Z_{c2} 与 λ 关系

最后看一下谐波成分的计算。常K型Γ型滤波器对各次谐波的衰减 $\mathrm{ch}b=\frac{f}{f_c}$。

例如，选定 $f_c=100\mathrm{Hz}$，求5、7、11、13次谐波的衰减值，则

$$\mathrm{ch}b=\frac{f}{f_c}=\lambda=\frac{5}{2},\ \frac{7}{2},\ \frac{11}{2},\ \frac{13}{2}$$

通过计算即可求出 b 值。

2. m 型三元件 Γ 型滤波器

由上述分析可知，常 K 型 Γ 型滤波器在通带内 Z_{c2} 变化很大，因此滤波器中无功分量多，且对低次谐波的衰减量不够大，下面分析 m 型三元件 Γ 型滤波器。图 6-42 示出了两种滤波器的输入特性阻抗关系。

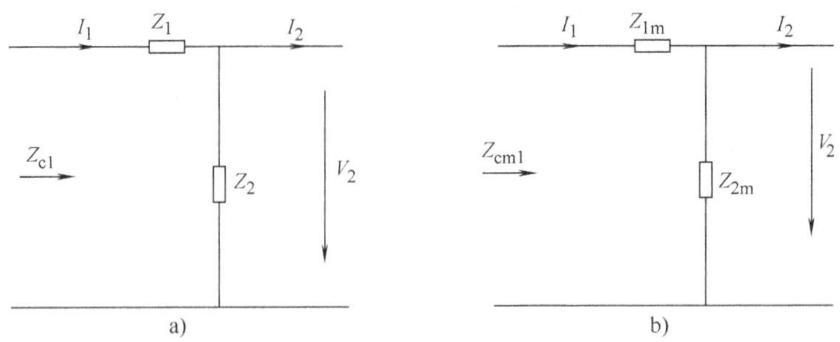

图 6-42 滤波器的输入特性阻抗

a）K 型滤波器 b）m 型滤波器

为了确定 m 型滤波器的组成和特性，从滤波器特性阻抗入手，设 K 型 Γ 型滤波器的特性阻抗为 Z_{c1}，m 型滤波器的特性阻抗为 Z_{cm1}，且 $Z_{c1}=Z_{cm1}$，则有

$$Z_{c1}=Z_{cm1}=\sqrt{Z_1Z_2}\sqrt{1+\frac{Z_1}{Z_2}}=\sqrt{Z_{1m}Z_{2m}}\sqrt{1+\frac{Z_{1m}}{Z_{2m}}}$$

设

$$Z_{1m}=mZ_1 \tag{6-107}$$

式中 $0<m<1$，有

$$\sqrt{Z_1Z_2}\sqrt{1+\frac{Z_1}{Z_2}}=\sqrt{mZ_1Z_{2m}}\sqrt{1+\frac{mZ_1}{Z_{2m}}} \tag{6-108}$$

解式（6-108）得

$$Z_{2m}=\frac{Z_2}{m}+\frac{1-m^2}{m}Z_1 \tag{6-109}$$

由式（6-109）可知，若 $Z_{1m}=mZ_1$，则 Z_{2m}将变成两个元件串联，分别为$\frac{Z_2}{m}$和$\frac{1-m^2}{m}Z_1$，由于 $0<m<1$，滤波器电感可减小。

上面分析是以 $Z_{c1}=Z_{cm1}$为前提得到的，所以 $Z_{c2}\neq Z_{cm2}$。从图 6-43 和式（6-81）可得

$$Z_{cm2}=\frac{\sqrt{Z_{1m}Z_{2m}}}{\sqrt{1+\frac{Z_{1m}}{Z_{2m}}}} \tag{6-110}$$

整理得

$$Z_{cm2}=\sqrt{\frac{Z_1Z_2}{1+\frac{Z_1}{Z_2}}}\times\left[1+(1-m^2)\frac{Z_1}{Z_2}\right] \tag{6-111}$$

整理得

$$Z_{cm2}=R\frac{1-(1-m^2)\lambda^2}{\sqrt{1-\lambda^2}} \tag{6-112}$$

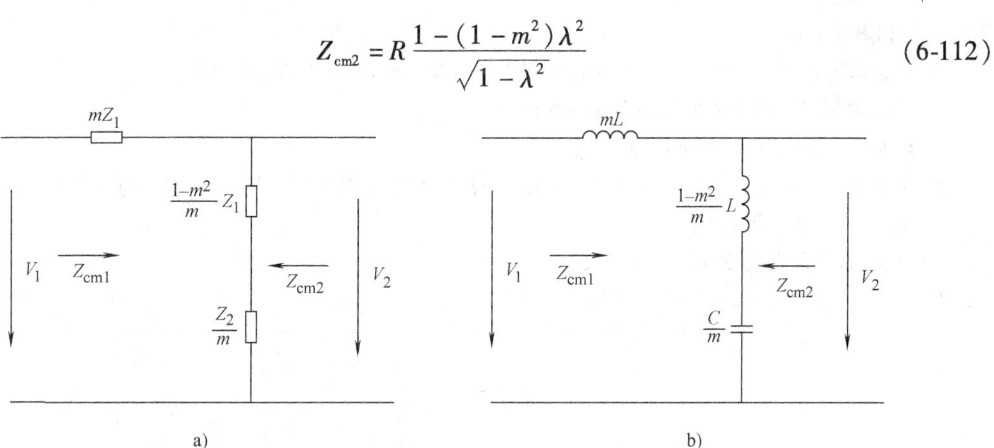

图6-43　m型滤波器电路图

当$m=1$时，$Z_{cm2}=\frac{R}{\sqrt{1-\lambda^2}}=Z_{c2}$，$m$取不同的数值时，可以得到$Z_{cm2}(\lambda)$的曲线，当$m=0.6$时，$Z_{cm2}$在通带大部分范围内与$R$很接近。

m型三元件Γ型滤波器的阻带损耗为

$$\mathrm{ch}b=\sqrt{\left|\frac{Z_{1m}}{Z_{2m}}\right|}=\sqrt{\left|\frac{mZ_1}{\left(\frac{Z_2}{m}+\frac{1-m^2}{m}Z_1\right)}\right|}=\frac{\lambda m}{\left|\sqrt{1-(1-m^2)\lambda^2}\right|} \tag{6-113}$$

由式（6-113）可知当$\lambda^2=\frac{1}{1-m^2}$时，$\mathrm{ch}b\to\infty$，则阻带损耗的峰值频率$f_\infty$可由下式求出

$$\lambda^2=\frac{f_\infty^2}{f_c^2}=\frac{1}{1-m^2}\Rightarrow f_\infty=\sqrt{\frac{f_c^2}{1-m^2}} \tag{6-114}$$

m可有下式表达

$$m=\sqrt{1-\left(\frac{f_c}{f_\infty}\right)^2} \tag{6-115}$$

由于m型滤波器中的并臂是由一个电容与一个电感组成，在其谐振频率时，并臂阻抗为零，因而其衰减为无穷大。其谐振频率即阻带损耗的峰值频率f_∞。由式（6-113）可以看出由于阻带损耗的峰值频率f_∞的存在，使得损耗曲线在［f_c，f_∞］区间陡度显著增加，故滤波器输出的低次谐波大大减少，这是m型滤波器优于常K型滤波器的主要方面。

在工程设计中，一般取$R=(0.8\sim1.4)R_L$；由于f_∞通常处于较高次谐波所在的频率范围内，通常将谐波分量较大的某次谐波的频率选作f_∞，由式（6-115）求出m值；L和C仍由$R=\sqrt{\frac{L}{C}}$和$f_c=\frac{1}{2\pi\sqrt{LC}}$确定，不过此时的$L$和$C$是常K型的数值，由式（6-107）推导成m型。

练　习　题

1. 半桥逆变器的负载为$R=10\Omega$，$L=10\mathrm{mH}$，电源电压为320V，求流过电感的平均直流电流，画出负

载的电压和电流波形。

2. 介绍单极性（Unipolar）PWM 调制与双极性（Bipolar）PWM 调制的区别。

3. 介绍调制比、同步调制和异步调制的概念。

4. 调制度（Modulation Index = M_1）定义。

5. 全桥式逆变器输入直流电压 200V，输出频率 $f = 50\text{Hz}$，负载 $Z = R + j\omega L = 10 + j2\pi f \times 0.1$；

1）画出负载电压和电流波形；

2）画出输入直流电源电压、电流波形。

6. 图 6-44 中两种电路能否工作？为什么？

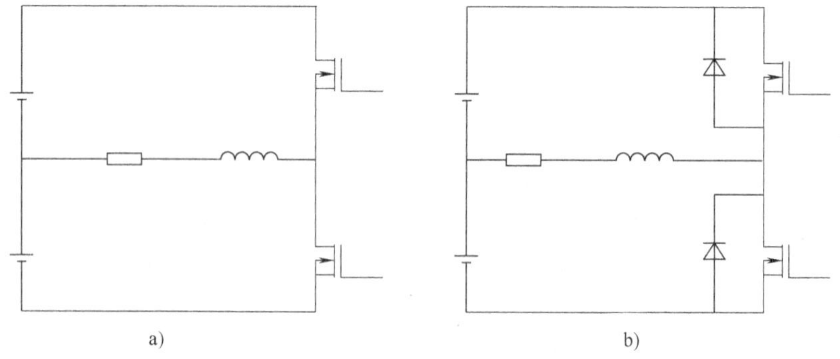

图 6-44　两种电路

7. 比较图 6-45 两种电路的特点。

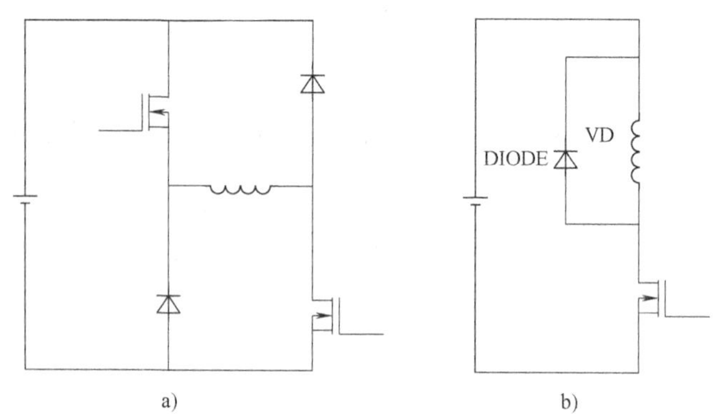

图 6-45　两种电路的比较

8. 对于图 6-46 所示电路，测得 v_{DS} 波形如右图，分析 v_{DS} 波形出现尖峰的原因，说明减小其电压尖峰的措施。

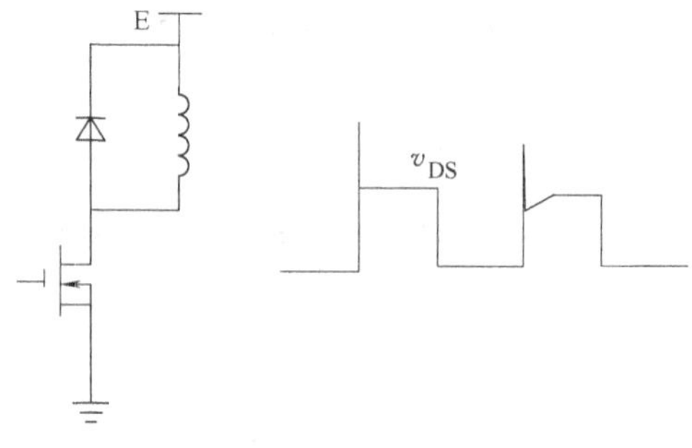

图 6-46　电压波形

9. 图6-10a中，负载为纯电阻负载，请问二极管是否参与工作？画出VT_4的电压波形，并标出导通和关断区间。

10. 对于图6-19的三相桥式逆变电路，画出120°工作模式、纯电阻平衡负载时相电压波形。

11. 分析图6-19的三相桥式逆变电路，分析180°工作模式、纯电阻平衡时输出相电压的谐波。

12. 为什么说方波逆变器纯感性负载时，如果VT_1和VT_4（VT_2和VT_3）导通时间超过$\frac{T_s}{4}$，输出电压不再受VT_1或VT_2导通时间变化的影响？

13. 说明谐波因子$HF_n=\frac{V_n}{V_1}$与逆变器输出品质关系。

14. 为什么考虑逆变器最低次谐波（与基波频率最接近的谐波）？

15. 说明LC滤波和图6-47滤波的主要差异。

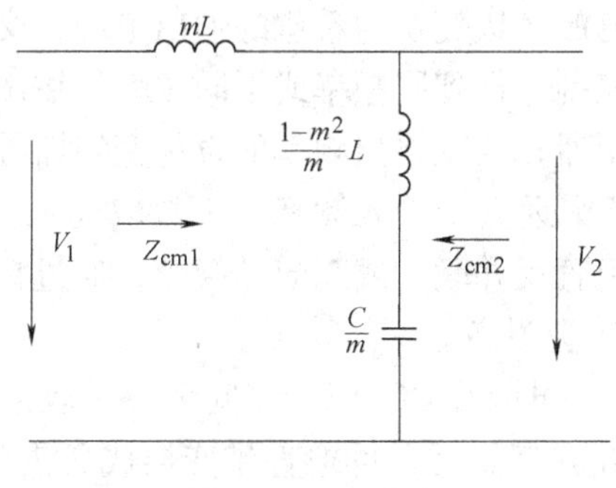

图6-47 LC滤波

第 7 章　AC-AC 变换技术

本章首先介绍 AC-AC 变换器的性能指标，对于交流控制器和周波变换器这两大类 AC-AC 变换，详细介绍了开关控制、触发延迟角控制和 PWM 控制、单相周波变换器和三相周波变换器的工作原理和基本概念。

AC-AC 变换常用的有两大类：直接变换（Direct Conversion）和间接变换（Indirect Conversion）。

所谓直接变换就是输入电源直接变换为希望的输出电源，交流输入通过开关器件与输出连接，通过开关器件的通断控制，得到同频率或不同频率的输出交流电源。不改变输出频率的直接变换器称之为交流控制器；改变输出频率的直接变换器称之为周波变换器（Cycloconverter），周波变换器的输出频率远低于输入频率，一般取输入交流频率的 $1/n$，n 一般取整数。所用的器件一般采用晶闸管反并联，或双向晶闸管，通过自然换相关断晶闸管，通常应用于大功率（大于 100kW）工业设备。

间接变换器通过中间环节，即 AC-DC-AC，中间环节一般采用电容 C、电感 L 串联或者谐振槽路等，将输入交流整流成直流后，再把直流变换成所需的交流，即要进行 AC-DC 变换和 DC-AC 变换。开关器件一般采用可关断器件如电力 MOSFET 和 IGBT 等。其输出频率可以大于或小于输入频率，最小频率可接近于零，最大频率只受开关器件工作频率限制。这种变换器又称逆变器，通常在中等功率范围内应用，其工作原理在 DC-AC 变换中已有讲述。

7.1　性能指标

为了衡量 AC-AC 变换器的品质，同时也为了性能分析方便，定义：

1）电压传输率，即输出电压有效值和输入电压有效值之比：$T_{vv}=\dfrac{\tilde{V}_o}{\tilde{V}_s}$。

2）电压传输率和控制变量之关系称为变换器的控制特性。

3）谐波特征。由于输出电压和输入电流都不是理想的正弦波，往往是非正弦波，因此为了分析输出电压和输入电流的特性，就要利用傅里叶级数对输出电压和输入电流进行分解。

4）输入功率因数，$PF=\dfrac{\tilde{I}_{S1}}{\tilde{I}_S}\cos\Phi_1$，$\tilde{I}_{S1}$ 为输入基波电流有效值，$\tilde{I}_S$ 为输入电流有效值，Φ 为输入源电压和输入基波电流之间的相角。

7.2　交流控制器

交流信号的 3 要素，即频率、幅度和相位。交流控制器不改变输出频率，只改变交流的幅度。

改变交流输出的幅度，有 3 种方法可以实现：

1）周期性开通和关断输入电源，通过控制通断时间调节输出的平均幅度。

2）如第 2 章所述的控制晶闸管的触发延迟角，从而控制输出平均幅度。

3）输入电源采用高频开关电源，调节输入电源的脉冲宽度控制输出幅度。

7.2.1 开关控制

单相开关控制电路如图 7-1 所示，由于输入的是交流电源，理想开关作为开关器件可以双向传递功率，而电力半导体器件为单向导电器件，因此必须采用器件反并联才能实现双向通电。

设导通 n 个周期，关断 m 个周期，其输出电源周期为 $n+m$，定义占空比为 $D=\dfrac{n}{n+m}$。

当用晶闸管作为开关时，在导通的 n 个输入电源周期，电源的正半周，触发 VT_1 晶闸管导通，负半周时，触发晶闸管 VT_2 导通，在关断的 m 个输入电源周期，两个晶闸管均无触发信号。输出电源的功率周期为 $n+m$ 个输入电源周期。

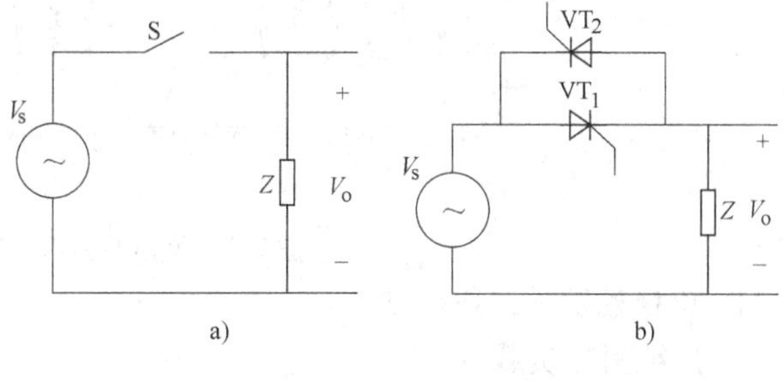

图 7-1 通断控制

a）理想开关 b）晶闸管开关

从能量守恒角度出发，假设晶闸管为理想器件，导通期间，输入电源流过负载 Z，在导通的 n 个输入电源周期其输入能量与输出电压有效值在 $n+m$ 个输入电源周期内输出的能量相等：

$$\widetilde{V}_{in}^{2}ZnT=\widetilde{V}_{o}^{2}Z(n+m)T \tag{7-1}$$

变换上式

$$\frac{\widetilde{V}_{o}^{2}}{\widetilde{V}_{in}^{2}}=\frac{n}{n+m} \tag{7-2}$$

电压传输比

$$T_{vv}=\frac{\widetilde{V}_{o}}{\widetilde{V}_{s}}=\sqrt{\frac{n}{m+n}}=\sqrt{D} \tag{7-3}$$

输入电压有效值为 220V，$D=0.6$，$n=6$（即 $m=4$）时，其输出波形如图 7-2 所示。对输出波形进行谐波分析后可以看出，这种控制方法输出谐波较大。

7.2.2 触发延迟角控制

交流调压通常采用两个反并联晶闸管或双向晶闸管作为一相电流的通断开关，通过调节触发延迟角控制电压幅度，在灯光、温度等小容量控制中有着广泛的用途。单相交流调压电路图和图 7-1 相同。

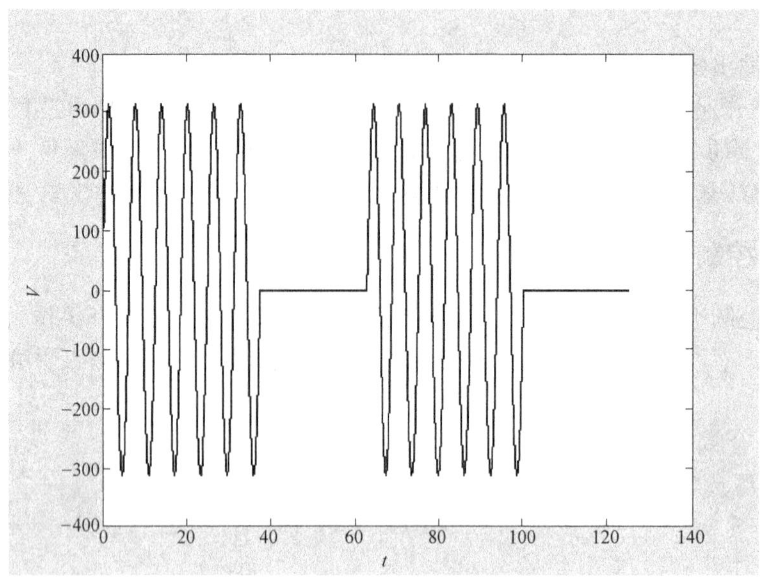

图 7-2 单相通断控制输出波形

1. 单相触发延迟角控制

(1) 纯阻性负载

负载为纯阻性负载，其工作过程为交流电压正半周时，经过触发延迟角 α，在 $\omega t=\alpha$ 时触发晶闸管 VT_1，在 $\omega t=\pi+\alpha$ 时刻触发晶闸管 VT_2，VT_1、VT_2 导通角为 $\theta=\pi-\alpha$。图 7-3 为其电压和电流的输出波形。设输入电压 220V，电阻 $Z=R=10\Omega$，触发延迟角 $\alpha=\dfrac{\pi}{4}$。

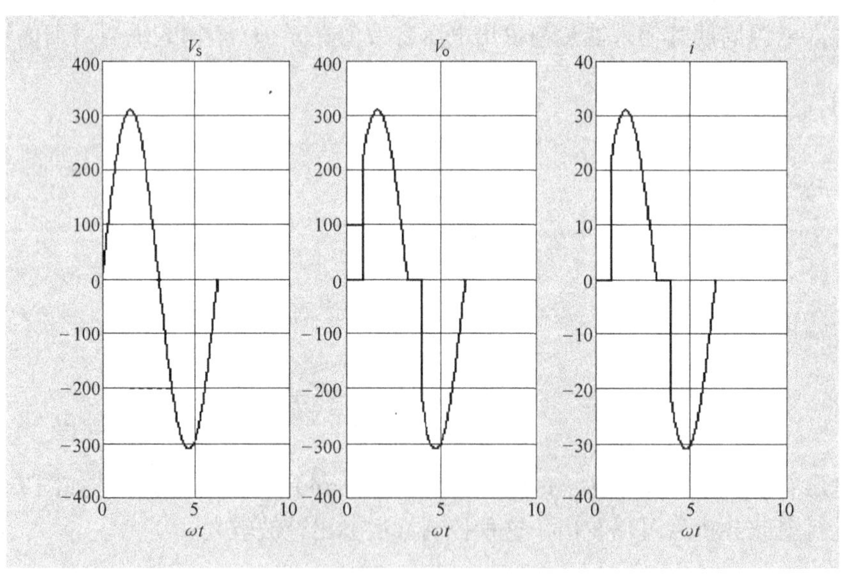

图 7-3 触发延迟角控制输入电压、输出电压、电流图（纯阻性负载）

输出有效值

$$V_{orms}=\sqrt{\frac{1}{\pi}\int_{\alpha}^{\pi}V_s\sin^2\theta\mathrm{d}\theta}=V_s\sqrt{\frac{2(\pi-\alpha)+\sin2\alpha}{4\pi}} \tag{7-4}$$

电压传输比

$$T_{vv}=\frac{\tilde{V}_o}{\tilde{V}_s}=\sqrt{\frac{2(\pi-\alpha)+\sin2\alpha}{4\pi}} \tag{7-5}$$

由式（7-5），利用 MATLAB 6. 5 可以方便地得到图 7-4 电压传输比与触发延迟角关系图。

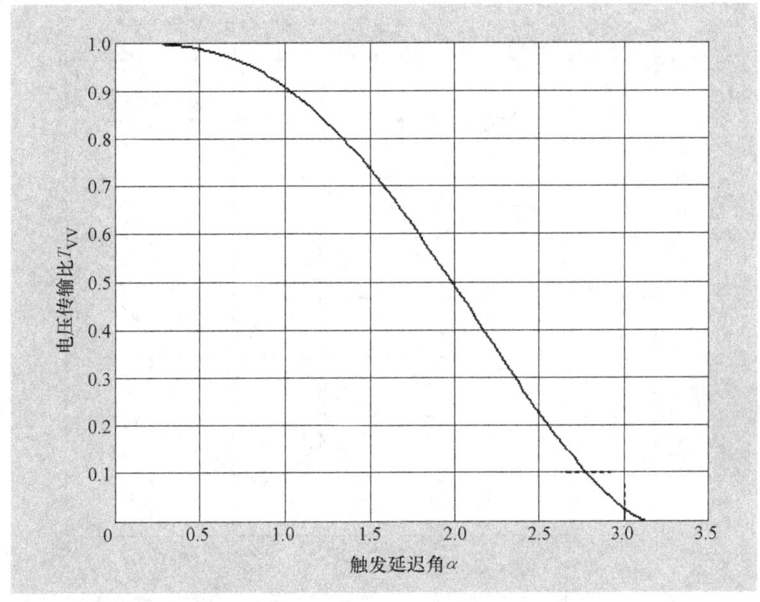

图 7-4　电压传输比与延迟角关系

从图可以看出，增大触发延迟角，电压传输比减小，即输出电压有效值减小，也就是说可以通过调节触发延迟角调节输出电压，在触发延迟角为 1rad 到 2. 5rad 内近似线性降低，其斜率绝对值较大，即改变一点触发延迟角就可以较大地改变电压传输比，改变输出电压。因此通常在 π/2 临近调节触发延迟角，输出变化反应大。

（2）*R-L* 负载

当电源电压过零时，负载电感产生的电动势使晶闸管继续导通，此时导通角 $\theta>\pi-\alpha$，也就是说当输入电压过零时，输出电流并不等于零。

在 $\omega t=\alpha$ 时刻触发晶闸管 VT_1 导通，在 $\pi+\beta$ 时刻，晶闸管电流为零，自然关断，β 为熄灭角。电压平衡方程

$$L\frac{di_o}{dt}+Ri_o=V_s\sin\omega t \tag{7-6}$$

解得

$$i_o=\frac{V_s}{Z}\left[\sin(\omega t-\phi)-\sin(\alpha-\Phi)e^{\frac{R}{\omega L}(\alpha-\omega t)}\right] \tag{7-7}$$

式中，$Z=\sqrt{R^2+(\omega L)^2}$；$\phi=\arctan\left[\frac{\omega L}{R}\right]$。

电压平衡方程与第 4 章式（4-7）相同，只是 $\omega t=\alpha$ 时导通，所以电流表达式指数项不同。触发延迟角变化与熄灭角 β 无关，β 只与 $\Phi=\arctan\left[\frac{\omega L}{R}\right]$有关，可以令式（7-7）中

$\omega t=\beta$时 $i_o=0$ 得到

$$\frac{V_s}{Z}\left[\sin(\beta-\phi)-\sin(\alpha-\phi)e^{\frac{R}{\omega L}(\alpha-\omega t)}\right]=0 \tag{7-8}$$

输入电压为交流 220V，50Hz，$\alpha=\pi/4$，$L=0.001$H，$R=2\Omega$，输出电压和电流如图 7-5 所示。

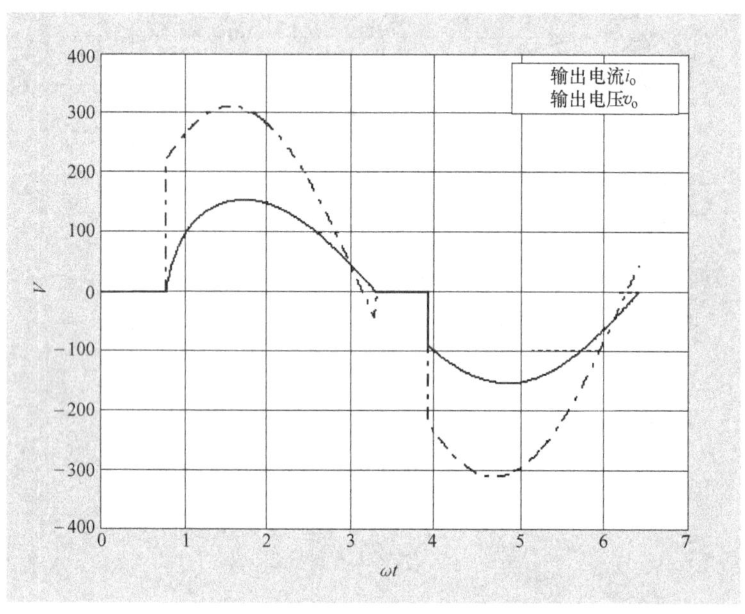

图 7-5 触发延迟角控制的输出电压、电流图（R-L 负载）

（3）L 负载

当负载为电感负载（即电阻 R 非常小），触发延迟角 $\alpha\leqslant\pi/2$ 时，电压平衡方程

$$L\frac{di_o}{dt}=V_s\sin\omega t \tag{7-9}$$

$$i(\beta)=\frac{V_s}{L\omega}\int_{\alpha}^{\beta}\sin(\omega t)d\omega t=\frac{V_s}{L\omega}(\cos\alpha-\cos\beta) \tag{7-10}$$

由 $i(\omega t)=0$，可以求出熄灭角

$$\beta=2\pi-\alpha \tag{7-11}$$

在晶闸管导通期间，输出电流

$$i(\omega t)=\frac{V_s}{L\omega}\int_{\alpha}^{\omega t}\sin(\omega t)d\omega t=\frac{V_s}{L\omega}(\cos\alpha-\cos(\omega t)) \tag{7-12}$$

晶闸管 VT_1 在 α 时刻导通，此时输入正弦电压加在负载电感上，晶闸管电流从零开始上升，当输入电压小于零时，晶闸管电流开始减小，在 $2\pi-\alpha$ 时刻，晶闸管电流下降到零时，晶闸管关断。

由于晶闸管导通角 $\pi+\alpha$ 小于熄灭角，因此即使再在 $\pi+\alpha$ 时刻触发晶闸管 VT_2，由于 VT_1 仍在导通，VT_1 承受正向电压，即 VT_2 承受反向电压，因此晶闸管 VT_2 不会导通，因此输出电流为单向脉动电流。

输出电压有效值（$\alpha\leqslant\pi/2$）

$$V_{orms} = V_s\sqrt{\frac{1}{\pi}\int_{\alpha}^{2\pi-\alpha}(\sin\omega t)^2 d\omega t} \tag{7-13}$$

$$T_{vv} = \frac{V_{orms}}{V_s} = \sqrt{\frac{2(\pi-\alpha)+\sin 2\alpha}{\pi}} \tag{7-14}$$

输入电压为交流220V，50Hz，$\alpha=\pi/4$，$L=0.005\text{H}$，输出电压和电流如图7-6所示。

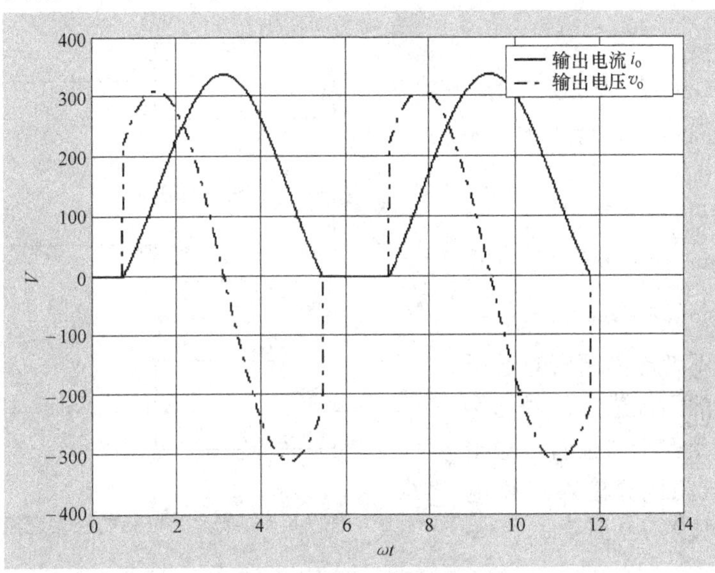

图7-6 电感负载时输出电压和电流（$\alpha<\pi/2$）

触发延迟角$\alpha>\pi/2$时，VT_1熄灭角为$2\pi-\alpha$，即在$[\alpha,(2\pi-\alpha)]$区间晶闸管VT_1流过电流。在$[(2\pi-\alpha),(\pi+\alpha)]$区间输出电流为零，$\pi+\alpha$时刻导通晶闸管$VT_2$，其熄灭角为$3\pi-\alpha$，即在$[(\pi+\alpha),(3\pi-\alpha)]$区间晶闸管$VT_2$流过电流，如此重复。输入电压为交流220V、50Hz、$\alpha=5\pi/8$、$L=0.005\text{H}$，输出电压和电流如图7-7所示。

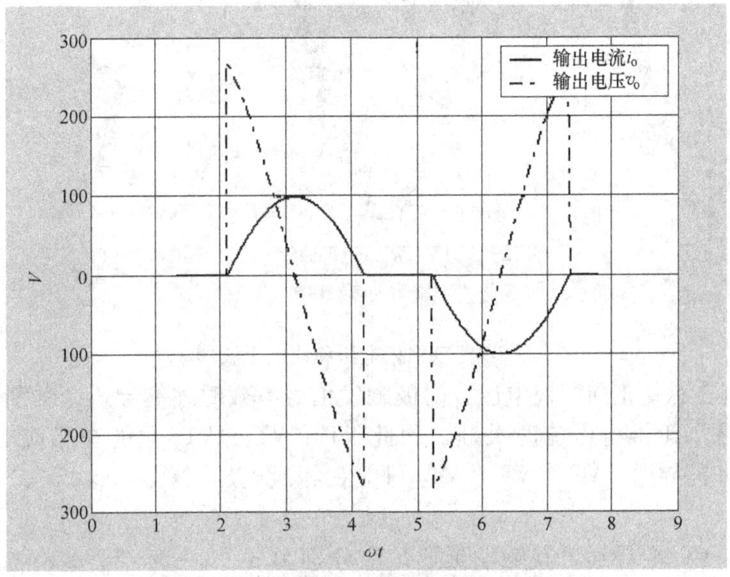

图7-7 电感负载时输出电压和电流（$\alpha=5\pi/8$）

2. 三相触发延迟角控制

三相交流控制器一般用于交流电机控制，电路连接只是把三相电源的三个端子分别串入双向晶闸管或采用两个反并联晶闸管，负载一般采用星形联结。为了分析简单，只分析电阻负载，电路如图7-8所示，负载连接公共点为N，再次写出三相交流电源的相电压和线电压表达式

$$\begin{cases} v_{AN}=V_P\sin\omega t \\ v_{BN}=V_P\sin(\omega t-2\pi/3) \\ v_{CN}=V_P\sin(\omega t-4\pi/3) \end{cases} \quad (7\text{-}15)$$

$$\begin{cases} v_{AB}=\sqrt{3}V_P\sin(\omega t+\pi/6) \\ v_{BC}=\sqrt{3}V_P\sin(\omega t-\pi/2) \\ v_{CA}=\sqrt{3}V_P\sin(\omega t-7\pi/6) \end{cases} \quad (7\text{-}16)$$

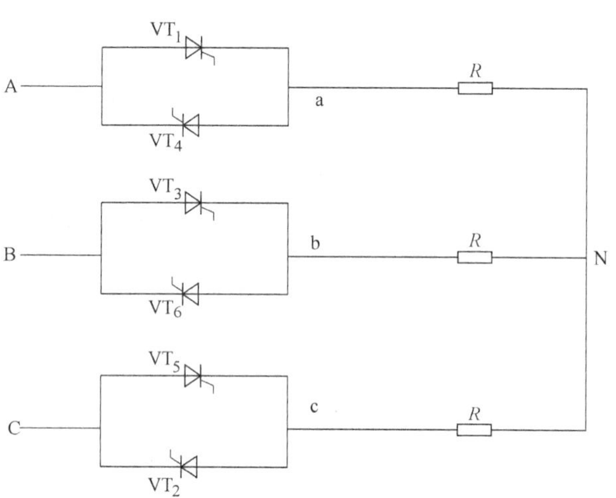

图7-8 负载为Y联结的三相交流控制器

显然，如果不考虑晶闸管导通压降，所有晶闸管的门极触发信号均保持触发，就相当于6个二极管，输出电压和输入电压相同。输入三相电压、线电压波形如图7-9所示。

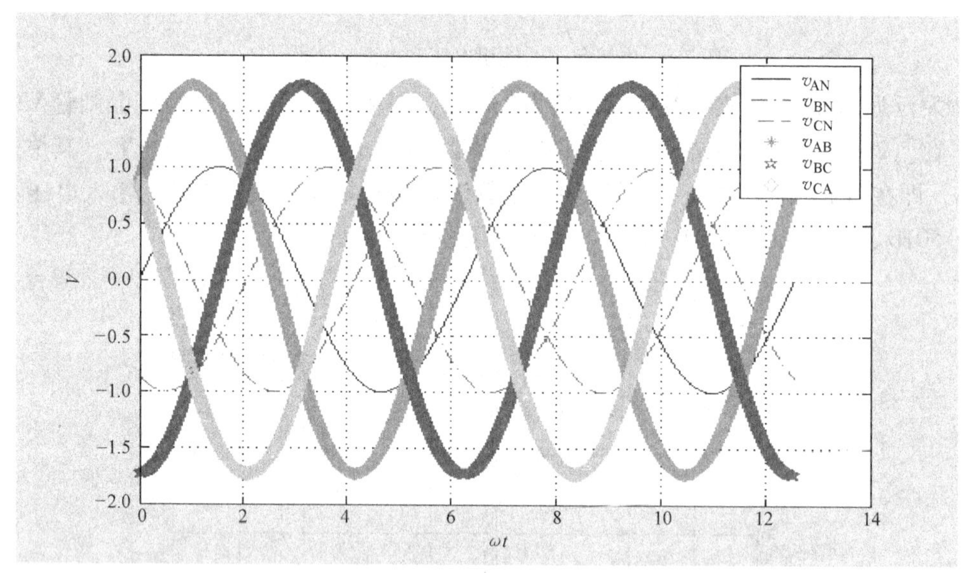

图7-9 三相相电压和线电压波形

晶闸管只有在承受正向阳极电压、门极触发信号有效时才能导通，关断采用自然关断，即当晶闸管电流小于维持电流时关断。因此VT_1、VT_3、VT_5只能在相应电压（v_{AN}、v_{BN}、v_{CN}）正半周时才能导通，VT_4、VT_6、VT_2只能在相应电压（v_{AN}、v_{BN}、v_{CN}）负半周时才能导通。

VT_1、VT_3、VT_5要导通，其触发延迟角应分别为α、$\alpha+2\pi/3$、$\alpha+4\pi/3$，VT_4、VT_6、VT_2的触发延迟角应分别为$\alpha+\pi$、$\alpha+5\pi/3$、$\alpha+7\pi/3=\alpha+2\pi+\pi/3$，触发延迟角$\alpha\leqslant\pi$。

触发延迟角不同，变换器工作状态当然也不同。这里只分析触发延迟角 $\alpha > \pi/3$ 情况。

在电阻负载下，不考虑分布电感，电流换相在瞬时完成，同时只有两个晶闸管导通，一个是正向导通，一个是反向导通，这样才能把输入电压加到负载上去。只有满足导通条件的晶闸管（$v_{AK} > 0$）才能触发导通，导通顺序和换向如图7-10所示。

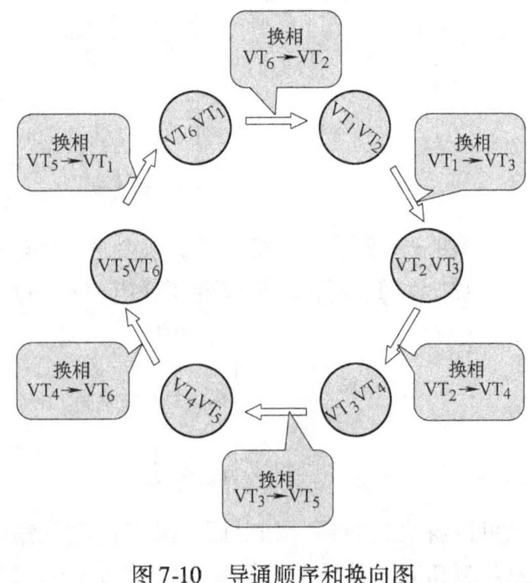

图7-10 导通顺序和换向图

1）VT_1 在触发延迟角等于 α 时导通，VT_5 承受反压关断，输出电流沿着 VT_1→负载→VT_6 流动，负载两相通电（a，b），负载各相电压

$$\begin{cases} v_{aN} = \dfrac{1}{2}v_{AB} \\ v_{bN} = -\dfrac{1}{2}v_{AB} \qquad \alpha < \theta < \alpha + \dfrac{\pi}{3} \\ v_{cN} = 0 \end{cases} \tag{7-17}$$

2）在 $\alpha + \pi/3$ 时刻，VT_2 承受正向电压导通，VT_6 承受反压关断，输出电流沿着 VT_1→负载→VT_2 流动，负载两相通电（a，c），负载各相电压

$$\begin{cases} v_{aN} = \dfrac{1}{2}v_{AC} \\ v_{bN} = 0 \qquad \alpha + \dfrac{\pi}{3} < \theta < \alpha + \dfrac{2\pi}{3} \\ v_{cN} = -\dfrac{1}{2}v_{AC} \end{cases} \tag{7-18}$$

3）在 $\alpha + 2\pi/3$ 时刻，VT_3 承受正向电压导通，VT_1 承受反压关断，输出电流沿着 VT_3→负载→VT_2 流动，负载两相通电（b，c），负载各相电压

$$\begin{cases} v_{aN} = 0 \\ v_{bN} = \dfrac{1}{2}v_{BC} \qquad \alpha + \dfrac{2\pi}{3} < \theta < \alpha + \pi \\ v_{cN} = -\dfrac{1}{2}v_{BC} \end{cases} \tag{7-19}$$

4）在 $\alpha + \pi$ 时刻，VT_4 承受正向电压导通，VT_2 承受反压关断，输出电流沿着 VT_3→负载→VT_4 流动，负载两相通电（b，a），负载各相电压

$$\begin{cases} v_{aN} = -\dfrac{1}{2}v_{BA} \\ v_{bN} = \dfrac{1}{2}v_{BA} \qquad \alpha + \pi < \theta < \alpha + \dfrac{4\pi}{3} \\ v_{cN} = 0 \end{cases} \tag{7-20}$$

5）在 $\alpha + 4\pi/3$ 时刻，VT_5 承受正向电压导通，VT_3 承受反压关断，输出电流沿着

VT_5→负载→VT_4 流动，负载两相通电（c，a），负载各相电压

$$\begin{cases} v_{aN} = -\dfrac{1}{2}v_{CA} \\ v_{bN} = 0 \qquad \alpha + \dfrac{4\pi}{3} < \theta < \alpha + \dfrac{5\pi}{3} \\ v_{cN} = \dfrac{1}{2}v_{CA} \end{cases} \tag{7-21}$$

6）在 $\alpha + 5\pi/3$ 时刻，VT_6 承受正向电压导通，VT_4 承受反压关断，输出电流沿着 VT_5→负载→VT_6 流动，负载两相通电（c，b），负载各相电压

$$\begin{cases} v_{aN} = 0 \\ v_{bN} = -\dfrac{1}{2}v_{CB} \qquad \alpha + \dfrac{5\pi}{3} < \theta < \alpha + 2\pi \\ v_{cN} = \dfrac{1}{2}v_{CB} \end{cases} \tag{7-22}$$

可以看出，对每一相电压，其正向电压输出触发延迟角都是相对于各相电压正向过零点触发延迟角 α，其反向电压输出均为 $\alpha + \pi$。以 v_{AN} 为例，在正半周期其导通角为 $\pi - \alpha$，输出由两部分组成：

$$v_{AN} = \begin{cases} \dfrac{1}{2}v_{AB} & \alpha \leqslant \theta < \dfrac{\pi}{3} + \alpha \\ \dfrac{1}{2}v_{AC} & \dfrac{\pi}{3} + \alpha \leqslant \theta < \pi \end{cases} \tag{7-23}$$

在负半周期，v_{AN}输出和正半周期波形相同，符号相反。$\alpha = 3\pi/8$ 时三相输出电压波形如图 7-11 所示。

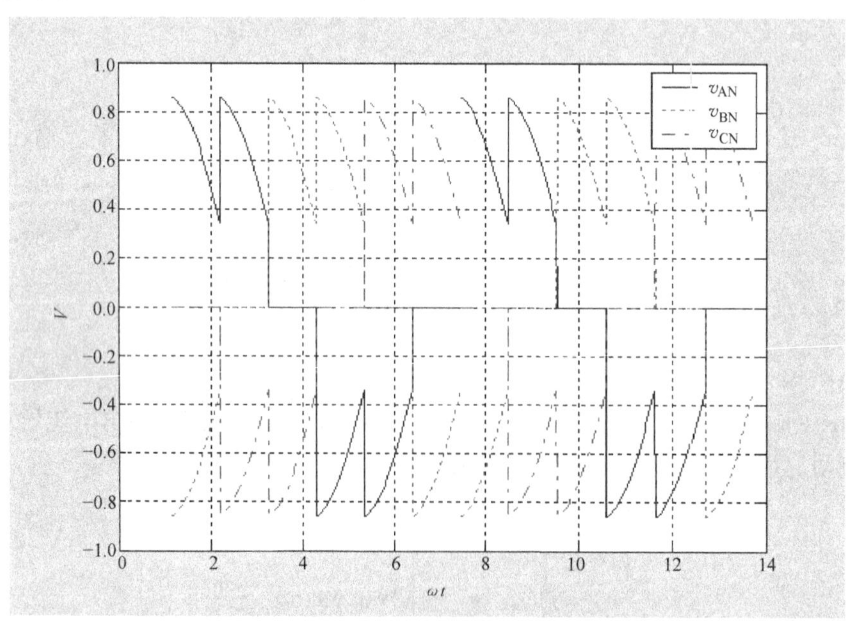

图 7-11 三相输出电压波形

三相触发延迟角控制电路还有其他结构形式，如负载为三角形联结、Deltal 联结（又称

为内三角联结)、三开关联结等，这3种联结可查阅相关文献。

7.2.3 PWM控制

如前所述，相控电路的低次谐波较大，并且很难消除，为了改进相控电路的不足，PWM控制应运而生。

交流PWM控制的基本思路为，把交流电源用理想开关控制导通、关断，其输出为一系列等宽不等高的脉冲，其包络和输入电源相同。电源输出幅度可以通过控制脉冲宽度（开关频率不变）来改变，也就是前面所述的占空比控制。理想电路如图7-12所示，输出波形如图7-13所示。

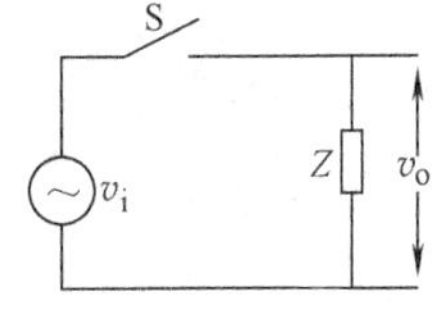

图7-12 PWM控制

输出电源每个周期用$2n$个脉冲平分，n一般取3的整数倍，占空比d，则第i个脉冲的中心点角度为$\frac{\pi}{2n}(2i-1)$，每个脉冲宽度为$\frac{d\pi}{n}$，因此第i个脉冲起始角和中止角为$\frac{\pi}{2n}(2i-1-d)$和$\frac{\pi}{2n}(2i-1+d)$，$i=1,2,3,\cdots,n$。

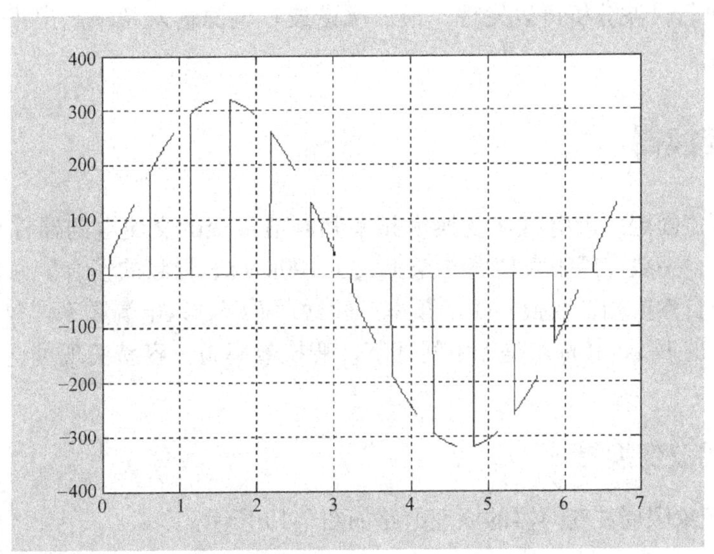

图7-13 PWM控制时的输出波形（$d=0.6$，$n=6$，交流220V）

由于电力半导体全控开关都是单向导电，并且都反并联有二极管，简单的反并联无法满足要求，实际应用中理想开关必须用电力半导体开关构成双向开关，以GTR为例，连接形式如图7-14所示。图7-14a为串联连接，除了GTR体二极管外必须另外连接两个二极管，并且这两个二极管的额定电流、反向耐压以及相应时间必须和GTR相同，图7-14b为二极管组合连接，因此运用可关断器件构成双向开关十分复杂，通常采用门极可关断GTO反并联构成双向开关。

设输入电压为$V_p\sin\omega t$，输出电压基波有效值由下式计算

$$v_o=\sqrt{\frac{1}{\pi}\sum_{i=1}^{n}\int_{\frac{\pi}{2n}(2i-1-d)}^{\frac{\pi}{2n}(2i-1+d)}V_p^2\sin^2(\omega t)\mathrm{d}(\omega t)} \tag{7-24}$$

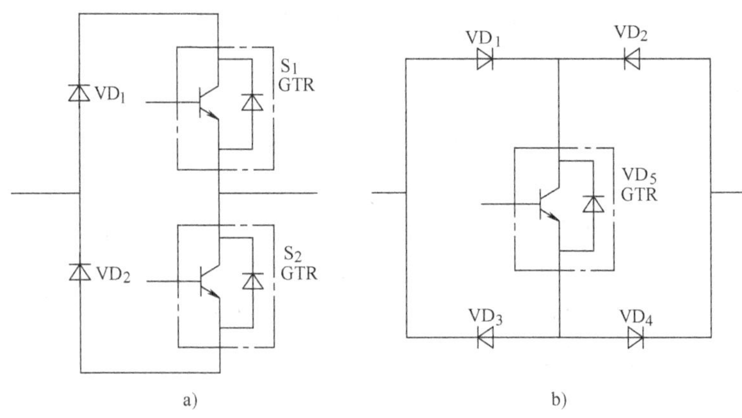

图 7-14 电力半导体开关构成双向开关

电压传输比

$$T_{vv}=\frac{v_o\sqrt{2}}{V_p} \tag{7-25}$$

对图 7-13 进行谐波分析可以发现，最低次谐波较电源输入频率高出很多（$2n$ 倍），因此滤除较为容易。

7.3 周波变换器

将频率和幅值固定的市电直接变换为频率和幅值可变的交流电的器件称为周波变换器（Cycloconverter），一般应用于大功率（至少大于 100kW）、低频的场合。采用晶闸管作为开关元件，晶闸管自然换相，变换器输出频率一般远远低于输入电源频率。典型应用最大输出频率为输入频率的 1/3，其特点是无中间环节，变换效率高，容易实现可逆运行，频率和幅值可控。

7.3.1 单相周波变换器

单相-单相四象限周波变换器的原理电路如图 7-15 所示。

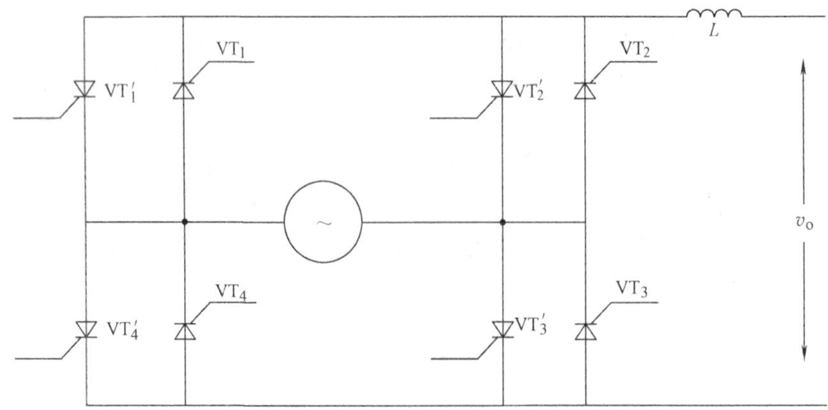

图 7-15 单相-单相四象限周波变换器的原理电路

设输出频率为输入电源频率的1/3，在输出电压 V_o 的正半周期（$T_o/2=1/300s$），晶闸管 VT_1、VT_3 在触发延迟角 α、$2\pi+\alpha$ 时刻导通，晶闸管 VT_2、VT_4 在触发延迟角 $\pi+\alpha$ 时刻导通，晶闸管 VT_1'、VT_2'、VT_3'、VT_4'总是关断的。

在输出电压 V_o 负半周期（$T_o/2$），晶闸管 VT_1'、VT_3'在触发延迟角 $3\pi+\alpha$、$5\pi+\alpha$ 时刻导通，晶闸管 VT_2'、VT_4'在触发延迟角 $4\pi+\alpha$ 时刻导通，晶闸管 VT_1、VT_2、VT_3、VT_4 总是关断的。

所有晶闸管都是自然换相，其输出波形如图 7-16 所示。显然，改变 α 就可以改变输出电压的基波幅度。图 7-16 采用固定 α 调制，谐波较大，如果让中间的波无触发延迟角导通，则输出电压谐波要小得多。

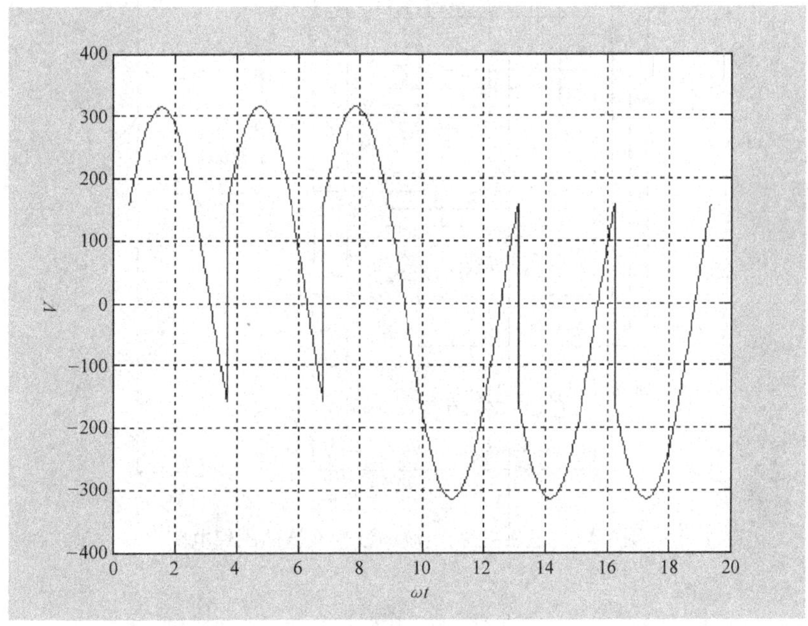

图 7-16 单相-单相四象限周波变换器输出电压（$\alpha=\pi/6$）

7.3.2 三相周波变换器

三相-三相半波周波变换器的原理电路如图 7-17 所示，共 6 组，每组 3 个晶闸管，共使用了 18 个晶闸管，负载为星形联结，一般用于大功率变换中，整流器触发延迟角采用正弦调制获得，通过控制策略可以改变输出电压的频率和基波幅度。

三相-三相半波周波变换器 18 个晶闸管可分为正组整流器（*1、*3、*5）和负组整流器（*4、*6、*2），每个正组有 3 个晶闸管（VT_1、VT_3、VT_5），每个负组也有 3 个晶闸管（VT_4、VT_6、VT_2）。*1、*4 构成 a 相组，*3、*6 构成 b 相组，*5、*2 构成 c 相组。相组之间每次只有一个正组晶闸管一个负组晶闸管导通。

如果希望得到输出电压周期为 T_0，则两个相组之间正组互差 $2\pi/3$（即周期 $T_0/3$），负组互差 $2\pi/3$（即周期 $T_0/3$）换流，不同相组正负组之间互差 $\pi/3$（即周期 $T_0/6$）换流。

组间换流顺序：*6*1→*1*2→*2*3→*3*4→*4*5→*5*6→*6*1…，如图 7-18 所示。

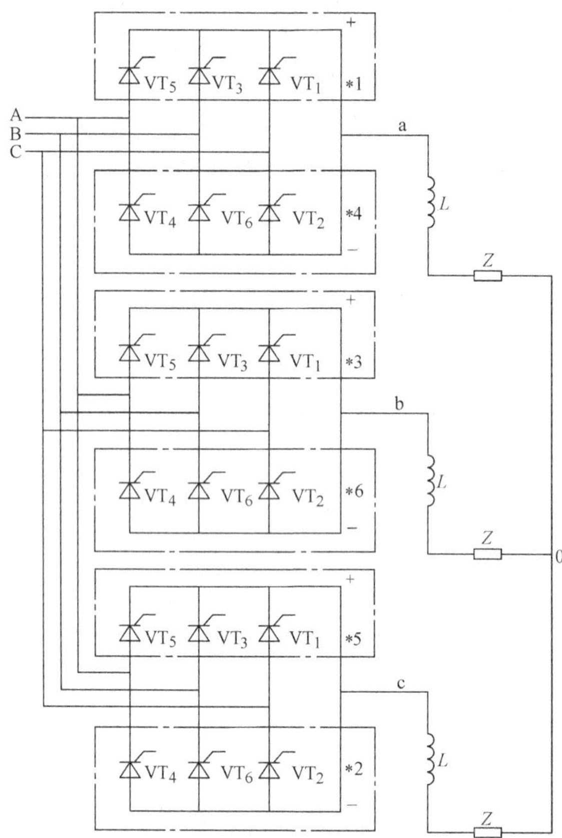

图 7-17　三相-三相半波周波变换器的原理电路

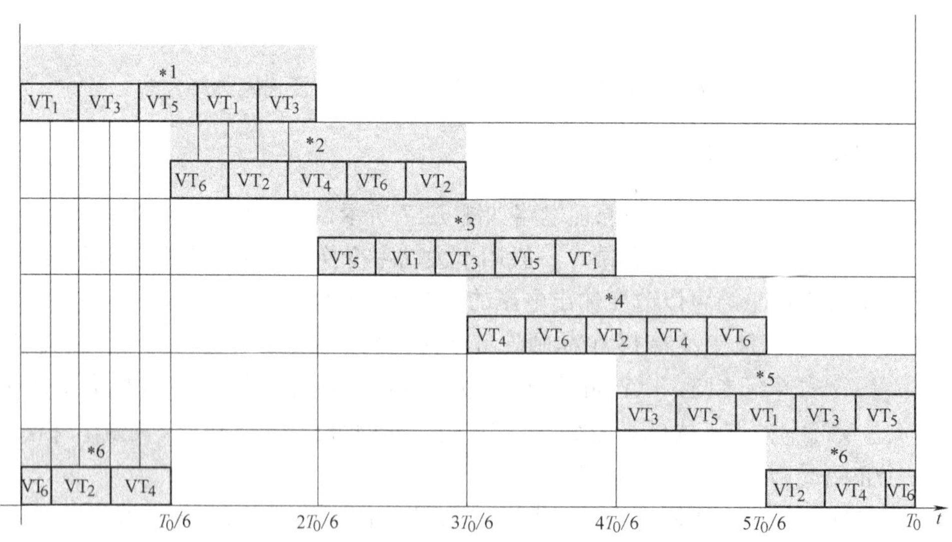

图 7-18　三相-三相半波周波变换器换流次序

图 7-8 中每 $T_0/30$ 的三相输出电压可写为

$$\begin{cases} v_{ao}=[\frac{1}{2}v_{AB},\frac{1}{2}v_{AC},\frac{1}{2}v_{BC},\frac{1}{2}v_{BA},\frac{1}{2}v_{CA},\frac{1}{2}v_{CB},\frac{1}{2}v_{AB},\frac{1}{2}v_{AC},\frac{1}{2}v_{BC},\frac{1}{2}v_{BA}, \\ \quad 0,0,0,0,0,-\frac{1}{2}v_{BA},-\frac{1}{2}v_{CA},-\frac{1}{2}v_{CB},-\frac{1}{2}v_{AB},-\frac{1}{2}v_{AC}, \\ \quad -\frac{1}{2}v_{BC},-\frac{1}{2}v_{BA},-\frac{1}{2}v_{CA},-\frac{1}{2}v_{CB},-\frac{1}{2}v_{AB},0,0,0,0,0] \\ v_{bo}=[-\frac{1}{2}v_{AB},-\frac{1}{2}v_{AC},-\frac{1}{2}v_{BC},-\frac{1}{2}v_{BA},-\frac{1}{2}v_{CA},0,0,0,0,0, \\ \quad \frac{1}{2}v_{CA},\frac{1}{2}v_{CB},\frac{1}{2}v_{AB},\frac{1}{2}v_{AC},\frac{1}{2}v_{BC},\frac{1}{2}v_{BA},\frac{1}{2}v_{CA},\frac{1}{2}v_{CB},\frac{1}{2}v_{AB},\frac{1}{2}v_{AC}, \\ \quad 0,0,0,0,0,-\frac{1}{2}v_{AC},-\frac{1}{2}v_{BC},-\frac{1}{2}v_{BA},-\frac{1}{2}v_{CA},-\frac{1}{2}v_{CB}] \\ v_{co}=[0,0,0,0,0,-\frac{1}{2}v_{CB},-\frac{1}{2}v_{AB},-\frac{1}{2}v_{AC},-\frac{1}{2}v_{BC},-\frac{1}{2}v_{BA}, \\ \quad -\frac{1}{2}v_{CA},-\frac{1}{2}v_{CB},-\frac{1}{2}v_{AB},-\frac{1}{2}v_{AC},-\frac{1}{2}v_{BC},0,0,0,0,0, \\ \quad \frac{1}{2}v_{BC},\frac{1}{2}v_{BA},\frac{1}{2}v_{CA},\frac{1}{2}v_{CB},\frac{1}{2}v_{AB},\frac{1}{2}v_{AC},\frac{1}{2}v_{BC},\frac{1}{2}v_{BA},\frac{1}{2}v_{CA},\frac{1}{2}v_{CB}] \end{cases} \tag{7-26}$$

显然，三相输出电压互差120°电角度。

如果把三相-三相半波周波变换器每个晶闸管再反并联一个晶闸管，就形成了三相-三相全桥（波）周波变换器，共需要36个晶闸管，其输出电压谐波要比三相-三相半波周波变换器小得多，其电路图如图7-19所示。

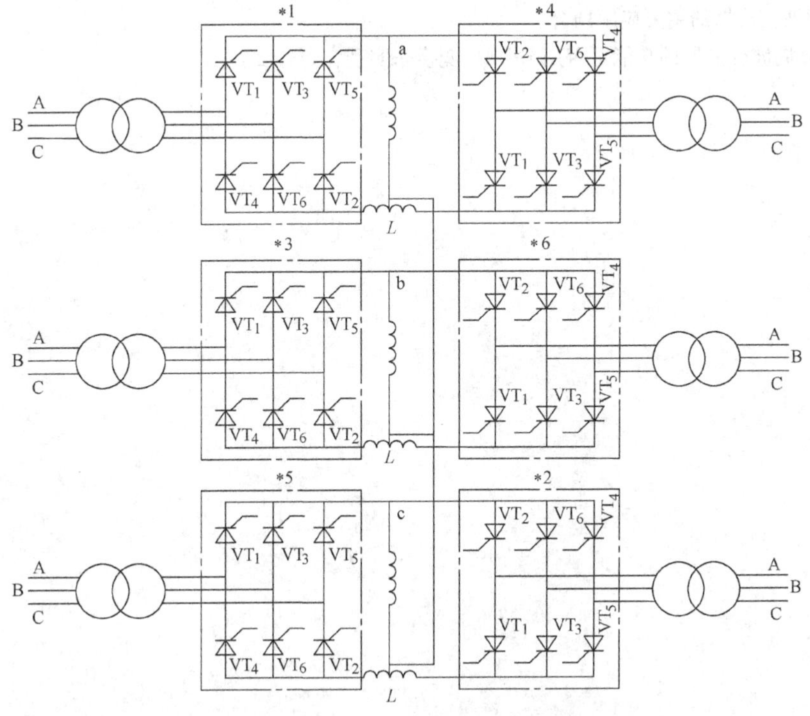

图7-19　全桥三相-三相周波变换器电路图

这个电路相当于三个三相-单相周波变换器，其分析过程和前面分析方法基本相同，这里不再重复。有关周波变换器的其他内容可以参考相关技术文献。

练 习 题

1. 开关控制（又称通断控制）常用于加热，输出电源的周期是多少？导通关断控制的主要特点是什么？

2. 电阻加热器（$R=10\Omega$），采用开关控制，输入电压为220V/50Hz，输出电源周期为15s，

1）若需要输出平均功率2.42kW，计算开通时间。

2）若输出功率为最大功率的10%，计算开通时间。

3. 交流电源220V采用开关控制，若占空比为0.5，输出电压周期为输入电压周期的9倍，计算输出电压有效值和电压传输比。

4. 如图7-3所示的触发延迟角控制，设电压幅值（峰值）为530V，阻性负载，$R=20\Omega$，触发延迟角为$\pi/6$。

1）画出输出电压波形。

2）计算输出电压有效值。

3）计算电压传输比。

5. 为什么周波变换器的输出频率要比输入频率的低得多？

6. PWM控制方法中，比较图7-14种2种开关的特点，并说明原因。

7. 触发延迟角控制方法中，说明输出电压频率与输入电压频率的关系，输出电压有效值与输入电压有效值的关系。

8. 利用图7-14b构成PWM控制器，画出输出电压波形（占空比为0.5、PWM频率为输入频率的12倍）。

9. 说明周波变换器的主要应用场合。

10. AC-AC周波变换器的功能可否用DC-AC变换来实现？为什么？

第 8 章　软开关变换器

软开关技术总的来说可以分为零电压和零电流两类。按照其出现的先后，大致可分为谐振、准谐振、多谐振、零开关 PWM 和零转换 PWM 等。本章介绍谐振、准谐振、多谐振、零电压（电流）开关 PWM 和零电压（电流）转换 PWM 变换器的基本思想、基本概念和工作原理。

8.1　软开关的概念

传统 PWM 变换器中的开关器件工作在硬开关状态，硬开关工作的 4 大缺陷妨碍了开关器件工作频率的提高，它存在如下问题：

1）开通和关断损耗大。在开通时，开关器件的电流上升和电压下降同时进行；关断时，电压上升和电流下降同时进行。电压、电流波形的交叠致使器件的开通损耗和关断损耗随开关频率的提高而增加，随着开关频率的增加，开关损耗远远大于稳态损耗。图 8-1 是开关管开关时的电压和电流波形。

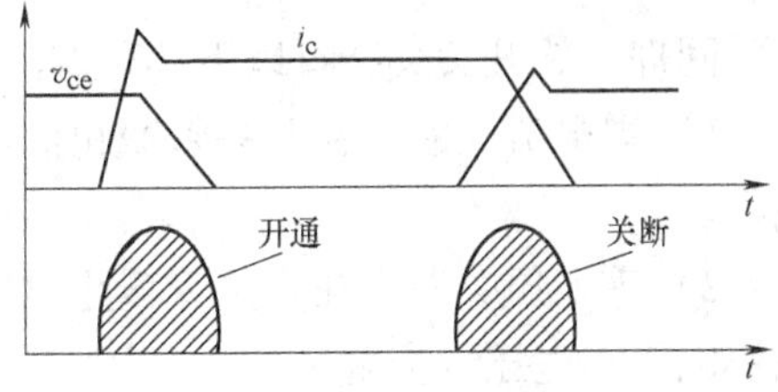

图 8-1　开关管开关时的电压和电流波形

2）感性关断问题。电路中难免存在感性成分（如引线电感、变压器漏感等寄生电感或实体电感），当开关器件关断时，由于 di/dt 很大，产生的尖峰电压加在开关器件两端，易造成电压击穿。

3）容性开通问题。当开关器件在很高的电压下开通时，储藏在开关器件结电容中的能量将全部耗散在该开关器件内，引起开关器件过热损坏。

4）二极管反向恢复问题。二极管由导通变为截止时存在着反向恢复时间，在此期间内，二极管仍处于导通状态，若立即开通与其串联的开关器件，容易造成直流电源瞬间短路，产生很大的冲击电流。

为了提高变换器效率，减小变换器的重量、体积，就必须解决上述的 4 个问题。所谓软开关就是功率器件在零电压条件下开通（或关断），在零电流条件下关断（或开通）。与硬开关相比，软开关的功率器件在零电压、零电流条件下工作，功率器件开关损耗大大减小。与此同时，du/dt 和 di/dt 大为下降，提高了变换器的可靠性。由于软开关开关损耗很小，与硬开关相比，它可以工作于较高的工作频率，因此减小了变换器的体积和重量，同时提高了变换器的变换效率。

软开关的开通和关断波形如图 8-2 所示。软开关开通有以下几种方法：

1）零电流开通。在开关管导通时，使其电流保持在零，或者限制电流的上升率，从而减小电流与电压的交叠区。从图 8-2a 可以看出，由于电流下降时间的提前，大大减少了电压与电流的重叠区间，因而开通损耗大大减小。

2）零电压开通。在开关管导通前，使其电压下降到零。从图 8-2b 可以看出，开通损耗基本减小到零。

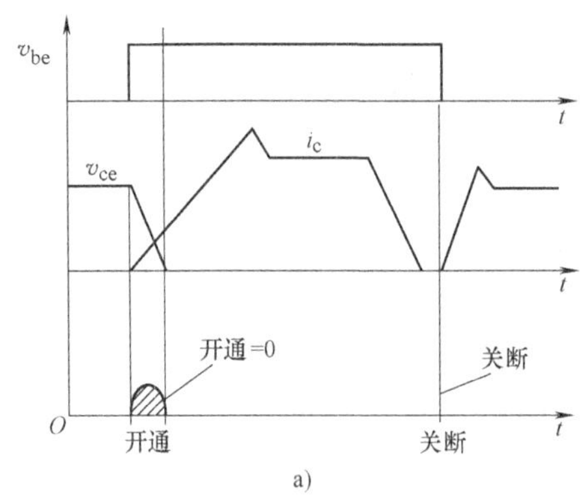

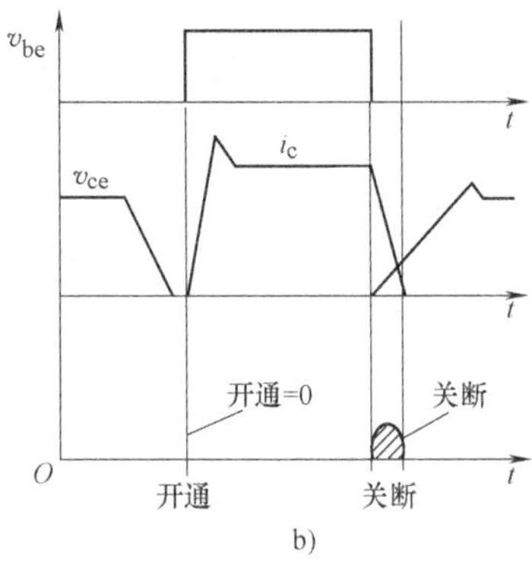

图 8-2 软开关的开通和关断波形

a）零电流开通和关断 b）零电压开通和关断

3）同时做到零电流开通和零电压开通。在这种情况下，开通损耗为零。这种情况最为理想。

同理，软开关关断有以下几种方法：

1）零电流关断。在开关管截止前，使其电流减小到零。图 8-2a 表示关断损耗基本减小到零。

2）零电压关断。在开关管截止时，使其电压保持在零，或者限制电压的上升率，从而减小电流与电压的交叠区。

3）同时做到零电流关断和零电压关断，在这种情况下，关断损耗为零。

8.2 软开关技术的实现及其类型

从谐振角度看，所谓谐振变换器或逆变器至少包含有一个谐振回路，谐振回路至少包含一个电感和一个电容，谐振电路的阶数决定于所包含的独立的储能元件数目。以谐振类型划分，软开关变换器有全谐振型变换器、多谐振/准谐振变换器、零开关 PWM 变换器、零转换 PWM 变换器等；从拓扑结构上看，有电流型软开关变换器、电压型软开关变换器。

1. 谐振变换器

利用谐振现象，使电子开关器件上电压或电流按正弦规律变化，以创造零电压开通或零电流关断的条件，以这种技术为主导的变换器称为谐振变换器。它又可以分为全谐振型变换器、准谐振变换器和多谐振变换器 3 种类型。

1）全谐振型变换器。一般称之为谐振变换器（Resonant Converters）。该类变换器实际上是负载谐振型变换器，按照谐振元件的谐振方式，分为串联谐振变换器（Series Resonant Converters，SRC）和并联谐振变换器（Parallel Resonant Converters，PRC）两类。在谐振变换器中，谐振元件一直谐振工作，参与谐振工作的全过程。该变换器与负载关系很大，对负载的变化很敏感，一般采用频率调制方法。

2）准谐振变换器（Quasi-resonant Converters，QRC）。它是最早出现的软开关电路。其特点是谐振元件参与能量变换的某一个阶段，不是全程参与。由于正向和反向 LC 回路值不一样，即振荡频率不同，电流幅值不同，所以振荡不对称。一般正向正弦半波大于负向正弦半波，所以常称为准谐振。无论是串联 LC 或并联 LC 都会产生准谐振，利用准谐振现象，使电子开关器件上的电压或电流按正弦规律变化，从而创造了零电压或零电流的条件，以这种技术为主导的变换器称为准谐振变换器。准谐振变换器分为零电流开关准谐振变换器（Zero-current-switching Quasi-resonant Converters，ZCS QRC）和零电压开关准谐振变换器（Zero-voltage-switching Quasi-resonant Converters，ZVS QRC）。

3）多谐振变换器（Multi-resonant Converters，MRC）。其特点是谐振元件参与能量变换的某一个阶段，不是全程参与。多谐振变换器的谐振回路、参数可以超过两个、三个或更多，称为多谐振变换器。准谐振/多谐振单元与主开关的关系如图 8-3 所示。

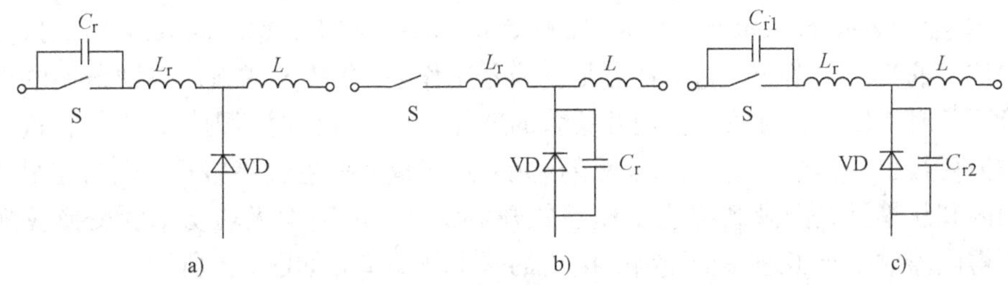

图 8-3　准谐振/多谐振电路的基本开关单元

a）零电压开关准谐振电路　b）零电流开关准谐振电路　c）零电压开关多谐振电路

为保持输出电压不随输入电压的变化而变化，不随负载的变化而变化（或基本不变），谐振、准谐振和多谐振变换器主要靠调整开关频率，所以是调频系统。调频系统不如 PWM 开关变换器那样容易控制，这是因为调频系统是依靠 L、C 振荡使得电路产生谐振和准谐振的，功率器件所受的电压与电流的压力都要比相应的硬开关 PWM 变换电路功率器件承受的压力大，并且该压力随电路的 Q 值和负载的变化而变化。调频系统是依靠改变开关频率来改变变换器的输出，开关频率大范围变化使得滤波器、变压器设计难以优化，干扰难以抑制，而且由于调频来调节输出，负载变化大时，相应的电压和电流调节范围比相应的 PWM 变换电路窄，超前一定范围后，变换电路不能达到零电压或零电流开关条件。

2. 零开关 PWM 变换器（Zero-switching-PWM Converters）

零开关 PWM 变换器分为零电压开关 PWM 变换器（Zero-voltage-switching PWM Converters，ZVS PWM）和零电流开关 PWM 变换器（Zero-current-switching PWM Converters，ZCS PWM）。该类变换器是在准谐振/多谐振变换器的基础上，引入了辅助开关来控制谐振的开始时刻，使谐振仅发生于开关过程前后，实现恒定频率控制，即实现 PWM 控制。这样，变换器既有电压过零（或电流过零）控制的软开关特点，又有 PWM 恒频调宽的特点。这时谐振网络中的电感是与主开关串联的。与准谐振/多谐振变换器不同的是，谐振元件的谐振工作时间与开关周期相比很短，一般为开关周期的 1/10～1/5，电压和电流基本上是方波，只是上升沿和下降沿较缓，开关承受的电压明显降低；电路可以采用开关频率固定的 PWM 控制方式。零开关 PWM 电路的基本开关单位如图 8-4 所示。

3. 零转换 PWM 变换器（Zero-transition Converters）

零转换 PWM 变换器与零开关 PWM 变换器并无本质上的差别，也是软开关与 PWM 的结合。采用辅助开关控制谐振的开始时刻，但谐振电路是与主开关并联的。它可分为零电压转

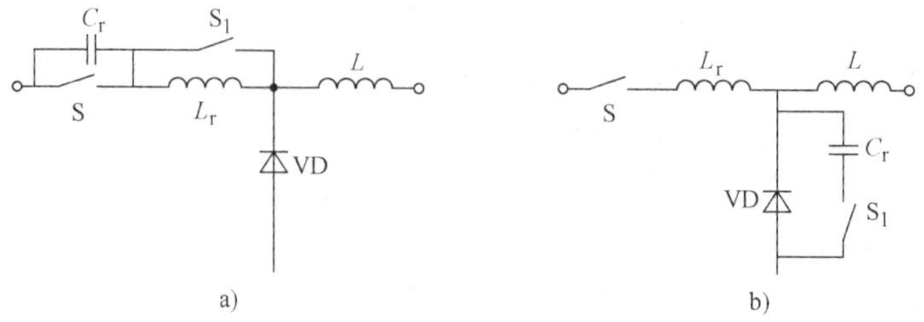

图 8-4 零开关 PWM 电路的基本开关单元

a）零电压开关 PWM 电路的基本开关单元 b）零电流开关 PWM 电路的基本开关单元

换 PWM 变换器（Zero-voltage-transition PWM Converters，ZVT PWM Converters）和零电流转换 PWM 变换器（Zero-current-transition PWM Converters，ZVT PWM Converters）。这类变换器是软开关技术的又一个飞跃。它的特点是变换器工作在 PWM 方式下，辅助谐振电路只是在主开关管开关时工作一段时间，实现开关管的软开关，在其他时间则停止工作，这样辅助谐振电路的损耗很小。其拓扑结构特点是谐振元件从能量交换主通道移开，电路在很宽的输入电压范围内和从零负载到满载都能工作在软开关状态。电路中无功功率的交换被削减到最小，这使得电路效率有了进一步提高。电路的基本开关单元如图 8-5 所示。

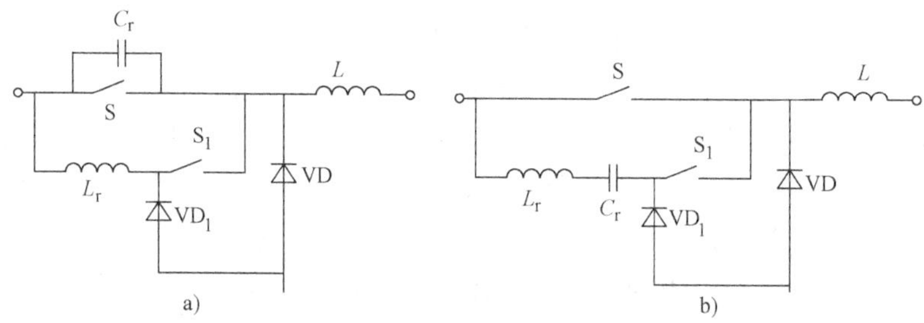

图 8-5 零转换 PWM 电路的基本开关单元

a）零电压转换 PWM 电路的基本开关单元 b）零电流转换 PWM 电路的基本开关单元

8.3 谐振电路

8.3.1 串联谐振电路

串联谐振电路如图 8-6 所示，其中 L_r 是谐振电感，C_r 是谐振电容，谐振电感的等效阻抗 R，其导纳为

$$Y(s) = \frac{1}{sL_r + \frac{1}{C_r s} + R} = \frac{sC_r}{s^2 L_r C_r + sRC_r + 1} \tag{8-1}$$

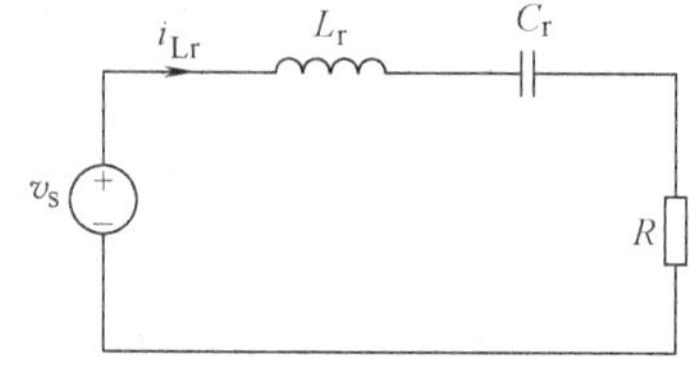

图 8-6 串联谐振电路

它是复频率 $s = j\omega$ 的函数，令 $\alpha = \frac{R}{2L_r}, \omega_r = \frac{1}{\sqrt{L_r C_r}}$，则有

$$Y(s) = \frac{1}{R} \frac{2\alpha s}{s^2 + 2\alpha s + \omega_r^2} \tag{8-2}$$

回路阻抗为

$$Z_s(s) = sL_r + \frac{1}{C_r s} + R \tag{8-3}$$

其中 $\omega_r = \frac{1}{\sqrt{L_r C_r}}$是谐振角频率，$f_r = \frac{1}{2\pi\sqrt{L_r C_r}}$是谐振频率，谐振频率仅仅与谐振电容 C_r 和谐振电感 L_r 有关，与电容电压和电感电流的初始状态无关。当 $s = j\omega_r$ 时，电路谐振，此时 $Y(s) = \frac{1}{R}$，即电路为纯阻性质，电感和电容阻抗相互抵消。

定义串联谐振电路的品质因数为

$$Q = \frac{\omega_r L_r}{R} = \frac{\omega_r}{2\alpha} \tag{8-4}$$

由于谐振时 $Y(s) = \frac{1}{R}$，因此谐振时负载 R 上的电压等于电源电压，ω_s 是输入正弦电源的频率，谐振时 $\omega_s = \omega_r$

$$v_R = v_s = V_{am}\sin\omega_r t \tag{8-5}$$

$$i_R = i_{Lr} = \frac{V_{am}\sin\omega_r t}{R} \tag{8-6}$$

电容的电压可写为

$$\begin{aligned} V_c(s) &= \frac{I(s)}{sC_r} = \frac{V_s(s)Y(s)}{sC_r} \\ &= V_s(s)\frac{1}{RC_r s}\frac{2\alpha s}{s^2 + 2\alpha s + \omega_r^2} \\ &= V_s(s)\frac{2\alpha}{RC_r\omega_r^2}\frac{\omega_r^2}{s^2 + 2\alpha s + \omega_r^2} \\ &= V_s(s)\frac{\omega_r^2}{s^2 + 2\alpha s + \omega_r^2} \end{aligned} \tag{8-7}$$

于是有

$$\frac{V_c(s)}{V_s(s)} = \frac{\omega_r^2}{s^2 + 2\alpha s + \omega_r^2} \tag{8-8}$$

当谐振时，即 $s = j\omega_r$ 时

$$\left|\frac{V_c(s)}{V_s(s)}\right| = \left|\frac{\omega_r^2}{s^2 + 2\alpha s + \omega_r^2}\right| = \frac{\omega_r}{2\alpha} = Q \tag{8-9}$$

即谐振时电容（电感）上的电压为输入电压的 Q 倍。

ω_s 是输入正弦电源的频率，从式（8-3）可得

$$\begin{aligned} Z_s(s) &= sL_r + \frac{1}{C_r s} + R = R + L_r\left(\frac{L_r C_r \omega_s^2 - 1}{L_r C_r \omega_s}\right) \\ &= R + jL_r\left(\frac{\frac{\omega_s^2}{\omega_r^2} - 1}{\frac{\omega_s}{\omega_r^2}}\right) = R + jL_r\omega_s\left(1 - \frac{1}{\left(\frac{\omega_s}{\omega_r}\right)^2}\right) \end{aligned} \tag{8-10}$$

当电源电压频率和谐振频率相等时，即 $\omega_s=\omega_r$ 时，回路阻抗为 $Z_s=R$。

当 $\omega_s>\omega_r$，$1-\dfrac{1}{(\omega_s/\omega_r)^2}>0$ 时，式（8-10）电感和电容部分可写为

$$\mathrm{j}L_{eq}\omega_s=\mathrm{j}L_r\omega_s\left(1-\frac{1}{\left(\frac{\omega_s}{\omega_r}\right)^2}\right) \tag{8-11}$$

等效电感为

$$L_{eq}=L_r\left(1-\frac{1}{\left(\frac{\omega_s}{\omega_r}\right)^2}\right) \tag{8-12}$$

即当 $\omega_s>\omega_r$ 时，谐振回路呈感性负载特征。

当 $\omega_s<\omega_r$，$1-\dfrac{1}{\left(\frac{\omega_s}{\omega_r}\right)^2}<0$ 时，式（8-10）电感和电容部分可写为

$$\begin{aligned}\mathrm{j}L_r\omega_s\left(1-\frac{1}{\left(\frac{\omega_s}{\omega_r}\right)^2}\right)&=\frac{-L_r\omega_s\left(1-\frac{1}{\left(\frac{\omega_s}{\omega_r}\right)^2}\right)}{\mathrm{j}}=\frac{-L_r\omega_s+L_r\frac{\omega_r^2}{\omega_s}}{\mathrm{j}}\\&=\frac{-L_r\omega_s+\frac{1}{C_r\omega_s}}{\mathrm{j}}=\frac{1-L_rC_r\omega_s^2}{\mathrm{j}C_r\omega_s}=\frac{1-\left(\frac{\omega_s}{\omega_r}\right)^2}{\mathrm{j}C_r\omega_s}\\&=\frac{1}{\mathrm{j}\omega_s\frac{C_r}{1-\left(\frac{\omega_s}{\omega_r}\right)^2}}=\frac{1}{\mathrm{j}\omega_sC_{eq}}\end{aligned} \tag{8-13}$$

等效电容为

$$C_{eq}=\frac{C_r}{1-\left(\frac{\omega_s}{\omega_r}\right)^2} \tag{8-14}$$

回路呈容性负载特征。

当输入为交流方波电压时，只要 $\omega_s=\omega_r$，而且 Q 足够大时，电流 i_{Lr} 中的谐波分量很少，而且电流非常接近正弦波，所以有

$$i_{Lr}=\frac{V_{s1}\sin\omega_st}{Z_s}=\frac{1}{R}\frac{4V_d}{\pi}\sin\omega_st \tag{8-15}$$

式中，V_{s1} 为方波电压基波分量的幅值；V_d 为方波电压的幅值。

在这种情况下谐振电路电流 i_{Lr} 与方波电压同相，因此可以利用电路的谐振特性来滤除谐波。

当电源频率大于谐振频率时，等效电路呈感性负载，显然，在 $\omega_s>\omega_r$ 时，输出电流中包含了丰富的谐波，其基波电流为

$$i_{Lr1}=I_{Lr1}\sin(\omega_st-\theta) \tag{8-16}$$

式中 $I_{Lr1}=\frac{4V_d}{R\pi}\frac{1}{\sqrt{(\omega L_{eq}/R)^2+1}}$；$\theta=\arctan\frac{\omega L_{eq}}{R}$。

显然，感性负载时候，其波形的幅值比谐振时的幅值要小，且滞后于电压波形，如图8-7所示。

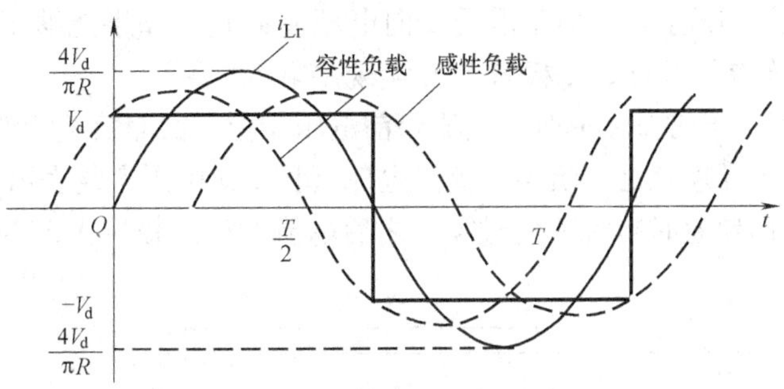

图8-7 电流的相位和输入频率之间的关系

同样，当电源频率小于谐振频率时，即 $\omega_s<\omega_r$，等效电路呈容性负载，在 $\omega_s<\omega_r$ 时，输出电流中包含了丰富的谐波，其基波电流为

$$i_{Lr1}=I_{Lr1}\sin(\omega_s t+\theta) \tag{8-17}$$

式中 $I_{Lr1}=\frac{4V_d}{R\pi}\frac{1}{\sqrt{1/(\omega C_{eq}R)^2+1}}$；$\theta=\arctan\frac{1}{\omega C_{eq}R}$。

显然容性负载时候，其波形的幅值比谐振时的幅值要小，且超前于电压波形，如图8-7所示。

从上面分析可知，只要电源频率偏离谐振频率就会形成电压和电流的相位差，同时当 Q 值较大时，这种偏离会引起负载上电压较大的变化，也就是说可以通过改变工作频率来改变负载上的电压和功率，即所谓调频调压和调频调功。

8.3.2 电压型串联谐振式逆变器

半桥电路如图8-8所示。当电路工作频率大于谐振频率时，电压超前电流相位，回路负

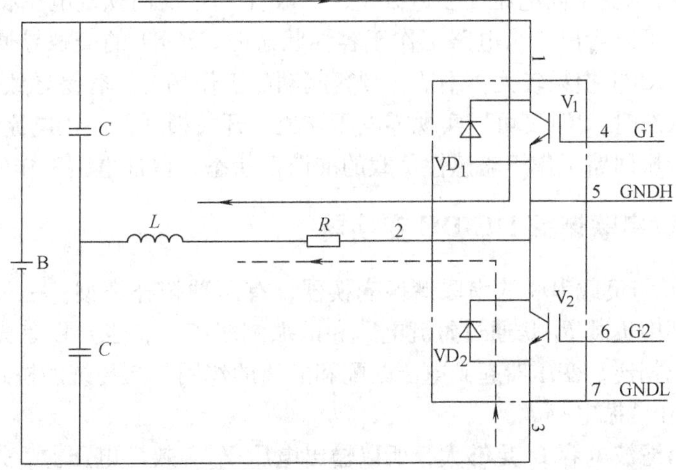

图8-8 感性负载时的工作过程

载特性呈现感性，设某一时刻，开关管 V_1 处于导通状态，负载中流过电流（如图 8-8 中实线表示），当 V_1 截止时，由于电感的储能作用，将通过二极管 VD_2 续流，如图 8-8 中虚线所示。

由于 VD_2 续流，IGBT（V_2）EC 之间的电压仅为二极管正向导通压降，V_1 承受电源电压，死区时间结束后，开通 V_2、VD_2 承受反向电压而截止，如果能够正好在续流结束之前开通 V_2，则实现了零电压开通，二极管 VD_2 实现零电流关断。

当电路工作频率小于谐振频率时，电流超前电压相位，回路负载特性呈现容性，设某一时刻，开关管 V_1 处于导通状态，负载中流过电流（图 8-9 中用实线表示），由于电流超前电压相位，因此在 V_1 仍导通时电流首先过零，之后电流通过二极管 VD_1 反向流通（图 8-9 中用虚线表示）。

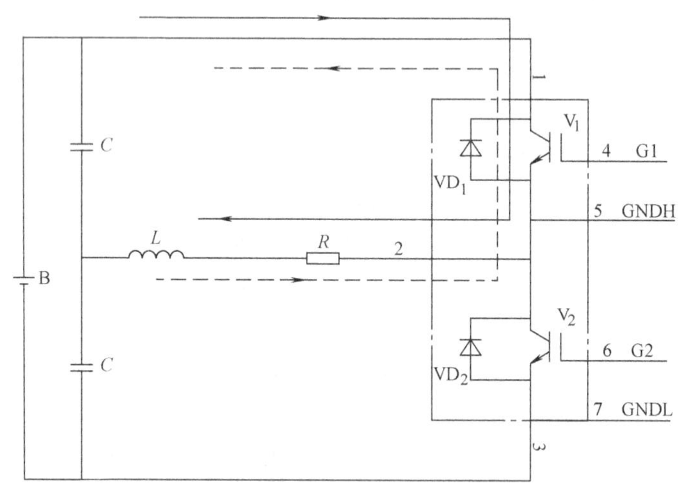

图 8-9 容性负载时的工作过程

二极管 VD_1 导通后，V_1 实际上已不起作用，当 V_1 截止，V_2 导通时，VD_1 将承受反向电压而强迫截止，截止过程中 VD_1 将产生较大的反向恢复电流，此恢复电流将通过 VD_1、V_2 使电源短路，从而危及 IGBT。当 V_2 导通末期，电流再次提前反向，VD_2 续流，此时如果 V_1 导通，VD_2 将承受反向电压而强迫截止，二极管 VD_2 反向恢复电流和 V_2 使电源短路。

通过上面分析可以看出，当电路工作于容性状态时，IGBT 的交替导通，由于二极管反向恢复电流较大，IGBT 损耗较大，不适合频繁起动的工作场合，容易导致 IGBT 的损坏。当电路工作于感性状态时，IGBT 可以实现零电压导通，开关损耗取决于电流滞后的角度。

因此，要让谐振回路工作于略感性负载的准谐振状态，保证电路工作的安全可靠。

8.3.3 串联负载串联谐振 DC-DC 变换器

图 8-10 给出了与负载串联的串联谐振变换器，有两种拓扑类型：一种是半桥式，另外一种是全桥式。其中负载 R_L 是通过整流电路和谐振网络串联，也可以首先通过变压器，再通过整流桥与负载相连，变压器起到电压匹配和隔离的作用。与传统的桥式变换器比较，增加了谐振电容 C_r 和谐振电感 L_r。

通常认为输出滤波电容 C_f 足够大，所以输出电压 V_o 等效为电压源，即 $V_{BB'}$ 之间的电位为一个幅值为 V_o 的 180°宽的交流电压。根据开关情况和电感电流方向，图 8-10a 半桥电路有4种开关模态，如图8-11所示。实际上还有一种模态（零态），就是VT_1和VT_2均不工作，电感电流为零，负载电流由滤波电容供电。

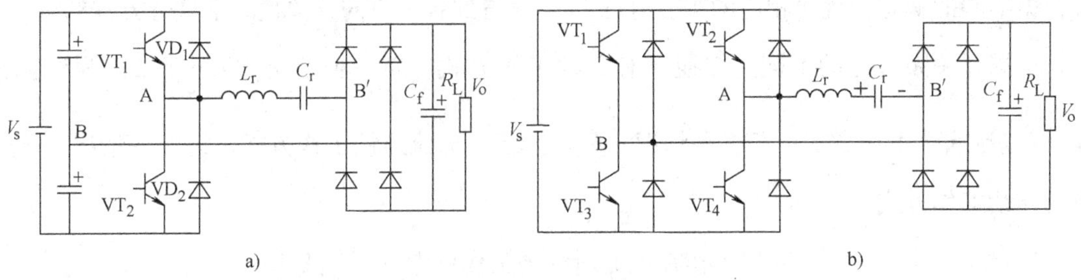

图8-10　串联负载串联谐振变换器

a）半桥式　b）全桥式

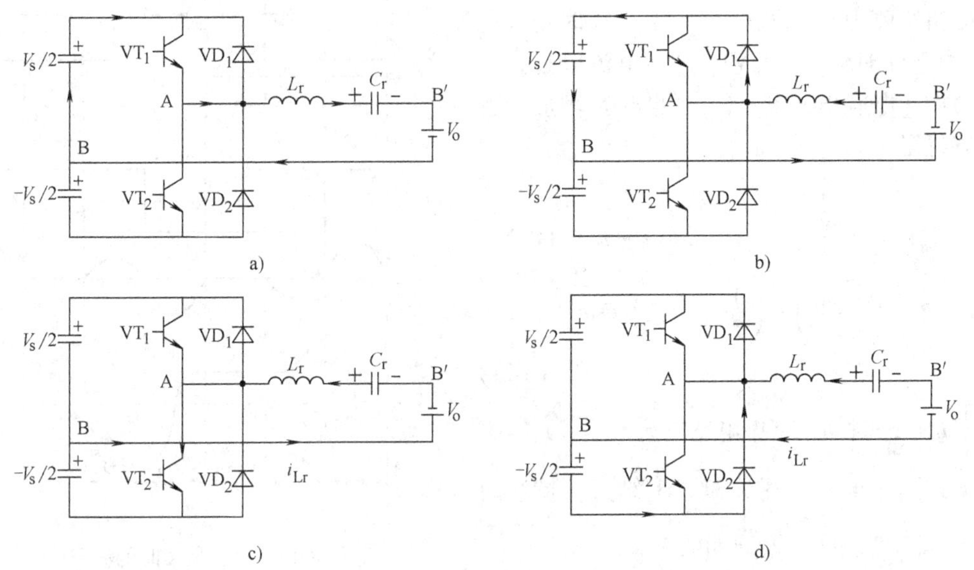

图8-11　负载串联谐振变换器

a）VT_1导通，$i_{Lr}>0$　b）VD_1导通，$i_{Lr}<0$　c）VT_2导通，$i_{Lr}<0$　d）VD_2导通，$i_{Lr}>0$

从图8-11可以看到，这4个开关模态的电路结构完全一样，只是电源电压不同，因此可以统一为一个电路模型，如图8-12所示。

对于图8-11a的开关模态，等效电源电压为$V_E=V_s/2-V_o$，谐振电流$i_{Lr}>0$；对于图8-11b的开关模态，等效电源电压$V_E=V_s/2+V_o$，$i_{Lr}<0$；对于图8-11c的开关模态，等效电源电压$V_E=-V_s/2+V_o$，$i_{Lr}<0$；对于图8-11d的开关模态，等效电源电压$V_E=-V_s/2-V_o$，$i_{Lr}>0$；用统一的电源电压V_E表示，图8-12所表示的微分方程的解为

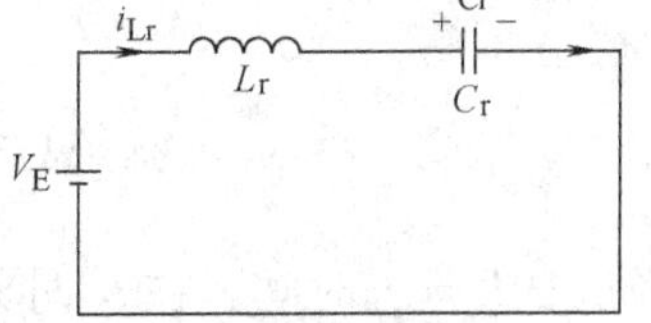

图8-12　不同开关模态的统一等效电路

$$i_{Lr}=I_{Lr0}\cos\omega_r(t-t_0)+\frac{V_E-V_{Cr0}}{Z_r}\sin\omega_r(t-t_0) \tag{8-18}$$

$$v_{Cr}=V_E-(V_E-V_{Cr0})\cos\omega_r(t-t_0)+Z_rI_{Lr0}\sin\omega_r(t-t_0) \tag{8-19}$$

式中，$Z_r=\sqrt{\dfrac{L_r}{C_r}}$，$I_{Lr0}$和$V_{Cr0}$分别为每个开关模态开始时的电感初始电流和电容初始电压。只要根据不同的状态，代入相应的等效电压V_E，就得到各个不同开关模式下微分方程的解。

根据开关频率f_s的不同，变换器有3种工作方式：第一种情况$f_s<\frac{1}{2}f_r$（f_r为谐振频率），电流断续工作方式；第二种情况$\frac{1}{2}f_r<f_s<f_r$，电流连续工作方式；第三种情况$f_s>f_r$，电流连续工作方式。

1. 当$f_s<\frac{1}{2}f_r$时，逆变器工作在电流断续的工作状态（见图8-13）

开关模态1，参考图8-11a，对应于［t_0，t_1］，电感电流的初始值为i_{Lr}（t_0）=0，电容电压的初始值为v_{Cr}（t_0）=$-2V_o$，t_0时刻开通VT_1，由于此时$i_{Lr}=0$，VT_1是零电流开通，i_{Lr}开始增加，电容电压v_{Cr}（t_0）也开始增加，解微分方程得

$$i_{Lr}(t)=\frac{\frac{1}{2}V_s+V_o}{Z_r}\sin\omega_r(t-t_0) \quad (8\text{-}20)$$

$$v_{Cr}(t)=\left(\frac{1}{2}V_s-V_o\right)-\left(\frac{1}{2}V_s+V_o\right)\cos\omega_r(t-t_0) \quad (8\text{-}21)$$

经过$\frac{1}{2}T_r=\frac{1}{2f_r}$时间，谐振电感电流$i_{Lr}$（$t_1$）=0，此时$v_{Cr}$（$t_1$）=$V_s$，开关模态1结束，持续时间为$t_{12}=\frac{1}{2}T_r$，即谐振周期的1/2。

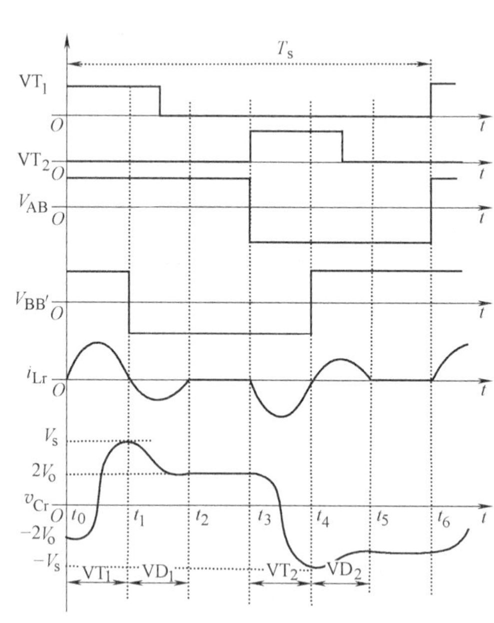

图8-13 电流断续时的波形

开关模态2，参考图8-11b，对应于［t_1，t_2］，初始条件为i_{Lr}（t_1）=0，v_{Cr}（t_1）=V_s，在此模态中i_{Lr}反方向流动，VD_1导通，将VT_1两端电压钳位在0V，解微分方程得

$$i_{Lr}(t)=\frac{-\frac{1}{2}V_s+V_o}{Z_r}\sin\omega_r(t-t_1) \quad (8\text{-}22)$$

$$v_{Cr}(t)=\left(\frac{1}{2}V_s+V_o\right)-\left(V_o-\frac{1}{2}V_s\right)\cos\omega_r(t-t_1) \quad (8\text{-}23)$$

经过$\frac{1}{2}T_r=\frac{1}{2f_r}$时间，在$t_2$时刻，谐振电感电流$i_{Lr}$（$t_2$）=0，此时$v_{Cr}$（$t_2$）=$2V_o$，开关模态2结束，持续时间为$t_{10}=\frac{1}{2}T_r$，即谐振周期的1/2。

开关模态3，对应于［t_2，t_3］，此时VT_1和VT_2均不工作，所有的开关管和二极管都截止，初始条件为i_{Lr}（t_1）=0，v_{Cr}（t_1）=$2V_o$保持不变，负载电流由滤波电容提供。在t_3时刻，即$\frac{1}{2}T_s$时刻，开关VT_2零电流导通，开始了另外一个半个周期的工作，运行原理与

上述类似。

从上面分析可以看出，当$f_s < \frac{1}{2}f_r$时，谐振电感电流断续工作。通过控制开关模态3的持续时间，就可以调节输出电压V_o。

2. 当$\frac{1}{2}f_r < f_s < f_r$时，电流为连续工作方式

如果开关频率提高，达到$\frac{1}{2}f_r < f_s < f_r$运行范围，变换器为电流连续工作模式，图8-14给出了这种工作方式下的主要波形。在一个开关周期中，有4种工作模式，分析如下。

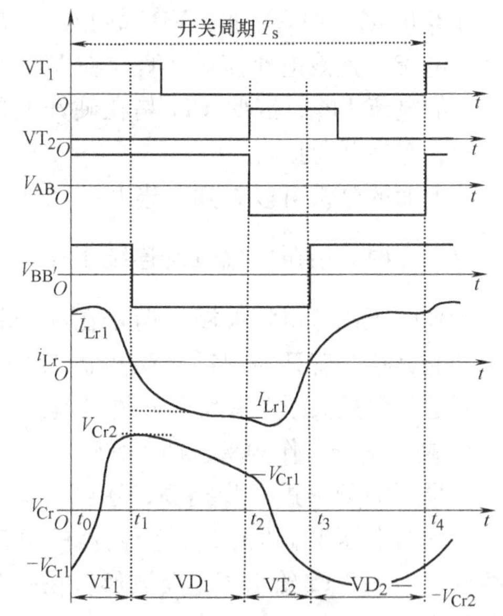

图8-14 工作频率为$\left(\frac{1}{2}f_r < f_s < f_r\right)$主要波形（电流连续）

开关模态1，参考图8-11a，对应于［t_0，t_1］，谐振电感的初始条件为i_{Lr}（t_0）$=I_{Lr1}$，流过二极管VD_2，v_{Cr}（t_0）$=-V_{Cr1}$。在t_0时刻，谐振电感电流i_{Lr}通过VD_2流通，当VT_1开通时，VD_2立即截止，由于VD_2存在反向恢复电流，且该电流流过VT_1，在VT_1中产生很大的电流尖峰，因此VT_1是在硬开关条件下开通，存在开通损耗，解微分方程得

$$i_{Lr}(t) = I_{Lr1}\cos\omega_r(t-t_0) + \frac{\frac{1}{2}V_s - V_o + V_{Cr1}}{Z_r}\sin\omega_r(t-t_0) \tag{8-24}$$

$$v_{Cr}(t) = \left(\frac{1}{2}V_s - V_o\right) - \left(\frac{1}{2}V_s - V_o + V_{Cr1}\right)\cos\omega_r(t-t_0) + Z_rI_{Lr1}\sin\omega_r(t-t_0) \tag{8-25}$$

在t_1时刻，谐振电感电流i_{Lr}（t_1）$=0$，此时v_{Cr}（t_1）$=V_{Cr2}$，开关模态1结束。

开关模态2，参考图8-11b，对应于［t_1，t_2］，谐振电感电流i_{Lr}开始反向，通过VD_1续流，把开关管VT_1两端的电压钳位在零，因此VT_1可以在零电压/电流下关断。初始条件为i_{Lr}（t_1）$=0$，v_{Cr}（t_1）$=V_{Cr2}$，解微分方程得

$$i_{Lr}(t) = \frac{\frac{1}{2}V_s + V_o - V_{Cr1}}{Z_r}\sin\omega_r(t-t_0) \tag{8-26}$$

$$v_{Cr}(t) = \left(\frac{1}{2}V_s + V_o\right) - \left(\frac{1}{2}V_s + V_o - V_{Cr2}\right)\cos\omega_r(t-t_0) \tag{8-27}$$

在t_2时刻，即$\frac{1}{2}T_s$时刻，谐振电感电流i_{Lr}为负，大小为i_{Lr}（t_2）$=-I_{Lr1}$，此时谐振电容电压为

$$v_{Cr}(t_2) = \left(\frac{1}{2}V_s + V_o\right) - \left(\frac{1}{2}V_s + V_o + V_{Cr2}\right)\cos\beta = V_{Cr1} \tag{8-28}$$

其中$\beta = \arcsin\dfrac{Z_rI_{Lr1}}{-\frac{1}{2}V_s - V_o + V_{Cr2}}$。开关模态2持续的时间为$\beta/\omega_r$。

在 t_2 时刻，VT_2 导通，VD_1 截止，存在反向恢复电流，且该电流流过 VT_2，在 VT_2 中产生很大的电流尖峰，因此 VT_2 是在硬开关条件下开通，存在开通损耗。

从上面的分析可以看到，当开关频率达到 $\frac{1}{2}f_r < f_s < f_r$ 时，谐振电感电流连续工作，开关器件为零电压或零电流关断，但是在硬开关条件下开通，存在着开通损耗。反并联二极管为自然开通，但是关断时有反向恢复电流。

3. 高于谐振工作频率，即 $f_s > f_r$

如果开关频率进一步提高，达到 $f_s > f_r$ 的范围，此时电压 V_{AB} 超前 i_{Lr}，变换器的电流为连续模式。图 8-15 给出了主要波形。在一个开关周期中，有 4 种模态。

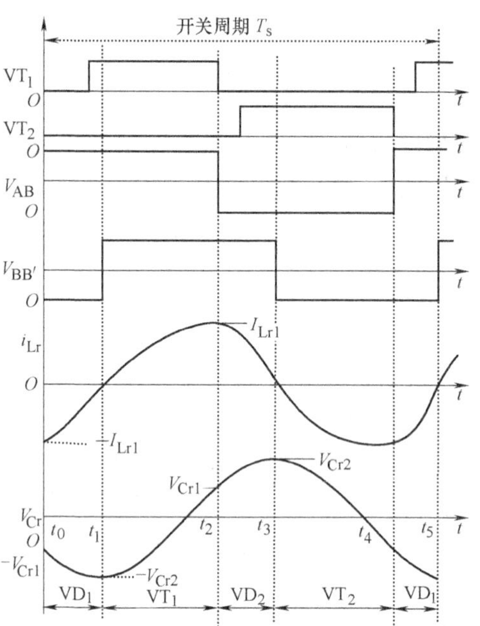

图 8-15 电流连续工作方式（$f_s > f_r$）下的主要波形

开关模态 1，参考图 8-11b，对应于 $[t_0, t_1]$，谐振电路的初始条件为 $i_{Lr}(t_0) = -I_{Lr1}$，$v_{Cr}(t_0) = -V_{Cr1}$，在 t_0 时刻，谐振电感电流 i_{Lr} 通过 VD_1 流通，VT_1 两端的电位被钳位在零，VT_1 可以零电压/零电流导通，虽然 VT_1 导通，但是其中没有电流流过，解微分方程得

$$i_{Lr}(t) = -I_{Lr1}\cos\omega_r(t-t_0) + \frac{\frac{1}{2}V_s + V_o + V_{Cr1}}{Z_r}\sin\omega_r(t-t_0) \tag{8-29}$$

$$v_{Cr}(t) = \left(\frac{1}{2}V_s + V_o\right) - \left(\frac{1}{2}V_s + V_o + V_{Cr1}\right)\cos\omega_r(t-t_0) - Z_r I_{Lr1}\sin\omega_r(t-t_0) \tag{8-30}$$

在 t_1 时刻，谐振电感电流上升到零，即 $i_{Lr}(t_1) = 0$，此时 $v_{Cr}(t_1) = -V_{Cr2}$，开关模态 1 结束。

开关模态 2，参考图 8-11a，对应于 $[t_1, t_2]$，谐振电感电流 i_{Lr} 开始通过 VT_1 正向流动，VD_1 自然截止。初始条件为 $i_{Lr}(t_1) = 0$，$v_{Cr}(t_1) = -V_{Cr2}$，解微分方程得

$$i_{Lr}(t) = \frac{\frac{1}{2}V_s - V_o + V_{Cr2}}{Z_r}\sin\omega_r(t-t_0) \tag{8-31}$$

$$v_{Cr}(t) = \left(\frac{1}{2}V_s - V_o\right) - \left(\frac{1}{2}V_s - V_o + V_{Cr2}\right)\cos\omega_r(t-t_0) \tag{8-32}$$

在 t_2 时刻，即 $\frac{1}{2}T_s$ 时刻，谐振电感电流 i_{Lr} 为正，大小为 $i_{Lr}(t_2) = I_{Lr1}$，流过 VT_1，此时谐振电容电压为正，$v_{Cr}(t_2) = V_{Cr1}$

$$v_{Cr}(t_2) = \left(\frac{1}{2}V_s - V_o\right) - \left(\frac{1}{2}V_s - V_o + V_{Cr2}\right)\cos\beta = V_{Cr1} \tag{8-33}$$

式中，$\beta = \arcsin\frac{Z_r I_{Lr1}}{\frac{1}{2}V_s - V_o + V_{Cr2}}$。

开关模态 2 持续的时间为 β/ω_r。在 t_2 时刻 VT_1 关断，i_{Lr}流过 VT_1，VT_1 为硬关断。

从上面的分析可以看到，当开关频率达到 $f_s > f_r$ 时，谐振电感电流连续工作，开关器件为零电压/零电流开通，但是在硬开关条件下关断，存在着关断损耗。反并联二极管为自然开通，但是关断时有反向恢复电流。

8.3.4 并联谐振电路

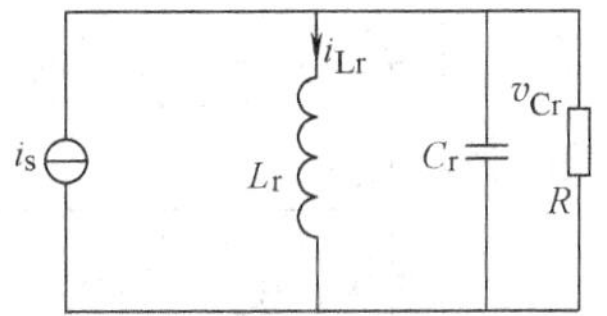

图 8-16 并联谐振电路

并联谐振电路如图 8-16 所示，电流源 i_s 为正弦波，其导纳

$$Y(s) = \frac{1}{sL_r} + sC_r + \frac{1}{R} \tag{8-34}$$

阻抗为

$$Z_r(s) = L_r s \ /\!/ \ \frac{1}{sC_r} \ /\!/ \ R = \frac{L_r Rs}{RL_r C_r s^2 + L_r s + R} \tag{8-35}$$

令 $\omega_r = \dfrac{1}{\sqrt{L_r C_r}}, Q = \omega_r R C_r$，则式（8-35）可写为

$$Z_r(s) = \frac{L_r Rs}{RL_r C_r s^2 + L_r s + R} = \frac{\dfrac{s}{Q\omega_r} \cdot R}{\dfrac{s^2}{\omega_r^2} + \dfrac{s}{Q\omega_r} + 1} \tag{8-36}$$

比较式（8-1）和式（8-36）可知，只是系数不同。

当 $\omega = \omega_r$ 时，电路谐振，$s = j\omega_r$，$Z_r(s) = R$，也就是说，谐振时负载 R 中的电流等于电源电流 $i_s = I_M \sin\omega t$，$L_r C_r$ 并联电路相当于开路，但 L 和 C 中都流过很大的电流，此时整个电路的阻抗为纯阻性。

通过 L 和 C 中的电流为电流源的 Q 倍，谐振时电路电压为 $v_{Cr} = RI_M \sin\omega_r t$，所以 $I_L = I_C = I_M R \omega_r C$。

当 $\omega > \omega_r$ 时，$L_r C_r$ 并联电路的作用相当于一个电容，它同 R 并联，起分流作用，这样流过电阻的电流减少，电路电压也降低，整个电路呈容性，电路电压滞后于电流。

当 $\omega < \omega_r$ 时，$L_r C_r$ 并联电路的作用相当于一个电感，它同 R 并联，起分流作用，这样流过电阻的电流减少，电路电压也降低，整个电路呈感性，电路电流滞后于电压。

显然，同串联谐振一样，通过改变输入频率可以改变电路的电压，也就从而改变了负载功率。在实际应用时，频率的改变受以下因数限制：器件的开关频率、元件的电流容量以及最低次谐波频率不得接近电路的谐振频率。

并联负载串联谐振变换器是指负载与谐振电容 C_r 并联，而不是串联在谐振回路之中。与串联负载串联谐振变换器比较而言，该变换器具有电压源的特性，可以实现多路输出；输出端可以开路，但是不能短路；即使不用输出变压器，输出电压也可以高于或者低于输入电压。

8.3.5 并联负载串联谐振 DC-DC 变换器

与串联谐振电路一样，谐振电路连接着电压源开关网络和二极管网络，并联负载串联谐振 DC-DC 变换器有两种结构，如图 8-17 所示：一种是半桥式；一种是全桥式。负载电路通过整流桥直接与谐振电容 C_r 并联，也可以首先通过变压器，再通过整流桥与负载连接，变压器具有电压匹配和电气隔离功能。

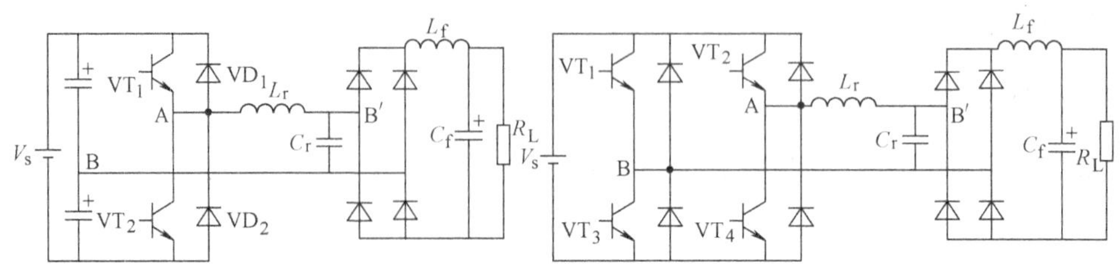

图 8-17 并联负载串联谐振变换器

并联负载串联谐振变换器的输出滤波采用电感，滤波电感 L_f 一般比较大，因此输出部分可以用恒流源 I_E 替代。随着整流桥导通模式的不同，I_E 可以看作一个 180°宽的交流方波电流。与串联负载串联谐振变换器一样，对于不同的开关模态，其结构完全一样，只是电压源电压和电流源的电流不同而已，因此可以统一为一个电路，如图 8-18 所示。等效电源电压 V_E、等效电流源 I_E 与导通器件和谐振电容电压关系见表 8-1。

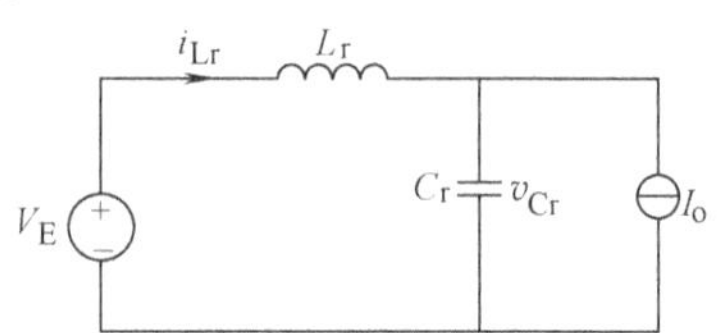

图 8-18 并联负载串联谐振统一等效电路

表 8-1 等效电源电压 V_E、等效电流源 I_E 与导通器件和谐振电容电压关系

导通器件	谐振电容电压	等效电源电压 V_E	等效电流源 I_E
VT_1 (VD_1)	$v_{Cr}>0$	$\frac{1}{2}V_s$	$I_E=I_o$
VT_1 (VD_1)	$v_{Cr}<0$	$\frac{1}{2}V_s$	$I_E=-I_o$
VT_2 (VD_2)	$v_{Cr}<0$	$-\frac{1}{2}V_s$	$I_E=-I_o$
VT_2 (VD_2)	$v_{Cr}>0$	$-\frac{1}{2}V_s$	$I_E=I_o$

谐振电感 L_r 的电流，谐振电容 C_r 的电压为

$$i_{Lr}=I_E+(I_{Lr0}-I_E)\cos\omega_r t+\frac{V_s-V_{Cr0}}{Z_r}\sin\omega_r t \tag{8-37}$$

$$v_{Cr}=V_E-(V_E-V_{Cr0})\cos\omega_r t+Z_r(I_{Lr0}-I_E)\sin\omega_r t \tag{8-38}$$

与串联负载串联谐振变换器一样，根据开关频率 f_s 的不同，变换器有 3 种工作方式：第一是 $f_s<\frac{1}{2}f_r$；第二是 $\frac{1}{2}f_r<f_s<f_r$；第三是 $f_s>f_r$，具体细节不再叙述。

串联负载串联谐振变换器和并联负载串联谐振变换器的共同特点是：

1）变换器有 3 种工作方式，第一是 $f_s<\frac{1}{2}f_r$ 时，变换器为电流断续工作方式，开关管零电流导通，零电压/零电流截止，反并联二极管自然导通、截止；第二是 $\frac{1}{2}f_r<f_s<f_r$ 时，谐振电感电流为连续工作，i_{Lr}超前 V_{AB}开关管零电压/电流关断，但是开通为硬开通，反并联

二极管自然导通、截止；第三是$f_s > f_r$，电流仍然处于连续工作方式，谐振回路呈现感性，谐振电流滞后于电压V_{AB}，开关管零电压导通，硬关断。

2）该类型变换器的基本控制方式采用调频模式。

3）变换器的电流接近正弦波，可以显著地降低电磁干扰。

8.3.6 E类变换器

E类变换器最早是由Sokal提出，它工作于软开关工作状态下，电路结构简单，理想效率为100%，是一种效率极高的变换电路。E类变换器在现代电子行业里得到了较为广泛的应用，它主要用于对效率要求较高的地方。除了应用于大功率的电力电子场合，在弱电系统如手机中，利用E类放大器原理制作的直流变换器可以被用来提高功率效率，降低电源消耗，减小体积重量，延长通信使用时间。

E类变换器是单开关电路，具有最小的开关损耗，电路由一个电流源、一个与电容并联的开关、一个串联的谐振电路、负载（阻性负载或电压源负载），它是三阶的谐振变换器，图8-19为E类DC-DC变换器。

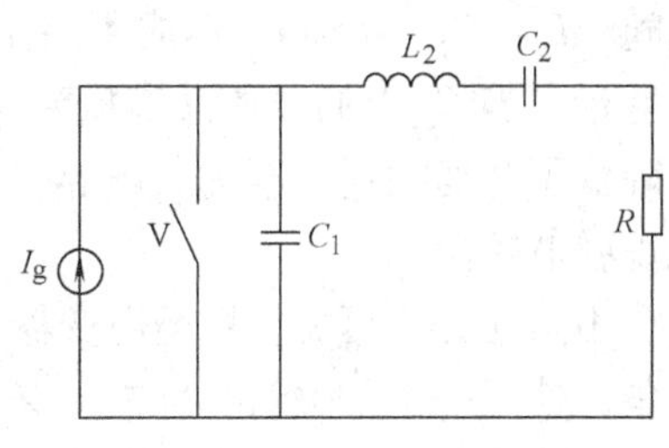

图8-19 E类DC-DC变换器

E类逆变器的工作状态可以分为3种，即最佳工作状态、准最佳工作状态和偏离这两种状态的失调状态。E类逆变器工作在最佳状态下须满足的条件，也可以说是E类逆变器（变换器）区别于其他的逆变器（变换器）的特征如下面的等式所示：

$$\begin{cases} v_{CE}\big|_{\omega t=2\pi} = 0 \\ \dfrac{dv_{CE}}{dt}\Big|_{\omega t=2\pi} = 0 \\ \dfrac{dv_{CE}}{dt}\Big|_{\omega t=2\pi+} < M \end{cases} \tag{8-39}$$

其中v_{CE}为系统开关元件上的电压，开关元件在$\omega t=2\pi$时开通，式（8-39）第一式表示开关元件开通时刻的电压为零，第二式表示开关元件开通时刻电压的导数为零，第三式表示开关元件关断时刻之后的电压上升率为有限值。

图8-20给出了E类逆变器的实际电路拓扑。其中图8-20a为电路原理图，图8-20b为理想状态下的等效电路模型。开关元件V受驱动信号的控制周期性地开通和关断。图8-19中电流源用一个电感量足够大的电感L_1代替，阻止高频电流通过，使流过的电流为一个恒定值。在V导通期间，L_2、C_2、R组成一个谐振回路，这个谐振回路的品质因数值足够高，保证其中的电流为近似正弦波。当V关断时，L_2、C_2、R谐振回路中的电流流入C_1，L_1中的直流电流由V切换到C_1中。L_2、C_2为谐振元件，在R上产生高频的正弦波输出。C_1为外加电容，目的是使开关管V工作在理想状态。

该电路在最佳工作状态下的原理分析如下。

当V导通时，L_1中的电流全部流过V，由于L_2、C_2在开通之前已经储存了能量，这时L_2、C_2、R就形成了一个闭合的谐振回路，这个谐振回路的品质因数值足够高，R上就得到一个近似正弦波输出。此时通过V的电流则为L_1中的电流与L_2、C_2、R谐振回路中的电流之和。

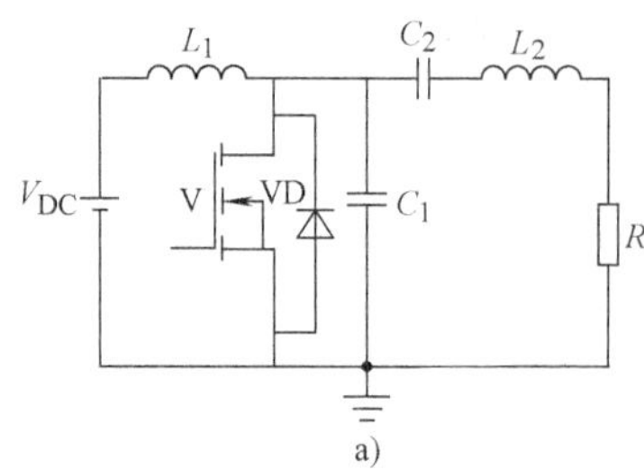

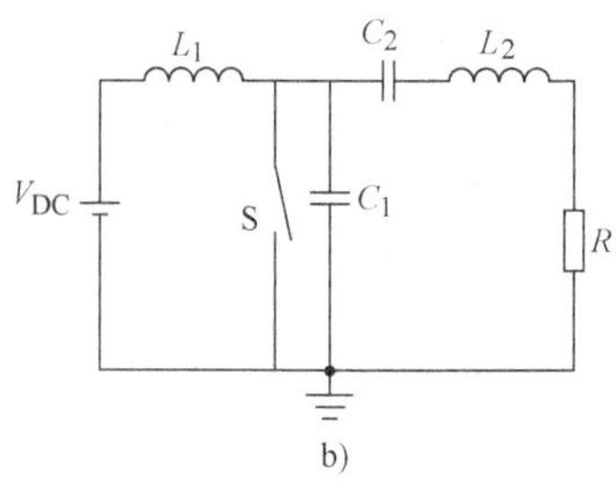

图 8-20 E 类逆变器的电路拓扑

a）电路原理图 b）理想状态下的等效电路模型

当 V 关断时，因为 V 的两端并联着一个较大的电容 C_1，C_1 上的电压由零缓慢上升，从而使 V 在关断电流拖尾期间，两端的电压上升幅值受限，从而大大降低了关断损耗。关断期间，L_2、C_2、R 和 C_1 形成了一个闭合的谐振回路继续谐振，L_1 对谐振回路充电，补充谐振能量。当 C_1 上的电压又谐振到零时，V 导通，从而实现了开关管 V 的零电压导通，且大大降低了开通损耗。至此，电路完成了一个完整周期的工作，在 R 上得到了一个完整的近似正弦波输出。

由上述分析可见，E 类逆变器可大大减小开关管的开通损耗和关断损耗，并且电路结构简单，使用一个开关管，就能容易地获得较高频率的正弦波输出。

E 类逆变器在工作时会出现 3 种不同的工作状态，图 8-21 给出了开关元件在 3 种工作状态下其两端电压的示意图。其中 1 为最佳工作状态波形，2 为准最佳工作状态波形，3 为失调状态波形。在品质因数 Q 和占空比 D 一定的时候，产生上述 3 种状态的原因主要是由负载引起的。E 类变换器的工作状态受负载的影响很大。根据负载 R 大小的不同，会导致变换器工作在不同的状态。

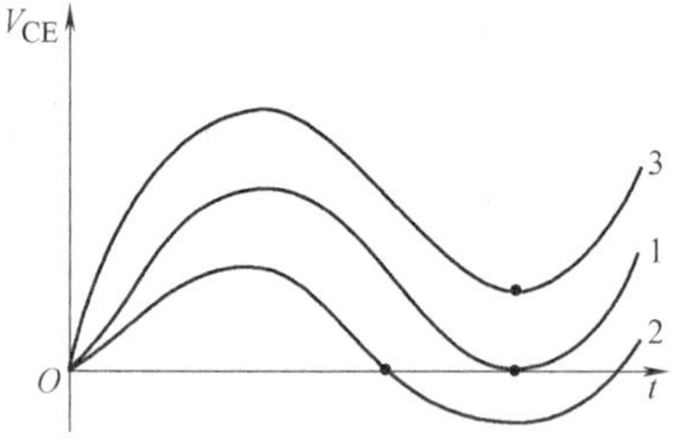

图 8-21 E 类逆变器开关元件在 3 种工作状态下其两端电压的示意图

当负载 $R=R_{OPT}$时，为最佳负载，开关管两端电压在开关管导通时恰好谐振到 0，即 $v_{CE}=0$，零电压导通，同时 $dv_{CE}/dt=0$，这时系统工作在最佳工作状态下，开关损耗最小。如图 8-21 中曲线 1 所示。

当 $R<R_{OPT}$时，开关管两端电压在开关管导通前就已谐振到零，这时并联在开关管两端的反向二极管导通，将开关管两端的电压钳位在零，直到开关管导通，这种情况下仍然是零电压导通，因此开关损耗还是比较小的。另外，开关管两端电压在导通时谐振到零，但 dv_{CE}/dt 不为零，这种情况也属于准最佳状态。如图 8-21 中曲线 2 所示。

当 $R>R_{OPT}$时，会导致 IGBT 电压 v_{CE}在开通时无法谐振过 0，因此如果在这种状态下开通，将会导致较大的损耗，而且严重的时候甚至还有可能损坏开关管，所以这种失调状态是不允许的，在正常工作中要予以避免。如图 2-21 中曲线 3 所示。最佳工作状态下的 R 解的估算方法之一是可以通过解式（8-39）的二阶电路的方式求得。

8.4 准谐振和多谐振变换器

在单管构成的谐振变换器中，利用谐振原理，使开关器件上的电压或电流按正弦规律变化，从而创造了零电压或零电流的条件，以这种技术为主导的变换器称为准谐振变换器。准谐振变换器分为零电流开关准谐振变换器（Zero-current-switching Quasi-resonant Converters，ZCS QRC）、零电压开关准谐振变换器（Zero-voltage-switching Quasi-resonant Converters，ZVS QRC）和多谐振变换器（Multi-resonant Converter，MRC）。

8.4.1　零电流开关准谐振变换器

图8-22给出了一种Buck零电流准谐振变换器的原理图。该变换器是在普通的Buck变换器的基础上，除增加了一个由谐振电感 L_r 和谐振电容 C_r 构成的谐振网络外，其余的部分与原来的电路一样。为了便于分析，通常情况下假设滤波电感 L_f 远远大于谐振电感 L_r；所有的开关管，二极管都是理想器件；所有的电感、电容和变压器均为理想器件；滤波电感 L_f 足够大，在一个周期中，输出电流基本保持 I_o 不变，即可以把 L_f、C_f 以及负载看作恒流源。谐振电路的特征参数定义如下：

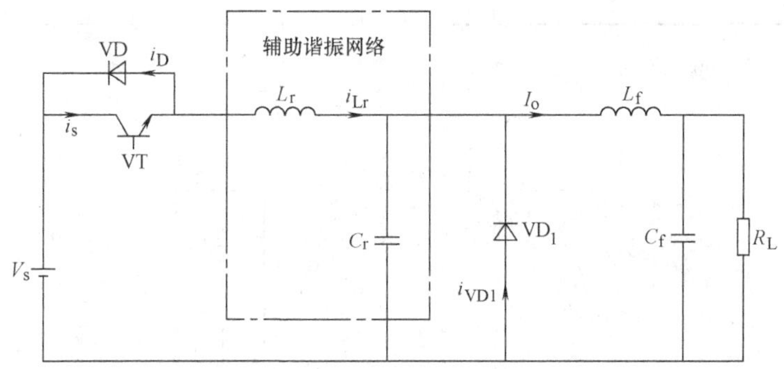

图8-22　零电流开关准谐振变换电路（ZCS QRC）

特征阻抗 $Z_r=\sqrt{L_r/C_r}$；谐振的角频率 $\omega=1/\sqrt{C_rL_r}$；谐振频率为 $f_r=\dfrac{\omega}{2\pi}=1/2\pi\sqrt{C_rL_r}$；谐振周期为 $T_r=2\pi\sqrt{C_rL_r}$。

假定 $t<0$ 时，VT处于断态，VD_1 续流。$i_S=i_{Lr}=0$，$v_{Cr}=0$，把一个开关周期中的通、断过程分为5个过程，等效电路图如图8-23所示，其电压、电流波形如图8-24所示。

模式1：对应于 $[t_0,\ t_1]$ 时间段，$t=0$ 时，VT导通，加在电感上的电压为输入电压 V_s，电流 i_{Lr} 从零线性上升到 I_o，VT为零电流开通，$i_{D1}=I_o-i_{Lr}$ 从 I_o 下降到零，二极管VD自然关断。

$$i_{Lr}(t)=\frac{V_s}{L_r}(t-t_0)$$

$$i_{D1}(t)=I_o-\frac{V_s}{L_r}(t-t_0) \tag{8-40}$$

开关模态1持续的时间为

$$t_{01}=\frac{L_rI_o}{V_s} \tag{8-41}$$

模式2：对应于 $[t_1,\ t_2]$ 时间段，从 t_1 时刻开始，L_rC_r 谐振工作，电压和电流为

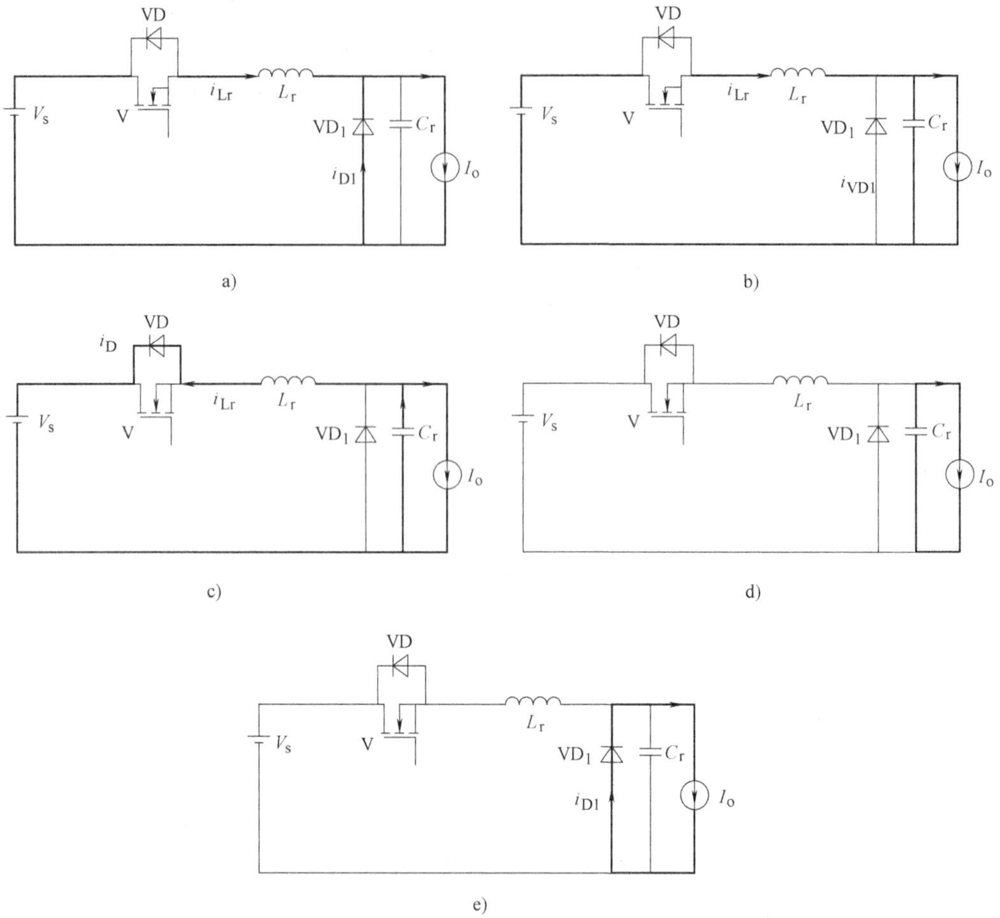

a)

b)

c)

d)

e)

图 8-23 Buck ZCS QRC 个开关模态等效电路

a）$[t_0, t_1]$ 电感充电阶段 b）$[t_1, t_{1b}]$ 谐振阶段之一

c）$[t_{1b}, t_2]$ 谐振阶段之二 d）$[t_2, t_3]$ 电容放电阶段 e）$[t_3, t_4]$ 自然续流阶段

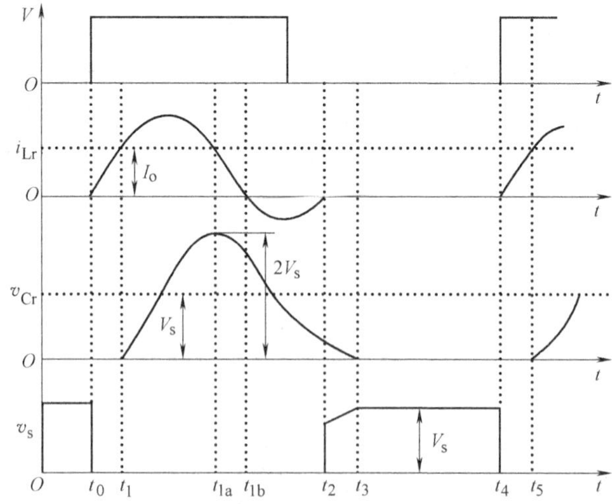

图 8-24 零电流开通准谐振变换器波形

$$i_{Lr}(t) = I_o + \frac{V_s}{Z_r}\sin\omega(t-t_1) \tag{8-42}$$

$$v_{Cr}(t) = V_s[1-\cos\omega(t-t_1)] \tag{8-43}$$

式中，$Z_r=\sqrt{\frac{L_r}{C_r}}$；$\omega=\frac{1}{\sqrt{L_rC_r}}$。再经过一半的谐振周期，达到 t_{1a}时刻，i_{Lr}减小到 I_o，此时 $v_{Cr}=2V_s$。在 t_2 时刻，谐振电容电压 v_{Cr}为

$$v_{Cr}(t_2) = V_s\left[1-\sqrt{1-\left(\frac{Z_rI_o}{V_s}\right)^2}\right] \tag{8-44}$$

在 t_{1b}时刻，i_{Lr}减小到零，V 的反并联二极管导通续流，i_{Lr}继续反方向流动。在 t_2 时刻 i_{Lr}再次到零，在［t_{1b}，t_2］区间，开关 V 两端电压钳位在零，因此可以实现零电流关断。在零电流下关断的谐振电路参数关系式

$$L_r > \frac{1}{2\pi f_r}\frac{V_s}{I_{0max}} \tag{8-45}$$

$$C_r < \frac{1}{2\pi f_r}\frac{I_{0max}}{V_s} \tag{8-46}$$

模式 2 持续的时间为 $t_{12}=\frac{1}{\omega}\left[2\pi-\arcsin\frac{Z_rI_o}{V_s}\right]$。

模式 3：对应于［t_2，t_3］时间段，由于 $i_{Lr}=0$，输出滤波电感电流全部通过 C_r 流动，v_{Cr}为

$$v_{Cr}(t) = v_{Cr}(t_2) - \frac{I_o}{C_r}(t-t_2) \tag{8-47}$$

在 t_3 时刻，v_{Cr}减小到零，模式 3 持续的时间为 $t_{23}=\frac{C_rv_{Cr}(t_2)}{I_o}$。

模式 4：对应于［t_3，t_4］时间段，续流二极管 VD_1 导电，到 $t=t_4$ 时，V 再次开通，经历一个完整的周期 T_s。

从上述对零电流准谐振 Buck 电路的分析，可以得到如下的结论：

1）在一个开关周期 T_s 中，仅在［t_0，t_{1b}］期间电源输出功率，［t_{1b}，t_2］期间 C_r 向电源回馈能量。

2）当 C_r、L_r 的值一定时，谐振周期 $T_r=1/f_r$ 是不变的，变换电路的开关频率越高，T_s 就越小，开关管 V 的相对导通时间（电源输出功率的时间）（$t_{1b}-t_0$）/T_s 增长，使输出电压、输出功率增大。

3）零电流开关准谐振变换电路只适宜于改变开关频率 f_s 来调控输出电压和输出功率。

零电压开关准谐振变换器的分析方法与此类似，不再介绍。

8.4.2 多谐振开关变换器

这里以零电压开关多谐振变换器说明多谐振工作原理。图 8-25a 是 Buck ZVS MRC 电路原理图，图 8-25b 是主要波形。在一个开关周期 T_s 中，变换器有 4 个开关模态，图 8-26 是 4 个模态等效电路模式，为了分析方便，假设：

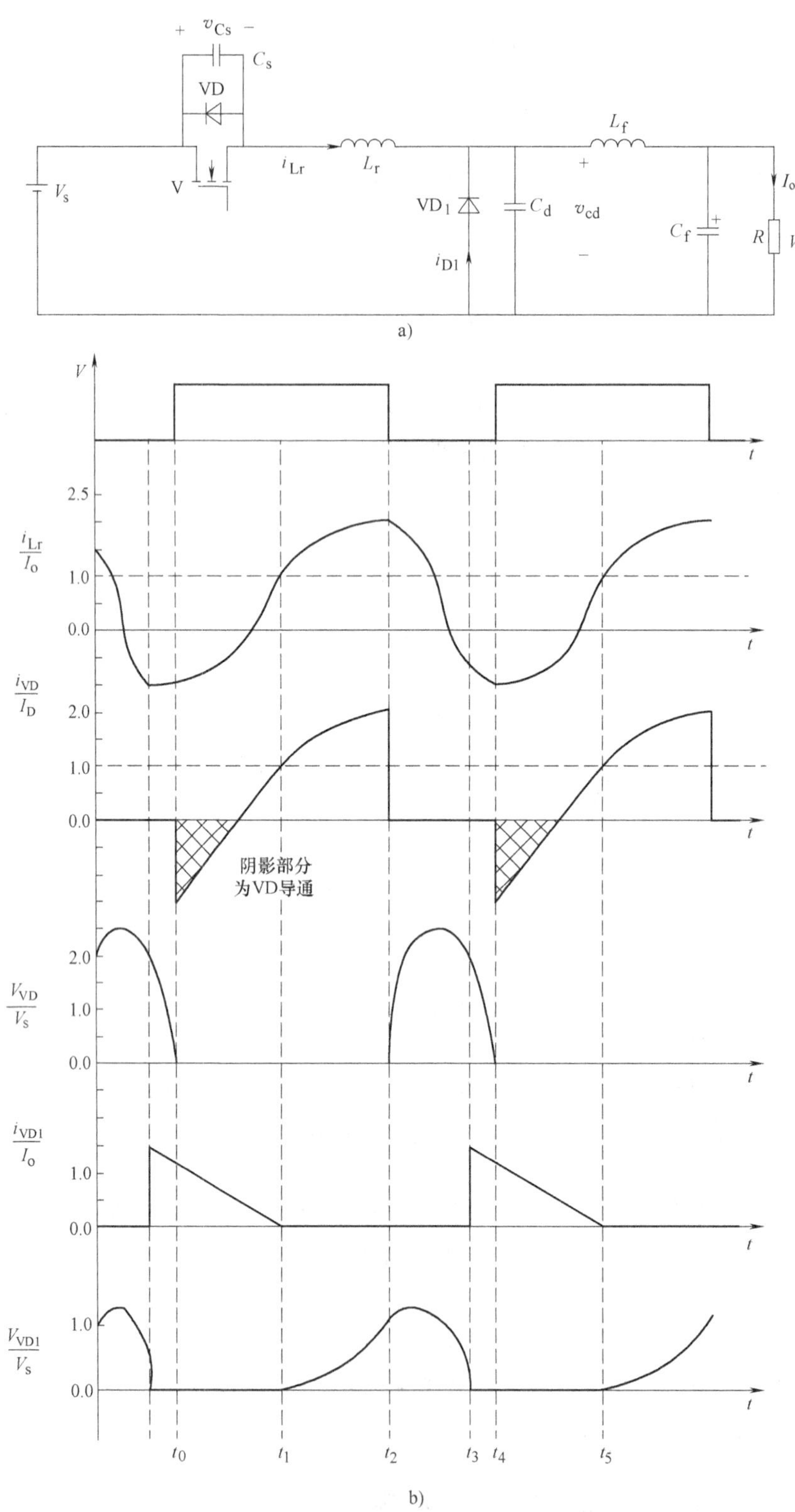

图 8-25 多谐振开关变换器

a）Buck ZVS MRC 电路原理图 b）Buck ZVS MRC 主要波形图

1）所有器件为理想器件。

2）$L_f >> L_r$。

3）L_f 足够大，在一个开关周期中，可以认为其输出电流不变，电流为 I_o，因此 L_f、C_f、R 可以等效为恒流源。

定义：

1）特征阻抗：$Z_{rsd} = \sqrt{\dfrac{L_r}{C_e}}, Z_{rd} = \sqrt{\dfrac{L_r}{C_d}}, Z_{rs} = \sqrt{\dfrac{L_r}{C_s}}$，其中 $C_e = \dfrac{C_s C_d}{C_s + C_d}$。

2）谐振角频率：$\omega_{rsd} = \dfrac{1}{\sqrt{L_r C_e}}, \omega_{rd} = \dfrac{1}{\sqrt{L_r C_d}}, \omega_{rs} = \dfrac{1}{\sqrt{L_r C_s}}$。

开关模态1［t_0，t_1］，线性阶段，如图8-26a所示。

在 t_0 时刻，开关管V导通，此时谐振电感电流 i_{Lr} 流经V的反并联二极管VD，V两端电压为零，因此V为零电压导通。在此开关模式中，i_{Lr} 小于负载电流 I_o，其差值 $I_o - i_{Lr}$ 从二极管 VD_1 中流过。加在谐振电感两端的电压为输入电压，i_{Lr} 线性增加

$$\begin{cases} i_{Lr}(t) = \dfrac{V_s}{L_r}(t - t_0) + I_{Lr}(t_0) \\ v_{Cs} = 0 \\ v_{Cd} = 0 \end{cases} \tag{8-48}$$

在 t_1 时刻，$i_{Lr}(t_1) = I_o$，续流二极管 VD_1 自然截止。

开关模态2［t_1，t_2］，谐振阶段之一，如图8-26b所示。

在此开关模态中，谐振电感 L_r 和谐振电容 C_d 谐振工作：

$$\begin{cases} i_{Lr}(t) = I_o + \dfrac{V_s}{Z_{rd}}\sin\omega_{rd}(t - t_1) \\ v_{Cd}(t) = V_s[1 - \cos\omega_{rd}(t - t_1)] \\ v_{Cs} = 0 \end{cases} \tag{8-49}$$

开关模态3［t_2，t_3］，谐振阶段之二，如图8-26c所示。

在 t_2 时刻，开关管V关断，谐振电容 C_s 也参加谐振，此时 C_s、C_d 和 L_r 3个元件共同谐振

$$\begin{cases} i_{Lr}(t) = I_{Lr}(t_2)\cos\omega_{rsd}(t - t_2) + \dfrac{I_o C_s}{C_s + C_d}[1 - \cos\omega_{rsd}(t - t_2)] \\ \qquad + \left[V_s - v_{cd}(t_2) + \dfrac{C_s}{C_d}v_{cd}(t_2)\right]\dfrac{1}{Z_{rsd}}\sin\omega_{rsd}(t - t_2) \\ v_{Cs}(t) = \dfrac{1}{\omega_{rsd}C_s}I_{Lr}(t_2)\sin\omega_{rsd}(t - t_2) + \dfrac{I_o}{C_s + C_d}(t - t_2) - \dfrac{1}{\omega_{rsd}}\dfrac{I_o}{C_s + C_d}\sin\omega_{rsd}(t - t_2) \\ \qquad + [V_s - v_{Cd}(t_2)]\dfrac{C_d}{C_s + C_d}[1 - \cos\omega_{rsd}(t - t_2)] \\ v_{Cd}(t) = v_{Cd}(t_2) + \dfrac{1}{\omega_{rsd}C_d}I_{Lr}(t_2)\sin\omega_{rsd}(t - t_2) - \dfrac{I_o}{\omega_{rsd}C_d}\dfrac{C_s}{C_s + C_d}\sin\omega_{rsd}(t - t_2) \\ \qquad - \dfrac{I_o}{C_s + C_d}(t - t_2) + [V_s - v_{Cd}(t_2)]\dfrac{C_s}{C_s + C_d} \times [1 - \cos\omega_{rsd}(t - t_2)] \end{cases}$$

(8-50)

在 t_3 时刻，谐振电容 $v_{Cd}=0$，续流二极管 VD_1 导通。

开关模态4 $[t_3, t_4]$，谐振阶段之三，如图8-26d所示。

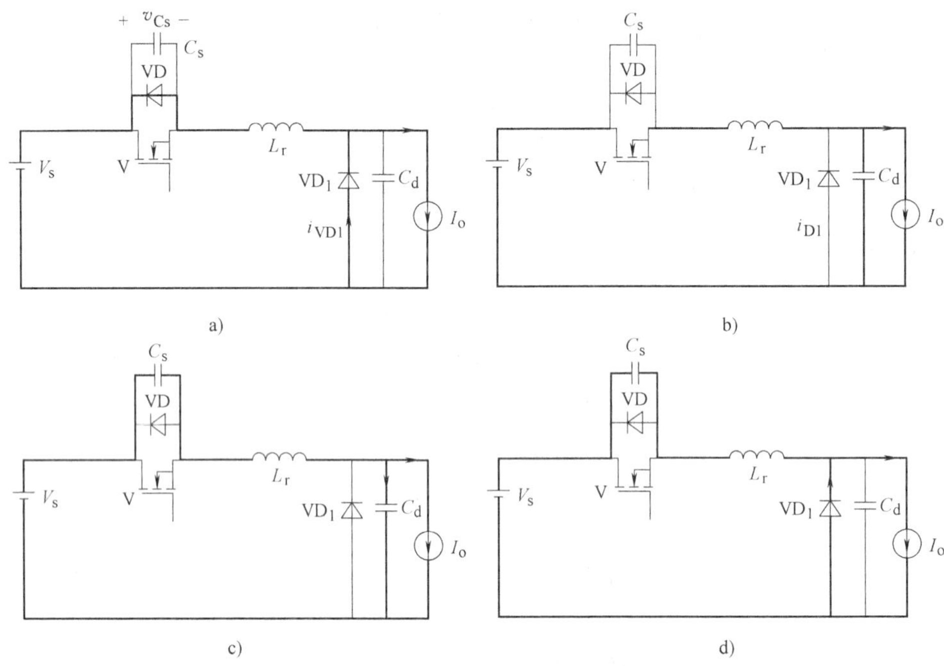

图8-26 Buck ZVS MRC等效电路模式

a) $[t_0, t_1]$ 模式 b) $[t_1, t_2]$ 模式 c) $[t_2, t_3]$ 模式 d) $[t_3, t_4]$ 模式

在此开关模态中，谐振电感 L_r 和谐振电容 C_s 谐振工作

$$\begin{cases} i_{Lr}(t)=[V_s-v_{Cs}(t_3)]\dfrac{1}{Z_{rs}}\sin\omega_{rs}(t-t_3)+I_{Lr}(t_3)\cos\omega_{rs}(t-t_3) \\ v_{Cs}(t)=v_{Cs}(t_3)\cos\omega_{rs}(t-t_3)+Z_{rs}I_{Lr}(t_3)\sin\omega_{rs}(t-t_3) \\ v_{Cd}=0 \end{cases} \tag{8-51}$$

在 t_4 时刻，谐振电容的电压下降到零，V的反并联二极管VD导通，此时开通V，即为零电压导通。

从前面分析中可以看出，在一个开关周期中，变换器有3个谐振阶段，每个谐振阶段参与的元件不同，因此每个阶段的谐振频率都不一样，因此称这类变换器为多谐振变换器。

8.5 软开关的PWM技术

由于准谐振/多谐振变换器采用调频调制，变化的频率使变换器的磁性电路设计十分困难，为了便于控制和设计电路，希望在软开关变换器中，采用恒定频率控制，即PWM控制，能实现PWM的软开关变换器称之为零电压PWM变换器（ZVS-PWM）或者零电流变换器（ZCS-PWM）。其基本原理是在准谐振型变换电路基础上加入一个辅助开关管来控制谐振元件的谐振过程，仅在需要开关状态转变时才启动谐振电路，创造开关管的零电压导通或零电流截止条件，其余时间谐振电路处于不工作状态。谐振电感 L_r 与主开关器件串联在电路中，开通时承受负载电流。因此，变换电路可按恒定频率 PWM 方式调控输出电压。既可以像 QRC 电路一样通过谐振为主功率开关管创造零电压或零电流开关条件，又可以使电路像常规 PWM 电路一样，通过恒频占空比调制来调节输出电压。

ZVS-PWM 和 ZCS-PWM 变换器的谐振电容和谐振电感只是在开关状态发生变化时才谐振工作，其余时间处于不工作状态，而且谐振时间只占整个周期的很少部分；而 QRC/MRC 变换器的谐振电感和谐振电容始终处于工作状态。

8.5.1　零电流 PWM 变换器

Buck ZCS-PWM 变换器的原理图如图 8-27 所示，波形如图 8-28 所示，为了便于分析，通常情况下假设滤波电感 L_f 远远大于谐振电感 L_r；所有的开关管，二极管都是理想器件；所有的电感、电容和变压器均为理想器件；滤波电感 L_f 足够大，在一个周期中，输出电流基本保持 I_o 不变，即可以把 L_f、C_f 以及负载看作恒流源；谐振电路的特征参数定义如下

特征阻抗：$Z_r=\sqrt{L_r/C_r}$；谐振的角频率：$\omega=1/\sqrt{C_rL_r}$。

谐振频率为 $f_r=\dfrac{\omega}{2\pi}=1/2\pi\sqrt{C_rL_r}$；谐振周期为 $T_r=2\pi\sqrt{C_rL_r}$。

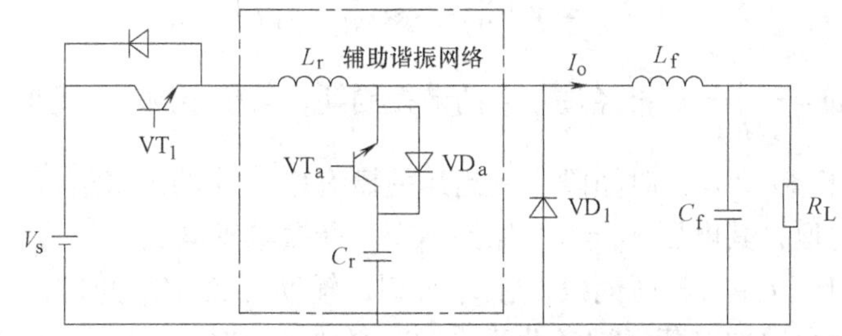

图 8-27　Buck ZCS-PWM 变换器原理图

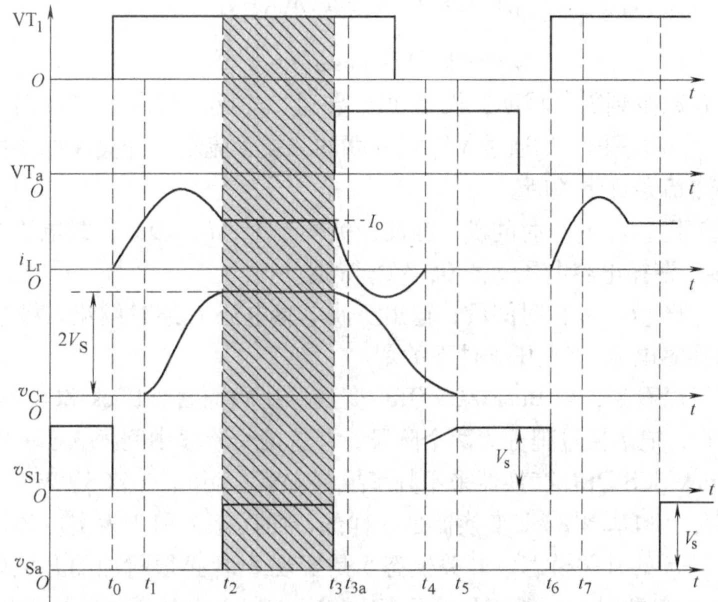

图 8-28　Buck ZCS-PWM 变换器主要波形

图中 L_r 和 C_r 是谐振电感和谐振电容。VT_1 是主开关，VT_a 是辅助开关。其中辅助谐振网络由 L_r、C_r 和 VT_a 构成。

模式 1：对应于［t_0，t_1］时间段，在 t_0 时刻以前，主开关 VT_1 和辅助开关 VT_a 是关断的，输出滤波电感电流 I_o 通过二极管 VD_1 续流，谐振电感电流 i_{Lr}和谐振电容电压 v_{Cr}也为零。在 t_0 时刻，主开关 VT_1 开通，加在 L_r 上的电压为电源电压 V_s，电流 i_{Lr}从零开始上升，因此 VT_1 可以在零电流条件下开通，而 VD_1 中的电流线性下降。

$$i_{Lr}(t) = \frac{V_s}{L_r}(t - t_0)$$

$$i_{D1}(t) = I_o - \frac{V_o}{L_r}(t - t_0) \tag{8-52}$$

在 t_1 时刻，电流 i_{Lr}上升到 I_o，此时 $i_{D1}(t) = 0$，VD_1 自然关断。

模式 2：对应于［t_1，t_2］时间段，从 t_1 时刻开始，辅助二极管 VD_a 自然导通，$L_r - C_r$ 谐振工作，电压和电流的表达式为。

$$i_{Lr}(t) = I_o + \frac{V_s}{Z_r}\sin\omega(t - t_1) \tag{8-53}$$

$$v_{Cr} = V_s[1 - \cos\omega(t - t_1)] \tag{8-54}$$

式中，$Z_r = \sqrt{\frac{L_r}{C_r}}$；$\omega = \frac{1}{\sqrt{L_r C_r}}$。再经过一半的谐振周期，$i_{Lr}$减小到 I_o，此时 $v_{Cr} = 2V_s$。

模式 3：对应于［t_2，t_3］时间段，在此开关模态中，辅助二极管 VD_a 自然截止，谐振电容 C_r 没有放电通道，其电压 $v_{Cr} = 2V_s$ 保持不变。谐振电感电流 $i_{Lr}(t) = I_o$ 保持不变。

模式 4：对应于［t_3，t_4］时间段，在 t_3 时刻，辅助开关 VT_a 开通，$L_r - C_r$ 再次谐振工作，谐振电容 C_r 上存储的电荷通过辅助开关 VT_a 释放。此时

$$i_{Lr}(t) = I_o - \frac{V_s}{Z_r}\sin\omega(t - t_1) \tag{8-55}$$

$$v_{Cr} = V_s[1 + \cos\omega(t - t_1)] \tag{8-56}$$

在 t_{3a}时刻，i_{Lr}减少到零，辅助二极管 VD_a 导通，i_{Lr}反向流动。在 t_4 时刻，i_{Lr}再次减少到零。在［t_{3a}，t_4］时段内，i_{Lr}通过 VT_1 反并联的二极管流动，开关 VT_1 中的电流为零，因此 VT_1 可以在零电流条件下关断。

模式 5：对应于［t_4，t_5］时间段，在此开关模态中，$i_{Lr} = 0$，负载电流全部流过谐振电容 C_r，在 t_5 时刻，谐振电容电压 $v_{Cr} = 0$，VD_1 导通。

模式 6：对应于［t_5，t_6］时间段，输出滤波电感电流 I_o 通过续流二极管 VD_1 流通，辅助开关 VT_a 可以在零电流/零电压条件下关断。

从上述分析可以看到，与 Buck ZCS QRC 变换器比较而言，Buck ZCS PWM 变换器通过控制辅助开关 VT_a，把谐振过程分为两个阶段，在这两个阶段中间插入了一个恒流阶段，如图 8-27 所示。Buck ZCS QRC 变换器采用频率控制方案，而 Buck ZCS PWM 变换器，开关模态 3 和模态 6 实际上和基本 Buck 变换器是一样的，而模态 1 和 2 为实现 ZCS 创造条件，开关模态 4 是实现 ZCS 的开关模态，开关模态 5 是实现 ZCS 必须附加的开关模式。为了实现 PWM 控制，在设计参数时，一般使开关模态 1、2、4 和 5 相对开关模态 3 和 6 尽可能的小，这样谐振元件的工作对输出特性影响较小。Buck ZCS QRC 变换器中，谐振元件一直参与变

换器工作，在 Buck ZCS PWM 变换器中，谐振电感和谐振电容只有在主开关变换状态时才参与工作，并且谐振元件的工作时间相对于开关周期很短，谐振元件自身的相对损耗较小。

8.5.2 零电压 PWM 变换器

上节讨论了 ZCS-PWM 变换器的基本原理，分析了电路的运行模式。它是在 ZCS QRC 变换器的基础上，给谐振电容串联一个辅助开关构成。根据对偶原理，如果在 ZVS QRC 的基础上，给谐振电感并联一个辅助开关（包括它的反并联二极管），就得到一组 ZVS-PWM 变换器。其工作过程与上面介绍的类似，在此不再介绍。

ZCS PWM 和 ZVS PWM 变换器分别是在 ZCS QRC 和 ZVS QRC 的基础上改进而来的，在 ZCS QRC 的谐振电容上并联一个辅助开关就可以得到 ZCS PWM 变换器，而在 ZVS QRC 变换器的谐振电感串联一个辅助开关就可以得到 ZVS PWM 变换器。ZCS PWM 和 ZVS PWM 变换器中，通过辅助开关来控制谐振电容和谐振电感的谐振过程，从而有可能实现 PWM 控制。在 ZCS QRC 和 ZVS QRC 变换器中，谐振贯穿于整个变换器的工作过程，而在 ZCS PWM 和 ZVS PWM 变换器中，谐振电感和谐振电容只是在主开关管改变状态时，谐振工作一段时间，并且谐振工作时间只占整个开关周期的一小部分。ZCS PWM 和 ZVS PWM 变换器实现软开关的条件与 ZCS QRC 和 ZVS QRC 变换器一样，谐振元件的谐振频率一般为几兆赫兹，而 ZCS PWM 和 ZVS PWM 变换器的开关频率一般为几百兆赫兹，开关频率有所降低，但是由于实现了恒频控制，器件的选择和滤波器设计相对简单。

应用广泛的是移相全桥 ZVS PWM DC-DC 变换器，由于全桥结构，变换器功率可以做得很大，同时由于采用了变压器，实现了输入和输出隔离。移相全桥 ZVS PWM DC-DC 变换器主电路如图 8-29 所示，在一个开关周期中有 12 种开关模态，各种开关模式等效原理图如图 8-30 所示。

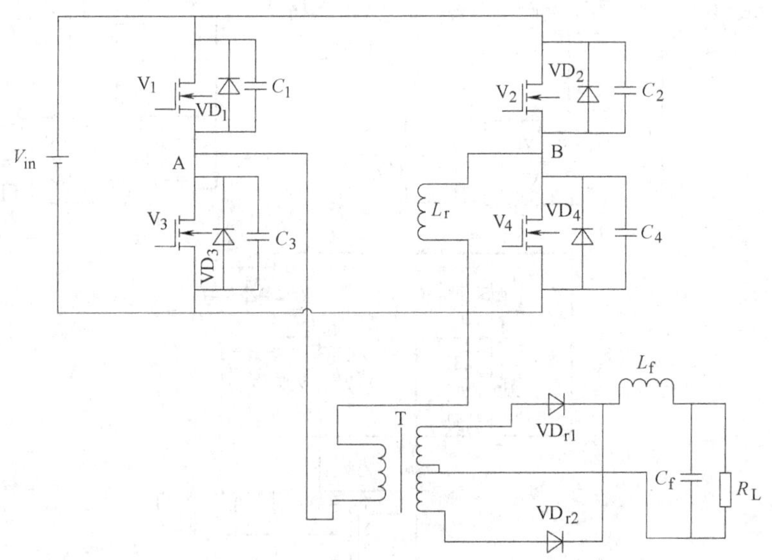

图 8-29 全桥 DC-DC 变换器原理图

在分析原理之前，做如下假设：

所有的开关管和二极管均为理想元件；所有电感，电容和变压器均为理想元件；$C_1=C_3$

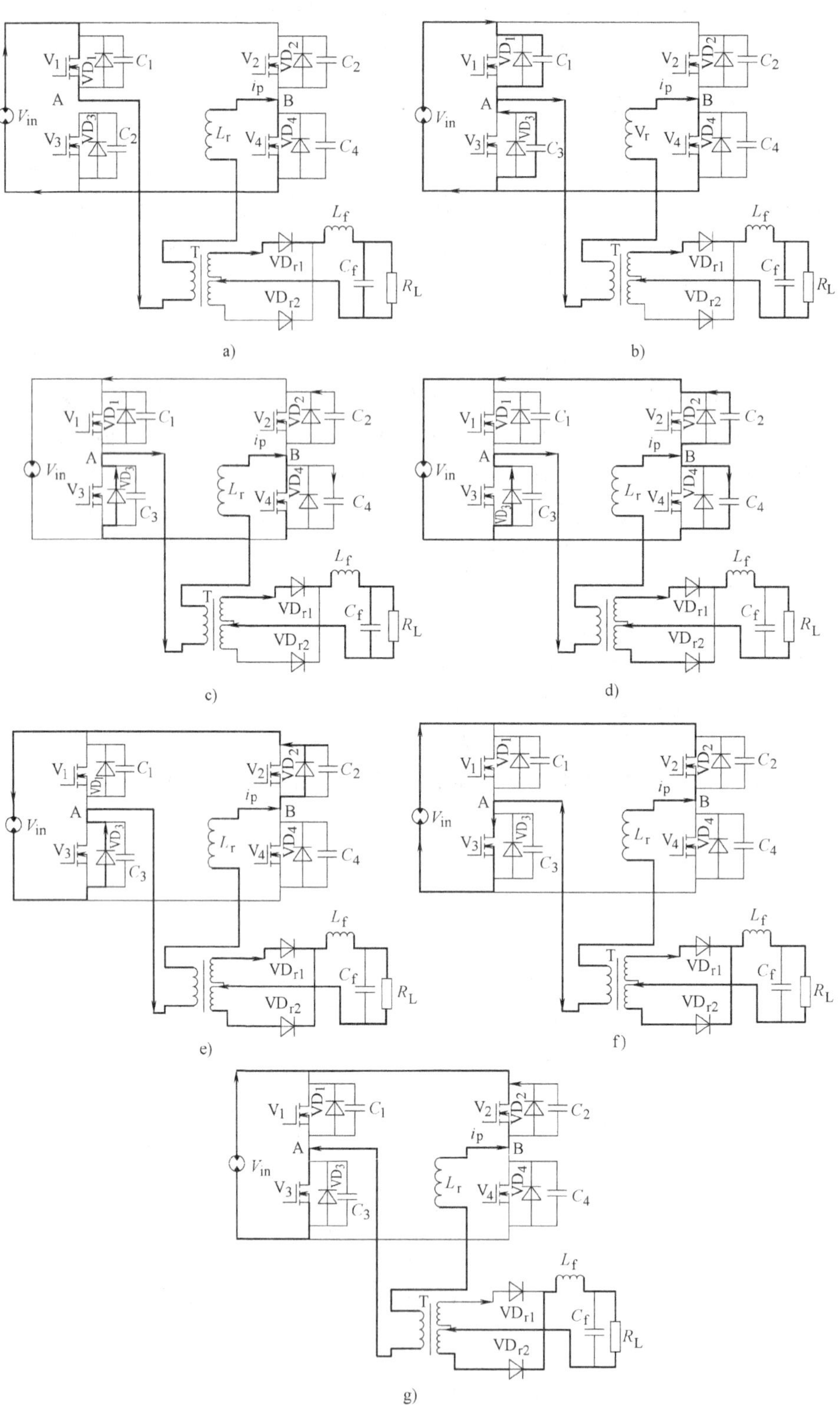

图 8-30 移相全桥 ZVS-PWM DC-DC 变换器在正半周期内各个阶段的电路等效图

$=C_{lead}$，$C_2=C_4=C_{lag}$；L_r 为谐振电感，L_f 为输出滤波电感，且满足 $L_f \geqslant L_r/K^2$，K 是变压器的一二次匝数比。

（1）开关模态0 $[t_0]$：原边电流 i_p 正半周期功率输出过程

如图8-30a所示，在 t_0 时刻之前 V_1 和 V_4 导通。一次电流 i_p 流经 V_1，谐振电感 L_r，变压器一次绕组及 V_4。整流二极管 VD_{r1} 导通，VD_{r2} 截止。输入电压 V_{in} 加在变压器一次绕组两端，变压器二次两绕组的上绕组感应电压加在负载两端，此时 VD_{r2} 要承受两倍反向二次绕组的感应电压。

（2）开关模态1 $[t_0 \sim t_1]$：超前桥臂谐振过程

电路如图8-30b所示，当一次电流 i_p 在功率输出过程中逐渐升高到最大值 I_p 时，V_1 栅极的驱动脉冲变为低电平，V_1 由导通变为截止而截断电源供电通路。由于变压器一次绕组中的电流不会突变，仍维持 I_p 从左到右正向流动，使 C_1 充电而 C_3 放电。在这个时段谐振电感 L_r 和滤波电感 L_f 是串联的，而 L_f 很大，可以认为 i_p 近似不变，类似一个恒流源。C_1 的电压从零开始线形上升，电容 C_3 的电压从 V_{in} 开始线形下降，因此 V_1 是零电压关断。t_1 时刻，电容 C_3 的电压下降到零，V_3 的反并联二极管 VD_3 自然导通，开关模态1结束。

为了保证电容 C_3 两端电压在死区时间 Δt_1 内降到零，使 t_2 时刻 V_3 顺利实现零电压导通，完成 V_1 向 V_3 换流，超前桥臂死区时间 Δt_1 的选择应满足条件

$$\Delta t_1 \geqslant \frac{2C_{lead}V_{in}}{I_p} \tag{8-57}$$

在这一过程中，VD_{r1} 继续导通，但导通电流开始减少。

（3）开关模态2 $[t_1, t_2]$：i_p 正半周期钳位续流过程

如前所述，在 t_2 之前因超前桥臂谐振已使 V_3 导通钳位，即 $V_A=0$，$V_{AB}=0$；此时加到开关管 V_3 栅极上的驱动电压变为高电平使之实现零电压导通，但并没有电流流过，一次电流由 VD_3 流过，一次电流下降。

（4）开关模态3 $[t_2, t_3]$：V_4 关断后滞后桥臂谐振过程

在 t_2 时刻加到滞后桥臂下管 V_4 栅极的驱动脉冲电压变为低电平，开关管 V_4 由导通变为截止，使正向续流的一次电流 i_p 在右臂失去主要通路，从而使一次电流转移到 C_2 和 C_4 中，一方面抽走 C_2 的电荷，另一方面又给 C_4 充电，因此 V_4 的电压是从零慢慢上升的，V_4 是零电压关断的。此时 $V_{AB}=-V_{C4}$，V_{AB} 的极性自零变为负，变压器一次绕组上的电势下正上负，整流二极管 VD_{r2} 导通，二次下段绕组中开始流过电流。由于整流二极管同时导通，将变压器二次绕组短接，变压器二次绕组电压为零，一次绕组电压也为零，V_{AB} 直接加在谐振电感上，谐振网络 L_r、C_2、C_4 工作。

（5）开关模态4 $[t_3, t_4]$：在时刻 t_3，VD_2 自然导通，将 V_2 的电压钳在零位，V_2 是零电压开通，但不流过电流，i_p 由 VD_2 流过，谐振电感的储能回馈给输入电源。在 t_4 时刻，一次电流从 i_p 下降到零，二极管 VD_2 和 VD_3 自然截止，V_2 和 V_3 将流过电流。

（6）开关模态5 $[t_4, t_5]$：在时刻 t_4，一次电流由正方向过零，并向负方向发展，流经 V_2 和 V_3。由于一次电流不足以提供负载电流，负载电流仍由两个整流二极管提供回路，一次绕组上电压仍为零，加在谐振电感两端的电压是电源电压 V_{in}，一次电流反向线性增加。

（7）开关模态6 $[t_5, t_6]$

在这段时间里，电源给负载供电。一次电流 i_p 在过零后继续下冲，使 V_2 和 V_3 导通形

成功率输出供电回路。二次两整流二极管处于换流过程，$i_{VD_{r1}}$急剧减少，$i_{VD_{r2}}$急剧增大。在 t_6 时刻，V_3 关断，变换器开始另半个周期的工作，其工作情况类似于上述半个周期。移相全桥 ZVS DC-DC 变换器工作波形图如图 8-31 所示。

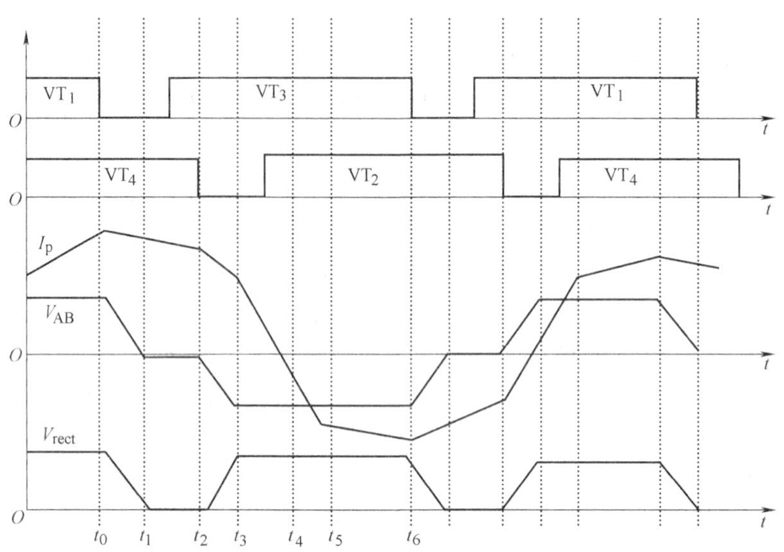

图 8-31 移相控制零电压 PWM DC-DC 全桥变换器波形图

从前面分析可知，要想使开关管在零电压条件下导通，首先要将开关管结电容（或外部附加电容）上的电荷抽走，还要给同桥臂关断的开关管的结电容（或外部附加电容）充电，另外还要抽走变压器一次绕组寄生电容 C_{TR}上的电荷，所以要有足够的能量 E，也就是说，要实现开关管零电压导通，必须满足

$$E > \frac{1}{2}C_iU_i^2 + \frac{1}{2}C_iU_i^2 + \frac{1}{2}C_{TR}U_i^2 = C_iU_i^2 + \frac{1}{2}C_{TR}U_i^2 = (C_i + C_{TR})U_i^2 \tag{8-58}$$

i = Lead，Lag，即 Lead 表示超前，Lag 表示滞后。

在超前桥臂开关过程中，输出滤波电感是与谐振电感串联的，实现 ZVS 的能量是由电感中的能量提供的。一般情况下，滤波电感都比较大，在超前桥臂开关过程中，其电流近似不变，像一个恒流源。这个能量完全能够满足上式，很容易实现 ZVS。

在滞后桥臂开关过程中，变压器二次是短路的，变换器被分为两部分：一部分是一次电流，逐渐改变流通方向，由逆变桥提供流通路径；另一部分是负载电流，由整流桥提供续流回路，与变压器一次侧没有关系。此刻为实现 ZVS 提供能量的只能是谐振电感。

输出滤波电感不参与滞后桥臂的 ZVS 的实施，因为谐振电感很小，相比超前桥臂而言，滞后桥臂实现 ZVS 就比较困难，可以采取饱和电感和辅助网络来实现滞后桥臂开关管实现 ZVS。

8.6 零电压/电流转换 PWM 变换器

另外一类可以实现 PWM 功能的变换器是所谓的零电压转换变换器（Zero-Voltage-Transition，ZVT）和零电流转换器（Zero-Current-Transition，ZCT）。前面讨论的软开关变换器，包括准谐振/多谐振变换器（QRC，MRC），零电压/零电流 PWM 变换器（ZCS/ZVS-PWM），其共同的特点是谐振电感/谐振电容一直处于能量交换的主通道上，参与能量传递。虽然在零电压/零电流 PWM 变换器（ZCS/ZVS-PWM）变换器中，谐振电感/电容不是所有时间都参与能量传递，但是处于能量传递的主通道上，电流/电压应力较大，自身损耗也比较大，而且谐振器件的功率等级也比较大，因此出现了所谓的零电压转换变换器（ZVT）和零电流转换器（ZCT）。

其基本思路是为了实现主开关管的零电压关断，给它并联一个谐振电容，用来限制开关管的电压上升率。而在主开关管导通时，必须要使其谐振电容上的电荷释放，以实现主开关管的零电压导通，为了释放与主开关管并联电容的电荷，可以增加一个辅助电路来实现，当主开关管零电压导通后，辅助电路停止工作。也就是说，辅助电路只是在主开关管将要导通之前，工作一段时间，在主开关管实现零电压导通后，辅助电路停止工作。

Boost ZVT Converter 的电路拓扑如图 8-32 所示，波形图如图 8-33 所示，将谐振电感 L_r 及辅助开关 VT_a 与主开关并联，控制辅助开关的开通、截止产生 LC 振荡，使主开关实现零流关断或零电压开通。这种变换器被称为零电压转换（开通）开关 PWM 转换电路（ZVT-PWM）和零电流转换（关断）开关 PWM 转换电路（ZCT-PWM）。

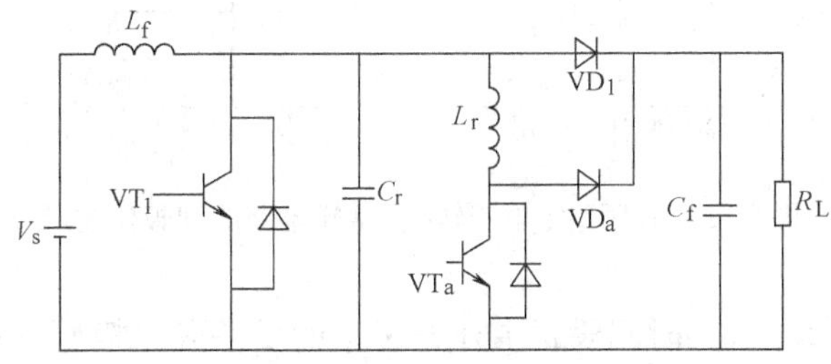

图 8-32　升压型零电压转换 PWM 电路的原理图

模式 1：对应于［t_0，t_1］时间段，在 t_0 时刻以前，主开关 VT_1 和辅助开关 VT_a 都处于关断状态，二极管 VD_1 导通，在 t_0 时刻，开通辅助开关 VT_a。谐振电感中的电流 i_{Lr}开始上升，其上升的斜率为$\frac{di_{Lr}}{dt}=\frac{V_o}{L_r}$，而二极管 VD_1 中的电流开始下降，其下降的斜率为$\frac{di_{D1}}{dt}=-\frac{V_o}{L_r}$，在 t_1 时刻，i_{Lr}上升到电感电流 I_i，i_{D1}减小到零，VD_1 自然截止，模式 1 结束，该模式持续的时间为

$$t_{01}=\frac{L_rI_i}{V_o} \tag{8-59}$$

模式 2：对应于［t_1，t_2］时间段，在此开关模态中，L_r-C_r 开始谐振，电流 i_{Lr}继续，谐振电容电压 v_{Cr}开始下降

$$i_{Lr}(t)=I_i+\frac{V_o}{Z_a}\sin\omega(t-t_1) \tag{8-60}$$

$$v_{Cr}=V_o\cos\omega(t-t_1) \tag{8-61}$$

式中，$Z_a=\sqrt{\frac{L_r}{C_r}}$，$\omega=\frac{1}{\sqrt{L_rC_r}}$。当谐振电容 C_r 上的电压下降到零时，主开关 VT_1 的反并联二

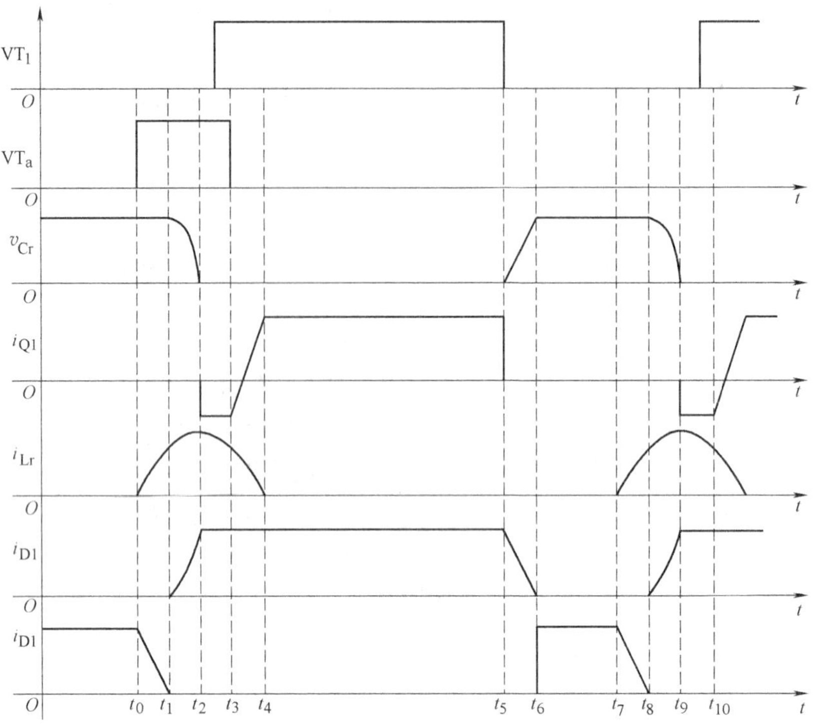

图 8-33 升压型零电压转换 PWM 电路的理想化波形

极管导通续流。

模式 3：对应于［t_2，t_3］时间段，主开关 VT_1 的反并联二极管导通，电流 i_{Lr}通过该二极管续流，此时 VT_1 零电压开通。

模式 4：对应于［t_3，t_4］时间段，辅助开关 VT_a 关断，而且 VT_a 是在电流不为零的条件下关断，故 VD_a 导通续流，辅助开关 VT_a 两端的电压立即上升到输出电压 V_o，因此辅助开关 VT_a 是在硬开关条件下关断，此时 L_r 两端的电压为 $-V_o$。i_{Lr}线性下降，VT_1 中的电流线性上升。

$$i_{Lr}(t) = I_{Lr}(t_3) - \frac{V_o}{L_r}(t - t_3)$$

$$i_{Q1}(t) = -\frac{V_o}{Z_a} + \frac{V_o}{L_r}(t - t_3) \tag{8-62}$$

在 t_4 时刻，电流 i_{Lr}下降到零，VT_1 中的电流为 I_i。

模式 5：对应于［t_4，t_5］时间段，主开关 VT_1 导通，VD_a 和 VD_1 都关断，滤波电容给负载供电。

模式 6：对应于［t_5，t_6］时间段，在 t_5 时刻，关断 VT_1，此时给谐振电容 C_r 充电，谐振电容电压 v_{Cr}线性上升。

$$v_{Cr}(t) = \frac{I_i}{C_r}(t - t_5) \tag{8-63}$$

由于 C_r 的上升需要一个过程，因此，主开关 VT_1 是在零电压条件下关断。在 t_6 时刻，C_r 上的电压上升到 V_o，VD_1 开始导通。

模式7：对应于［t_6，t_7］时间段，电源 V_s 通过 L_f 给滤波电容 C_f 供电。在 t_7 时刻，辅助开关 VT_a 开通，进入下一个周期。

这一类型变换器的共同特点是：

1）采用 PWM 控制，开关频率恒定。

2）辅助开关只在主开关改变状态瞬间（关断/开通）工作，其余时间处于不工作状态，从而有效地减少电路损耗。

3）辅助电路与功率主回路并联，有效地降低了辅助回路自身的损耗。

4）辅助回路工作时，不会增加主开关管的电压/电流应力，主开关的电压电流应力很小，这是 ZVT-PWM/ZCT-PWM 与 ZVS-PWM/ZCS-PWM 的根本区别。

练 习 题

1. 试述在硬开关状态下 PWM 变换器中存在的问题。
2. 高频化的意义是什么？为什么提高开关频率可以减小滤波器的体积和重量？为什么提高关频率可以减小变压器的体积和重量？
3. 软开关电路可以分为哪几类？其典型拓扑分别是什么样子？各有什么特点？
4. 试比较串联谐振和并联谐振电路的特点？
5. 串联负载串联式谐振变换器和并联负载串联谐振变换器的特点？
6. 试述准谐振变/多谐振变换器的特点？
7. 为什么要在准谐振/多谐振变换器中实现 PWM 功能？
8. 零电压转换变换器和零电流转换器的特点？

第 9 章　交流小信号模型

变换器是一个非线性系统，采用在一个开关周期中取平均的方法建立平均值模型。平均值模型仍然是一个非线性模型，因为平均值模型中包含了乘积项。为此把平均值变量分解为一个直流分量和一个小信号分量，忽略了高次谐波后，保留一次谐波成分，就得到了线性化的交流小信号模型。

迄今为止，在前面所述的各种变换器分析过程中，只是从导通、关断的等效电路来分析变换器的稳态特性，得到静态控制特性曲线。由于变换器的开关特性，变换器电路都是非线性的，其建模问题一直是研究的热点。变换器的数学模型是一组分段连续的线性微分方程，从控制的观点看，该系统应该属于变结构系统。对于开关变换器的控制，最重要的问题是如何把分段线性方程组变换为连续的方程组，用统一的模型来描述其特性。

变换器的动态特性必须依据变换器工作点附近的动态模型获得，动态模型通常有 3 种：平均电路模型、线性化模型和平均状态空间模型。

9.1　平均模型的物理意义

设 Buck 变换器在电流连续模式（CCM）下占空比为 d（t），可以用下式表示

$$d(t) = D + D_m \sin\omega_m t \tag{9-1}$$

其中 D 和 D_m 是常量，且 $|D_m| \ll D$，设调制波的频率 $\omega_m \ll \omega_s$（$\omega_s = 2\pi f_s$）。

包括反馈控制系统的 Buck 变换器如图 9-1 所示，门极驱动信号和变换器输出电压 $v(t)$ 如图 9-2 所示，图 9-3 是输出电压 $v(t)$ 的频谱，频谱中包含了开关频率及其谐波频带，还包括了低于调制频率 ω_m 的低频分量。输出电压的幅度和相位不仅与占空比有关，还与变换器

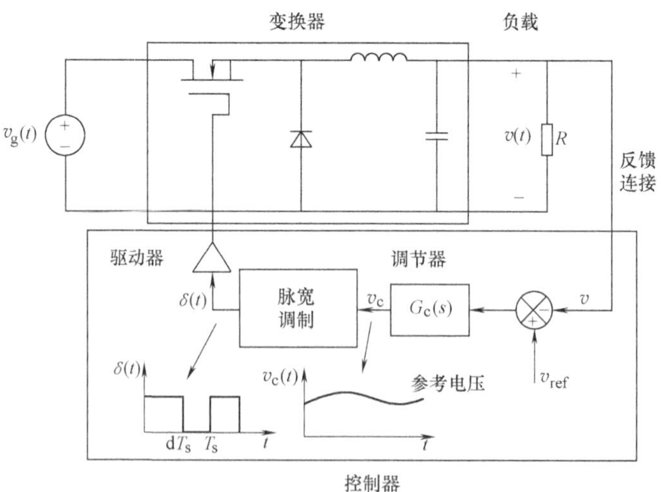

图 9-1　包含了反馈控制系统的 Buck 变换器

系统的频率响应有关。

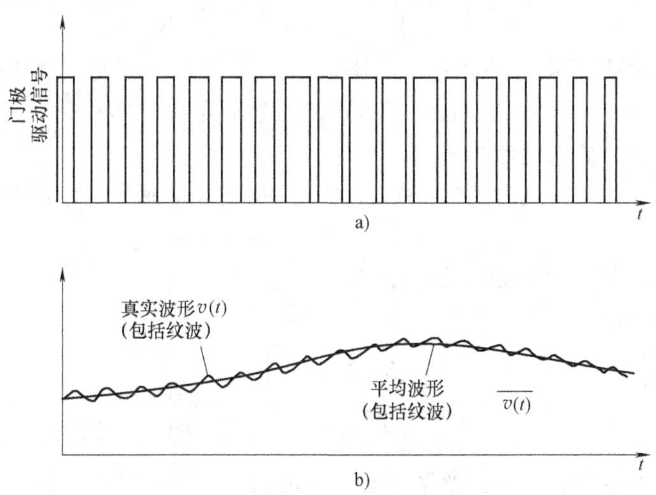

图9-2 门极驱动信号和典型的变换器输出平均信号示意图

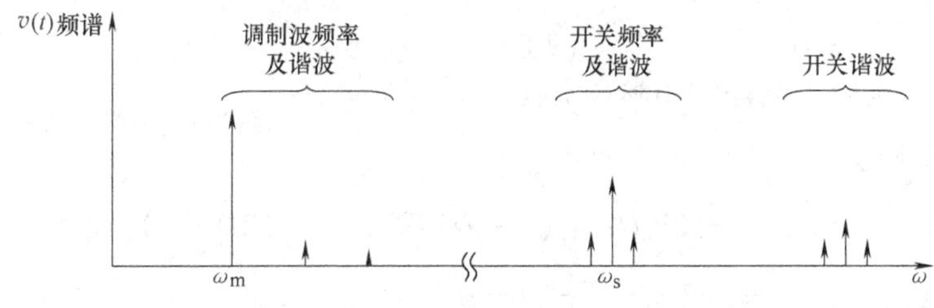

图9-3 Buck输出电压波形的频谱

如果忽略开关纹波，则输出电压只保留低频部分，则建立交流小信号模型就是要预测（获取）这一低频部分的变化。

Buck电路中的电感电流和电容电压波形的开关纹波通过平均技术（大于一个开关周期内平均）被消除，通过平均获得了电感和电容波形的低频部分，因此通过在大于一个开关周期中对变量进行平均来消除高频开关纹波，平均值随着每个周期而变化。

若$\overline{x(t)}$表示变量$x(t)$在一个周期中的平均值。则变量的平均值的定义为

$$\overline{x(t)} = \frac{1}{T}\int_{t}^{t+T} x(\tau)\,\mathrm{d}\tau \tag{9-2}$$

从效果上看，式（9-2）的平均值定义包含了低通滤波。

对式（9-2）微分得

$$\frac{\mathrm{d}\,\overline{x(t)}}{\mathrm{d}t} = \frac{1}{T}\frac{\mathrm{d}}{\mathrm{d}t}\int_{t}^{t+T} x(\tau)\,\mathrm{d}\tau = \frac{1}{T}\int_{t}^{t+T}\left(\frac{\mathrm{d}x(\tau)}{\mathrm{d}\tau}\right)\mathrm{d}\tau \tag{9-3}$$

根据式（9-3）平均值的定义，可以写出Buck电路中电感电压与电流的平均关系。

对图9-1中电感电流和电容电压取平均值，即

$$\overline{v_{\mathrm{L}}(t)} = L\frac{\mathrm{d}\,\overline{i_{\mathrm{L}}(t)}}{\mathrm{d}t} = \frac{1}{T}\int_{t}^{t+T}\left(L\frac{\mathrm{d}i_{\mathrm{L}}(\tau)}{\mathrm{d}\tau}\right)\mathrm{d}\tau \tag{9-4}$$

同样也可以写出电容电压和电流的平均关系

$$\overline{i_C(t)} = C\frac{\mathrm{d}\,\overline{v_C(t)}}{\mathrm{d}t} = \frac{1}{T}\int_t^{t+T}\left(C\frac{\mathrm{d}v_c(\tau)}{\mathrm{d}\tau}\right)\mathrm{d}\tau \tag{9-5}$$

注意：从电感伏-秒平衡（Volt-second Balance）原理和电容充、放电平衡原理，当变换器工作于平衡状态时，式（9-4）和式（9-5）的左边等于零，即在一个周期内电感两端平均电压等于零，电容充、放电电流相等。

当工作于动态过程时，式（9-4）和式（9-5）描述了电感平均电压和电容平均电流每个周期的变化。

平均的概念可以扩展到电路定律，即基尔霍夫电压和电流定律

$$\sum_{m=1,2,\cdots M}\overline{v_m} = 0 \tag{9-6}$$

$$\sum_{n=1,2,\cdots N}\overline{i_n} = 0 \tag{9-7}$$

式中，M 是电路的回路数；N 是电路节点数。利用这种平均的方法，可以很成容易地计算图 9-4 的输出电压。

$$\overline{v_{aa'}} = \overline{D}V_s \tag{9-8}$$

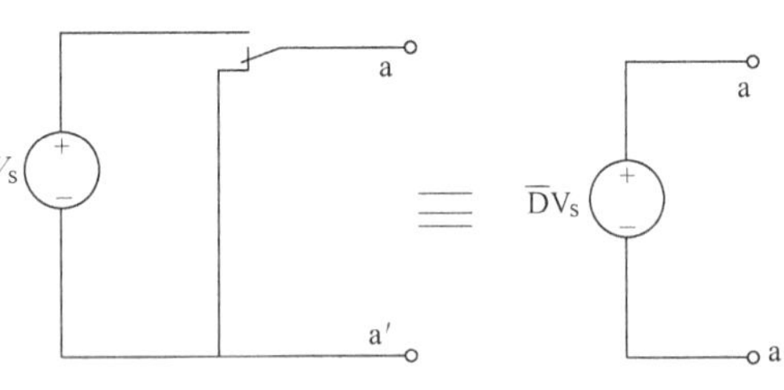

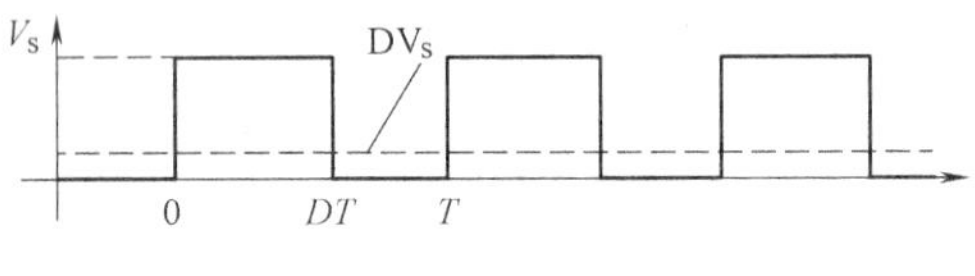

图 9-4 平均法示例

图 9-5 为全桥电路，同样利用平均方法，可以得到输出电压$\overline{v_{aa'}}$

$$\overline{v_{aa'}} = \frac{1}{T}(V_s\overline{D}T - (1-\overline{D})TV_s) = V_s(2\overline{D}-1) \tag{9-9}$$

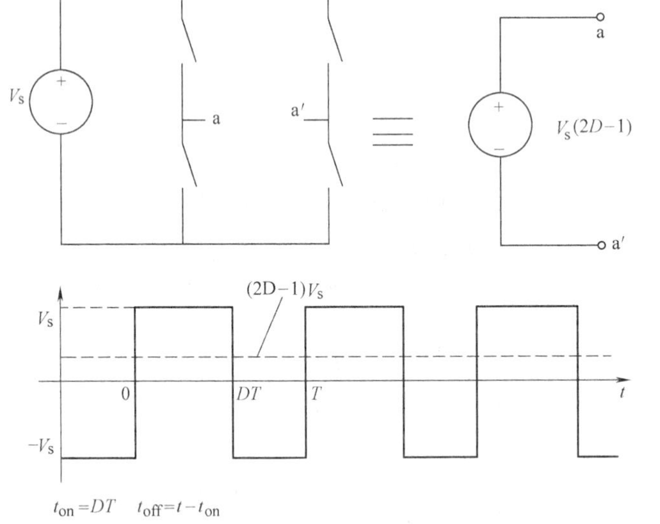

图 9-5 全桥电路

9.2 线性化模型

电子工程中，非线性是普遍的现象，几乎所有的半导体器件都包含了非线性成分，严格地按照变换器的非线性模型进行解算，是非常困难的，把非线性模型线性化可以大大简化分

析过程，通常在工作点上线性化，得到小信号线性化模型。图9-6以二极管为例说明如何在工作点上线性化。

图9-6b是二极管的伏安特性曲线，假设流过二极管的电流 $i(t)$ 由一个直流分量 I 和一个小信号分量 $\hat{i}(t)$ 组成，电压 $v(t)$ 也可以看作由直流分量 V 和小信号分量 $\hat{v}(t)$ 两部分组成。如果小信号分量和直流分量之间满足如下的关系

$$\hat{i}(t) \ll |I|,\ \hat{v}(t) \ll |V| \tag{9-10}$$

则小信号分量 $\hat{v}(t)$ 和 $\hat{i}(t)$ 之间的关系就近似为线性，$\hat{v}(t) = r_D\hat{i}(t)$，$1/r_D$ 表示工作点处的斜率。图9-6c描述了围绕平衡点附近的小信号模型。

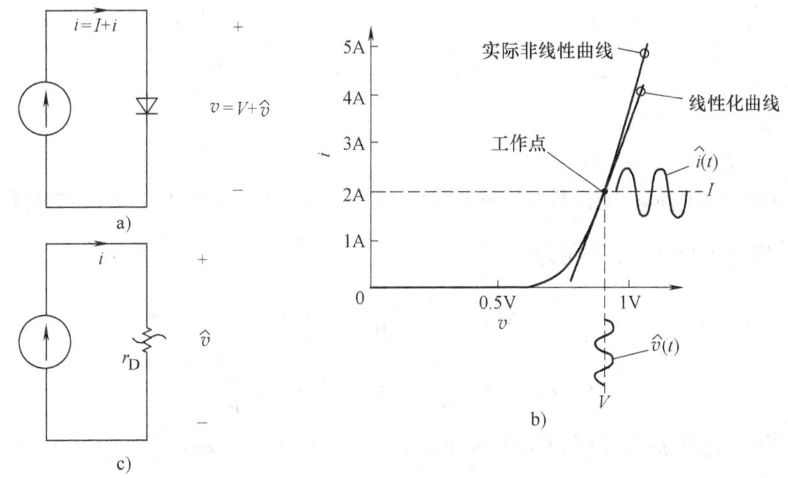

图9-6 二极管的小信号模型

a）非线性的电流 b）在工作点线性化 c）线性化的小信号模型

变量或电路线性化，通常是把非线性变量或表达式用泰勒级数在名义值附近展开，对电路而言，所谓在名义值附近展开就是在稳态工作点附近展开，只保留一次项，即在工作点附近用线性近似。

9.3 变换器的交流小信号模型

下面以Buck-Boost电路为例分析动态模型的建立方法，图9-7是Buck-Boost变换器的原理图。

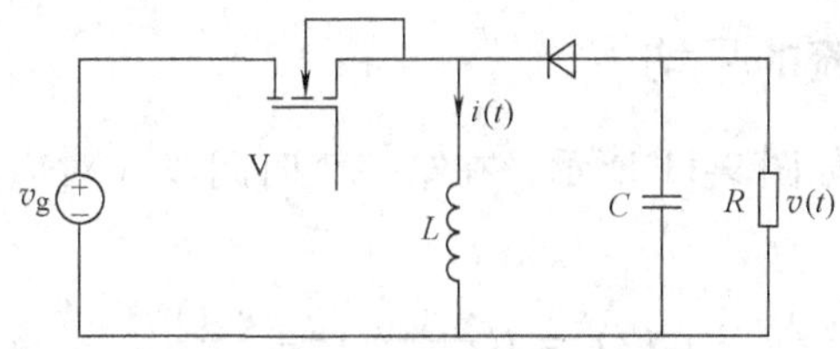

图9-7 Buck-Boost电路原理图

9.3.1 电感电压和电流的平均

当电感电流连续时，该电路有两种运行模态；当开关 V 导通时，对应于等效电路 9-8 所示，电感电压和电容的电流分别为

$$v_{\mathrm{L}}(t) = L\frac{\mathrm{d}i(t)}{\mathrm{d}t} = v_{\mathrm{g}}(t) \tag{9-11}$$

$$i_{\mathrm{C}}(t) = C\frac{\mathrm{d}v(t)}{\mathrm{d}t} = -\frac{v(t)}{R} \tag{9-12}$$

当开关 V 关断时，等效电路如图 9-9 所示。

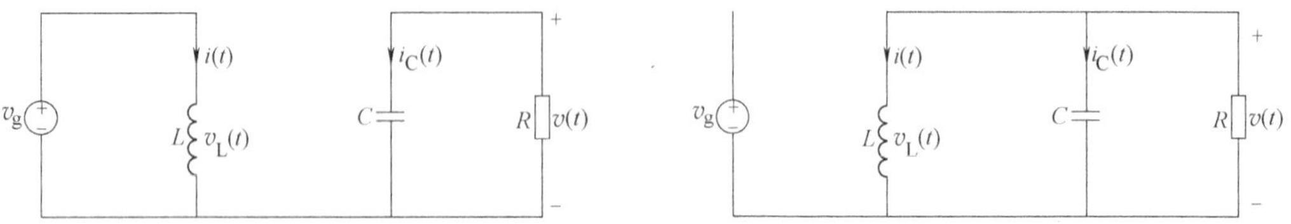

图 9-8 V 导通时 Buck-Boost 变换器的等效电路　　图 9-9 V 关断时 Buck-Boost 变换器的等效电路

电感电压和电容的电流分别为

$$v_{\mathrm{L}}(t) = L\frac{\mathrm{d}i(t)}{\mathrm{d}t} = v(t) \tag{9-13}$$

$$i_{\mathrm{C}}(t) = C\frac{\mathrm{d}v(t)}{\mathrm{d}t} = -i(t) - \frac{v(t)}{R} \tag{9-14}$$

电感电压和电流的波形如图 9-10 所示，在一个周期中，根据式（9-2）所给出的定义，电感电压的平均值为

$$\overline{v_{\mathrm{L}}(t)} = \frac{1}{T}\int_{t}^{t+T} v_{\mathrm{L}}(\tau)\mathrm{d}\tau \approx \frac{t_{\mathrm{on}}}{T}\overline{v_{\mathrm{g}}(t)} + \frac{t_{\mathrm{off}}}{T}\overline{v(t)} = \mathrm{d}(t)\,\overline{v_{\mathrm{g}}(t)} + \mathrm{d}'(t)\,\overline{v(t)} \tag{9-15}$$

式中，$\mathrm{d}(t) = \frac{t_{\mathrm{on}}}{T}$ 为占空比；$\mathrm{d}'(t) = \frac{t_{\mathrm{off}}}{T} = 1 - \mathrm{d}(t)$。

把平均电压方程重写如下

$$\overline{v_{\mathrm{L}}(t)} = L\frac{\mathrm{d}\,\overline{i(t)}}{\mathrm{d}t} = \mathrm{d}(t)\,\overline{v_{\mathrm{g}}(t)} + \mathrm{d}'(t)\,\overline{v(t)} \tag{9-16}$$

解式（9-16）得

$$\frac{\mathrm{d}\,\overline{i(t)}}{\mathrm{d}t} = \frac{\mathrm{d}(t)\,\overline{v_{\mathrm{g}}(t)} + \mathrm{d}'(t)\,\overline{v(t)}}{L} \tag{9-17}$$

式（9-17）为一个周期中电感电流的平均斜率。

9.3.2 电容电压和电流的平均

电容电压和电流波形如图 9-11 所示，在第一个时间段（对应于开关 V 导通），电容电压为

$$i_{\mathrm{C}}(t) = C\frac{\mathrm{d}v(t)}{\mathrm{d}t} \approx -\frac{\overline{v(t)}}{R} \tag{9-18}$$

第二个时间段（对应于开关 V 关断），电容电流为

$$i_{\mathrm{C}}(t) = C\frac{\mathrm{d}v(t)}{\mathrm{d}t} \approx -i(t) - \frac{\overline{v(t)}}{R} \tag{9-19}$$

整个开关周期中，电容电流的平均值为

$$\begin{aligned}\overline{i_{\mathrm{C}}(t)} &= \frac{1}{T}\int_{t}^{t+T} i_{\mathrm{C}}(\tau)\mathrm{d}\tau \\ &= \mathrm{d}(t)\left(-\frac{\overline{v(t)}}{R}\right) + \mathrm{d}'(t)\left(-\overline{i(t)} - \frac{\overline{v(t)}}{R}\right) = -\mathrm{d}'(t)\,\overline{i(t)} - \frac{\overline{v(t)}}{R}\end{aligned} \tag{9-20}$$

式（9-20）就是描述电容的直流和交流低频变量的平均电流方程。

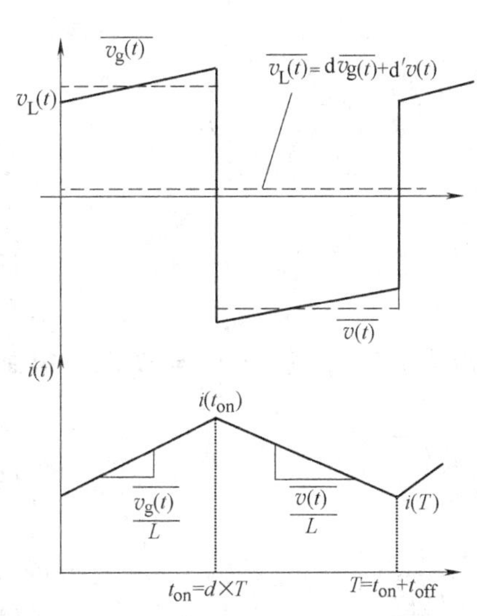

图 9-10 电感电压和电流的几何平均示意图

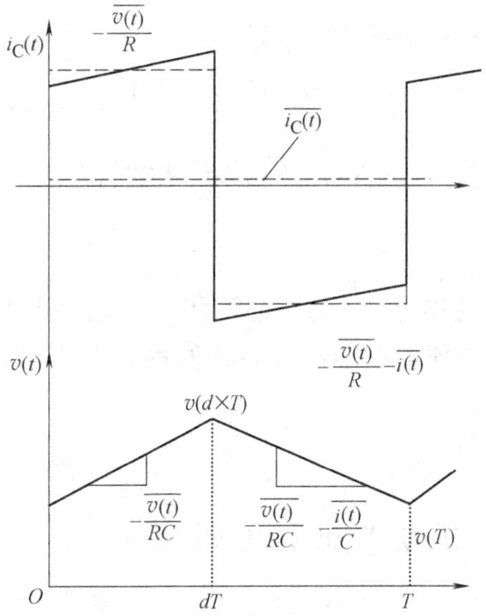

图 9-11 电容电压和电流平均示意图

9.3.3 输入电流的平均

输入电流平均示意图如图 9-12 所示，第一个时间段，输入电流

$$i_{\mathrm{g}}(t) = \overline{i(t)} \tag{9-21}$$

第二个时间段

$$i_{\mathrm{g}}(t) = 0 \tag{9-22}$$

整个周期的平均值为

$$\overline{i_{\mathrm{g}}(t)} = \mathrm{d}(t)\,\overline{i(t)} \tag{9-23}$$

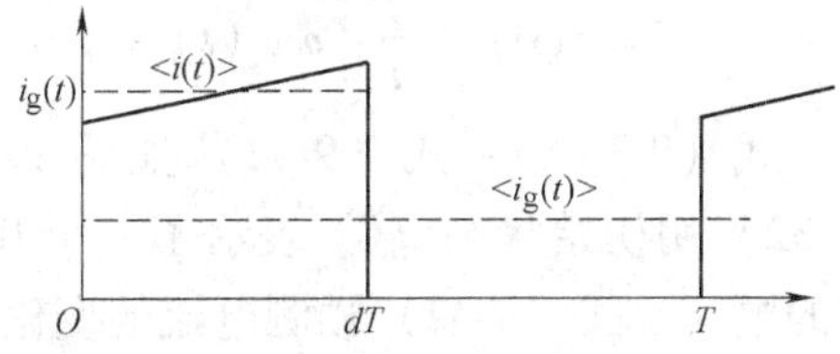

图 9-12 输入电流平均示意图

9.3.4 平均方法的一些讨论

稳态时，电感电流 $i(t)$ 周期变化，即 $i(t+T) = i(t)$。在动态过渡过程中，电感电流 $i(t)$ 从一个开关周期到另外一个开关周期中实际上是变化的，电感电流的变化量可以从电感电压的平均值预测，电感的伏安方程为

$$L\frac{\mathrm{d}i(t)}{\mathrm{d}t} = v_{\mathrm{L}}(t) \tag{9-24}$$

对电流从 $i(t)$ 从 t 到 $t+T$ 积分得

$$\int_{t}^{t+T} \mathrm{d}i = \frac{1}{L}\int_{t}^{t+T} v_{\mathrm{L}}(\tau)\,\mathrm{d}\tau \tag{9-25}$$

方程的左边可以写为 $i(t+T)-i(t)$，右边用平均值 $\overline{v_{\mathrm{L}}(t)}$ 表示为

$$i(t+T)-i(t) = \frac{T}{L}\overline{v_{\mathrm{L}}(t)} \tag{9-26}$$

方程的左边是一个周期内电流的变化量，右边是用平均值表示的电感电流变化量。把式（9-26）写为如下的形式

$$L\frac{i(t+T_{\mathrm{s}})-i(t)}{T} = \overline{v_{\mathrm{L}}(t)} \tag{9-27}$$

对电流平均值求导得

$$\frac{\mathrm{d}\,\overline{i(t)}}{\mathrm{d}t} = \frac{\mathrm{d}}{\mathrm{d}t}\left[\frac{1}{T}\int_{t}^{t+T} i(\tau)\mathrm{d}(\tau)\right] = \frac{i(t+T)-i(t)}{T} = \frac{\overline{v_{\mathrm{L}}(t)}}{L} \tag{9-28}$$

把式（9-28）的结果代入式（9-27）得

$$L\frac{\mathrm{d}\,\overline{i(t)}}{\mathrm{d}t} = \overline{v_{\mathrm{L}}(t)} \tag{9-29}$$

这和式（9-4）和式（9-5）的结果是一致的。

电流的波形如图 9-13 所示。假设电感的初始电流为 $i(0)$，在 $t=t_{\mathrm{on}}=dT$ 时，电感电流为

$$i(dT) = i(0) + dT\frac{\overline{v_{\mathrm{g}}(t)}}{L} \tag{9-30}$$

在周期结束时，电感电流为

$$i(T) = i(dT) + d'T\frac{\overline{v(t)}}{L} \tag{9-31}$$

把式（9-30）代入式（9-31），一个周期结束时的电流为

$$\begin{aligned} i(T) &= i(0) + dT\frac{\overline{v_{\mathrm{g}}(t)}}{L} + d'T\frac{\overline{v(t)}}{L} \\ &= i(0) + \frac{T}{L}\left[d\,\overline{v_{\mathrm{g}}(t)} + d'\,\overline{v(t)}\right] \end{aligned} \tag{9-32}$$

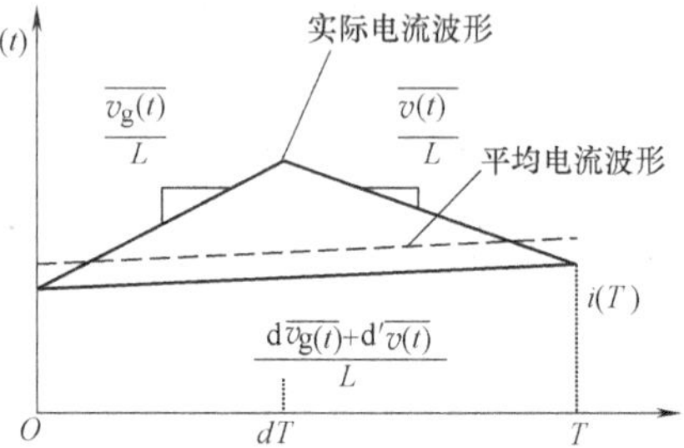

图 9-13　用平均斜率来预测电感电流的变化

式（9-30）～式（9-32）如图 9-13 所示。式（9-32）用初始状态 $i(0)$ 表示了一个开关周期结束时的电流，式（9-32）预测电流的变化趋势。

9.3.5　摄动和线性化

把电感电压和电流，电容电压和电流等平均电路公式重写如下

$$\overline{v_{\mathrm{L}}(t)} = L\frac{\mathrm{d}\,\overline{i(t)}}{\mathrm{d}t} = \mathrm{d}(t)\,\overline{v_{\mathrm{g}}(t)} + \mathrm{d}'(t)\,\overline{v(t)} \tag{9-33}$$

$$\overline{i_{\mathrm{C}}(t)} = C\frac{\mathrm{d}\,\overline{v(t)}}{\mathrm{d}t} = -\mathrm{d}'(t)\,\overline{i(t)} - \frac{\overline{v(t)}}{R} \tag{9-34}$$

$$\overline{i_{\mathrm{g}}(t)} = \mathrm{d}(t)\,\overline{i(t)} \tag{9-35}$$

据此画出平均等效电路如图 9-14 所示。

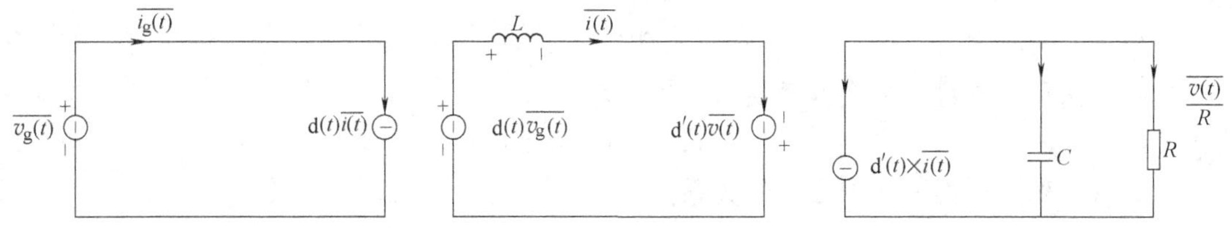

图 9-14　平均值等效电路

平均值模型有如下特点：

1）该方程组是非线性的，因为包含了乘积项，比如 $d(t)\overline{v_g(t)}$ 和 $d'(t)\overline{v(t)}$，由于乘积而引入了非线性因数。

2）大多数的分析方法，比如 Laplace 变换和其他的复频域的分析方法在此都不能应用，必须把上述平均值模型线性化，得到交流小信号模型。为了在一个稳态运行点 (I,V) 构造小信号模型，假设平均变量等效为直流稳态值加上扰动量，平均变量就可以写为如下的形式

$$\begin{cases}\overline{i(t)} = I + \hat{i}(t) \\ \overline{v(t)} = V + \hat{v}(t) \\ d(t) = D + \hat{d}(t) \\ \overline{v_g(t)} = V_g + \hat{v}_g(t) \\ \overline{i_g(t)} = I_g + \hat{i}_g(t)\end{cases} \tag{9-36}$$

假设交流小信号的幅值远远小于稳态直流分量，即

$$\begin{cases}|\hat{i}(t)| \ll |I| \\ |\hat{v}(t)| \ll |V| \\ |\hat{d}(t)| \ll |D| \\ |\hat{v}_g(t)| \ll |V_g| \\ |\hat{i}_g(t)| \ll |I_g|\end{cases} \tag{9-37}$$

把式（9-36）代入式（9-33）中得

$$L\frac{d(I+\hat{i}(t))}{dt} = (D+\hat{d}(t))(V_g+\hat{v}_g(t)) + (D'-\hat{d}(t))(V+\hat{v}(t)) \tag{9-38}$$

整理上式得

$$\begin{aligned} L\left(\frac{dI}{dt}+\frac{d\hat{i}(t)}{dt}\right) &= DV_g + D'V \\ &\quad + D\hat{v}_g(t) + V_g\hat{d}(t) + D'\hat{v}(t) - V\hat{d}(t) \\ &\quad + \hat{d}(t)\hat{v}_g(t) - \hat{d}(t)\hat{v}(t) \end{aligned} \tag{9-39}$$

其中 $DV_g + D'V$ 为直流分量，根据式（9-39）可得直流部分的关系为

$$DV_g + D'V = \frac{dI}{dt} = 0 \tag{9-40}$$

输入电压和输出电压之间的关系为

$$\frac{V}{V_g}=-\frac{D}{D'}=-\frac{D}{1-D} \tag{9-41}$$

忽略二次项，并且各个变量满足如下的关系

$$\|\hat{x}(t)\| \ll \|X\| \tag{9-42}$$

从式（9-39）可得一次项之间的关系为

$$L\frac{\mathrm{d}\hat{i}(t)}{\mathrm{d}t}=D\hat{v}_g(t)+(V_g-V)\hat{d}(t)+D'\hat{v}(t) \tag{9-43}$$

同理，电容的交流小信号模型为

$$C\left(\frac{\mathrm{d}V}{\mathrm{d}t}+\frac{\mathrm{d}\hat{v}(t)}{\mathrm{d}t}\right)=-(D'-\hat{d}(t))(I+\hat{i}(t))-\frac{(V+\hat{v}(t))}{R} \tag{9-44}$$

整理上式得

$$\begin{aligned}C\left(\frac{\mathrm{d}V}{\mathrm{d}t}+\frac{\mathrm{d}\hat{v}(t)}{\mathrm{d}t}\right)&=-(D'-\hat{d}(t))(I+\hat{i}(t))-\frac{(V+\hat{v}(t))}{R}\\&=-D'I-\frac{V}{R}+I\hat{d}(t)-D'\hat{i}(t)-\frac{\hat{v}(t)}{R}+\hat{d}(t)\hat{i}(t)\end{aligned} \tag{9-45}$$

直流分量之间的关系为

$$-D'I-\frac{V}{R}=0 \tag{9-46}$$

由此可得输入电流和输出电压之间的关系为

$$V=-D'IR \tag{9-47}$$

忽略二次项，可以得到一次项的关系为

$$C\frac{\mathrm{d}\hat{v}(t)}{\mathrm{d}t}=I\hat{d}(t)-D'\hat{i}(t)-\frac{\hat{v}(t)}{R} \tag{9-48}$$

同理，输入电流为

$$I_g+\hat{i}_g(t)=(D+\hat{d}(t))(I+\hat{i}(t)) \tag{9-49}$$

整理上式得

$$I_g+\hat{i}_g(t)=DI+D\hat{i}(t)+I\hat{d}(t)+\hat{d}(t)\hat{i}(t) \tag{9-50}$$

直流分量之间的关系为

$$I_g=DI \tag{9-51}$$

一次分量之间的关系为

$$\hat{i}_g(t)=D\hat{i}(t)+I\hat{d}(t) \tag{9-52}$$

9.3.6 构造小信号等效电路模型

把式（9-41）、式（9-47）和式（9-51）所表示的直流分量关系写在一起，得如下的方程

$$V=-\frac{D}{D'}V_g \tag{9-53}$$

$$V=-D'IR \tag{9-54}$$

$$I_g = DI \tag{9-55}$$

把式（9-43）、式（9-48）和式（9-52）所表示的一次项写在一起得

$$L\frac{\mathrm{d}\hat{i}(t)}{\mathrm{d}t} = D\hat{v}_g(t) + (V_g - V)\hat{d}(t) + D'\hat{v}(t) \tag{9-56}$$

$$C\frac{\mathrm{d}\hat{v}(t)}{\mathrm{d}t} = I\hat{d}(t) - D'\hat{i}(t) - \frac{\hat{v}(t)}{R} \tag{9-57}$$

$$\hat{i}_g(t) = D\hat{i}(t) + I\hat{d}(t) \tag{9-58}$$

式（9-56）描述了一个包含电感的回路，该回路电压方程表示了包含电感在内的小信号模型，等效电路如图9-15所示。

式（9-57）描述了包含电容的节点电流平衡关系，该式表示的等效电路如图9-16所示。

同理，式（9-58）的等效电路如图9-17所示。

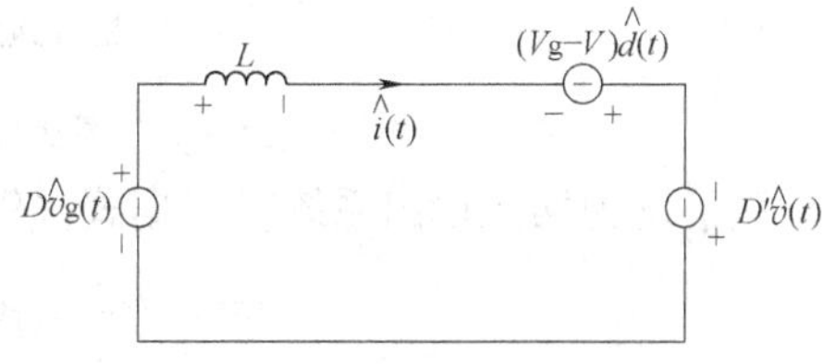

图9-15 电感电压的线性等效小信号电路

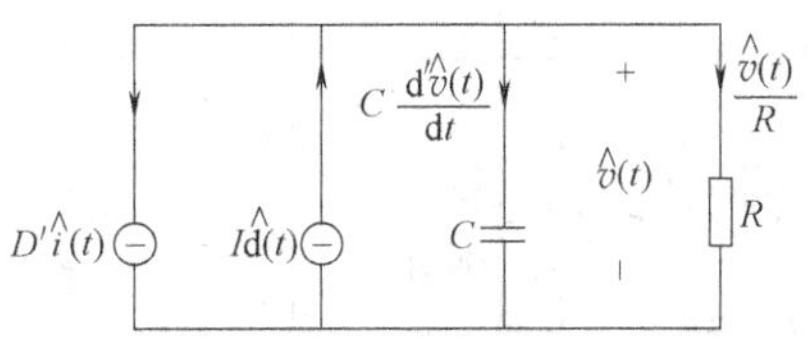

图9-16 电容电流的等效小信号电路

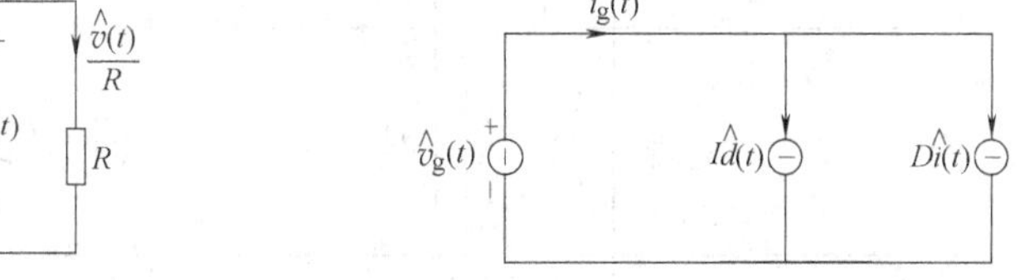

图9-17 输入电流源的等效小信号电路

把图9-15、图9-16和图9-17连接在一起，得到完整的等效电路，如图9-18所示。

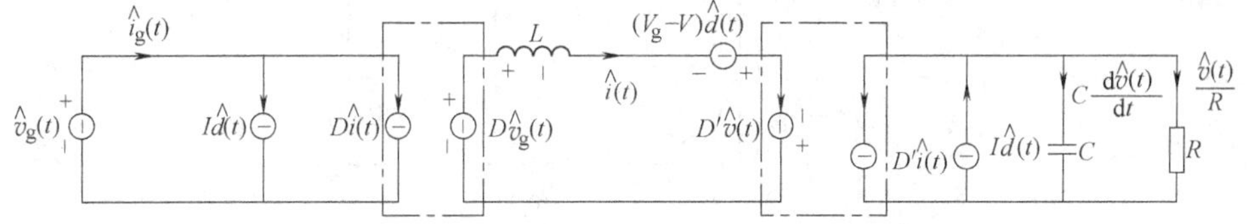

图9-18 Buck-Boost电路的交流小信号模型等效电路

9.3.7 交流小信号模型的传递函数

图9-19所示的交流小信号模型，其输入变量为 $\hat{d}(t)$ 和 $\hat{v}_g(t)$，也就是说，该系统是一个两入单出系统。在 $\hat{d}(s)=0$ 条件下，输入电压 $\hat{v}_g(t)$ 到输出电压 $\hat{v}(t)$ 的传递函数为

$$G_{vg}(s) = \left.\frac{\hat{v}(s)}{\hat{v}_g(s)}\right|_{\hat{d}(s)=0} \tag{9-59}$$

它描述了输入电压到输出电压之间的传递函数 $G_{vg}(s)$，是设计输出电压调节器时的主要依据。同样，$\hat{v}_g(t)=0$ 的条件下，占空比 $\hat{d}(t)$ 到输出电压 $\hat{v}(t)$ 的传递函数为

$$G_{vd}(s) = \left.\frac{\hat{v}(s)}{\hat{d}(s)}\right|_{\hat{v}_g(s)=0} \tag{9-60}$$

传递函数 $G_{vd}(s)$ 描述了输入变量 $\hat{d}(t)$ 如何影响输出电压 $\hat{v}(t)$ 。而且 $G_{vd}(s)$ 是环增益的重要组成部分，对输出电压产生显著的影响。

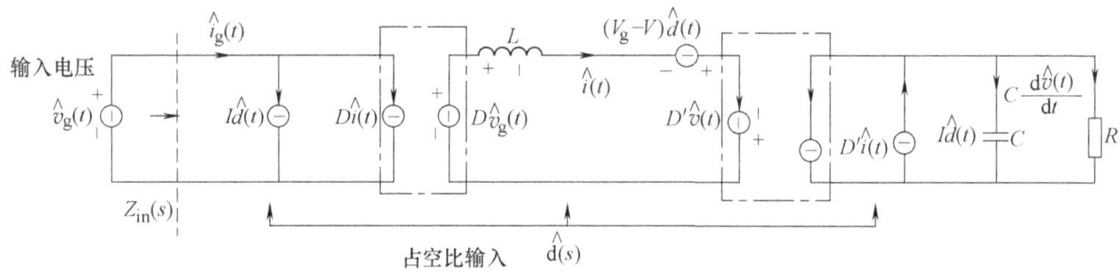

图 9-19 交流小信号模型

该系统为两入单出系统，根据式（9-59）和式（9-60）得

$$\hat{v}(s) = G_{vd}(s)\hat{d}(s) + G_{vg}(s)\hat{v}_g(s) \tag{9-61}$$

在图 9-19 中，假设 $\hat{d}(t) = 0$ ，则可以得到图 9-20a 所示的等效电路，简化后的等效电路如图 9-20b 所示。

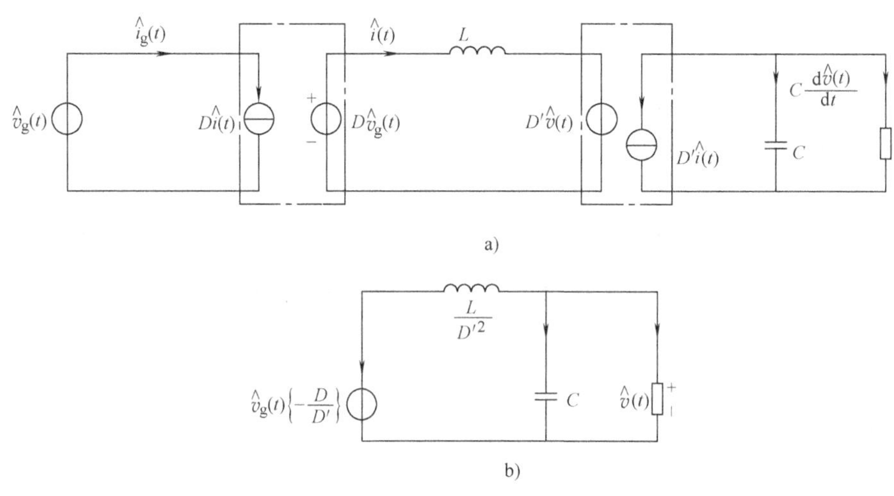

图 9-20 传递函数的求解

a) $\hat{d}(s) = 0$ 时的等效电路 b) 简化后的等效电路

根据图 9-20b 可以得到传递函数 $G_{vg}(s)$ 为

$$G_{vg}(s) = \left.\frac{\hat{v}(s)}{\hat{v}_g(s)}\right|_{\hat{d}(s)=0} = -\frac{D}{D'}\frac{\left(R \parallel \frac{1}{sC}\right)}{\frac{sL}{D'^2} + \left(R \parallel \frac{1}{sC}\right)} = \left(-\frac{D}{D'}\right)\frac{1}{1 + s\frac{L}{D'^2R} + s^2\frac{LC}{D'^2}} \tag{9-62}$$

假设 $\hat{v}_g(s) = 0$ ，可以得到传递函数 $G_{vd}(s)$ 为

$$G_{vd}(s) = \left.\frac{\hat{v}(s)}{\hat{d}(s)}\right|_{\hat{v}_g(s)=0} = \left(-\frac{V_g - V}{D'}\right)\frac{\left(R \parallel \frac{1}{sC}\right)}{\frac{sL}{D'^2} + \left(R \parallel \frac{1}{sC}\right)} + I\left(\frac{sL}{D'^2} \parallel R \parallel \frac{1}{sC}\right) \tag{9-63}$$

整理得

$$G_{vd}(s) = \left.\frac{\hat{v}(s)}{\hat{d}(s)}\right|_{\hat{v}_g(s)=0} = \left(-\frac{V_g - V}{D'}\right)\frac{1 - s\dfrac{LI}{D'(V_g - V)}}{1 + s\dfrac{L}{D'^2R} + s^2\dfrac{LC}{D'^2}} \tag{9-64}$$

9.4 状态空间平均模型

由于变换器工作于开、关两种状态，把开关作为理想开关。下面以 Buck 变换器为例，说明利用状态空间平均法建立小信号传递函数方法。

Buck 变换器工作于连续导通工作模式（Continuous Conduction Mode of Operation, CCM），设：

D——工作点占空比；

V_o——工作点输出电压；

$\hat{d}$——占空比小摄动；

$\hat{v}_o$——输出电压的小摄动；

T——工作周期；

V_s——输入直流电源电压。

Buck 变换器有两个工作模式，如图 9-21 所示。

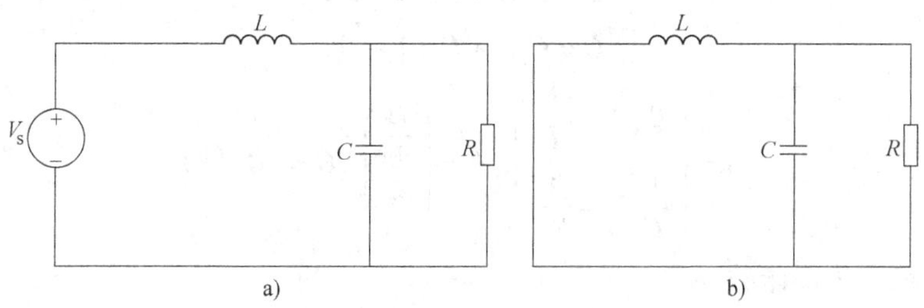

图 9-21 Buck 变换器工作模式

状态空间平均法建立小信号传递函数方法步骤如下：

1）建立由电感电流 i_L 和电容电压 v_C 组成的状态变量

$$x = \begin{pmatrix} i_L \\ v_C \end{pmatrix} \tag{9-65}$$

在状态变量、占空比、输入电源电压中增加摄动，在输出电压也随之出现摄动

$$x = X + \hat{x}, d = D + \hat{d}, v_s = V_s + \hat{v}_s, v_o = V_o + \hat{v}_o \tag{9-66}$$

在下面分析中，认为输入电源是恒定不变的，因此 $v_s = V_s$，写出状态空间方程

模式 1：开关导通，持续时间 DT

$$\begin{aligned} \dot{x} &= A_1x + B_1V_s \\ v_o &= C_1x \end{aligned} \tag{9-67}$$

模式 2：开关关断，持续时间 $(1 - D)T$

$$\dot{x} = A_2x + B_2V_s$$

$$v_o = C_2 x \tag{9-68}$$

其中

$$A_1 = A_2 = \begin{pmatrix} 0 & -\frac{1}{L} \\ \frac{1}{C} & -\frac{1}{RC} \end{pmatrix},\ B_1 = \begin{pmatrix} \frac{1}{L} \\ 0 \end{pmatrix},\ B_2 = \begin{pmatrix} 0 \\ 0 \end{pmatrix},\ C_1 = C_2 = (0 \quad 1) \tag{9-69}$$

称 A_1、A_2 为状态矩阵，B_1、B_2 为扩展矩阵。

2）平均。

电路模式的两个状态表达式与相应的时间对应，在开关周期 T 内平均

$$\begin{aligned} \dot{x} &= [A_1 d + A_2(1-d)]x + [B_1 d + B_2(1-d)]V_s \\ v_o &= [C_1 d + C_2(1-d)]x \end{aligned} \tag{9-70}$$

3）稳态值。设状态变量、电源及占空比的稳态值为

$$x = X,\ v_o = V_o,\ d = D$$

$$\begin{aligned} \dot{x} &= AX + BV_s = 0 \\ V_o &= CX \end{aligned} \tag{9-71}$$

其中

$$\begin{aligned} A &= A_1 D + A_2(1-D) \\ B &= B_1 D + B_2(1-D) \\ C &= C_1 D + C_2(1-D) \end{aligned} \tag{9-72}$$

$$A = \begin{pmatrix} 0 & -\frac{1}{L} \\ \frac{1}{C} & -\frac{1}{RC} \end{pmatrix},\ B = \begin{pmatrix} \frac{D}{L} \\ 0 \end{pmatrix},C = (0 \quad 1) \tag{9-73}$$

因此可得稳态传递函数

$$X = -A^{-1}BV_s$$

$$V_o = CX = C(-A^{-1}B)V_s = -CA^{-1}BV_s$$

$$\frac{V_o}{V_s} = -CA^{-1}B \tag{9-74}$$

带入相关系数矩阵得

$$\frac{V_o}{V_s} = -CA^{-1}B = -(0 \quad 1)\frac{1}{1/LC}\begin{pmatrix} -\frac{1}{RC} & \frac{1}{L} \\ -\frac{1}{C} & 0 \end{pmatrix}\begin{pmatrix} \frac{D}{L} \\ 0 \end{pmatrix} = D \tag{9-75}$$

4）状态表达式加摄动。

$$\begin{aligned} \dot{x} + \dot{\hat{x}} &= [A_1(D+\hat{d}) + A_2(1-D-\hat{d})](X+\hat{x}) + [B_1(D+\hat{d}) + B_2(1-D-\hat{d})]V_s \\ &= [A_1 D + A_2(1-D) + A_1\hat{d} - A_2\hat{d}](X+\hat{x}) + [B_1 D + B_2(1-D) + B_1\hat{d} - B_2\hat{d}]V_s \\ &= [A + (A_1 - A_2)\hat{d}](X+\hat{x}) + [B + (B_1 - B_2)\hat{d}]V_s \\ &= AX + A\hat{x} + (A_1 - A_2)\hat{d}X + (A_1 - A_2)\hat{d}\hat{x} + BV_s + (B_1 - B_2)\hat{d}V_s \end{aligned}$$

$$=AX+BV_s+A\hat{x}+[(A_1-A_2)X+(B_1-B_2)V_s]\hat{d}+(A_1-A_2)\hat{x}\hat{d} \tag{9-76}$$

忽略乘积相 $\hat{x}\hat{d}$，及 $AX+BV_s=0$ 得

$$\dot{\hat{x}}\approx A\hat{x}+[(A_1-A_2)X+(B_1-B_2)V_s]\hat{d} \tag{9-77}$$

输出方程

$$\begin{aligned}V_o+\hat{v}_o&=[C_1(D+\hat{d})+C_2(1-D-\hat{d})](X+\hat{x})\\&=[C_1D+C_2(1-D)+(C_1-C_2)\hat{d}](X+\hat{x})\\&=[C+(C_1-C_2)\hat{d}](X+\hat{x})\end{aligned} \tag{9-78}$$

由于 $V_o=CX$，所以忽略乘积相 $\hat{x}\hat{d}$

$$\begin{aligned}\hat{v}_o&=C\hat{x}+(C_1-C_2)\hat{d}X+(C_1-C_2)\hat{d}\hat{x}\\&\approx C\hat{x}+(C_1-C_2)\hat{d}X\end{aligned} \tag{9-79}$$

5）传递函数。把式（9-77）和式（9-79）写在一起

$$\begin{aligned}&\dot{\hat{x}}\approx A\hat{x}+[(A_1-A_2)X+(B_1-B_2)V_s]\hat{d}\\&\hat{v}_o\approx C\hat{x}+(C_1-C_2)\hat{d}X\end{aligned} \tag{9-80}$$

在 s 域式（9-80）为

$$\begin{aligned}&s\hat{x}(s)\approx A\hat{x}(s)+[(A_1-A_2)X+(B_1-B_2)V_s]\hat{d}(s)\\&\hat{v}_o(s)\approx C\hat{x}(s)+(C_1-C_2)\hat{d}(s)X\end{aligned} \tag{9-81}$$

由于 $A_1=A_2$，$C_2=C_1$，所以传递函数为

$$\begin{aligned}&s\hat{x}(s)\approx A\hat{x}(s)+(B_1-B_2)V_s\hat{d}(s)\\&\hat{v}_o(s)\approx C\hat{x}(s)\end{aligned} \tag{9-82}$$

$$\begin{aligned}\frac{\hat{v}_o(s)}{\hat{d}(s)}&=C[sI-A]^{-}(B_1-B_2)V_s\\&=(0\quad 1)\begin{pmatrix}s & \frac{1}{L}\\ -\frac{1}{C} & s+\frac{1}{RC}\end{pmatrix}^{-1}\begin{pmatrix}\frac{1}{L}\\ 0\end{pmatrix}V_s\\&=\frac{\frac{V_s}{LC}}{s^2+\frac{1}{RC}s+\frac{1}{LC}}\end{aligned} \tag{9-83}$$

练　习　题

1. Buck 变换器工作于 CCM，推导 Buck 变换器的平均模型，写出小信号传递函数。
2. 若考虑 Buck 变换器的滤波电容的等效串联电阻 ESR，修改 Buck 变换器的平均模型。
3. 推导 Boost 变换器的平均模型。
4. 推导全桥 DC-AC 变换器的平均模型。

第 10 章　几种应用设计举例

10.1　小灵通基站的电源设计

目前小灵通（PHS）无线市话业务以其独特的市场和服务优势给运营商带来巨大的经济利益和社会效益，但由于小灵通网络特性，如何提高网络服务质量和用户满意度已成为目前运营商亟待解决的瓶颈。小灵通的基站基本上由市电供电，需要电力部门、基站所在单位或市民配合，电力检修或电网故障会造成服务中断，给小灵通的正常运行造成极大的困难，阻碍了小灵通的发展，严重地损害了小灵通运营商的信誉和小灵通用户的利益。通信电源典型的配电方式有市电和 UPS、市电和发电机。由于小灵通基站多，不可能为每一个基站配备 UPS 或发电机，为了保证基站供电安全，若对基站供电采用远程直流供电，即市电工作正常时利用市电供电，市电停电后利用小灵通基站的空余线进行直流远供，这种方式成本较低、可靠性高，室外维护量小，可以保证小灵通的通信需要。

10.1.1　技术指标

直流远供系统的主要技术指标

1）输入电压：41 ~57Vdc。

2）输入电流：<5A。

3）转换效率 ≥85%。

4）输出电压：220（1+20%）Vdc。

5）输出电流：500mA。

6）电压调整率：整定值 ±0.2%。

7）输出纹波电压峰-峰值小于 200mV。

8）过载保护：输出功率 >120% 额定功率时切断输出，自恢复。

9）开路保护：输出电流≤50mA 时自动关断，自恢复。

10.1.2　基于 UC3846 的电源设计

DC-DC 变换器主电路拓扑有很多种，诸如正激式、反激式、推挽式、半桥式和全桥式等。控制芯片的种类也非常多，主要分为电流控制型与电压控制型两大类。电压型控制只对输出电压采样，此电压作为反馈信号进行闭环控制，采用 PWM 技术调节输出电压，从控制理论的角度看，这是一种单环控制系统。

电流型控制是在电压控制型的基础上，增加一个电流负反馈环节，使其成为双环控制系统，从而提高了电源的性能。图 10-1 为采用电流型 PWM 控制器的全桥式 DC-DC 变换器的原理电路。控制电路包含两个反馈环节：峰值电流的内环反馈和输出电压的外环反馈。外环误差放大器 OP 的输出作为内环的给定，由于峰值电流型变换器在占空比大于 0.5 时会出现不稳定现象，需要斜坡补偿，在峰值电流取样信号（电感电流取样信号）上按一定的补偿

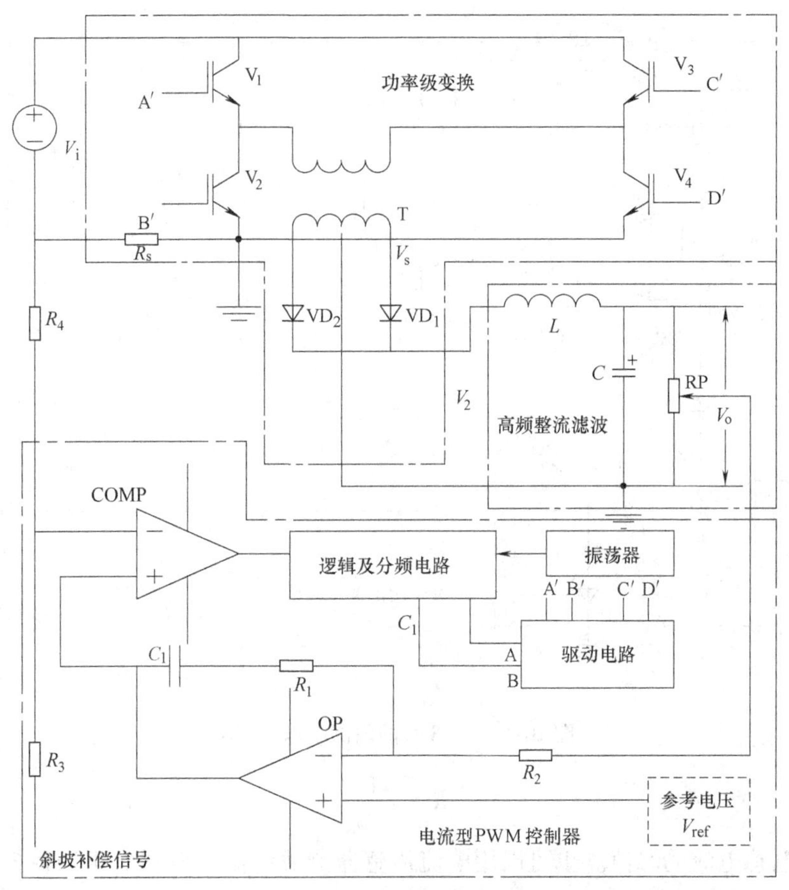

图 10-1　峰值电流型 PWM 控制的全桥式 DC-DC 变换器的原理电路

系数叠加振荡器产生的震荡信号。内环和外环共同作用根据输入电压和负载的变化情况调整占空比 D，保证输出电压 V_o 的稳定。

选用全桥式 DC-DC 变换器作为主电路，电流型 PWM 控制芯片 UC3846 作为该系统的控制单元。

1. 控制电路设计

UC3846 的内部结构方框图如图 10-2 所示，它专门设计了一个电流测定放大器，增益为 3。误差放大器 E/A（管脚 5、6、7）输出（7 脚）经二极管和 0.5V 偏压后送至比较器反向端，比较器同相端为 3 倍后的电流测量信号。注意振荡器的锯齿波信号没有输入比较器，因此比较器后增设一个锁存器。关闭控制信号与 350mV 电压比较后，也送到锁存器，锁存器由锯齿波作为复位时钟脉冲。另外，振荡器具有可变死区时间控制和外同步能力。电流限制 1 端电平可由外电路限定，由它影响误差放大器的电压输出值。基准电压精度达 ±1%，振荡器频率可达 1MHz，因此脉宽调制器 A、B 输出端的工作频率可达 500kHz。

电流测定放大器输出由内电路限定在 3.5V，因此，电流取样的入最大电压值为

$$\frac{3.5}{3}\text{V} \approx 1.2\text{V} \tag{10-1}$$

根据 1.2V 数值可以选定电流测定环节参数。当使用电阻测定电流时，阻值

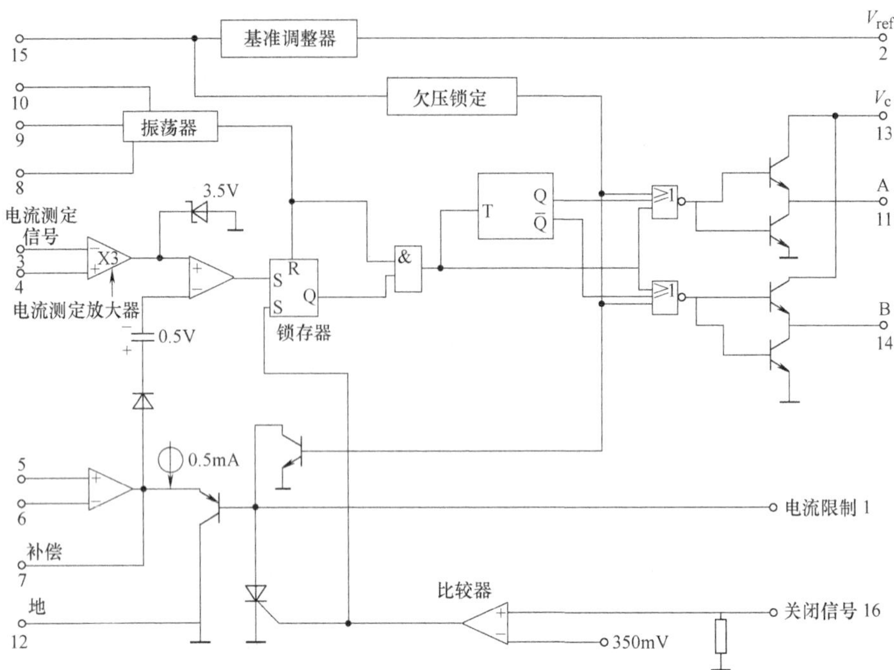

图 10-2 UC3846 的内部结构方框图

$$R_S = \frac{1.2}{I_{PK}} \tag{10-2}$$

I_{PK}即为电感电流的峰值。也可以用电流传感器测量电流，得到电压加在 3、4 端。如果电感电流有瞬态尖峰，则应加入小电容——电阻进行滤波。

UC3846 的电流限制方式是它的突出优点之一，它限制尖峰电流的能力特别强，可以实现电流逐个脉冲比较，即对每个脉冲电流检测限定。

图 10-3 为电流测定、限制调整的工作原理。V_{ref}基准电压经电阻 R_1，R_2 到地，故 $V_{P1}=\frac{R_2}{R_1+R_2}V_{ref}$。当 E/A 误差放大器输出电压为 $V_{P1}+0.5$ 时（0.5V 为 VT_r 导通所需 V_{be}电压），晶体管 VT_r 将导通。因此，电流限制 1 端的电压 V_{P1}给定值即给定了 E/A 的限幅值。此限幅值的 1/3，即应为电流测定电阻 R_S 的电压值。当比较器的“+”、“-”端相等时，比较器输出为 0 占空比，两路输出全部关闭。

因此，使比较器翻转的阀值电压为 $V_{RS}=\frac{V_{P1}+0.5}{3}$；$R_S$ 的两端电压超过 V_{RS}值时，UC3846 PWM 比较器将输出锁闭，相应此时的电感峰值电流为 I_L

$$I_L = \frac{V_{P1}+0.5}{3R_S} \tag{10-3}$$

振荡器的频率

$$f_S = \frac{2.2}{C_T R_T} \tag{10-4}$$

R_T 的值从 1kΩ ~500kΩ。C_T 的值不能小于 100P。增加 C_T 的值，增大锯齿波下降时间，

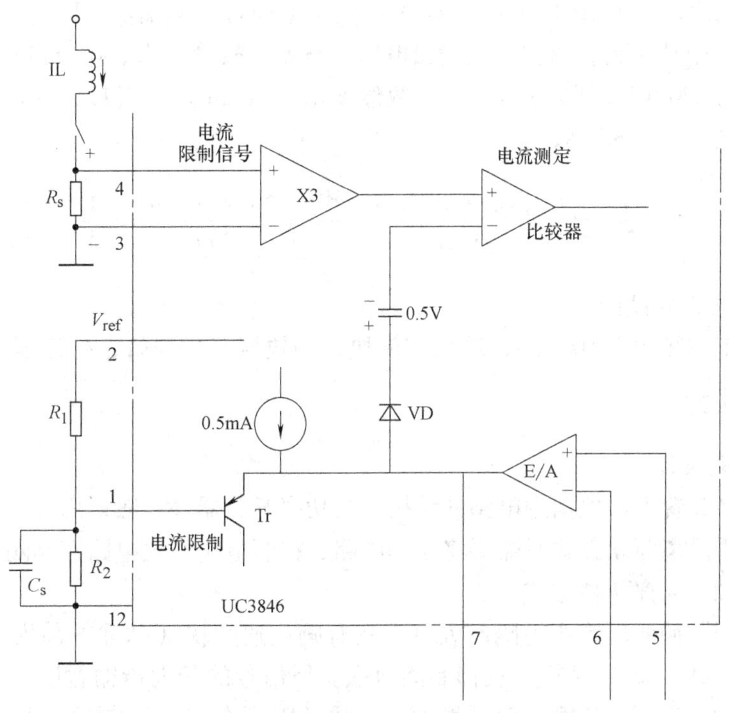

图10-3 电流测定、限定调整的工作原理

即死区增大。一般可选 $C_T=1000P$，如果多片UC3846工作需要同步时，则只要在一个UC3846上装上 R_T、C_T 元件，并把它的同步端连接到所有的UC3846的同步端上即可。使用时在 R_2 两端并联电容 C_S 可起软启动控制的作用。

2. 主电路设计

全桥电路对角的两个功率晶体管作为一组，每组同时接通或断开，两组开关轮流工作，中间有死区，在死区时间内，4个开关将均处与断开状态。4个开关导通占空比值均相等。

根据设计指标，最大输入功率

$$P_{out}(\max)=\frac{264\times0.5}{0.85}\text{W}\approx155\text{W}$$

最小输入电压41V，则最大输入脉冲电流

$$I_p=\frac{\text{最大输入功率}}{\text{最小输入电压}\times\text{最大占空比}}$$

$$=\frac{155}{41\times0.9}\text{A}=4.2\text{A}$$

3. 变压器变比

变压器的一次电压

$$V_{\text{一次电压}}(\min)=V_{in}(\min)-2V_{XTOR}(\max)-V_{RL} \tag{10-5}$$

式（10-5）中 V_{XTOR} 为电力MOSFET开通时的最大饱和压降；V_{RL} 为导线压降。代入数值，$V_{\text{一次电压}}\approx41\text{V}-1.2\text{V}=39.8\text{V}$

$$V_{二次电压}(\min) = V_{out}(\min) + V_{DIODE}(\max) + V_{CHOKE} + V_{LOSSES} \tag{10-6}$$

式（10-6）中从左到右依次为：输出电压、整流二极管压降、电感电压和线损电压降。因为输出电压为220（1±20%）V，代入数值 $V_{二次电压}$（min）≈（176+1）V=177V。

变压器一次和二次的匝数比

$$\frac{N_1}{N_2} = \frac{V_{一次电压} \times 最大占空比}{V_{二次电压}} = \frac{39.8 \times 0.9}{177} \approx \frac{1}{5} \tag{10-7}$$

4. 输出滤波管的设计

主电路的工作频率为100kHz，输出整流快采用快恢复二极管，变压器二次电流最大值为 $I_S = \frac{4.2}{6}\text{A} = 0.7\text{A}$。

5. 驱动电路设计

在功率变换装置中，根据主电路的结构，其功率开关器件一般采用直接驱动和隔离驱动两种方式。采用隔离驱动方式时需要将驱动电路、控制电路、主电路互相隔离，隔离驱动可分为电磁隔离和光隔离两种方式。

电磁隔离用脉冲变压器作为隔离元件，具有响应速度快（脉冲的前沿和后沿），一次、二次的绝缘强度高，dv/dt 共模干扰抑制能力强。但信号的最大传输宽度受磁饱和特性的限制，因而信号的顶部不易传输。而且最大占空比被限制在50%，信号的最小宽度又受磁化电流所限。

光隔离驱动方式，每路驱动都要一组辅助电源，增加了电路的复杂性，随着驱动技术的不断成熟，已有多种集成厚膜驱动器推出。如EXB 840/841、EXB 850/851、M57959L/AL、M57962L/AL、HR065、HCPL316等，它们均采用的是光隔离。

IR2110是美国国际整流器公司（International Rectifier Company）于1990年前后开发并投放市场至今独家生产的大功率MOSFET专用驱动集成电路。经过近数年的发展，国际整流器公司依靠自身在高频MOS门器件及其驱动电路方面雄厚的技术实力和生产工艺，已批量推出了IR21系列近几十种功率MOS器件的驱动电路，其技术处于世界先进行列。IR2110的研制成功，使MOSFET驱动电路设计大为简化，加之它可实现对MOSFET最优驱动，又具有快速完整的保护功能，因而它的应用可极大地提高控制系统的可靠性并缩小控制板的尺寸。

IR2110用自举技术同时输出两路驱动信号，驱动逆变桥中高压侧与低压侧MOSFET，它的内部为自举工作设计了悬浮电源，悬浮电源保证了IR2110直接可用于母线电压为−4～+500V的系统中来驱动电力MOSFET。同时器件本身允许驱动信号的电压上升率达±50V/μs，芯片自身有整形功能，实现了不论其输入信号前后沿陡度如何，都可保证加到被驱动电力MOSFET栅极上的驱动信号前后沿很陡，因而可极大地减少被驱动功率器件的开关时间，降低开关损耗。

IR2110的功耗很小，故可极大地减小应用它来驱动功率MOS器件时栅极驱动电路的电源容量。从而可减小栅极驱动电路的体积和尺寸，当其工作电源电压为15V时，其功耗仅为1.6mW。

IR2110的合理设计，使其输入级电源与输出级电源可应用不同的电压值，因而保证了其输入与CMOS或TTL电平兼容，而输出具有较宽的驱动电压范围，它允许的工作电压范围为5~20V。同时，允许逻辑地与工作地之间有-5~+5V的电位差。

在IR2110内部不但集成有独立的逻辑电源实现与用户脉冲匹配，而且还集成有滞后和下拉特性的施密特触发器作为输入级，保证当驱动电路电压不足时封锁驱动信号，防止被驱动功率MOS器件退出饱和区、进入放大区而损坏。

IR2110完善的设计，使它自身可对输入的两个通道信号之间产生合适的延时，保证加到被驱动的同桥臂上的两个功率MOS器件的驱动信号之间有一互锁时间间隔，防止了被驱动的逆变桥中两个功率MOS器件同时导通，防止了直通短路的危险。

IR2110的最高工作频率较高，内部对信号的延时很小。对两个通道来说，其典型开通延时为120ns，而关断延时为94ns，且两个通道之间的延时误差不超过±10ns，因而决定了IR2110可用来实现最高工作频率大于1MHz的门极驱动。

IR2110的输出级采用推挽式结构来驱动电力MOSFET，输出最大为2A的驱动电流，且开关速度较快，当所驱动的功率MOS器件的栅极等效电容为1000pF时，该开关时间的典型值为25ns。

IR2110原理图如图10-4所示。其内部集成有一个逻辑信号输入级及两个独立的、分别以高电压、低电压为基准的输出通道，它的主要构成有3个独立的施密特触发器、2个RS触发器、2个V_{DD}/V_{CC}电平转换器、1个脉冲放大环节、1个脉冲滤波环节、1个高压电平转换网络及两个或非门、6个MOS场效应晶体管、1个具有反相输出的与非门、1个反向器和1个逻辑网络。

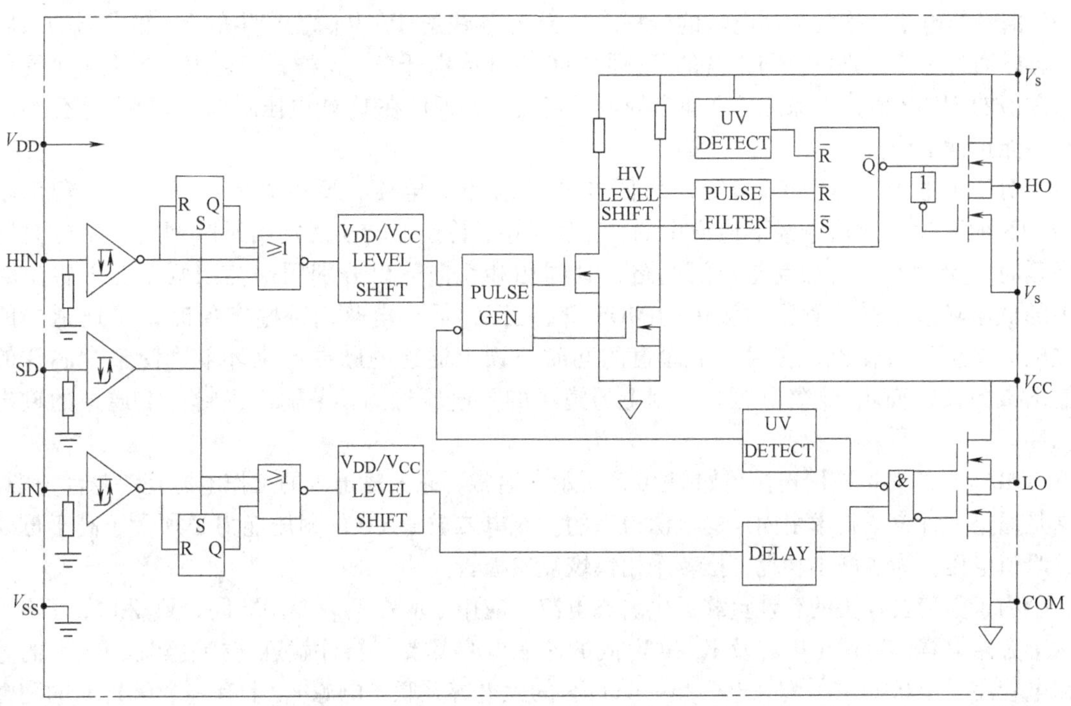

图10-4 IR2110的原理图

IR2110 的工作原理可简述如下：两个输出通道（上通道及下通道）的控制脉冲通过逻辑电路与输入信号相对应，当保护信号（SD）输入端为低电平时，同相输出的施密特触发器输出为低电平，两个 RS 触发器的置位信号无效，两或非门的输出跟随 HIN 及 LIN 变化；而当 SD 端输入为高电平时，因施密特触发器输出高电平，两个 RS 触发器置位，两或非门输出恒为低电平，HIN 及 LIN 输入信号无效，此时即使 SD 变为低电平，但由于 RS 触发器由 Q 端维持高电平，两或非门输出将保持低电平，直到施密特触发器输出脉冲的上升沿到来，两个或非门才因 RS 触发器翻转为低电平而跟随 HIN 及 LIN 变化。由于逻辑输入级中的施密特触发器具有一定的滞后，因而整个逻辑输入级具有良好的抗干扰能力，并可接受上升时间较长的输入信号，再则逻辑电路以其自身的逻辑电源为基准，这就决定了逻辑电源可用比输出电源电压低得多的电源。为了将逻辑信号电平转变为输出驱动信号电平，片内设置两个抗干扰性能很好的 V_{DD}/V_{CC} 电平转换电路，该电路的逻辑地电位（V_{SS}）和功率电路地电位（COM）之间允许有 ±5V 的额定偏差，因此决定了逻辑电路不受输出驱动开关动作而产生的耦合干扰的影响。集成于片内下通道内的延时网络实现了两个通道的传输延时，此种结构简化了控制电路时间上的要求。两个通道分别应用了两个相同的推挽式低阻场效应晶体管，该两个场效应晶体管分别有两个 N 沟道的电力 MOSFET 驱动，因而其输出峰值电流可达 2A 以上，由于这种推挽式结构，所以驱动容性负载时上升时间比下降时间长，这一特征非常适宜功率驱动电路应用，这是由于慢慢导通的电力 MOSFET 会减小二极管的反向恢复电流，但会增大损耗。

对于上通道，开通和关断脉冲分别由 HIN 的上升和下降沿触发，用以驱动电平转换器，转换器接着又对工作于悬浮电位上的 RS 触发器进行置位或复位，这便是以地电位为基准的 HIN 信号的电平转换为悬浮电位的过程。由于 V_s 端快速 dV/dt 瞬变产生的 RS 触发器的误触发可以通过一个鉴别电路与正常的下拉脉冲有效地区别开来。这样，上通道基本上可承受任意幅值的 dV/dt 值，并保证了上通道的电平转换电路即使在 V_s 端电压降到比 COM 端还低 4V 时仍能正常工作。

对于下通道，由于正常时 SD 为低电平、V_{CC} 不欠电压，所以施密特触发器的输出跟随 LIN 而变化，此信号经下通道中的 V_{DD}/V_{CC} 电平转换器转换后加给延时网络，由延时网络延时一定的时间后加到与非门电路，其同相和反向输出分别用来控制两个互补输出级中的低阻场效应晶体管驱动级中的 MOS 管，当 V_{CC} 低于电路内部整定值时，下通道中的欠电压检测环节输出，在封锁下通道的同时封锁上通道的脉冲产生环节，使整个芯片的输出被封锁；而当 V_B 欠电压时，则上通道中的欠电压检测环节输出仅封锁上通道的输出脉冲。

IR2110 的典型应用连接图如图 10-5 所示。通常，它的输出级的工作电源是一悬浮电源，这是通过一种自举技术由固定的电源得来的。充电二极管 VD 的耐压能力必须大于高于母线的峰值电压，为了减小功耗，推荐采用快恢复二极管。

为了向需要开关的容性负载提供瞬态电流，应用中应在 V_{CC} 和 COM 间、V_{DD} 和 V_{SS} 间连接两个旁路电容，这两个电容及 V_B 和 V_s 间的储能电容都要与器件就近连接。建议 V_{CC} 上的旁路电容用一个 0.1μF 的陶瓷电容和一个 1μF 的胆电容并联，电源 V_{DD} 上有一个 0.1μF 的陶瓷电容就足够了。

电力 MOSFET 或 IGBT 可在输出处串一个栅极电阻，栅极电阻的值依赖于电磁兼容

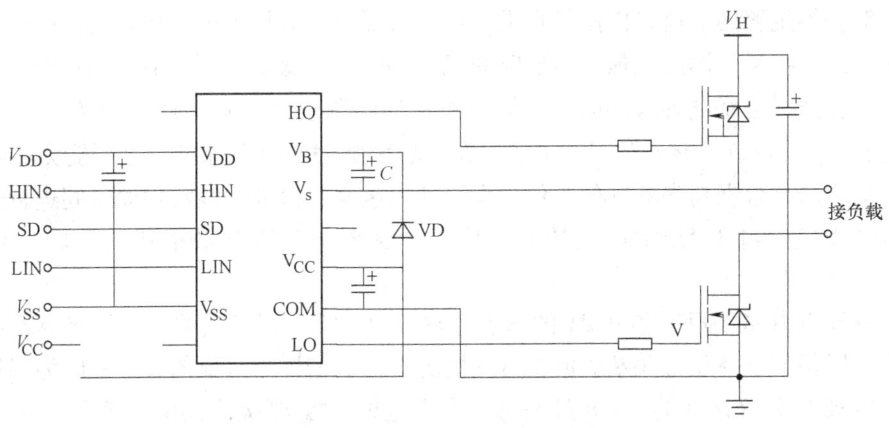

图 10-5 IR2110 典型连接图

(EMC) 的需要、开关损耗及其最大允许 dV/dt 值。

由于电平转换损耗通常比漏电损耗要大得多，因而静态损耗通常可忽略。实验证明：当 V_B 为定值时，对容性负载来说，在一定的工作温度下，随着被驱动的电力 MOSFET 或 IGBT 工作开关频率的提高，在固定的高压母线电压 V_H 下，开关损耗值将线性增大，并且随着被驱动的电力 MOSFET 或 IGBT 工作电路中高压母线电压的提高，开关损耗亦增大，并且随着容性负载电容值的增大而增大，实际上，在电平转换期间，V_S 是变化的。

自举电容 C 依赖于开关频率，占空比和电力 MOSFET 或 IGBT 栅极的充电需要，应注意的是电容两端电压不允许低于欠电压封锁临界值，否则将产生保护性关断。具体说来，自举电容 C 大小取决于 MOSFET 的门极充电电荷、最大导通时间、最小导通时间。

(1) 门极充电电荷

IGBT 和电力 MOSFET 具有相似的门极特性，同时需要在极短的时间内向门极提供足够的栅电荷。假定期间导通后，自举电容两端电压比器件充分导通所需要的电压（10V，高压侧锁定电压为 8.7V/8.3V）要高；再假定在自举电容充电路径上有 1.5V 的压降（包括二极管的正向压降）；最后假定有 1/2 的栅电压（栅极门槛电压通常 3～5V）因泄漏电流引起电压降。综合上述条件，此时对应的自举电容可用下式表示

$$C > \frac{2Q_g}{V_{CC} - 10 - 1.5} \tag{10-8}$$

式中，Q_g 为电力 MOSFET 导通需要的门极电荷。

(2) 最长导通时间

在选择自举电容大小时，应考虑悬浮驱动的最长导通时间 T_{on} (max)。门极电压必须在最长导通时间末期保持足够的幅置，使电力 MOSFET 充分导通，假定自举电容输出稳态电流为 I_{QBS}，则式 (10-8) 可写为

$$C > \frac{2I_{QBS}T_{on}}{V_{CC} - 10 - 1.5} \tag{10-9}$$

(3) 最小导通时间

在自举电容的充电路径上，杂散阻抗影响了充电的速率。下管的最窄导通时间应保证自

举电容能够获得足够的电荷，以满足自举电容所需要的电荷量再加上功率器件稳态导通时漏电流所失去的电荷量。因此从最窄导通时间 T_{on}（min）考虑，自举电容应足够小。

因此，在选择自举电容大小时，应综合考虑悬浮驱动的最宽导通时间 T_{on}（max）和最窄导通时间 T_{on}（min）。导通时间既不能太大影响窄脉冲的驱动性能，也不能太小而影响宽脉冲的驱动要求。根据功率器件的工作频率、开关速度、门极特性对导通时间进行选择，估算后经调试而定。对于 5kHz 以上的开关应用，自举电容通常采用 0.1μF 的电容是合适的。

单从驱动电力 MOSFET 和 IGBT 的角度考虑，均不需要栅极负偏置。门极驱动电压等于零，完全可以保证器件正常关断。但在有些情况下，负偏置是必要的。这是因为当器件关断时，其集电极-发射极之间的 dv/dt 过高时，将通过集电极-栅极之间的（密勒）电容以尖脉冲的形式向栅极馈送电荷，使栅极电压升高，而 IGBT 的门槛电压通常是 3 ~5V 左右，一旦尖脉冲的高度和宽度达到一定的水平，功率器件将会误导通，造成灾难性的后果。而采用栅极负偏置，可以较好地解决这个问题。

6. 保护电路设计（略）

7. 电力 MOSFET 开关器件的散热计算

电力电子功率器件向高功率密度方向的发展，器件单位体积内的热量也相应增加。在大功率高频通信电源等设备中功率开关器件的电能损耗尤显突出，这部分消耗功率会转变为热量使功率器件管心发热、结温升高，如果不能及时、有效地将此热量释放，就会影响到器件的工作性能，从而降低系统工作的可靠性，甚至损坏器件。因此热设计愈加成为电力电子产品设计的关键一环，热设计的效果也直接关系到电力电子设备能否长期正常、稳定地工作。

在尽量通过优化设计等方式而减少功率开关发热量的同时，一般还需要通过散热器利用

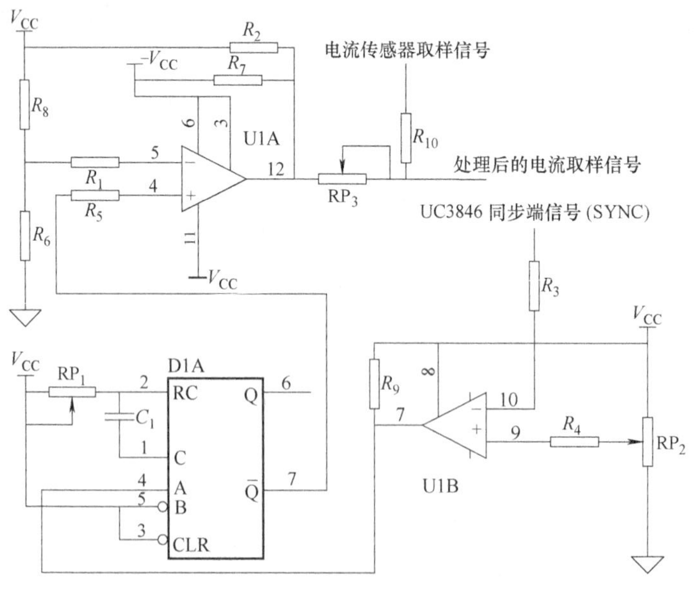

图 10-6　消取电流取样的前沿尖峰电路

传导、对流、辐射的传热原理，将器件产生的热量快速释放到周围环境中去，以减少内部热累积，使元件工作温度降低。

进行功率器件及功率模块散热计算的目的，就是在确定的散热条件下选择合适的散热器，以保证器件或模块安全、可靠地工作。散热器的设计必须顾及使用环境、条件以及器件允许的工作温度等多种参数。但是对散热器的传热分析目前国内外都还研究得很不够，工程应用中的设计大多是凭经验选取，并作相应的核校计算。

单位时间内功率器件所消耗的电能称作为器件的功率损耗。器件的功率消耗将导致其结温升高从而产生了散热冷却的要求；而散热器在单位时间内所散发出的热能量叫耗散功率。在设备正常稳定工作时，器件的功率损耗和散热器的耗散功率将达到平衡，器件的温度也不会继续升高，即系统达到了热平衡状态。在系统的热设计中就正是根据能达到热平衡状态时的功率参数来确定散热器应当具备的相关参数，因此在设计过程中一般先根据相关数据手册

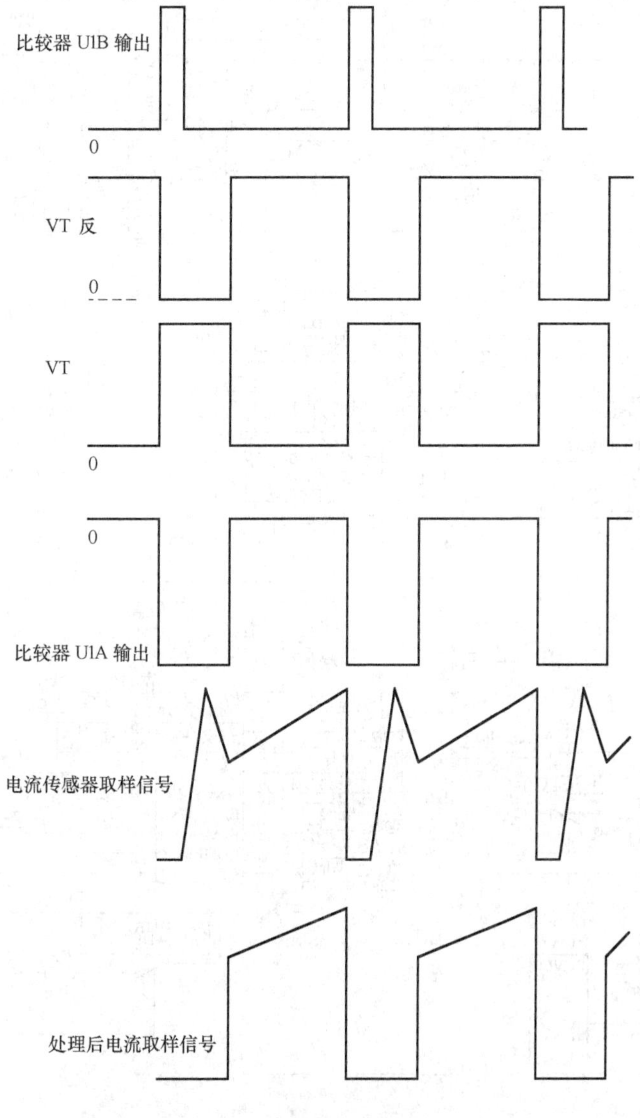

图 10-7　各点信号

和实际电路工作参数来计算出功率器件的功率损耗，然后以此作为依据计算散热器相关参数。

而功率器件的功率损耗一般包括器件的导通损耗、开关损耗、关断漏电流损耗。功率器件在开关过程中消耗在驱动控制板上的功率以及在导通状态时维持一定的栅极电压、电流所消耗的功率称为开关器件的驱动损耗。一般情况下，这部分的功率损耗与器件的其他部分损耗相比可以忽略不计，但对于 GTO、GTR 等导通状态电流比较大的功率器件则需要特殊考虑。

在较大功率的电力电子设备中，为了提高散热效果，保证系统稳定工作，提高功率器件使用寿命，往往对电力电子功率器件采用了强迫风冷技术，强迫风冷的散热效果远好于自然风冷，复杂性大大低于水冷和油冷。

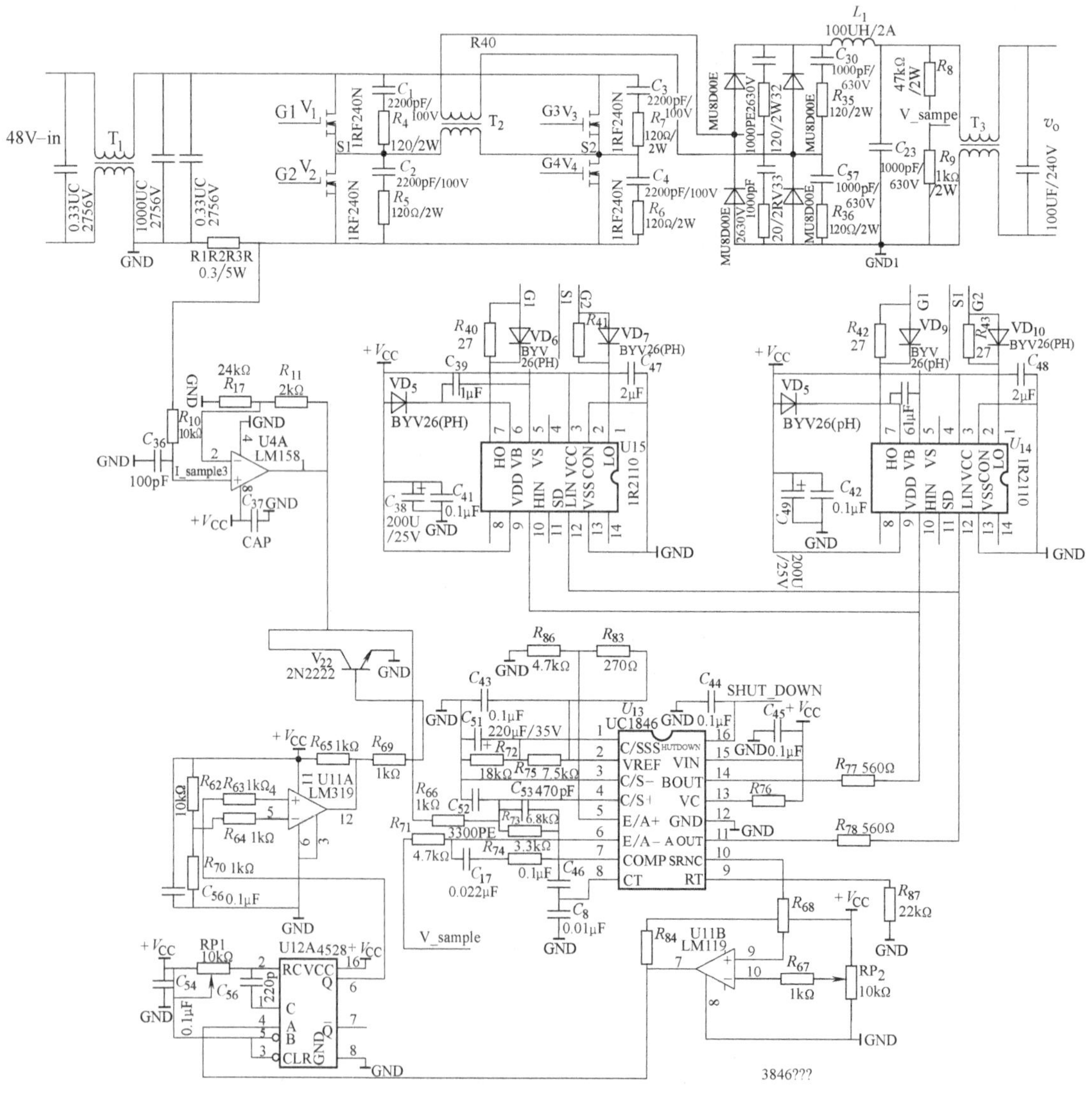

图 10-8 略去保护电路的小灵通基站电源电路图

采用强迫风冷还可以显著减小散热器体积，有利于设备小型化、轻量化的实现。在采用强迫风冷时，散热器的热阻将会显著减小。降低热阻，提高对流换热的途径主要有：

1）加大散热器尺寸或者增加散热片数量以加大散热面积。

2）采用更大尺寸或拥有更强风力的风机增大空气流速以增大。

3）通常情况下，选用散热面积较大的型材散热器和风量较大的风机可以降低散热器到环境介质的热阻，但散热面积的增加和风机风量的提高均受装置体积、重量以及噪音指标等限制。由于电力电子器件的小型化和轻量化的发展趋势，在散热器和风机参数一定的条件下，通过合理的风道设计，在散热器表面流场引入紊流是改善散热的又一有效途径。

合理的风道设计一般要求引导风扇气流冲击散热器表面，适当的改变气流在散热器表面的流动方向以在散热器附近流场中形成大的扰动，从而形成广泛的紊流区，加强散热效果，同时不应使气流压力损失过大，流速下降过多，以免降低散热效果。

8. 电流取样尖峰消取设计

由于 UC3846 为峰值电流取样，取样电流信号前沿尖峰很大，严重时影响工作，为消取电流取样的前沿尖峰，设计了消取电流取样的前沿尖峰电路，工作原理如图 10-6 所示，信号如图 10-7 所示。

9. 系统设计

综上所考虑，小灵通基站电源的系统电路图如图 10-8 所示。由功率电路（主电路，包括输入 EMI、H 桥、输出整流滤波）、控制电路（包括 UC3846、电压取样电路、电流取样尖峰消取电路）和驱动电路（IR2110 驱动）组成。

10.2　直流电动机调速

10.2.1　专用集成电路 UC3637 控制器的电路设计

UC3637 是直流电动机脉宽调制（PWM）控制器。该集成电路用于开环或闭环直流电动机速度控制。输出两路 PWM 脉冲信号，这两路信号与误差电压信号的幅值成正比，且与极性相关，可构成双向的调速系统。该控制器还可以用于其他电动机 PWM 控制，例如，无刷直流电动机 PWM 速度控制、位置控制等。

1. UC3637 的特点

UC3637 的特点有单电源或双电源工作，±2.5V ~ ±20V、双路 PWM 信号输出，驱动电流能力为 100mA、限流保护、欠电压封锁、有温度补偿，2.5V 阈值的关机控制。

2. 结构与功能

UC3637 结构功能图如图 10-9 所示，可以看出 UC3637 主要由下列几部分组成：三角波发生器，CP、CN、S1、SR1；PWM 比较器，CA、CB；输出控制门，NA、NB；限流电路，CL、SRA、SRB；误差放大器，EA；关机比较器，CS；欠电压封锁电路，UVL。

如图 10-10 所示，在正电源 $+V_S$ 和负电源 $-V_S$ 之间串接 R_1、R_2、R_3 这 3 个电阻（其中 $R_1=R_3$），两个分压点分别接 $+V_{TH}$（1 脚）和 $-V_{TH}$（3 脚），作为阈值电压。2 脚和 18 脚分别接电容 C_T 和电阻 R_T，电容和电阻另一端都接地。$+V_{TH}$还通过内部的缓冲电路与 R_T 作用

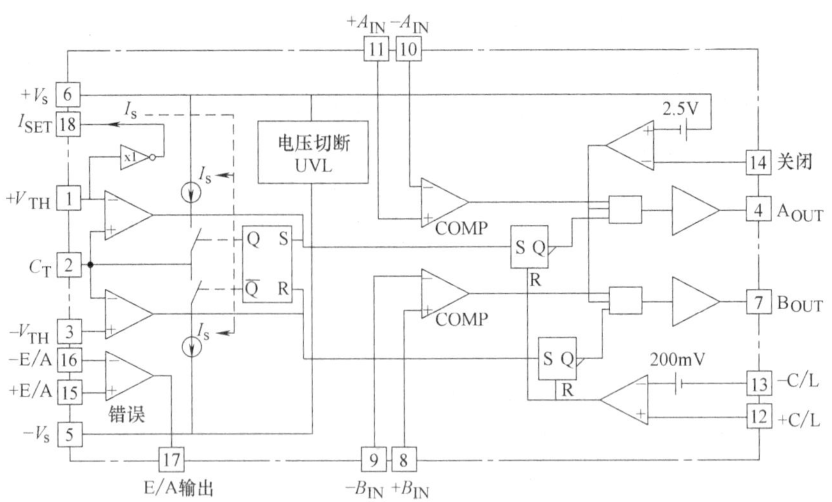

图 10-9 UC3637 的结构功能图

产生给电容充电的恒流 I_S。当 C_T 以恒流线性充电，2 脚电压达到 $+V_{TH}$ 时，比较器 CP（1、2 脚为输入）触发 RS 触发器的 S 端，使 Q 为高电平，关闭相应开关。负电流 $-I_S$ 接 2 脚，C_T 以 I_S 线性放电，到 $-V_{TH}$ 时，比较器 CN（3、2 脚为输入）触发 RS 触发器的复位端 R，引起电容的重新充电过程。产生的三角波电压信号峰-峰值为 $\pm V_{TH}$，其频率由 $\pm V_{TH}$、C_T、R_T 决定。

参看图 10-11 比较器连接图，比较器 CA 和 CB 的 $-A_{IN}$（10 脚）、$+B_{IN}$（8 脚）连至 2 脚，得到三角波输入。外接控制信号 V_C（17 脚）经过两个电阻分别接 $\pm V_S$，并从 $+A_{IN}$（11 脚）输入 $-V_r$，从 $-B_{in}$（9 脚）输入 $+V_r$。这两比较器的输出为双 PWM 信号，它们互为反相，并且在它们的前后沿都存在死区时间，如图 10-12 所示，比较器 A 和 B 的信号经门电路后输出 A_{OUT}（4 脚）和 B_{OUT}（7 脚）输出，门电路主要是进行欠电压封锁和过流封锁。

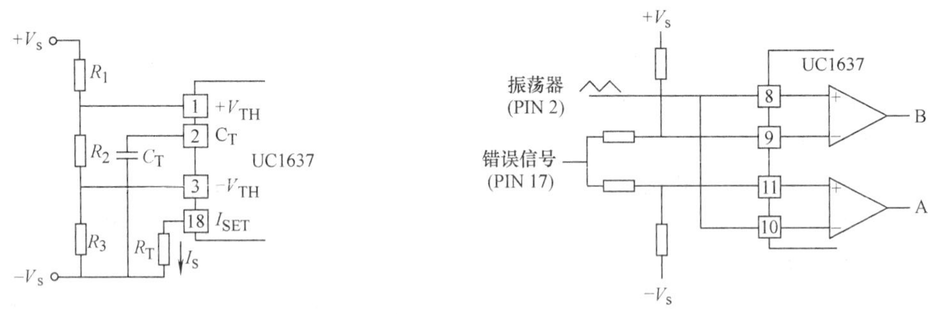

图 10-10 三角波发生器电路

图 10-11 比较器外电路连接图

在图 10-13 中，利用 R_S 作为电动机电流的检测电阻，检测信号从 12 脚和 13 脚输入。比较器 CL 设有 200mV 的阈值，当电动机电流增大而使 R_S 上的电压达到这个阈值时，CL 输出变为高电平，令 SRA 和 SRB 复位至低电平，进而使 A_{OUT} 和 B_{OUT} 变为低电平。

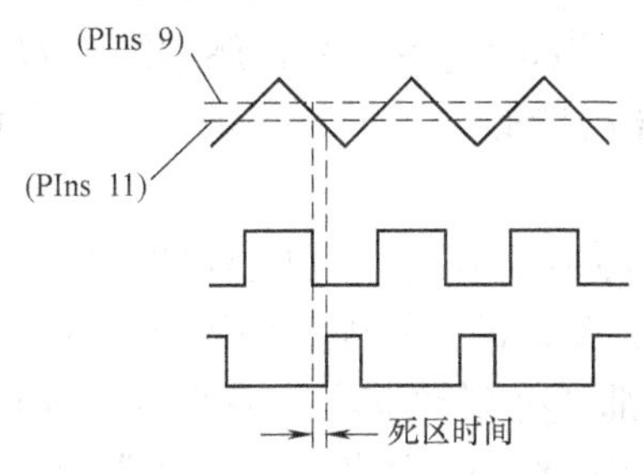

图 10-12 双 PWM 信号的产生

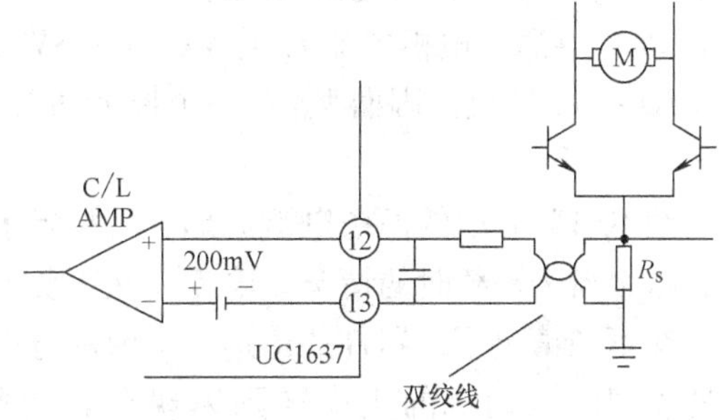

图 10-13 限流保护电路图

UC3637 内部的欠电压封锁电路，在电源电压 $+V_S$ 低于 +4.15V 时作用，使输出 A_{OUT}、B_{OUT}锁定为低电平。关机控制比较器 CS 的反相输入端内接（$V_S-2.5V$）电压，同相输入端接 14 脚。在 14 脚外接适当电路可以用来控制电动机的起停，或延时起动，或其他保护控制。

误差放大器：独立的误差放大器是一个高速运算放大器，典型带宽为 1MHz，有低输出阻抗，可在闭环速度控制中作为速度调节器使用。

10.2.2 主电路设计

可逆 PWM 变换器主电路有多种形式，最常用的是桥式（亦称 H 形）电路，如图 10-14 所示。这时，电动机 M 两端电压 V_{AB}的极性随开关器件驱动电压的变化而变化，其控制方式有双极式、单极式、受限单极式等多种，这里采用最常用的双极式控制的可逆 PWM 变换器。

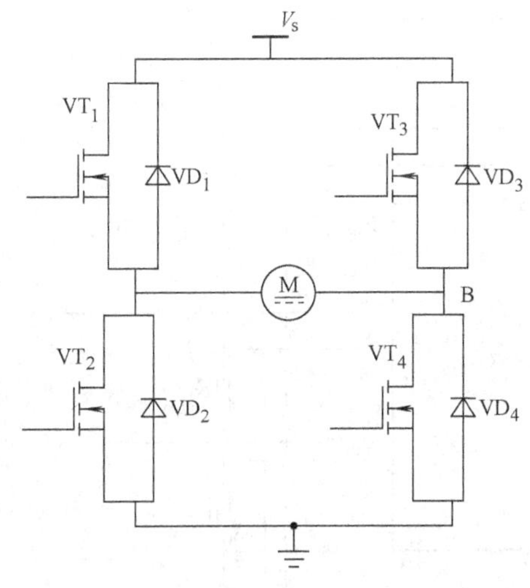

图 10-14 桥式可逆 PWM 变换器

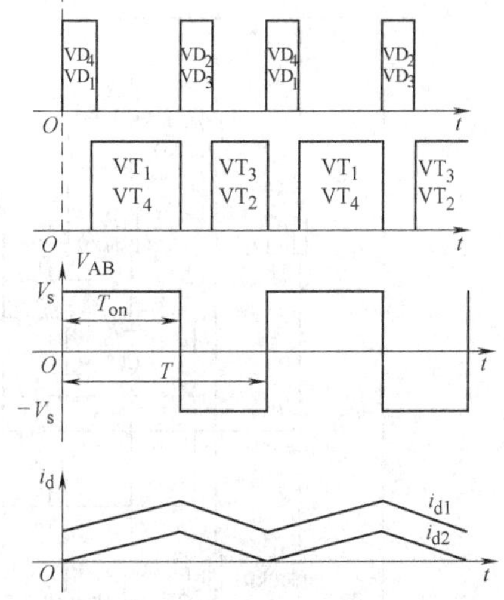

图 10-15 双极式控制可逆 PWM 变换器的驱动电压、输出电压和电流波形

双极式控制可逆 PWM 变换器的工作顺序如图 10-15 所示，在一个开关周期内，当 VT_1、VT_4 导通时，$V_{AB}=V_S$，电枢电流 i_d 沿着 $VT_1 \to M \to VT_4 \to GND$ 流通；关断时刻，续流二极管

VD_2、VD_3 开通，驱动电压反相，$V_{AB}=-V_S$，i_d 沿 $VD_2 \to M \to VD_3 \to V_S$ 续流，续流完毕，VT_2、VT_3 导通，电枢电流 i_d 沿 $VT_3 \to M \to VT_2 \to GND$ 流通，$V_{AB}=-V_S$，然后沿 i_d 沿 $VD_4 \to M \to VD_1 \to V_S$ 续流。因而 V_{AB}在一个周期内具有正负相间的脉冲波形，这是双极式名称的由来。

图 10-15 中 i_d 的两条电流波形，i_{d1}相当于一般负载时的情况，脉动电流的方向也始终为正；i_{d2}相当于轻载时的情况，电流可在正负方向之间脉动，但平均电流仍为正，等于负载电流。在不同情况下，器件的道通、电流的方向与回路都和有制动电流通路的不可逆 PWM 变换器相似。电动机的正反转则体现在驱动电压正、负脉冲的宽窄上。当正脉冲较宽时，$T_{on}>T/2$，则 V_{AB}的平均值为正，电动机正转，反之则反转；如果正、负脉冲相等，$T_{on}=T/2$，平均输出电压为零，则电动机停止。

双极时控制可逆 PWM 变换器的输出平均电压为

$$V_d = \frac{T_{on}}{T}V_S - \frac{T-T_{on}}{T}V_S = \left(\frac{2T_{on}}{T}-1\right)V_S \tag{10-10}$$

若占空比 ρ 和电压系数 γ 的定义与不可逆变换器中相同，则在双极式控制的可逆变换器中

$$\gamma = 2\rho - 1 \tag{10-11}$$

调速时，ρ 的可调范围为 0 ~ 1，相应地，γ 的可调范围为 -1 ~ +1。

需要注意的是，电动机停止时电枢电压并不等于零，而是正负脉宽相等的交变脉冲电压，因而电流也是交变的。这个交变电流的平均值为零，不产生平均转矩，在电动机停止时仍有高频微振电流，从而消除了正、反向时的静摩擦死区，起所谓“动力润滑”的作用。

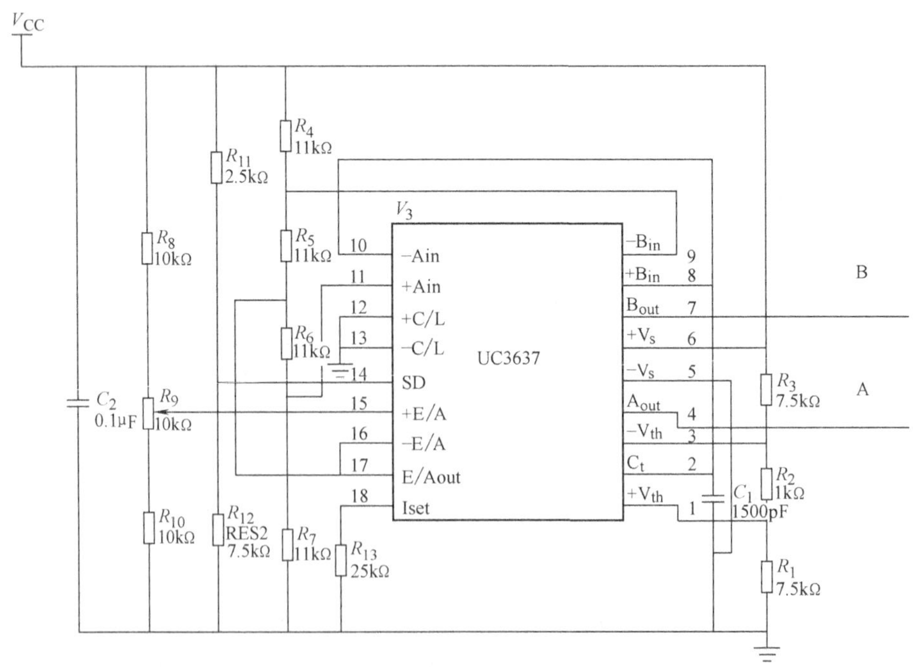

图 10-16 UC3637 的开环直流调速系统控制电路

双极式控制的桥式可逆 PWM 变换器电流一定连续、可使电动机在 4 个象限运行，电动机停止时有微振电流，能消除静摩擦死区、低速平稳性好，系统的调速范围可达 1∶20000 左右。双极式控制方式的不足之处是：在工作过程中，4 个开关器件可能都处于开关状态，开关损耗较大，而且在切换时可能发生上、下桥臂直通的事故，为了防止直通，在上、下桥臂的驱动脉冲之间，应设置逻辑延时。基于专用集成电路 UC3637 的开环直流调速系统控制电路如图 10-16 所示，功率电路和驱动不再讨论。

10.3　基于 DSP 的直流电动机弱磁调速示例

10.3.1　性能指标

电动机功率容量	1.00kW
输入电压	220V 直流
效率	80%
电动机额定转速	3000r/min
转速稳定精度	速度误差≤ ±3%
起动电流	≤30A

10.3.2　系统组成

直流电动机弱磁调速由功率电路及控制系统两部分组成。功率电路由主电源、辅助电源、IGBT 驱动电路及直流电机组成。控制电路由 DSP、PWM 信号辅助生成电路、检测电路、信号处理及保护电路等组成。由 DSP 产生的两路 PWM 信号经驱动电路调节驱动 IGBT，将主电源输入给电机，分别进行软启动和励磁电压调节，进而控制转速，当转速反馈达到给定速度信号时，DSP 输出的 PWM 占空比保持不变，由 DSP 构成的控制系统来实现的。图 10-17 示出了以 DSP 为核心的稳速系统总体组成。

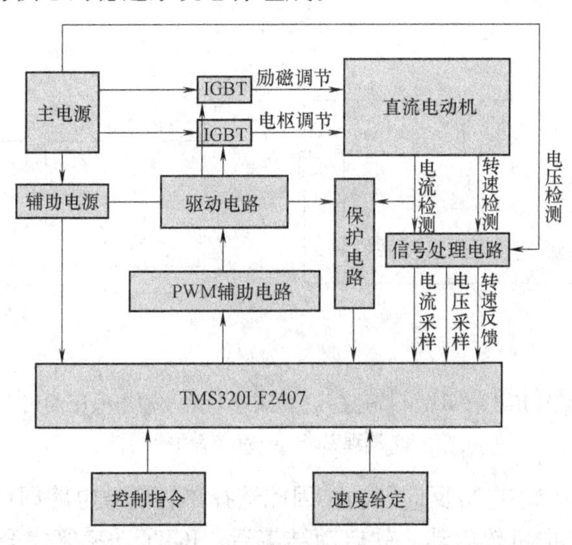

图 10-17　系统总体结构框图

10.3.3 直流电动机的调速方法

直流电动机转速 n 的表达式为

$$n = \frac{V_a - I_a \sum R_a}{C_e \Phi} (\mathrm{r/min}) \tag{10-12}$$

式中，V_a 为电枢端电压，单位为 V；I_a 为电枢电流，单位为 A；$\sum R_a$ 为电枢电路总电阻，单位为 Ω；Φ 为每极磁通量，单位为 Wb；C_e 为与电动机结构有关的常数。

由式（10-13）可知，直流电动机转速调节方法可以分为 3 种：

1）调节电枢电压 V_a，改变电枢电压是从额定电压往下降低电压，使电动机从额定转速向下变速，属恒转矩调速方法，动态响应快，适用于要求大范围无级平滑调速的系统。

2）改变电动机主磁通 Φ，只能减弱磁通，使电动机从额定转速向上变速，属恒功率调速方法，动态响应较慢，虽能无级平滑调速，但调速范围小。

3）改变电枢电路电阻 $\sum R_a$，在电动机电枢外串电阻进行调速，只能有级调速，平滑性差，机械特性软，效率低。

10.3.4 功率电路的结构设计

PWM 斩波器的优点最多，需要的滤波装置很小甚至只利用电枢电感就已经足够，不需要外加滤波装置。PWM 降压斩波器的原理电路及输出电压波形如图 10-18 所示，假定晶体管先导通 T_1 秒（忽略晶体管的管压降，这期间电源电压 V_d 全部加到电枢上），然后关断 T_2 秒（这期间电枢端电压为零），如此反复。电压 V_a 为其平均值。

$$V_a = \frac{T_1}{T_1 + T_2} V_d = \frac{T_1}{T} V_d = \rho V_d \tag{10-13}$$

式中，$\rho = \dfrac{T_1}{T_1 + T_2} = \dfrac{T_1}{T}$为占空比。

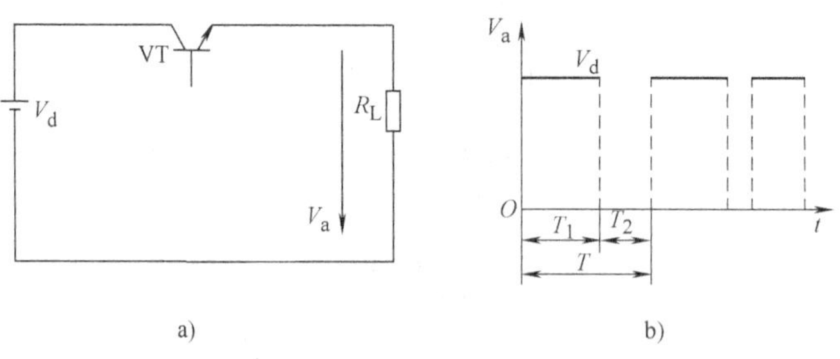

图 10-18 RWM 降压斩波器原理电路及输出电压波形

a）原理电路 b）电压波形

在本系统中由于不要求电机反向转动，因此选择单管斩波电路即可实现，本系统两路单管斩波电路，一路用于电机软启动，软启动结束后，IGBT 功率管完全导通，这样做的目的是减少启动电流；另一路对励磁电压进行 PWM 调节，以稳定转速，斩波器如图 10-19 所示。

斩波电路由开关器件（IGBT 模块）及吸收网络和续流二极管组成。主要技术参数有输入电压、开关频率、输出电压和输出电流。控制系统产生的 PWM 信号通过驱动电路控制功率管的开通和关断，在电动机上得到频率恒定、脉冲宽度可调的脉冲电压，功率开关管关断期间电动机电流通过续流二极管续流导通。电路中的电感和电容具有两个功能：一个功能是使两路斩波器减小互相干扰；另一个功能是减小主电源的脉动电流。

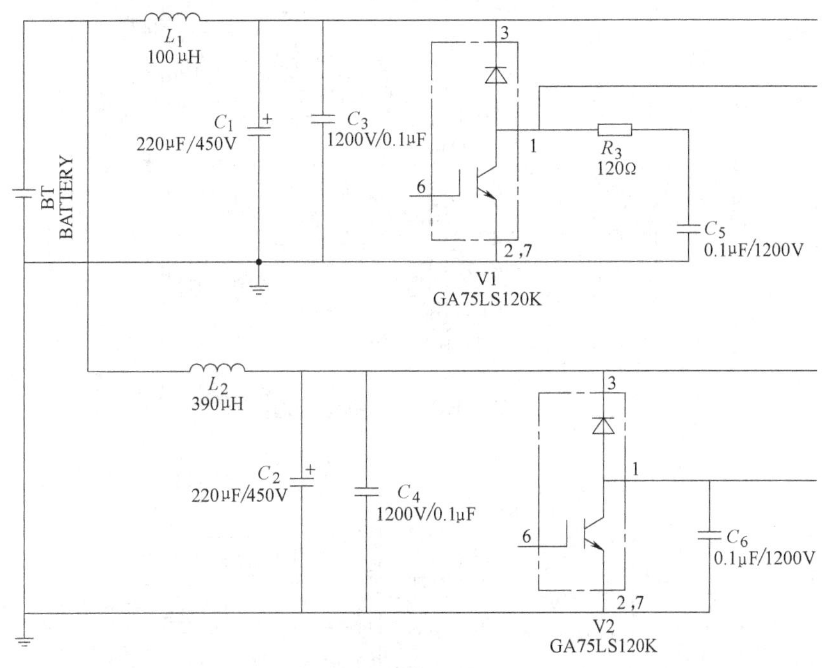

图 10-19　斩波电路

10.3.5　IGBT 模块及驱动

目前 IGBT 已模块化，功率管采用 IGBT 模块，其冷却安装面与其内部电路电气绝缘，工作频率高，减小了驱动电路的复杂性，容易安装，使整个电路结构简单，安装和维修方便，同时集成化的 IGBT 专用驱动电路也已制造出来，本系统选用惠普公司的 HCPL316 作为驱动器，其内部电路框图如图 10-20 所示。驱动电路如图 10-21 所示，DSP 产生的 PWM 信号从 HCPL316 的 1 脚（$V_{IN}+$）送入，同时把故障信号送给 DSP。HCPL316 的应用可参见相关资料。

10.3.6　控制电路设计

控制系统由 DSP（TMS320LF2407）与外部存储器 RAM（IS61LV6416-10T）、微处理器、微控制器方式选择开关、Flash 编程电压输入、晶振以及仿真接口（JTAG）构成。DSP 内部已有 32KB 的 Flash ROM，为了调试方便，外加了程序 RAM，在程序经多次调试，成熟可靠时写入内部 Flash ROM。DSP 片上有 544B 的双口 RAM（DARAM），可全部配置到数据空间，将程序中所用的变量全部分配到双口 RAM 中，以提高处理速度。

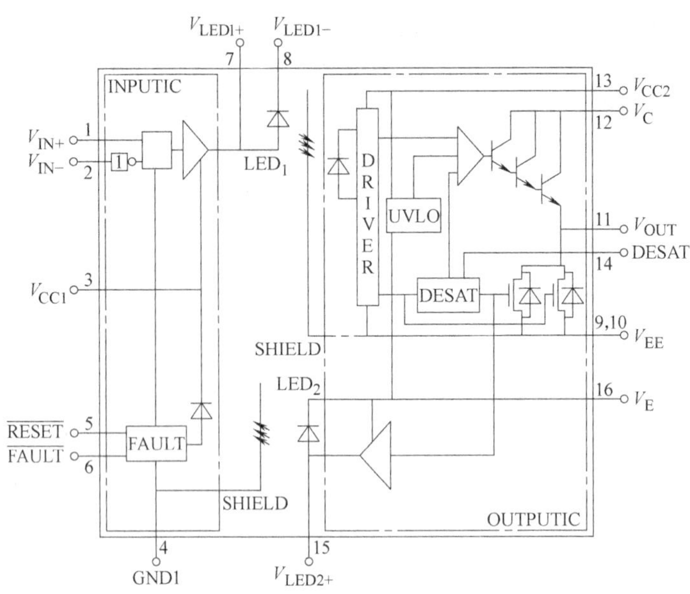

图 10-20 HCPL316 的结构框图

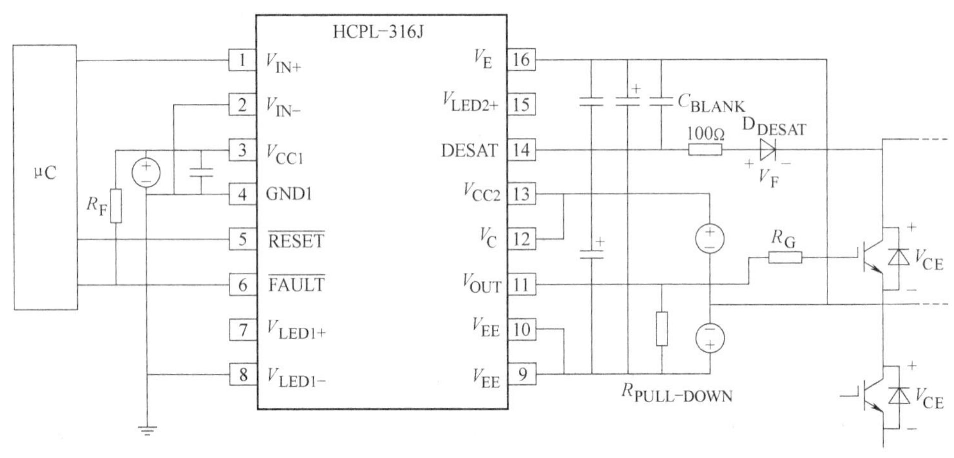

图 10-21 IGBT 驱动电路 HCPL316（同向驱动）

为了方便在线仿真，TMS320LF2407 还配置了几个兼容 IEEE 11410.1 标准的 JTAG 仿真口，DSP 通过仿真设备连接到上位机，可以进行在线仿真，从而大大提高了开发速度。DSP 最小系统原理图如图 10-22 所示，S_1 为 Flash 编程电压输入选择开关；硬件仿真时该引脚输入必须为 5V，在程序下载时该引脚电平可为 5V 或 0V，在程序下载进 DSP 之后脱机运行时该引脚输入必须接地；S_2 为微处理器和微控制器方式的选择开关；复位期间若选择低电平，则 DSP 工作在微控制器方式下，并从内部程序存储器（Flash EEPROM）的 0000h 开始程序执行；若在复位期间为高电平，则工作在微处理器方式下，并从外部程序存储器 0000H 开始程序执行。

电机的转速反馈信号为正弦信号，因此必须把信号处理为矩形脉冲信号，送给 DSP 的

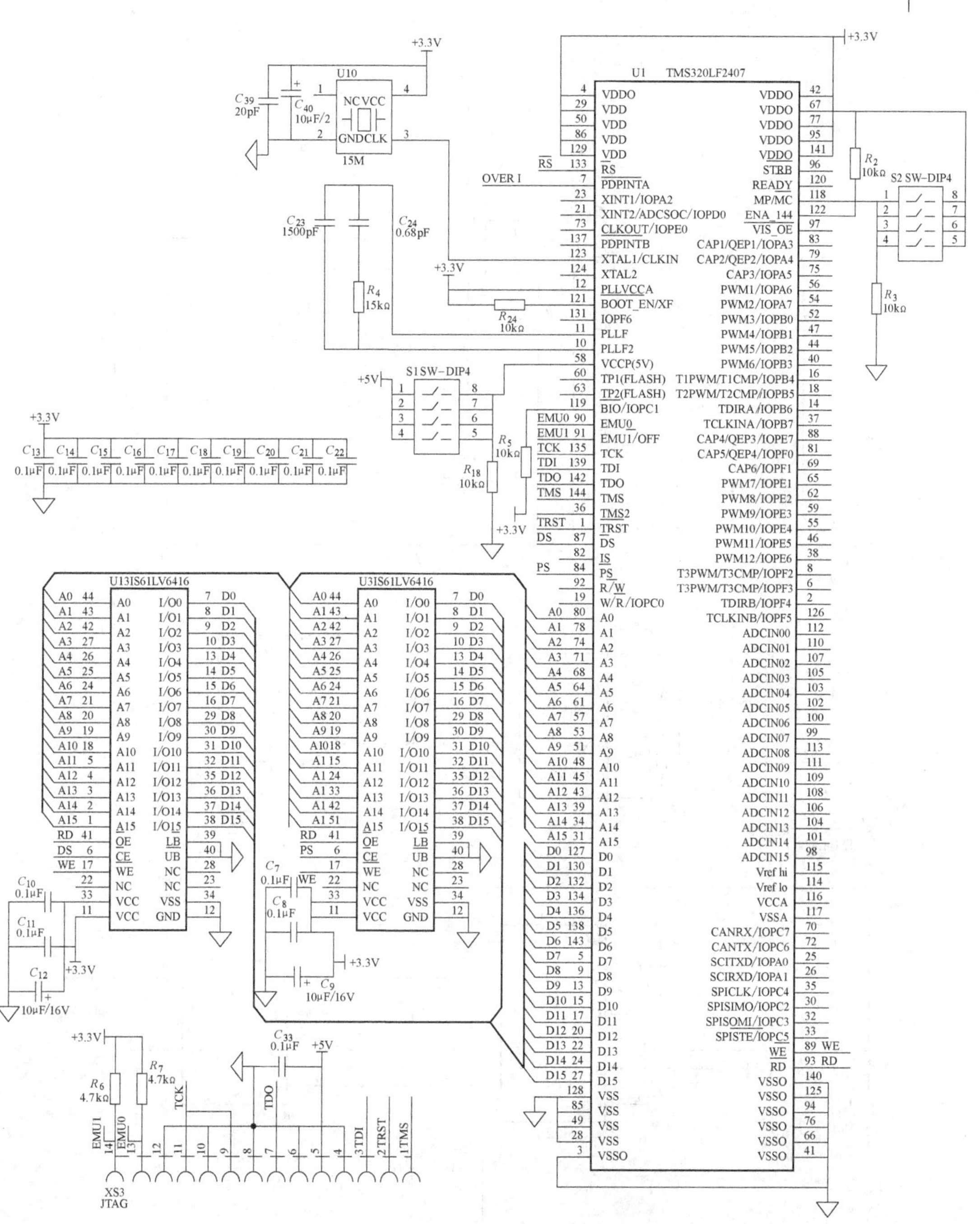

图 10-22　DSP 最小系统原理图

捕获单元来捕获转速脉冲，进而确定电机转速。其转速信号处理电路如图 10-23 所示，由图 10-23 可知，速度反馈信号通过 V4A 和 V4B 进行两级滤波放大，把信号中的尖峰信号滤掉，处理后的信号送入比较器 V4C，得到方波信号，为了消除小脉冲干扰，采用 V3A 和 V11A 数字电路进行小脉宽消除，转速反馈信号变成方波信号，方波信号输入到 DSP 的捕获端，实现对速度的捕获。

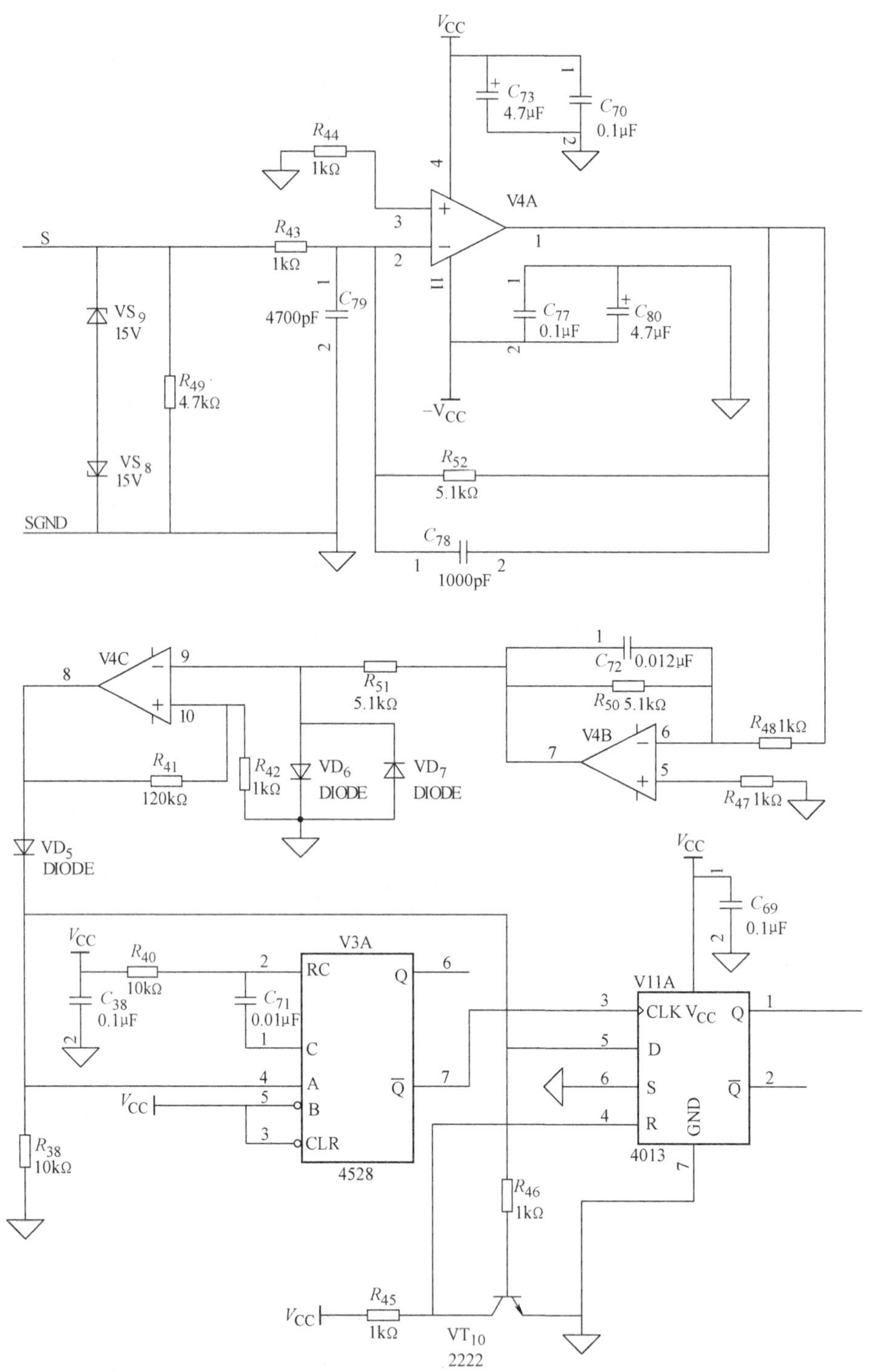

图 10-23 转速信号处理电路

10.3.7 控制系统软件设计

控制程序由主程序、ADC 中断、捕获单元中断、定时器溢出中断、功率保护中断及速度调节子程序等组成。

TMS320LF2407 有 3 个空间：程序空间、数据空间以及 I/O 空间，每个空间的大小均为 64K。其中有 32K 的片内 Flash ROM，高达 1.5KB 的数据/程序 RAM，544B 双口 RAM（DARAM）和 2KB 的单口 RAM（SARAM）。程序的正常运行需要对这 3 个空间合理分配，并且充分利用内部的双口 RAM 与 Flash ROM，使 DSP 以最有效的方式运行。空间分配方案如图 10-24 所示。

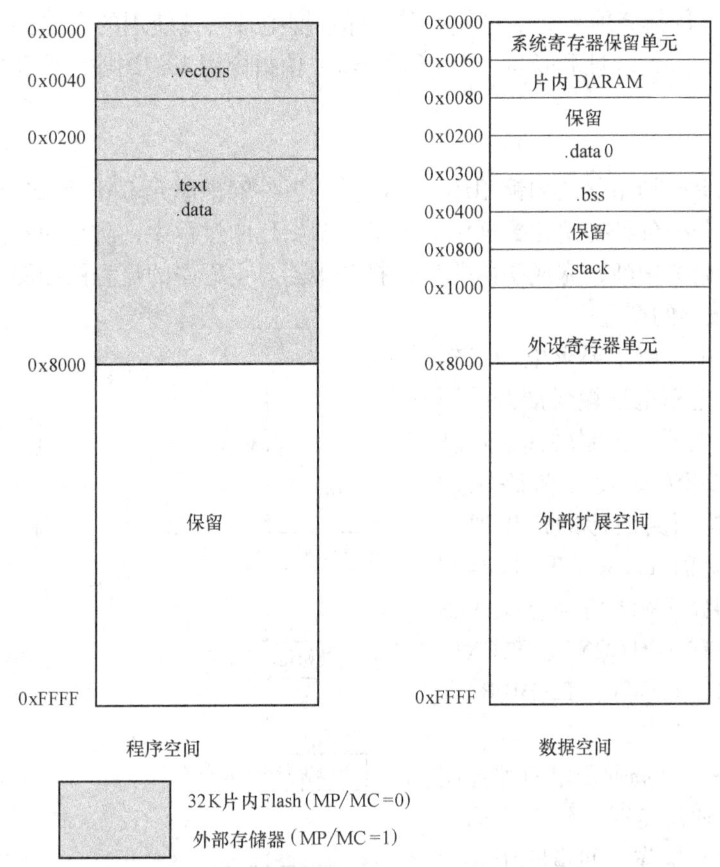

图 10-24 DSP 空间分配图

其中 0x0000H ~ 0x8000H 32k 当 MP/MC = 0 时器件被配置为微控制器方式，片内 ROM 或 Flash 可以被访问，器件从片内程序存储器读取复位向量；MP/MC = 1 时期间被配置为微处理器方式，器件从外部程序存储器读取复位向量。程序空间分配方案如图 4-24 所示，“. vectors”为中断向量表，占据程序空间的 0x0000 ~ 0x003F 区域。其中在各中断向量入口位置，填统一跳转指令，使中断到来时，转入相应的中断服务程序执行。

“. text”段为程序代码段，位于程序空间，所有的主程序和中段服务程序都位于此处。“. data”为初始化常数表，包含各全局变量的初始值及常量的数值，在程序运行时，将其值传送到数据空间相应的变量、常量处。

“. data0”为全局常量段，位于数据空间的 B0（DARAM）块；“. bss”为全局变量段，位于数据空间的 B1（DARAM）块；“. stack”为汇编语言堆栈段，LF2407 具有 16 位宽度、

8 级深度的硬件堆栈。当子程序调用或中断发生时，程序地址产生逻辑把堆栈用于存储返回地址。当指令强迫 CPU 进入子程序或中断强迫 CPU 进入中断服务程序时，返回地址被自动压入堆栈顶部，该事件不需要附加的周期。当子程序或中断服务程序完成时，返回指令把返回地址从堆栈顶部弹出到程序计数器。

以上空间的分配通过“.CMD”文件的配置来实现，该文件实现对程序存储空间和数据存储空间的分配，常用到伪指令“MEMORY”和“SECTIONS”。

“MEMORY”伪指令用来标示实际存在目标系统中且可被使用的存储器范围，每个存储器范围具有名字，起始地址和长度。“SECTIONS”伪指令用来描述输入段怎样被组合到输出段内。

1. 主程序

主程序完成上电初始化，如锁相环、看门狗、事件管理单元 CAP 和 PWM、ADC 模块的初始化，建立和分配各种初始化数据区。为了在初始化的过程中，防止中断的意外到来，应在主程序的开始处关中断，完成初始化后，打开中断。主程序的流程图如图 10-25 所示。

(1) PWM 波形的产生

本系统设计中，由于要求电动机软起动，这就要求电枢电压缓慢展开，同时还要调节励磁电压来控制转速，这就要求 TMS320LF2407 要发出两路驱动 IGBT 的波形，这两路波形的产生通过通用定时器模块的 T1PWM 和 T2PWM 来实现。与这两路 PWM 信号有关的事件管理寄存器有 GPTCONA、T1CNT、T1CMPR、T1PR、T2CNT、T2CMPR 和 T2PR。

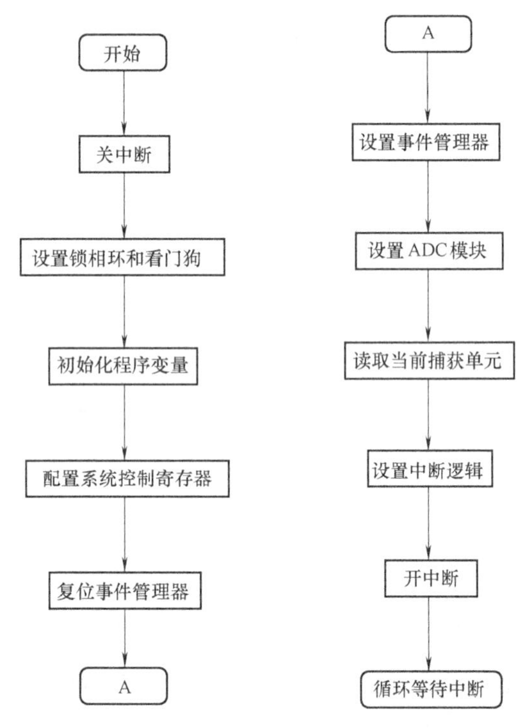

图 10-25 主程序流程图

GPTCONA——全局通用定时器控制寄存器：规定了通用定时器针对不同定时器事件所采取的操作，并指明了它们的计数方向。

TxCON——单个通用定时器控制寄存器：决定通用定时器的操作模式。

TxCMPR——通用定时器比较寄存器：与通用定时器相关的比较寄存器存储着持续与通用定时器的计数器进行比较的值，当发生匹配时，将产生以下事件：

1）根据 GPTCONA/B 位的设置不同，相关的比较输出发生跳变，或启动 ADC。

2）相应的中断标志将被置位。

3）如中断未屏蔽将产生外设中断请求。

TxPR——通用定时器周期寄存器：通用定时器周期寄存器的值决定了定时器的周期，当周期寄存器的值和定时器计数器的值之间产生匹配时，通用定时器的操作就停止并保持其当前值，并根据计数器所处的计数方式执行复位为零或开始递减计数。

可选用连续增或连续增/减计数模式来产生 PWM 输出。选用连续增计数模式时可产生边沿触发或非对称 PWM 波形；选用连续增/减计数模式时可产生对称 PWM 波形。本系统选用连续增计数模式，PWM 波形产生流程图如图 10-26 所示。

(2) 数字 PI 算法的实现

模拟 PI 调节器的数字处理及其算法许多文献中已有阐述，数字 PI 在算法上的实现有以下几个参数：

1) 程序入口参数。参考量 V_{ref}，测量值 V；本系统参考量在头文件中以常数形式给出，测量值分别经采集或捕获后在中断服务程序中存储到“.bss”段内开辟的存储单元中。

2) 程序出口参数。$t=KT$ 时的控制量 u (k)；

3) 程序中用到的资源。比例系数 K_P，积分系数 K_i，$t=(k-1)T$ 时的控制量 $u(k-1)$，$t=(k-1)T$、$t=kT$ 时的误差 $e(k-1)$ 和 $e(k)$ 以及 DSP 乘积寄存器 PREG 和临时寄存器 TREG，临时存储单元 PITEMP1、PITEMP2。

数字 PI 调节器 DSP 的实现程序流程图如图 10-27 所示。

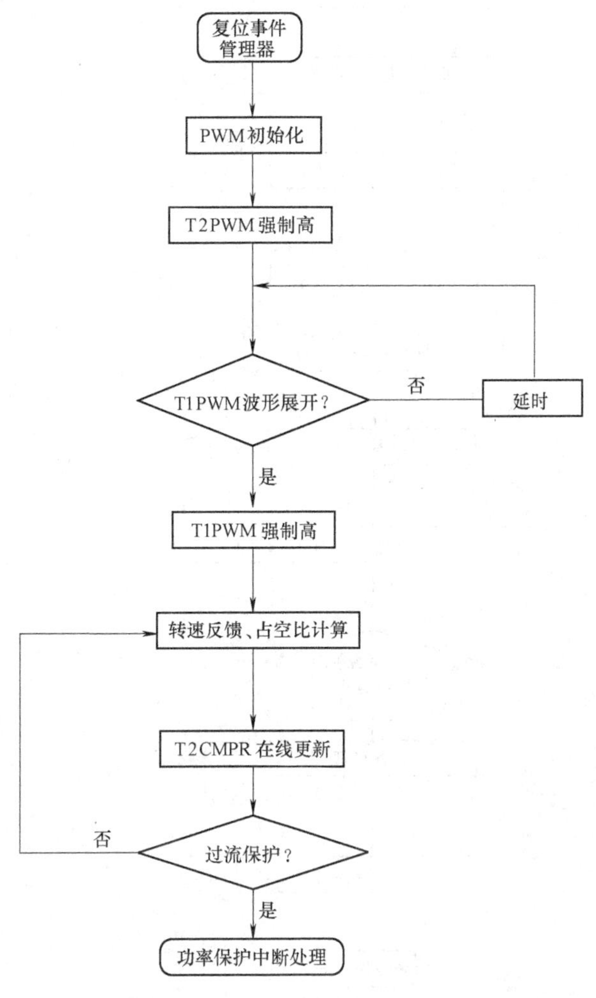

图 10-26　PWM 波形产生流程图

2. 转速调节器的实现

电机的转速可以通过脉冲的频率测出，它的转速的测量由软件来实现，转速测量在这里转换为方波频率的测量。目前方波频率的测量主要有两种方法：一是在固定时间间隔内（如 1s，1ms）测量方波的个数，该方法在低频精度较差；二是以时钟为基准，测量方波一个周期的时间，该方法在高频精度较差。由于 MS320LF2407 的时钟为 15×2M=30M，且计数器可以 1/1，1/2，1/4，1/8，1/16，1/32，1/64，1/128 为系数分频。采用第二种方法来测量频率，为克服该方法的高频精度差及低频范围受计数器的计数值的限制，充分利用 LF2407 片内的 3 个计数器，将该方法改进如下：改变计数的分频系数 α，使计数器的值的达到所需精度，如在分频系数为 1/1 时仍达不到精度要求，则再调整所测方波的周期系数 β，即调整所测方波的周期的个数，β 可取 1，2，4，8，16，32，64，128 个周期，这样通过调整系数 α、β，共可组合出 64 种档位，使得测量不同频率方法可获得相同的精度，但相应增加了 DSP 的运算量，但对于 TMS320LF2407 来说还是可以接受的，速度调节程序流程图如图 10-28 所示。

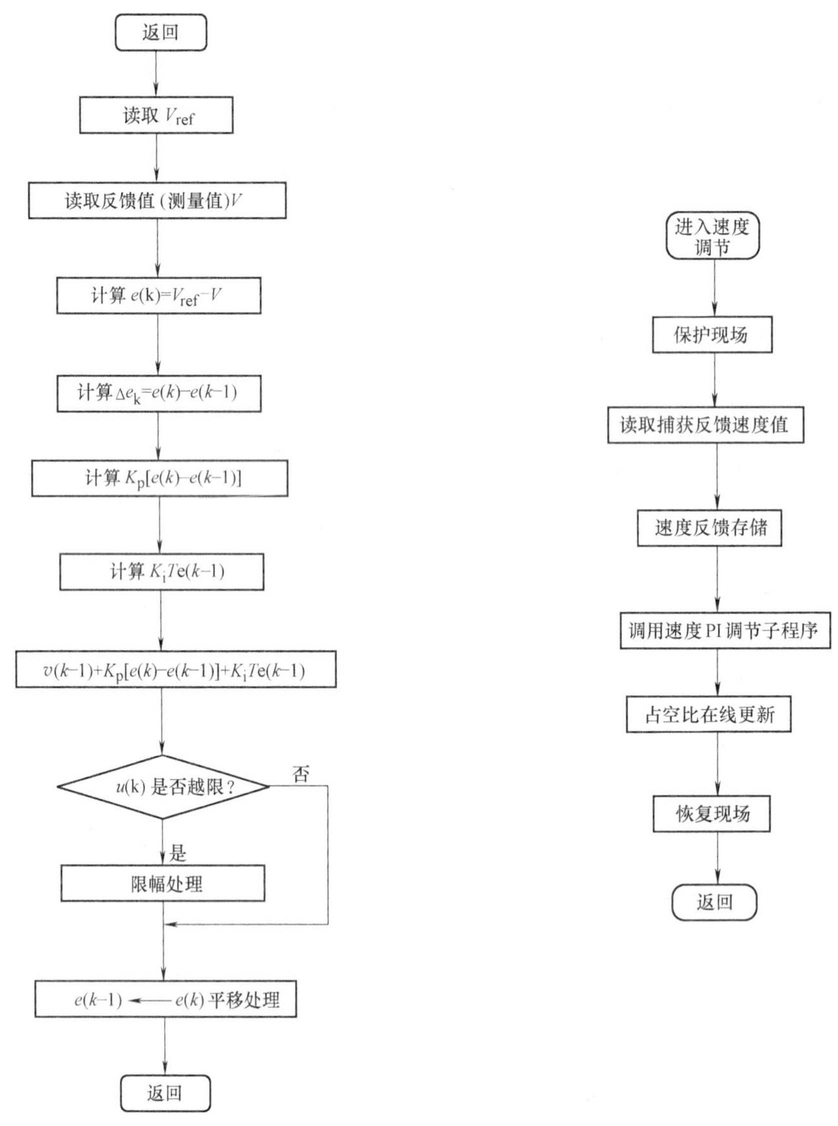

图 10-27　PI 调节子程序流程图

图 10-28　速度调节程序流程图

10.4　高频弧焊的电源设计

一台完善的逆变弧焊电源的主电路框图如图 10-29 所示，包括电磁干扰滤波器、输入整流器、输入滤波器、DC-AC 变换器、高频变压器、输出整流器和输出滤波器。

单相或三相 50Hz 的交流电源经整流器整流和滤波之后，经逆变器大功率开关管 IGBT 的交替开关作用，形成几十千赫兹的中频交流电源，通过高频变压器降至适合焊接的低交流电压再经过整流滤波，将高频交流电变为直流电输出。一定长度的电弧，在稳定状态下电弧电压 v_f 与电弧电流 i_f 之间的关系，称为焊接电弧的静特，焊接电弧的静特性近似呈 U 形曲线，故也称 U 形特性，如图 10-30 所示。在正常使用范围内，并不包括电弧静特性曲线的所

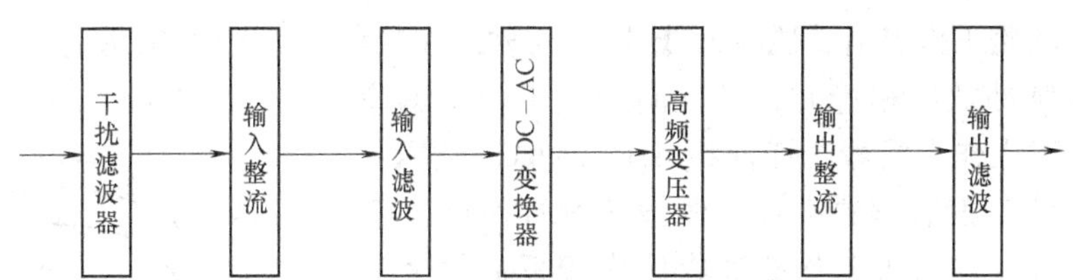

图 10-29　逆变弧焊电源工作原理简图

有部分，手工弧焊工作在静特性的平特性段，即电弧电压只随弧长而变化，与焊接电流关系很小。

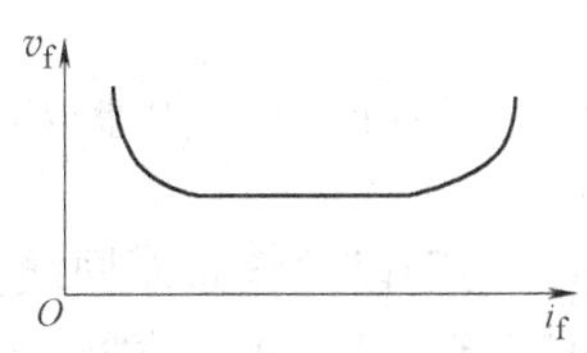

图 10-30　电弧的电压、电流特性

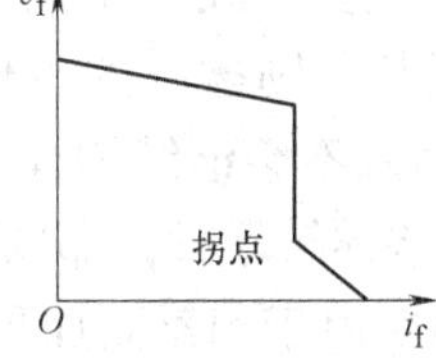

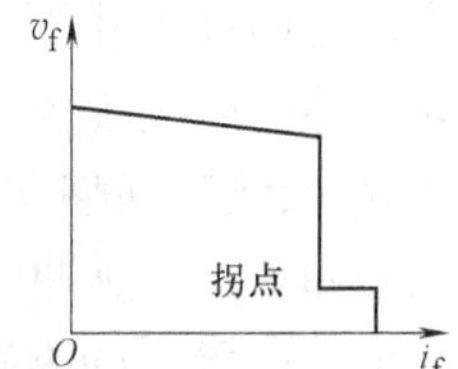

图 10-31　手弧焊逆变器外特性

在电源焊接过程中，弧焊逆变器起供电作用，电弧作为供电对象而用电，从而构成“逆变器—电弧”系统，能在给定电弧电压和电流下，维持长时间的连续电弧放电，保持静态平衡。当系统一旦受到瞬时的外界干扰时，会破坏这种静态平衡，但当干扰消失之后，系统能够自动地达到平衡。

手工弧焊中，一般是工作于电弧静特性的平特性段上，因此对弧焊的逆变器最好采用恒流带外拖特性的逆变器，其空载电压尽可能地高，同时考虑经济性和人身安全，对空载电压加以限制，图 10-31 是两种恒流带外拖特性的示意图。

10.4.1　技术指标

输入电压：380（1±10%）V；额定暂载率：60%；焊接电流范围：5~160A；工作电压：10~40V；输出空载电压：50~60V；额定电流：160A；效率：80%~90%；功率因数：0.9。

10.4.2　主电路设计

逆变电源主电路是指逆变电源的强电回路，或称功率回路。弧焊逆变电源组成包括电磁干扰滤波器、输入整流器、输入滤波器、DC-AC 变换器、高频变压器和输出整流器。

在推挽式变换器中，由于功率开关管的反向耐压很高，在从交流电网直接供电的情况下，很少采用推挽式电路。桥式变换器中，开关管只承受电源电压，用 4 个功率开关管代替推挽式的两个功率开关管，成本高，但高可靠性弥补了这些缺点，尤其是在电源功率较大时，利用桥式变换器优点显著。在这样两种电路形式中，工作在同样电源电压下，两个晶体管推挽式变换器所需的管子耐压为 4 个晶体管桥式所需电压的两倍。

当然，全桥变换器也有其明显缺点，如直通问题、偏磁问题。偏磁指变压器磁心的工作磁滞回线中心点偏离了坐标原点，正反向脉冲过程中磁工作状态不对称的现象。逆变器中变压器工作时，其磁工作点沿着磁滞回线 A_1B_1 对称地往复移动如图 10-32 所示。

当正反向脉冲宽度相等时，正反向最大工作磁感应强度也相等，磁工作点沿着磁滞回线 A_1B_1 对称于坐标的点往复移动，此时没有偏磁存在。假设正脉冲时间大于反脉冲时间，即正向最大工作磁通密度大于反向最大工作磁通密度，在图 10-36 中正向脉冲最大工作磁感应强度达到 A_2 点，反向脉冲最大磁工作点达到 B_2 点，整个脉冲周期的工作磁滞回线为 A_2B_2。由图可见，磁滞回线 A_2B_2 的中心较 A_1B_1 的中心对称点（原点）向第一象限内偏移了一段距离即产生了偏磁现象。在下个周期内，如果正反向脉冲的时间差不再增长，则磁心的工作点将保持沿着 A_2B_2 回线来回移动，偏磁不会继续增加，但也不自动消除。如果正反脉冲时间差继续增长，那以再经过一个脉冲周期以工作磁滞回线变为 A_3B_3。由图可见，磁心的偏磁程度由于积累而加重了。此时流过直流母线上的开关电流如图 10-33 所示。造成正反向脉冲宽度不等的原因有功率开关管的开通时间和关断时间的不一致，驱动信号脉宽的不一致等原因。

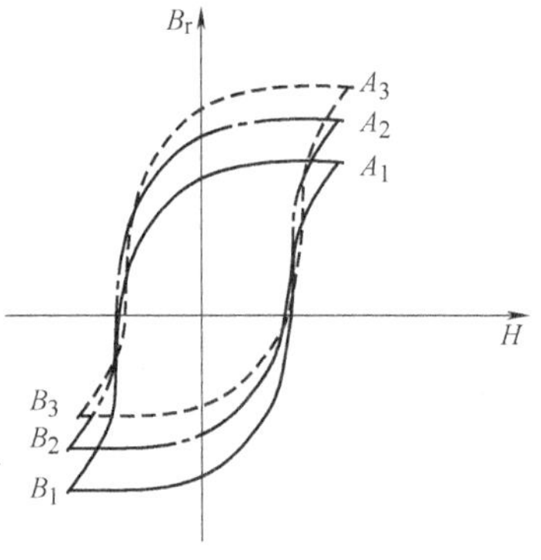

图 10-32 变压器磁滞回线

在脉宽调制型逆变弧焊电源中，需要随时调节脉冲宽度来获得所需的输出特性，这样脉宽处于不停的调制之中，因此对全桥逆变弧焊电源来讲，偏磁的主要原因为正反向脉冲宽度不等，所以，偏磁是必然存在的。全桥变换器是理想的大功率弧焊逆变电源结构，由于其偏磁的必然存在，而限制了其应用，应用全桥结构必须有抗偏磁措施，如果能有效解决高频变压器抗动态偏磁问题，则全桥结构是理想的大功率弧焊逆变电源结构，可靠性得以解决。设计采用全桥结构。

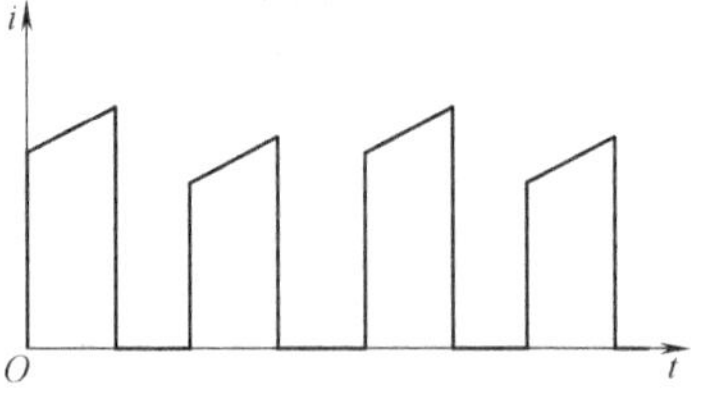

图 10-33 偏磁时直流母线上的开关电流

输出功率

$$P_{\max} = I_{\max}V_{\max} = 160 \times 40\text{W} = 6400\text{W}$$

输入功率

$$P_{\max\ \text{in}} = \frac{P_o}{\eta\rho} = \frac{6400}{0.85 \times 0.7}\text{W} = 10756\text{W}$$

式中，η 为逆变器效率；ρ 为占空比。

输入整流电压约为 520V，则最大输入开关电流

$$I_{\max} = \frac{10756}{520}\text{A} = 20.68\text{A}$$

留 50% 安全余量，选用 50A 的 IGBT 模块作为全桥的功率开关器件。

型号：2MB150N-120

主要技术参数：额定电流 50A，额定电压 1200V，工作频率 20kHz。

输入整流一般采用模块式三相整流桥，为保证整可靠性，一般留有 50% 的余量，并充分考虑散热问题。选用 50A 三相整流模块，型号 DF50AA-16。

滤波电容选取。假设50Hz电源停电或漏掉一个周期波形，希望输出电压仍能维持一段时间再开始下降，取电源输出保持时间 t_d 为10ms，直流电压降低80V，根据能量守恒定律，在 t_d 期间输出的能量是由输入滤波电容释放的能量供给的，故滤波电容

$$C = \frac{2P_{\max in} t_d}{V_C^2 - V_{C1}^2} = \frac{2 \times 10756 \times 8 \times 10^{-3}}{520^2 - 440^2} \mu F = 2801 \mu F$$

选用500V/2200μF两个并联。

高频变压器设计需要满足两个基本条件：

1）电磁感应定律

$$V_1 = N_1 \frac{d\Phi}{dt} = N_1 S_c \frac{dB}{dt} \times 10^{-8}$$

$$N_1 = \frac{V_i T_{on}}{S_c \Delta B} \times 10^8 = \frac{V_i \rho}{f S_c (B_m - B_r)} \times 10^8$$

式中，f 工作频率，单位Hz；ρ 脉冲占空比；S_c 铁心截心截面积，单位 cm^2；B_m 最大磁感应强度（$G=10^{-4}T$）；B_r 剩余磁感应强度，单位G；V_1 一次绕组上的电压幅值；N_1 为一次绕组匝数。

2）保证在导通工作脉冲期间 T_{on} 内铁心不致饱和。

$$H = 0.4\pi \frac{N_1 I_m}{l_c} \leqslant H_{\max}$$

式中，H 为磁场强度，以奥斯特（0S）计；l_c 为铁心平均磁路长度，单位cm；I_m 为磁化电流。

下面按电子工业部部标（SJ/Z 2921—88）设计高频变压器。

本设计主电路结构采用全桥结构，因此变压器要求磁性材料具有高的磁感应强度，高的动态磁导率，较低的高频损耗，再考虑经济因素，因此选用铁氧体磁心R2KD或R2KS，磁心结构形式为E型。

（1）选磁心

1）变压器计算功率的计算。变压器工作时磁心所需的功率容量为变压器计算功率。本设计主电路结构采用全桥结构、输出整流采用全波整流，故

$$P_t = P_o\left(\frac{1}{\eta} + 1\right) = 6400\left(\frac{1}{0.95} + 1\right)W = 13136W$$

式中，P_o 为直流输出功率，单位W；P_t 为变压器计算功率，单位W。

2）确定工作磁感应强度。工作磁感应强度是变压器设计中的一个重要磁性参数，与磁心结构形式、材料性能、工作频率、功率大小等因素有关。铁氧体工作磁感应强度 T 为0.15～0.25，选取0.175。

3）选择电流密度系数。EC型在温升为25℃时为366。

4）确定窗口占空系数。一二次绕组铜线在磁心窗口面积中所占的比值称为窗口系数，取窗口系数为0.4。

5）确定磁心尺寸

$$A_P = A_c A_M$$

式中，A_P 为磁心面积乘积，单位为 cm^4；A_c 为磁心截面积，cm^2；A_M 为磁心窗口截面积，

单位 cm^2。

$$A_P = \left[\frac{P_t \times 10^4}{4B_m f K_W K_J}\right]^{1.16}$$

式中，P_t 为变压器计算功率；A_P 为磁心面积乘积；B_m 为工作磁感应强度；f 为工作频率；K_W 为窗口占空系数；K_J 为电流密度系数。

$$A_P = \left(\frac{13137 \times 10^4}{4 \times 0.175 \times 20000 \times 0.4 \times 366}\right)^{1.16} cm^4 = 124.7cm^4$$

根据上述计算选择磁心型号：E-36，其 $A_c = 13$，$A_M = 13.32$，符合设计要求。

(2) 计算绕组匝数

1) 一次绕组匝数

$$W_1 = \frac{U_{P1} T_{on}}{2B_m A_c} 10^{-2}$$

式中，W_1 为一次绕组匝数；B_m 为工作磁感应强度，单位 T；U_{P1} 为一次电压幅值；A_c 为磁心截面积，单位 cm^2；T_{on} 为一次输入脉冲电压宽度，单位 μS。

本设计占空比为 0.72；开关频率为 20kHz，故 T_{on}：17.5μS。

$$W_1 = \frac{U_{P1} T_{on}}{2B_m A_c} 10^{-2} = \frac{520 \times 17.5}{2 \times 0.175 \times 13} \times 10^{-2} = 20$$

2) 二次绕组匝数。

由技术指标，弧焊逆变器输出空载电压为 50～60V，占空比为 0.7。

$$V_{P2}\rho = 60V, \ V_{P2} = 85.7V$$

$$W_2 = \frac{V_{P2}}{V_{P1}} W_1 = \frac{85.7}{520} \times 20 = 3.29$$

考虑到整流压降、绕组压降等，取 4 匝。

式中，W_1 为二次绕组匝数；W_2 为一次绕组匝数；V_{P1} 为一次电压幅值；V_{P2} 为一次电压幅值。

(3) 确定电流密度

$$J = K_J A_P^{-0.14} \times 10^{-2} = 366 \times 124.7^{-0.14} \times 10^{-2} = 1.86$$

考虑到设计中已留有余量选 $J = 2$，J 为电流密度，单位 A/mm^2，K_J 为电流密度系数。

(4) 选择导线

一次绕组：$S_{mi} = \frac{I_i}{J} = \frac{0.707 \times 20}{2} mm^2 \approx 7mm^2$

二次绕组：$S_{mi} = \frac{I_i}{J} = \frac{0.707 \times 200}{2} mm^2 \approx 70mm^2$

导线中通过交流电时，因导线内部和边缘部分所交链的磁通量不同，导致导线截面上的电流产生不均匀分布，相当于导线有效截面积减少，这种现象称为集肤效应。有效截面的减小可用穿透深度来表示

$$\Delta = \frac{66.1}{\sqrt{f}} = 0.467mm$$

式中，Δ 为穿透深度，f 为电流频率，Hz；导线直径要小于两倍穿透深度，因此采用多股导线。

输出整流器及滤波器设计

输出整流采用具有软反向恢复特性的快恢复二极管模块，加上适当余量，因此选用250A快恢复二极管模块。

输出滤波器采用电感。为保持负载电流的连续性，应按负载电流最小时保证电流连续

$$L \geqslant \frac{U_{P2} - U_0}{2I_{0\min}}T_{on} = \frac{85.7 - 60}{2 \times 5}17.5\mu H \approx 45\mu H$$

10.4.3 控制电路设计

由自动控制原理，要稳定那个参量就要负反馈那个参量。因此采用电流负反馈实现恒流特性。有两种外拖特性：一种是下倾斜线，一种是阶梯曲线。方案采用电流反馈及最小脉宽限制以实现阶梯曲线的外拖。

如图10-34所示，a段是电弧工作段，为恒流特性，其值可均匀调节，由于采用恒流控制，使得焊接过程中电弧十分稳定。

1）a段的获取是通过电流负反馈闭环控制来实现的。

2）c段为短路特性，其值可以根据需要调节，以此调节电弧推力电流。

3）b段为恒压特性，为工作段与短路特性的过渡段，其值一般设置在正常焊接电弧电压下，保证焊接过程中，处于正常工作状态下的焊接电弧不会进入c段短路特性而造成电弧电流的波动，影响电弧的稳定性。

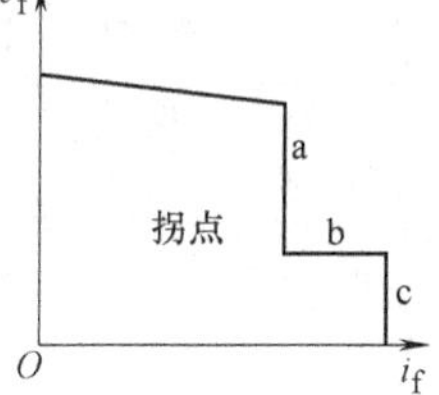

图10-34 阶梯曲线的外拖

4）b段的获取原理如下所述，在控制电路中设置最小脉宽控制电路，即预先设定某一个最小脉宽，脉宽减小到T_{min}时，此时即使电弧负载进一步减小，脉宽也不再减小，恒定在T_{min}。由于逆变电源的输出电压与脉冲宽度成正比，所以当最小脉宽T_{min}确定后，即最小脉宽限制电路起作用后，电源输出电压将恒定不变，自然形成b段平等特性。c段短特性是采用门限控制电路来实现的，在电路中预先设置某个电流门限值I_c。当负载进入b段特性或短

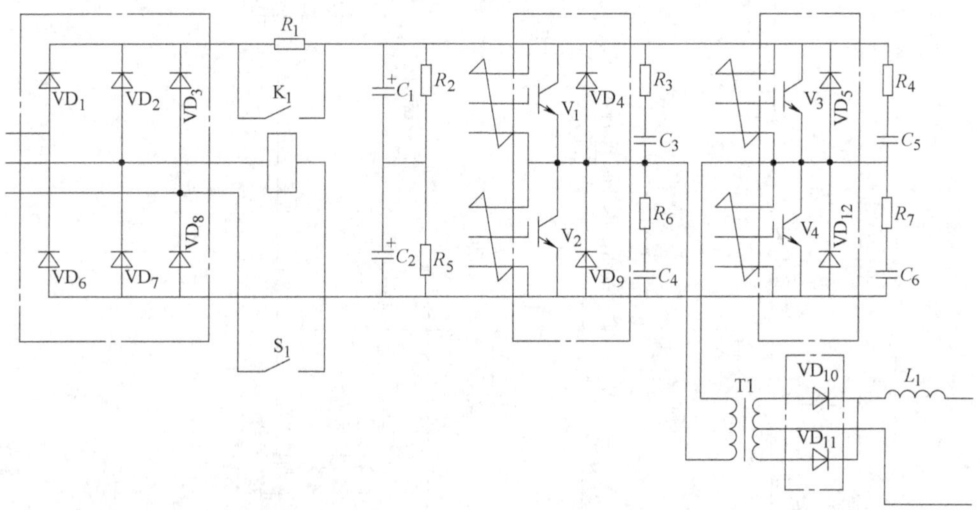

图10-35 主电路图

送驱动电路
送驱动电路
U3A
LM319
U3B
LM319
U6A
U6B
U4A
LM319
U4B
LM319
U5
UC1846
U7A
4528
U2A
U2B
U1
LM311
VT1
2N2222
SHUT DOWN
电流给定电位器
推力电流调节电位器
开关电流取样
输出电流取样
C/SSS
SHUTDOWN
VREF
VIN
C/S-
B OUT
C/S+
VC
E/A+
GND
E/A-
A OUT
COMP
SYNC
CT
RT
RC
C
A
B
CLR
Q
GND
VCC
GND
+15
-15
+VCC

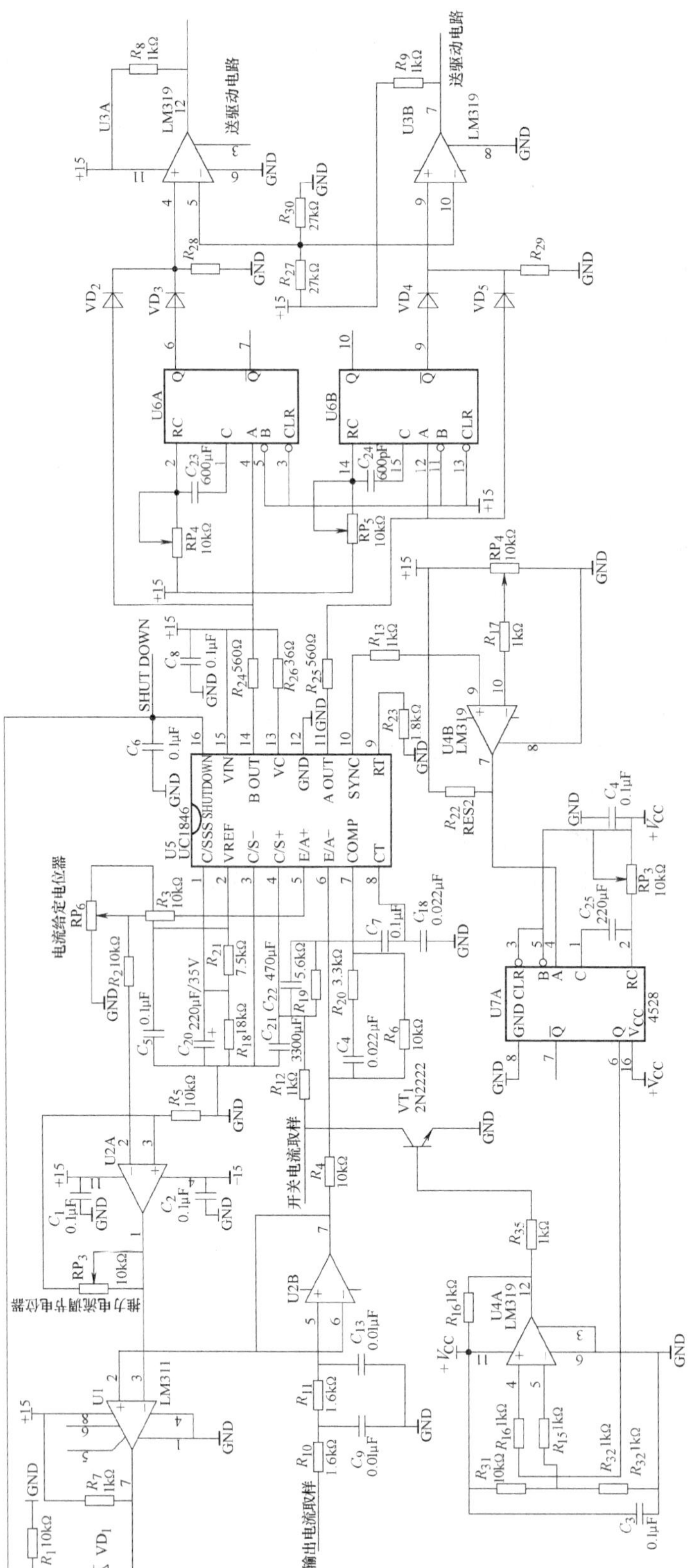

图 10-36 控制电路图

路时，电流增加，电流信号的取样与 I_c 比较，电流超过 I_c 时，关闭 PWM 的电路的输出，输出电流随之开始下降，当降到小于 I_c 以上后，保护电路自动恢复 PWM 电路的输出，如此反复，即实现了 c 段短路特性的控制。c 段特性这种控制方法的设计优点在于，既控制了电源外特性，还能起到瞬时过电流保护作用，可靠地保证了焊机的安全作用。上述这种采用闭环与门限综合控制电源外特性的具有良好的动态响应，可对焊接电弧进行精确控制。

图 10-35 为主电路图，设计了减小上电冲击的保护电路，采用接触器 K_1 和充电电阻 R_1，电源接通后，通过 R_1 向电容 C_1 和 C_2 充电，当电容电压接近整流输出电压 500V 时，控制接触器吸合，电阻 R_1 短接，完成了限制上电电流的功能；同时也限制了电容最大充电电流，保护了电容；电容 C_1 和 C_2 所并联的电阻为分压电阻，确保两个电容各自承担 1/2 电源电压；每个 IGBT 连接了阻容吸收电路，限制关断时刻的电压尖峰；由于输出电压较低，输出采用全部整流。

图 10-36 为控制电路图，控制电路包括推力电流调解、电流反馈、电流取样前沿尖峰消取、最小脉宽限制、过电流保护等电路，驱动电路可选用 HCPL316 或 EXB841，此处不再叙述，详细设计可参见相关资料。

参考文献

[1] 阮新波，严仰光．直流开关电源的软开关技术［M］．北京：科学出版社，2000.

[2] 陈国光，曹婉真．电解电容器［M］．西安：西安交通大学出版社，1993.

[3] 黄俊．半导体变流技术［M］．北京：机械工业出版社，1980.

[4] Jai P Agrawal. 电力电子系统——理论与设计［M］．北京：清华大学出版社，2001.

[5] Robort W Erickson, Dragan Maksimovic. Fundamentals of Power Electronics［M］. University of Colorado. New York：Kluwer Academic Publishers. 2001.

[6] 赵良炳．现代电力电子技术基础［M］．北京：清华大学出版社，1995.

[7] 林渭勋．电力电子技术基础［M］．北京：机械工业出版社，1990.

[8] 正田英介．电力电子学［M］．北京：科学出版社，2001.

[9] 丁道宏．电力电子技术［M］．北京：航空工业出版社，1992.

[10] 苏开才，马宗源．现代功率电子技术［M］．北京：国防工业出版社，1995.

[11] 叶慧贞，杨兴洲．开关稳压电源［M］．北京：国防工业出版社，1994.

[12] 牛秀岩．电机学［M］．北京：冶金工业出版社，1990.

[13] 王守彬．场效应管手册［M］．北京：科学出版社，1989.

[14] 刘昌旭．控制系统元件［M］．西安：西北工业大学出版社，1983.

[15] 北京得恩思电子有限公司．磁芯形状与变压器和电感器［J/OL］. http：//bjdeen. blog. dianyuan. com.

[16] Zainal Salam. Power Electronics and Drives［M］. University Teknologi Malasia.

[17] 陈伯时．电力拖动自动控制系统［M］．北京：机械工业出版社，1991.

[18] UNITRODE Product & Applications Handbook 1995 ~ 1996. Chapter 10. U-93. A NEW INTEGRATED CIRCUIT FOR CURRENT-MODE CONTROL［M］. Unitrode Integrated Circuits Corp，1996.

[19] UNITRODE Product & Applications Handbook 1995 ~ 1996. Chapter 10. U-97. Modeling, Analysis and Compensation of The Current-Mode Converter［M］. Unitrode Integrated Circuits Corp，1996.

[20] 张占松，蔡宣三．开关电源的原理与设计［M］．北京：电子工业出版社，1998.

[21] 中华人民共和国电子工业部．SJ/Z 2921-88：开关电源变压器计算方法［S］. 1988.

[22] 王瑞华．脉冲变压器设计［M］．北京：科学出版社，1996.

[23] Binmal K Bose. Modern Power Electronics and AC Drives［M］．北京：机械工业出版社，2002.

[24] 李华德．交流调速控制系统［M］．北京：电子工业出版社，2003：1-10.

[25] 数学手册编写组．数学手册［M］．北京：人民教育出版社，1979.

[26] 俞平．电力半导体器件的现状及展望［J］．电力电子技术，1991（1）.

[27] 顾廉楚．电力半导体器件原理［M］．北京：机械工业出版社，1989.

[28] John G Kassakian, Martin F Sclecht, G Vergassian. Principles of Power Electronics［M］. Addison-Wesley, Boston, 1991.

[29] 宋士贤，文喜星，吴萍．工科物理教程：上册［M］．北京：国防工业出版社，2001.

[30] S Clemente, A Dubhashi, B Pelly. IGBT Characteristics［M］. IGBT Designer's Manual. International Rectifier. 1994.

[31] Rahul Chokhawala, Jamie Catt, Brian Pelly. Gate Drive Considerations for IGBT Modules［M］. IGBT Designer's Manual. International Rectifier, 1994.

[32] 何希才，江云霞．现代电力电子技术［M］．北京：国防工业出版社，1999.

[33] 材冈公裕，龙田正隆．图解静电感应器件［M］．北京：科学出版社，1998.

[34] 马小亮.大功率交交变频器调速及矢量控制技术[M].北京:机械工业出版社,1996.

[35] 周继华,李宏.现代电力电子工程[M].西安:西北工业大学出版社,1998.

[36] 林德云,李国定.电磁场理论基础[M].北京:清华大学出版社,1990.

[37] 叶治政,叶靖国.开关稳压电源[M].北京:高等教育出版社,1989.

[38] 沈耀忠,任志纯,罗毅.TMOS功率场效应晶体管原理及应用[M].北京:电子工业出版社,1995.

[39] 叶慧贞,杨兴洲.新颖开关稳压电源[M].北京:国防工业出版社,1999.

[40] 谢宝昌,任永得.电机的DSP控制技术及其应用[M].北京:北京航空航天大学出版社,2005.

[41] 黄石生.逆变器理论与弧焊逆变器[M].北京:机械工业出版社,1995.

[42] 赵宝瑞.逆变焊接与切割电源[M].北京:机械工业出版社,1995.

[43] 李宏.高频IGBT弧焊逆变器研究设计[J].西北工业大学硕士论文,1997.

[44] 李宏,徐德民,焦振宏.基于DSP的大功率永磁直流电机调速系统设计[J].电力电子技术,2006,40(5).

[45] 李宏,徐德民,贺昱曜,等.峰值电流模式控制的全桥DC-DC变换器PI调节器设计[J].电气自动化,2004,26(3).

[46] 李宏,焦振宏,周继华,等.SPWM波形等面积动态递推算法[J].西北工业大学学报,2000,18(3).

[47] 李宏,焦振宏,贺煜曜.一种消除UC3846峰值电流取样的前沿噪声电路[J].电力电子技术,2001,35(3).

[48] 李宏,徐德民,焦振宏,等.基于DSP的全数字IGBT弧焊逆变电源设计[J].电力电子技术,2004,38(3).

[49] 王聘,李宏.基于数字信号处理器的直流电机弱磁调速系统设计[J].电机控制与应用.2006,(2).

[50] 李宏,等.一种生成SPWM波形的等面积算法[J].电气自动化,1999(5).

[51] Nathan O Sokal, Alan D Sokal. Class E-A New Single-Ended Class of High Efficiency Tuned Switching Power Amplifiers [J]. IEEE Journal of Solid-state Circuits, vol. SO-10, No. 3, June1975.

[52] 高葆新,梁春广.高效率E类放大器[J].半导体技术,2001,26(8).

[53] Nathan O Sokal. Class E Hig-Efficiency Power Amplifiers [J]. From HF to Microwave. 1998 IEEE MTT-S Digest.

[54] 李青,刘平.IGBT大功率E类逆变器[J].电力电子技术,2003,37(6).